使命 合作 担当

首届国家工业遗产峰会
学术研讨论文集

段 勇 吕建昌 ◎ 主编

天津出版传媒集团

天津人民出版社

图书在版编目（CIP）数据

使命 合作 担当：首届国家工业遗产峰会学术研讨论文集 / 段勇，吕建昌主编. -- 天津：天津人民出版社，2022.8

ISBN 978-7-201-18639-9

Ⅰ.①使… Ⅱ.①段… ②吕… Ⅲ.①工业建筑—文化遗产—中国—学术会议—文集 Ⅳ.①TU27-53

中国版本图书馆CIP数据核字（2022）第126886号

使命 合作 担当：
首届国家工业遗产峰会学术研讨论文集
SHIMING HEZUO DANDANG
SHOUJIE GUOJIA GONGYE YICHAN FENGHUI XUESHU YANTAO LUNWEN JI

出　　版　天津人民出版社
出 版 人　刘　庆
地　　址　天津市和平区西康路35号康岳大厦
邮政编码　300051
邮购电话　（022）23332469
电子信箱　reader@tjrmcbs.com

责任编辑　吴　丹
装帧设计　汤　磊

印　　刷　天津市新华印务有限公司
经　　销　新华书店
开　　本　787毫米×1092毫米　1/16
印　　张　25.75
插　　页　1
字　　数　558千字
版次印次　2022年8月第1版　2022年8月第1次印刷
定　　价　214.00元

本书编委会

主　任　段　勇

副主任　吕建昌

编　委（按姓氏笔画为序）

朱晓明　张　勇　姜　波

徐有威　韩　晗　黎启国

"十四五"推动工业文化发展的形势与思路

一、背景形势

2014年6月，工业和信息化部工业文化发展中心（以下简称"中心"）成立，在此之前，我国工业部门并没有专业从事工业文化发展的单位。中心成立以后，工业和信息化部将工业文化相关职责放在了产业政策司。2016年12月，工业和信息化部联合财政部发布《关于推进工业文化发展的指导意见》（以下简称《指导意见》），这是工业文化事业的顶层设计。《指导意见》出台以后，2017年，工业和信息化部开始认定国家工业遗产。2018年，发布《国家工业遗产管理暂行办法》，进一步规范了认定工作。2020年，国家发改委、工信部、国资委、国家文物局、国家开发银行五部门联合发布了《推动老工业城市工业遗产保护利用实施方案》，加大了工业遗产的保护力度并配套资金支持。上述是国家层面出台的一些关于工业文化的文件，除此之外，地方上积极配合落实部委文件精神，出台了一些地方性的政策文件，比如山东、四川、深圳等地出台了推进工业文化发展的实施方案，株洲、黄石、邢台、克拉玛依等地市出台了工业遗产保护利用条例，福建、四川出台了推进工业旅游发展的意见等。总体来说，"十三五"期间，工业文化从一个无人知晓的概念，到现在成为社会各界都知道并认可的一项事业，只用了短短五年的时间。那么，在"十四五"的新形势下，我们应该怎么做？思路和举措是什么呢？

2020年10月，党的十九届五中全会就社会主义文化强国建设作了系统谋划和战略部署。《中共中央关于制定国民经济和社会发展第十四个五年规划和二〇三五年远景目标的建议》明确提出，繁荣发展文化事业和文化产业，提高国家文化软实力，健全现代文化产业体系。工业文化是中国特色社会主义文化的重要组成部分，是文化强国建设不可或缺的内容，推进工业文化建设是贯彻落实党中央、国务院决策部署的重要举措，是新时代建设社会主义文化强国的职责所在。

为深入贯彻习近平总书记关于建设社会主义文化强国的重要讲话精神，落实党中央、国务院《关于实施中华优秀传统文化传承发展工程的意见》等文件部署，更好发挥工业文化在推进制造强国和网络强国建设中的支撑作用，工业和信息化部会同国家发展改革委、教育部、财政部、人力资源社会保障部、文化和旅游部、国资委、国家文物局等共 8 部门联合印发了《推进工业文化发展实施方案（2021—2025 年）》（以下简称《实施方案》）。这是我们在"十四五"期间的行动指南。为什么要联合其他部委共同发文呢？因为工业文化涉及面宽、内涵丰富，它不是工业部门所独有的，还涉及其他部门，如工业精神、工业旅游、工业文化进校园、工业研学、遗产保护、博物馆建设、工业文化传播等，需要各部门形成工作合力，共同把工业文化事业做大做强。

实施方案主要目标是，通过五年的努力，工业文化支撑体系基本完善，理论研究与应用实践进一步深入，工业文化新载体更为丰富。文化需要载体，现在工业文化有许多载体，比如工业遗产、工业博物馆、富含文化元素的产品等。具体的目标是：初步形成分级分类的工业遗产保护利用体系和分行业分区域的工业博物馆体系；打造一批具有工业文化特色的旅游示范基地和精品路线，建立一批工业文化教育实践基地；推动工业文化在服务全民爱国主义教育，满足并引领人民群众文化需要，增强人民精神力量等方面发挥积极作用，推动形成工业文化繁荣发展的新局面。

二、重点任务

一是弘扬工业文化价值内涵。工业文化是一个新的概念，一方面，我们要积极挖掘工业文化的内涵价值，弘扬工业精神，阐述工业文化的当代价值。新中国历代领导人都高度重视工业精神的传承弘扬，从大庆精神、两弹一星精神到载人航天精神、探月精神、航天报国精神等。另一方面，要深化工业文化的基础研究，目前工业文化基础研究还很薄弱，我们要完善理论体系。

二是促进工业文化与产业融合发展。工业文化可以为产品、企业、行业、城市赋能，我们要开展工业文化赋能专项活动，实施文化+产业的系列行动。例如卖酒就是卖文化，实际上，产品有了文化内涵之后，其价值就可以大幅度提升。尤其是现在人们的生活水平提高了，大家已不仅仅满足于对产品的功能需求，还有精神和文化层面的需求。我们还要引导企业将工业文化融合到管理创新的各个环节，要开展汽车、航空、航天、纺织、包装、网络等行业文化建设。要把工业遗产、工业博物馆打造成为城市的地标、名片，延续城市发展的文脉，让工业文化为城市赋能。

三是推动工业旅游创新发展。工业旅游得到许多国家的重视，比如，到华盛顿一定要去看航空航天馆，到德国要去看宝马、奔驰的汽车博物馆等，这都是工业旅游热点。我国相关部门近几年也推出了工业旅游基地和线路。"十四五"期间，要创建一批工业旅游的示范基地，同时推出工业旅游的精品线路。今天有近百家国家工业遗产单位到会，其中很多单位已经推出了工业旅游并做得非常好，如河北的开滦国家矿山公园、启新水泥厂等。

四是开展工业文化教育实践。工业文化作为社会主义先进文化的重要组成部分必须进校园，与理工科、社科类高等院校、职业院校的课堂教育结合起来，立德树人，并逐渐形成工业文化的学科体系。职业院校是为工业部门培养高技能人才的地方，我们应该把工匠精神传承给学生们。当前，研学是个热点，我们要培育一批工业文化研学实践基地（营地）。工业部门拥有着丰富的研学资源，比如遗产、博物馆、现代企业、产业园区、重点工程等，这些都是可以开发利用的。中心正在积极地推动工业文化研学，并已经开始了评估和授牌等先行先试工作，其中，福建安溪铁观音就推出了茶文化研究、寻访工匠精神、茶叶知识的科普研学活动。

五是提高工业遗产保护利用的水平。从2017年到今年，工业和信息化部已认定了4批163家国家工业遗产，第五批认定结果将于年底公布。在前四批国家工业遗产中，从数量看，最多的省份是四川15家，第二位山东12家，第三位江西和辽宁各11家，紧接着安徽、河北、江苏各9家。从行业分布看，消费品行业54家、装备行业48家、原材料行业28家、能源行业26家、其他的有5家，最少的是交通类2家。工业遗产保护利用下一步是推动形成分级保护利用体系，即国家级、省级到市级。另外还要推动工业遗产保护的立法，将价值突出的工业遗产推荐申报世界文化遗产，这项工作首先启动的就是白酒申遗。为什么要推动工业遗产申报世界文化遗产中呢？大家知道，中国目前拥有世界自然与文化遗产共56项，但其中没有一项是工业遗产，而在世界文化遗产名录中有70多处是工业遗产。我们拥有近200项非常有价值的国家工业遗产，因此，我们有责任、有义务把工业遗产推向世界，成为世界文化遗产。另外，还要制定工业遗产保护的准则和指南，统筹工业遗产保护利用与城市转型发展，将老工业城市工业遗产纳入老工业城市更新改造政策支持范围等。在这方面，江西的陶溪川、成都的东郊记忆、陕西航天六院红光沟等做得非常不错，现在都是著名的网红打卡地。

六是完善工业博物馆体系。工业博物馆要发挥展示历史、展现当代、展现未来的作用，以前的历史博物馆是没有这个功能的。探索建立国家级的行业博物馆、数字博物馆，发布工业博物馆名录，打造数字化的、互动化的、智能化的新型工业博物馆。我们心目中的国家工业博物馆体系包括国家级、区域类、行业类、企业类的工业博物馆，还有高校、科研院所、民间的工业博物馆，同时，要将这些实体工业博物馆数字化，形成网络工业博物馆。

七是加大传播和交流。要推动工业题材的文化作品，通过影视、文学等形式来讲好工业故事，宣传优秀企业、品牌产品、典型人物。支持媒体开设工业频道，传播工业的声音，塑造和传播新时代中国工业形象。不仅要促进传统文化走出去，还要推动工业文化走出去，要加强文化交流和多层次文明对话，推动国际工业文化交流合作，要以赋予文化内涵的技术、产品、活动等为载体，携带工业文化走出去，这样出得去，走得远。

八是健全工业文化发展的体系。要完善基础制度和标准体系，加强各类工业文化资源统筹利用，促进工业文化资源数字化，推动工业文化产业数字化建设。要加快发展新型文化业态、消费模式，丰富工业文化载体，扩大优质工业文化产品供给，满足人民群众文化需求。

三、保障措施

"十四五"期间，如何确保工业文化工作能顺利实施就需要有明确的保障措施。首先就是要解决资金问题，工业和信息化部有一部分资源，还有很多资源在其他部委，所以要用好中央预算内投资等投资政策，将工业文化纳入它们各自的体系中，一起来扶持工业文化发展。此外，也要鼓励地方完善支持的政策，开展工业旅游、工业研学、工业遗产和老旧厂房保护利用的试点示范工作。

最后，希望各部门加强统筹协调，发挥职能作用，加强制度、政策、标准的对接，形成合力，确保各项工作取得实效。实施方案也提出明确要求：各地要建立和完善推动工业文化发展的工作机制，结合本地实际，研究制定本地区"十四五"期间推动工业文化发展的实施细则方案。目前，很多省市开始着手做这项工作，部分省市已发布相关政策文件。

工业和信息化部工业文化发展中心副主任　孙星

2021年10月

（本文根据作者在首届国家工业遗产峰会上的发言整理）

目　录

专题二 地方工业遗产研究

专题三 三线工业遗产与乡村振兴

专题四 多视角研究

附 录

专题一　工业遗产
　　　理论与实践

论洋务运动工业遗产申报世界遗产的意义与路径

1.段 勇 2.杜垒垒

（1.2.上海大学文学院）

一、文物保护和申遗存在厚"古"薄"近"现象

我国作为文明古国,传统是"古不考宋元以下",历史和考古领域的专家学者也主要关注古代文化遗产的研究和保护。全国重点文物保护单位中的"古""近"数量对比在一定程度上体现了这一点,古代文化遗产占81.2%,近现代文化遗产占19.8%,其中红色文化遗产又占有较大比例(见表1)。

表1 全国重点文物保护单位"古""近"对比表

批次	古代文化遗产	近现代遗产	合计
第一批	147	33	180
第二批	52	10	62
第三批	217	41	258
第四批	200	50	250
第五批	479	42	521
第六批	874	207	1081
第七批	1614	330	1944
第八批	526	236	762
合计	4109	949	5058
占比	81.2%	19.8%	100%

从我国已列入《世界遗产名录》的文化遗产数量也可见一斑。截至2021年7月,我国共有56项世界遗产,其中文化遗产38项,基本都属于古代文化遗产。另外,我国世界遗产预备名单中的文化遗产也以古代项目为主。

在我国近现代工业遗产中,工业遗产因属于舶来品,与欧美同类工业遗产相比,时代比较晚近、规模不够宏大、技术创新不够突出。因此,过去普遍认为我国近现代工业遗产

无论是与我国古代文化遗产相比还是与近现代其他遗产相比，在申遗方面都不具备优势和特色。

二、国际文化遗产界日益重视工业遗产

很长时期内，国际社会其实与我国一样，在文化遗产保护领域存在厚古薄"近"的现象。但是21世纪以来，随着可持续发展观念的逐渐普及和后工业化时代遗产保护意识的提高，国际文化遗产界逐渐加强了对工业遗产的重视与保护，这主要表现在以下3个方面：一是召开了一系列国际会议。这是全球范围内工业遗产保护意识逐渐提高的重要标志（见表2）。

表2 国际遗产界关于工业遗产的国际会议统计表

年份	涉及国际组织	事件	备注
2003	国际工业遗产保护委员会（TICCIH）	通过了《关于工业遗产的下塔吉尔宪章》	第一份关于工业遗产的全球纲领性文件
2005	世界遗产委员会（UNESCO）	《全球战略——盖普报告》	《盖普报告》的"类型学框架"明确指出了"农业、工业和技术遗产"这一文化遗产类型[1]
2006	国际古迹遗址理事会（ICOMOS）	将当年4月18日"国际古迹遗址日"的主题定为"保护工业遗产"[2]	这是ICOMOS第一次将"工业遗产"定为主，代表着传统上以古代物质遗产为主要研究保护对象的权威国际遗产组织正式接纳工业遗产[3]
2011	ICOMOS	第17届大会通过了《都柏林原则》	该原则特别强调了工业遗产的"区域和景观"，标志着把工业遗产保护的"完整性"问题提升到了一个新高度[4]
2012	TICCIH	第15届大会在台北举行，会议通过了《台北宣言》[5]	TICCIH第一次在亚洲举办大会，进一步提升了国际社会对亚洲工业遗产的关注和重视

二是发布了一系列专项报告。这代表着国际上对工业遗产的研究日益广泛、深入。从后来入选情况看，专项报告（见表3）是工业遗产申报世界遗产的"风向标"，在报告发布后，不少与之有关的行业遗产入选《世界遗产名录》。

表3 专项报告统计表

年份	作者（单位）	主题报告名称	所属行业或类别
1996	Eric DeLony（ICOMOS）	世界遗产中的桥梁（Context for World Heritage Bridges）	桥梁
1996	ICOMOS和TICCIH	国际运河遗产名录（The International Canal Monuments List）	运河
1999	Anthony Coulls（ICOMOS）	世界遗产中的铁路（Railways as World Heritage Sites）	铁路

年份	作者(单位)	主题报告名称	所属行业或类别
2011	Stephen Hughes (ICOMOS)	国际煤矿研究报告 (The International Collieries Study)	煤矿
2015	ICOMOS	水文化遗产 (Cultural Heritages of Water) The Cultural Heritages of Water in the Middle East and Maghreb	水文化遗产
2018	James Douet (TICCIH)	水利类世界遗产 (The Water Industry as World Heritage)	水利
2020	James Douet (TICCIH)	石油遗产 (The Heritage of the Oil Industry)	石油

三是工业遗产类世界遗产项目逐渐增多。2014年至2021年的8年间,共新增22项工业遗产类世界遗产(见表4),这也在一定程度上说明国际遗产界对工业遗产的日益重视。其中我国入选的大运河仍属于古代遗产范畴。

表4 2014—2021年新增工业遗产类世界遗产统计表

年份	项目名称	国家	合计
2014	范内勒工厂	荷兰	3
	大运河	中国	
	富冈制丝厂及丝绸产业遗产群	日本	
2015	香槟区山坡葡萄园和酒庄与酒窖	法国	8
	勃艮第葡萄园风土	法国	
	仓库城和有智利大楼的康托尔豪斯区	德国	
	尤坎—诺托登工业遗产	瑞典	
	弗斯桥	英国	
	日本明治工业革命遗迹:钢铁、造船和煤矿	日本	
	腾布里克神父高架渠水利设施	墨西哥	
	弗莱本托斯文化工业景区	乌拉圭	
2016	波斯坎儿井	伊朗	1
2017	塔尔诺夫斯克古雷铅银锌矿及其地下水管理系统	波兰	1
2018	20世纪工业城市伊夫雷亚	意大利	1
2019	厄尔士/克鲁什内山脉矿区	捷克/德国	5
	奥格斯堡水利管理系统	德国	
	科舍米翁奇史前条纹燧石矿区	波兰	
	沙哇伦多的翁比林煤矿遗产	印度尼西亚	
	古冶铁遗址	布基纳法索	

续表

年份	项目名称	国家	合计
2021	纵贯铁路	伊朗	3
	罗西亚蒙大拿矿业景观	罗马尼亚	
	威尔士西北部的板岩景观	英国	
合计			22

三、日本明治工业遗产申遗成功的经验

自2007年以来，日本已有3处近现代工业遗产列入《世界遗产名录》，其工业遗产申遗经验比较丰富；尤其是2015年，"日本明治维新工业遗产：钢铁、造船、煤矿"申遗成功，更是为我们提供了重要启示和借鉴。

此遗产分布在日本8地，由23处遗产点组成[6]（见表5）。

表5 明治维新工业遗产简表

分布区域	遗产点	数量
山口县萩市	萩反射炉、惠美须鼻造船厂遗址、大板山吹踏鞴①炼铁遗址、萩城下町、松下村塾	5
鹿儿岛县	旧集成馆、寺山煤窑遗址、关吉水渠	3
静冈县韭山市	韭山反射炉	1
岩手县釜石市	桥野铁矿山和冶炼遗址	1
佐贺县	三重津海军遗址	1
长崎县	小营修船厂遗址、三菱长崎造船厂第三船坞、三菱长崎造船厂巨型吊臂、三菱长崎造船厂旧木制模具厂、三菱长崎造船厂占胜阁、高岛煤矿、端岛煤矿（即军舰岛）、格洛弗故居	8
福冈县三池市	三池煤矿、三池港、三角西旧港	2
福冈县熊本市八幡	官营八幡制铁所总部旧址、远贺川水源地泵站	2
合计		23

其申遗成功的具体经验值得我国学习和借鉴，具体梳理如下：

（一）重视遗产的基础性保护

主要体现在其相关工业建筑、工业遗址等保存状况较好，没有大规模拆毁、破坏老旧厂房、机器、设备等行为。这一方面是因为日本较早完成了工业化，基本不需要为工业化

---

① 踏鞴英文为Tatara，踏鞴是日本古代炼铁炉的名称，古代日本人以木炭为燃料，用踏鞴将砂铁炼成钢。

改造而大规模拆毁老旧工业设施,另一方面也得益于日本社会的文物保护意识普遍较强。

（二）管理制度比较完善

一是法律法规比较健全。明治维新后,在传统文化财和纪念物文化财面临保护危机的情况下,日本逐渐建立了越来越完善的文化财保护制度,例如,1950年制定了《文化财保护法》[7];2013年提出了"日本遗产"的概念和计划,把日本国内有潜力列入世界遗产的地区称为"日本遗产"。明治维新工业遗产申报的23处遗产点,其中有14处已经先后被列为日本国家史迹或日本重要文化财。

二是建立专门的工业遗产管理框架。管理框架共分4层,第一层负责协调和计划,组成部分主要包括内阁官房和全国工业遗产大会,第二层是在其指导下设立的4个部门,第三层是发布和执行层,第四层是落实层(具体见图1)。

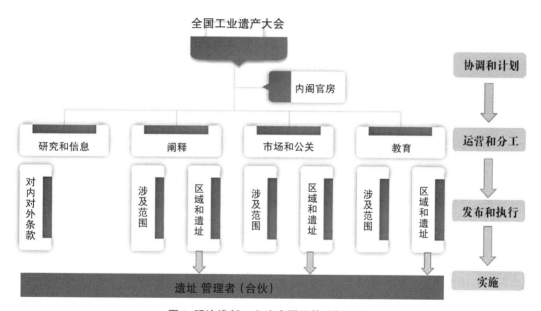

图1　明治维新工业遗产团队管理框架图

（三）遗产研究较扎实

日本对工业遗产的研究始于20世纪70年代。1977年,日本产业考古学会成立,学会刊物《产业考古学》[8]及日本学者所著《工业考古学入门》《日本的工业遗产——工业考古学研究》[9]等致力于探讨日本工业遗产保护、利用的发展方向,引领日本的工业遗产研究迈上了新的台阶。

（四）官民结合形成合力

首相和内阁官房统一协调工业遗产保护和申遗工作,还专门成立了国家级—县级—

市级—居民的协调机制。时任日本首相安倍晋三和前任联合国教科文组织总干事松浦晃一郎分别在申遗文本中写了推荐信[10]。

另一个亮点是日本民间组织和遗产所在社区成为遗产保护不可忽视的重要力量，在保护和申遗中都发挥了独创性和灵活性的作用。

（五）申遗切入点很好

明治维新工业遗产申遗选取的切入点，是基于明治维新工业遗产是"日本作为第一个实现工业化的非西方国家"的直接见证。这一角度回避了日本工业遗产与欧美工业遗产在时间、规模、创造等方面的比较劣势，而突出了自身具有突出普遍价值的世界意义。

四、洋务运动工业遗产的价值与申遗意义

作为我国最早的近现代工业遗产，洋务运动工业遗产的主要价值如下：

（一）历史价值

这主要体现在两个方面，一是体现在洋务运动对当时的直接影响，即初步塑造了我国近现代军工体系和国防体系。政治上，洋务运动减缓了清朝覆灭的进程；经济上，洋务运动促进了多种经济形式的产生和发展。二是体现在洋务运动对后世的影响，对北洋政府时期、南京国民政府时期工业项目的选址，甚至中华人民共和国成立后的"156项目"的选址及"三线建设"的布局等都有一定的影响。

（二）科技价值

洋务运动工业遗产的科技价值主要体现在洋务企业生产的产品、机器设备及技术的引进与改善上，这些为后来同类产品的研制与创新提供了重要的技术积累，也表现在中国人卓越的生产技能及解决实际问题的能力上：

江南制造总局、金陵机器局、福州船政局、大沽船坞的科技价值主要体现在对西式武器的仿制与改良及制船等方面[11]，在我国近代枪炮史、造船史上具有里程碑意义。另外，江南制造总局翻译馆、船政学堂等机构翻译介绍了一大批西方基础科学，也为中国近代工业技术的产生和传播发挥了重要作用；福州船政局海军飞机工程处成立的13年时间内，共制造17架飞机，也在我国航空史上具有首创意义。

汉冶萍公司引进了从铁矿开采、冶炼到炼钢、轧钢、制轨等一整套的设备和技术，使中国开始走向钢铁自造之路，并为当时及后来钢铁工业的发展提供了产品和技术经验。

开平矿务局的科技价值主要体现在其创造了中国众多的第一：我国最早使用机器开采的大型煤矿，制造了我国第一台蒸汽机车，修建第一条标准轨铁路等[12]。

（三）社会价值

工业遗产不仅是工作记录的一部分，同时也是人们生活记录的一部分，并提供了重要的可识别性感受，因而具有广泛的社会意义[13]。一方面，洋务运动开阔了近代国人的视野。洋务运动的启动及扩展，尤其是一系列近代工厂的建造，使广大普通民众近距离接触到现代文明的产物，了解外面的世界。另外，洋务运动直接或间接促进了中外官方或民间多方面的交流，从而促进了近代化思潮的涌现，也为后来一大批民族思想家、实业家、革命者的成长提供了直接或间接的条件。

（四）建筑价值

洋务运动不仅引进西方的先进技术、设备等，部分厂房也具有当时中西建筑的风格和特点，它们对研究清代、中华民国及中华人民共和国成立后老厂房的建筑结构及装饰具有重要参考价值，同时也是以洋务企业为代表的中国工业在不同时期发展、变迁的见证。因此，洋务运动工业遗产具有重要的建筑价值。

（五）教育价值

洋务运动工业遗产具有重要的启蒙作用。洋务运动作为中国近代最早的一次改革，首先为当时及后世培养、储备了大量洋务人才。洋务运动开始后，近代思想、技术、行为方式等更加由国外传到通商口岸，再由知识分子更进一步流传至内地，接受新事物的风气更加在社会中形成。

洋务运动工业遗产也具有警示意义。洋务运动工业遗产一方面警示国人"落后就要挨打"，告诫后人要牢记历史，并且要努力自强；另一方面，不能因历史悠久、文化厚重就盲目自大，而是要善于学习、与时俱进。

另外，洋务运动工业遗产有利于激发民族自尊心和自豪感，激起奋发图强的爱国精神与热情。洋务运动产生于救亡、自强、求富的特定历史背景，洋务运动工业遗产充分体现了中国人在引进技术、抵御侵略等方面所做的艰辛探索与不懈努力。

从世界遗产所需的突出普遍价值角度看，洋务运动工业遗产见证了19世纪60年代到20世纪初中国以机械制造、钢铁冶炼、造船、铁路建设为代表的自强之路。这些遗产展示了通过引进先进技术、对技术的快速适应与改进、与中国传统文化的结合以及对中国未来工业与城市发展、进而影响世界工业格局和提高世界城市化比重的过程。这个过程是今天的中国成为世界上唯一工业门类齐全的国家、经济总量跃居世界第二的"源头"，可被视为世界上最大的传统农业国迈向工业化的第一步和转折点，因而在全球人类文明史上也具有重要意义和价值。

五、洋务运动工业遗产急需抢救及申遗具体路径

图2　江南制造总局旧址上的世博会博物馆

图3　汉阳铁厂旧址上的博物馆和楼盘

图4　安源煤矿已成危房的北楼

图5　大沽船坞破损的车间

由于时代变迁和工业转型升级，不少洋务运动工业遗产已经荡然无存（见图2、3），现存的部分代表性遗存也有易损设施及危房亟待抢修（见图4、5），如果不予重视，很可能在不久的将来就会失去世界遗产所需的真实性和完整性。

通过洋务运动工业遗产申遗，可以从整体上推进对现存洋务运动工业遗产的抢救性保护，也有利于提高社会公众对工业遗产重要性的认识，并进而提升对中国近现代工业遗产的系统研究及保护利用水平。此外，还有利于提高我国的国际遗产话语权，加强我国与国际遗产界的对话能力，进而促进世界遗产在地区、类型等方面的平衡性、代表性与权威性。

洋务运动工业遗产的申遗路径可大致规划如下：

一是明确申遗的切入点。洋务运动工业遗产申遗可采用"洋务运动工业遗产：传统中国向现代中国转型之路的见证"等类似名称，以回避我国工业遗产在时间、规模和创造等方面与欧美工业遗产的比较劣势，而突出"洋务运动工业遗产是世界最大的传统农业国迈

向工业化第一步的见证"这一具有世界意义的突出普遍价值。

二是确立整体申报的策略。目前我国至少有3处洋务运动工业遗产项目拟分别申报世界遗产,但笔者认为它们各自都在某些方面存在明显不足。而采用整体申报能够起到"整体大于部分之和"的效应,从而弥补单一遗产项目在某些方面的不足,以更好地形成合力。

三是建立有效协调机制。根据我国申遗的经验并参考日本成功经验,可成立洋务运动工业遗产申遗领导小组或类似机构,以协调不同地区、不同行业、各级政府和产权单位的申遗行动,并与国内外相关组织进行统一高效的沟通和交流。上海作为我国当代重要的经济中心,也是我国近现代工业化的主要发源地,并且有江南制造总局等最具代表性的洋务运动工业遗产之一,而上海又是我国迄今仅有的4个尚无世界遗产的省级行政单位,因此,建议由上海牵头联合其他洋务运动工业遗产所在省承担洋务运动工业遗产申遗任务。

四是履行前期程序。从程序①上说,洋务运动工业遗产申遗首先还需进入《中国世界遗产预备名单》。因此,当务之急是要在主管部门和社会公众中形成共识,在此基础上加强基础研究,建立协调机制,制订时间表和路线图,尽快由地方政府联合向国家文物局提交申遗可行性报告和预备名单申请表,使洋务运动工业遗产早日进入申遗快车道。然后按照申遗要求,纳入地方规划、启动申遗规划编制工作。最新版《操作指南》规定,法律法规的制定是遗产申遗的必要条件,洋务运动工业遗产所在地可先行出台专门的规章或保护条例等。

总之,洋务运动开启了中国波澜壮阔的工业化和近代化进程,奠定了我国如今成为世界第二大工业国的第一块砖,影响深远。洋务运动工业遗产代表了当时中国最先进的工业思想和生产技术,承载着中国从传统农业社会向近现代工业社会转变的艰难历史,是中国救亡图存、努力融入世界发展大潮的见证,不仅在中国历史上具有十分重要的意义,而且在世界范围内也具有突出普遍价值,理应成为世界文化遗产。

参考文献:

[1] 世界遗产与国际工业遗产保护委员会(TICCIH):世界遗产名录中的工业遗产发展初探[N].《中国文物报》,2013-1-25.(6).

[2] 崔卫华,宫丽娜.世界工业遗产的地理、产业分布及价值特征研究[J].经济地理,2011(1):162.

[3] 杜垒垒,段勇.近现代工业遗产的认知与保护之路——兼论我国近现代工业遗产"申遗"的机遇与挑战[J].中国博物馆,2019(2):17.

[4] 季宏.《下塔吉尔宪章》之后国际工业遗产保护理念的嬗变——以《都柏林原则》与《台北亚洲工业遗产宣言》为例[J].新建筑,2017(5):75.

---

① 新申报列入预备名单的遗产项目必须满足两条硬指标:一是已制定遗产保护管理规划并报国家文物局审核、认可,且建立了可靠有效的保护管理机制;二是已经编写了符合要求的申报文本。

［5］ 季宏.《下塔吉尔宪章》之后国际工业遗产保护理念的嬗变——以《都柏林原则》与《台北亚洲工业遗产宣言为例》[J].新建筑,2017(5):75.

［6］ UNESCO,Sites of Japan's Meiji Industrial Revolution: Iron and Steel, Shipbuilding and Coal Mining［EB/OL］.https://whc.unesco.org/en/list/1484.pdf,p.11.

［7］ 国家文物局第一次全国可移动文物普查工作办公室编译.日本文化财保护制度简编[M].北京:文物出版社,2016:6.

［8］ 邹怡.日本是如何保护和利用工业遗产的[N].文汇报,2016-2-19,(W06).

［9］ 崔卫华,梅秀玲,谢佳慧,李岩.国内外工业遗产研究述评[J].中国文化遗产,2015(5):5.

［10］ UNESCO, Sites ofJapan's Meiji Industrial Revolution: Iron and Steel, Shipbuilding and Coal Mining［EB/OL］.https://whc.unesco.org/uploads/nominations/1484.pdf, p. 4.

［11］ 姚娟娟.西方火器技术的冲击与晚清中国科技的发展[D].长沙:国防科学技术大学,2006(13-14).

［12］ 李保平,邓子平,韩小白主编.开滦煤矿档案史料集(一八七六——一九一二)(壹开平矿务编)[N].石家庄:河北教育出版社,2012:2.

［13］ TICCIH. The Nizhny Tagil Charter for the Industrial Heritage［OL］. http://ticcih.org/about/charter/.

保护工业遗产
——构建中国文化的标识体系

刘伯英

（清华大学建筑学院）

2021年我们迎来了中国共产党成立100周年的大喜之年,这在中国共产党历史上,在中华民族历史上,都是一个十分重大而庄严的日子。全党全国各族人民一道共同庆祝中国共产党成立一百周年,回顾中国共产党百年奋斗的光辉历程,展望中华民族伟大复兴的光明前景。

100年的风雨兼程,我们取得了令人瞩目的成就,也积累了宝贵经验。工业遗产保护的学者要深刻领会国家对历史文化保护传承和文物保护利用改革的新要求,不断总结我国工业遗产调查研究、保护利用取得的成绩,回顾国家各部委聚焦工业遗产保护利用出台的政策和所做的工作,在借鉴国外工业遗产保护经验的基础上,重新认识我国工业遗产的价值,把工业遗产的保护利用放到国家战略层面进行深刻思考,梳理中国工业化的历程,宣传中华民族的伟大创造,彰显大国工匠的聪明才智,讲好他们艰苦奋斗的故事,为我国工业遗产保护利用提供新的思路,展现意义更加深远、空间更加广阔的美好未来,是十分重要的。

一、国家政策对工业遗产保护利用的新要求

（一）2017年1月中共中央办公厅、国务院办公厅印发《关于实施中华优秀传统文化传承发展工程的意见》

《意见》指出:"文化是民族的血脉,是人民的精神家园。文化自信是更基本、更深层、更持久的力量。中华文化独一无二的理念、智慧、气度、神韵,增添了中国人民和中华民族内心深处的自信和自豪。"

"中华文化源远流长、灿烂辉煌。在5000多年文明发展中孕育的中华优秀传统文化，积淀着中华民族最深沉的精神追求，代表着中华民族独特的精神标识，是中华民族生生不息、发展壮大的丰厚滋养，是中国特色社会主义植根的文化沃土，是当代中国发展的突出优势，对延续和发展中华文明、促进人类文明进步，发挥着重要作用。"

"中国共产党在领导人民进行革命、建设、改革伟大实践中，自觉肩负起传承发展中华优秀传统文化的历史责任，是中华优秀传统文化的忠实继承者、弘扬者和建设者。党的十八大以来，在以习近平同志为核心的党中央领导下，各级党委和政府更加自觉、更加主动推动中华优秀传统文化的传承与发展，开展了一系列富有创新、富有成效的工作，有力增强了中华优秀传统文化的凝聚力、影响力、创造力。"

"随着我国经济社会深刻变革、对外开放日益扩大、互联网技术和新媒体快速发展，各种思想文化交流交融交锋更加频繁，迫切需要深化对中华优秀传统文化重要性的认识，进一步增强文化自觉和文化自信；迫切需要深入挖掘中华优秀传统文化价值内涵，进一步激发中华优秀传统文化的生机与活力；迫切需要加强政策支持，着力构建中华优秀传统文化传承发展体系。实施中华优秀传统文化传承发展工程，是建设社会主义文化强国的重大战略任务。"

"要加强历史文化名城名镇名村、历史文化街区、名人故居保护和城市特色风貌管理，实施中国传统村落保护工程，做好传统民居、历史建筑、革命文化纪念地、农业遗产、工业遗产保护工作。规划建设一批国家文化公园，成为中华文化重要标识。"

（二）2018年10月中共中央办公厅、国务院办公厅印发《关于加强文物保护利用改革的若干意见》

《意见》指出：文物保护具有重要意义，文物承载灿烂文明，传承历史文化，维系民族精神，是弘扬中华优秀传统文化的珍贵财富，是促进经济社会发展的优势资源，是培育社会主义核心价值观、凝聚共筑中国梦磅礴力量的深厚滋养。保护文物功在当代、利在千秋。

《意见》指出了文物保护存在的问题："当前，面对新时代新任务提出的新要求，文物保护利用不平衡不充分的矛盾依然存在，文物资源促进经济社会发展作用仍需加强；一些地方文物保护主体责任落实还不到位，文物安全形势依然严峻；文物合理利用不足、传播传承不够，让文物活起来的方法途径亟需创新；依托文物资源讲好中国故事办法不多，中华文化国际传播能力亟待增强；文物保护管理力量相对薄弱，治理能力和治理水平尚需提升。要从坚定文化自信、传承中华文明、实现中华民族伟大复兴中国梦的战略高度，提高对文物保护利用重要性的认识，增强责任感使命感紧迫感，进一步解放思想、转变观念，深化文物保护利用体制机制改革，加强文物政策制度顶层设计，切实做好文物保护利用各项工作。"

《意见》提出："到2025年，走出一条符合我国国情的文物保护利用之路的总体目标，把构建中华文明标识体系作为主要任务。把建立国家文物保护利用示范区，依托不同类型文物资源,推动区域性文物资源整合和集中连片保护利用,创新文物保护利用机制,在确保文物安全的前提下,支持在文物保护区域因地制宜适度发展服务业和休闲农业作为工作的主要内容。"

（三）2021年9月中共中央办公厅、国务院办公厅印发《关于在城乡建设中加强历史文化保护传承的意见》

《意见》指出:"在城乡建设中系统保护、利用、传承好历史文化遗产,对延续历史文脉、推动城乡建设高质量发展、坚定文化自信、建设社会主义文化强国具有重要意义。""始终把保护放在第一位,以系统完整保护传承城乡历史文化遗产和全面真实讲好中国故事、中国共产党故事为目标,本着对历史负责、对人民负责的态度,加强制度顶层设计,建立分类科学、保护有力、管理有效的城乡历史文化保护传承体系……"

"城乡历史文化保护传承体系是以具有保护意义、承载不同历史时期文化价值的城市、村镇等复合型、活态遗产为主体和依托,保护对象主要包括历史文化名城、名镇、名村(传统村落)、街区和不可移动文物、历史建筑、历史地段,与工业遗产、农业文化遗产、灌溉工程遗产、非物质文化遗产、地名文化遗产等保护传承共同构成的有机整体。建立城乡历史文化保护传承体系的目的是在城乡建设中全面保护好中国古代、近现代历史文化遗产和当代重要建设成果,全方位展现中华民族悠久连续的文明历史、中国近现代历史进程、中国共产党团结带领中国人民不懈奋斗的光辉历程、中华人民共和国成立与发展历程、改革开放和社会主义现代化建设的伟大征程。全方位展现古代文明五千年、近现代历史180年、中国共产党建党100年、新中国成立70年、改革开放40年的光辉历程,从而生动、立体地讲好中国故事。"

二、新时代工业遗产保护利用的新意义

工业创造了曾经的辉煌,它们饱经沧桑,今天依然壮观而美丽。工业遗产是人类文明的纪念碑:1986年成为世界遗产的铁桥峡(Ironbridge Gorge),1709年的焦炉遗址,为英国是工业革命的发源地提供了无可辩驳的证据。2012年成为世界遗产的加来海峡的采矿盆地(Nord-Pas de Calais Mining Basin)见证了法国成为英国工业革命成果的承接地;弗尔克林根炼铁厂(Völklingen Ironworks)和关税同盟煤矿工业区(Zollverein Coal Mine Indus-trial Complex in Essen)见证了德国成为煤和钢铁铸就工业强国的历史。石见银山(Iwami Ginzan Silver Mine and its Cultural Landscape)、富冈制丝厂(Tomioka Silk Mill)以及明治工业革命遗址钢铁、造船和煤矿(Sites of Japan's Meiji Industrial Revolution: Iron and Steel, Shipbuilding and Coal Mining)3项工业遗产的申遗成功,使日本工业遗产的保护和利用走在了亚洲前列,标志着日本脱亚入欧实现急剧工业化的"神话"。史莱特工厂(SlaterMill Historic Site)和托马斯·爱迪生的家和实验室:现代美国发明之地(Where Modern America

Was Invented），书写了美国发明家的故事，讲述了一个通过发明创造驱动国家工业化的传奇故事。工业遗产是人类工业文明的杰作，为我们在广袤的大地上留下独特的工业景观，探索了人类文明进步的道路。工业遗产还孕育空想社会主义新的社会制度，探索了现代城市规划和建筑创作的新思想的和新实践。工业遗产正在成为各个工业化强国在人类工业文明的历史上彰显国家地位，体现各个工业化强国实现工业化的经验和成果的国家战略！值得我们深刻思考。

中华人民共和国成立70年来，中国实现了从工业化初期到工业化后期的历史性飞跃，实现了从落后的农业国向世界工业大国的历史性转变，这两大历史性成就表明我们在实现中华民族伟大复兴中国梦的征程上迈出了决定性的步伐。中国共产党自1921年成立以来，始终把为中国人民谋幸福、为中华民族谋复兴作为自己的初心使命，始终坚持共产主义理想和社会主义信念，团结带领全国各族人民为争取民族独立、人民解放和实现国家富强、人民幸福而不懈奋斗。党和人民百年奋斗，书写了中华民族几千年历史上最恢宏的史诗。

当前，我们正在从工业大国迈向工业强国，从站起来到富起来再到强起来，如何借鉴工业化强国对待工业遗产的经验，建构工业遗产的文化认同，明确中国工业遗产在国际范围的独特价值，树立中国工业遗产保护的典范形象，是新时代我们需要回答的问题！

三、保护工业遗产：建构中国工业文明的标识体系

（一）传统手工业

中国是具有五千多年历史的文明古国，手工艺可谓是门类繁多，个个都光彩夺目，都是中华文化的瑰宝，都值得我们去传承和保护，中国传统文化是中华民族在中国古代社会形成和发展起来稳定的文化形态。以造纸、酿酒、陶瓷、盐业、矿冶、桥梁、水利、运河为代表的中国古代传统工艺和手工业是中华民族智慧的结晶。

四川泸州老窖窖池群及酿酒作坊，始建于公元1573年，持续酿造至今430余年从未间断，是我国现存持续使用时间最长、保存最完整的原生古窖池群落，是公认的"活文物"，继承了几千年来酿酒工艺的悠久历史和奇妙的酿制技术，成为世界酿酒大师们研究中国白酒的极限数据样本。入选第七批全国重点文物保护单位；入选第二批国家工业遗产名单。

铜绿山古铜矿遗址包括自西周（前11世纪—前8世纪）至西汉（前5世纪—前2世纪）的采矿井、巷360多条（个），古代冶铜炉7座。发现于1973年，是中国保存最好、最完整、采掘时间最早、冶炼水平最高、规模最大、保存最完整的古铜矿遗址之一。入选第二批全国重点文物保护单位，申遗预备名单；入选第二批国家工业遗产名单。

景德镇御窑厂遗址是明清两代皇家御用瓷器的专门制造场所,建于明洪武二年(1369年),历经明清两朝27位皇帝,为皇帝烧造御瓷长达542年,生产出无数精美的瓷器。御窑厂代表了明、清时期中国陶瓷技术和艺术的最高成就,在世界陶瓷发展史上占有特殊的地位,被誉为瓷国皇冠上的明珠。遗址地下埋藏文物丰富,是我国唯一一处能全面系统反映官窑陶瓷生产和文化信息的历史遗存。2003年度全国十大考古新发现,2006年被公布为全国重点文物保护单位,入选第三批国家工业遗产名单。

(二)洋务运动

"自强""求富"迈出了中华民族复兴的第一步,建设了一大批中国近代早期工业企业。1880年6月,直隶总督兼北洋大臣李鸿章决定在旅顺口开港筑坞,1883年动工,1890年11月6日全部竣工。船坞建成后即成立北洋海军旅顺船坞局,它是近代中国最早的大型船舶企业之一,是中国最早使用现代化水电设施的工厂。1894年11月22日,旅顺口在中日甲午战争中沦陷,船坞先后落入沙俄、日本侵略者之手长达近半个世纪。1945年8月,苏联红军接管旅顺船坞,直至1955年5月苏军从旅大撤出。它是第七批全国重点文物保护单位、第一批国家工业遗产。

南京金陵机器制造局是南京第一座近代机械化工厂,也是中国四大兵工厂之一,享有"中国民族军事工业摇篮"之誉,也是中国最大的近现代工业建筑群。始建于1865年,由李鸿章代理两江总督开办,聘英国人马格理为督办,设机器厂、翻砂厂、熟铁厂和木作厂,制造开花炮弹、抬枪和铜帽等产品。它是第七批全国重点文物保护单位、第二批国家工业遗产。

唐山启新水泥厂建于1889年,开平矿务局总办唐廷枢报请北洋大臣直隶总督李鸿章批准,利用唐山石灰石为原料,在唐山大城山南麓,占地40亩,于光绪十五年(1889年)建成唐山细绵土厂。成为我国第一家立窑生产水泥的工厂,是中国第一桶水泥诞生地。1907年,唐山细绵土厂更名为"唐山启新洋灰股份有限公司"。水泥商标定为"龙马负太极图"牌,(俗称马牌)。并购置丹麦史密司公司先进的回转窑、球磨机等设备代替立窑等落后设备。开创了我国利用回转窑生产水泥的历史。1915年,启新水泥获巴拿马国赛会头奖。农商部国货展览会特等奖。1919年,启新在国内所销售的水泥占全国总量的92.02%,成为当时我国最大的水泥厂。入选第二批国家工业遗产名单。

(三)民族工业

"实业救国"的民族工业是中华民族自强的尊严,受洋务运动的影响,各地为追求"自强""求富",建立了大批民族工业。太原兵工厂,1898年山西巡抚胡聘之报请清政府批准建立,以生产军火为目的,开创了山西以蒸汽机为动力、金属切削机床为手段的兵器生产,成为我国近现代早期的军工厂之一。1912年阎锡山委派留学英国的李蒙淑(陶庵)为机器局局长,从日本、德国、英国引进先进的管理经验和机械设备,聘用国外军工厂技术人员,逐步扩建,将机器局改为山西陆军修械所。增设了铜元局,用铸造铜币的巨额收入,扩建厂房,添置机器,并从天津等地招募机械技工。1920年修械所和铜元局合并,改称为山西军人工艺实习厂,是民国史上著名的三大兵工厂之一,2018年入选第二批国家工业遗产名单。

茂新面粉厂旧址1900年筹资创办,是荣氏家族最早的企业。生产的"兵船"牌面粉当时享誉全国,还曾远销英、法等国及南洋各地。抗战期间厂房被炸,设备受损。1945年重建,设计者为童寯,由荣德生之子荣毅仁先生出任厂长。现存灰色的办公楼和红色的厂房,改为无锡中国民族工商业博物馆。入选第七批全国重点文物保护单位。第二批国家工业遗产名单。

常州恒原畅厂网址始建于20世纪30年代初,1933年更名为"恒源布厂",1936年,恒源畅染织股份有限公司成立,产品畅销到南洋群岛等地。现存两层办公楼一座和老厂房一座。办公楼占地面积300平方米,建筑面积约600平方米。现为运河5号文创园,江苏省文物保护单位。入选第三批国家工业遗产名单。

(四)殖民工业

中东铁路、胶济铁路、上海杨树浦自来水厂、上海工部局宰牲场等殖民工业见证了侵略者的掠夺和中国半殖民地半封建社会遭受的耻辱。

本溪湖工业遗址群包括本溪钢铁(本钢)一铁厂旧址、本钢第二发电厂冷却水塔、大仓喜八郎遗发冢、本溪湖煤铁有限公司旧址(小红楼)、本溪湖煤铁公司事务所旧址(大白楼)、本溪煤矿中央大斜井、东山张作霖别墅、本溪湖火车站和彩屯煤矿竖井组成。一号、二号高炉分别建于1915年和1917年,它们饱经沧桑,见证了日本军国主义对我国煤铁资源的掠夺,对中国人民的残酷压迫和奴役;解放后,见证了本溪湖煤铁公司对全国解放、抗美援朝和新中国工业化建设的支援和贡献;还见证了本溪这座城市的产生和发展历史。入选第七批全国重点文物保护单位,第一批国家工业遗产名单。

中东铁路建筑群1897年8月开始施工,1903年7月正式通车运营。是沙皇俄国为攫取中国东北资源,称霸远东地区而修建的一条"丁"字形铁路。以铁路为依托,以商贸为中介,大量资本注入,30多个国家设立领事馆和银行,满洲里、富拉尔基、扎兰屯、哈尔滨等城市由此发展起来。入选第六批全国重点文物保护单位。

(五)抗战工业

抗战工业书写了中国人民不屈不挠的决心。重庆抗战兵器工业旧址群始建于1938年,前身为钢迁会第四制造所钢轨钢板厂。1938年3月1日,钢铁厂迁建委员会正式组建,招揽流散在湖北、湖南、上海、香港等地的工程技术人员200多名,在武汉、宜昌、重庆等地同时开展设备拆卸、物资转运、新厂选址和建设工作。各项工程均由中国技术人员设计,1942年各项工程陆续建成后,钢迁会拥有綦江、南桐两大煤铁矿基地和专用的铁路与水上运输系统,云集了来自全国各地的钢铁工业精英,鼎盛时期有员工15699人,钢铁产量一度占到抗战大后方钢铁总量的90%,是抗战时期后方最大的钢铁联合企业,被赞誉为"国之桢干"。第七批全国重点文物保护单位。重钢型钢厂入选第一批国家工业遗产名单。

四行仓库位于上海市苏州河北岸、西藏路桥西北角,是由交通银行与北四行信托部于民国二十年(1931年)兴建的联合仓库。被用作金城、大陆、盐业、中南四个银行储蓄会的堆栈,故称"四行仓库"。民国二十六年(1937年)淞沪会战,时任国民革命军第88师524团副团长的谢晋元带领"八百壮士",与日本军队在这里鏖战了四昼夜,即"四行仓库保卫战"。2014年,上海确定对四行仓库进行整体保护修缮,其中4000多平方米空间改建成"四行仓库抗战纪念馆"。

(六)红色工业

红色工业遗产是中国共产党的革命根据地建立的军工企业,谱写了中国人民英勇奋斗的壮丽篇章。1927年9月在郭滴人等的领导下,山塘乡农民协会在此创办乡兵工厂,为发展闽西革命武装奠定了重要基础。1930年8月,中共闽西特委决定在龙岩湖洋建立闽西红军兵工厂,山塘兵工厂将人员、设备迁入湖洋,并入闽西红军兵工厂。闽西红军兵工厂后来又迁往永定虎岗、长汀四都、汀州、瑞金,最后与江西官田修械所合并,成为中华苏维埃中央兵工总厂,是当时全国各苏区中最大的军工企业。福建龙岩中央苏区第一个红色兵工厂——江山山塘兵工厂,是我军军械制造的摇篮,是中国革命军工企业的发源地。福建省级文物保护单位。

江西兴国官田中央红军兵工厂建于1931年10月,是中国工农红军第一个大型兵工厂。1934年夏,中央兵工厂迁往瑞金岗面。兵工厂为武装红军、支援革命战争作出了积极贡献,并培养造就了一大批技术骨干和管理人才,为中国军事工业的发展奠定了基础。2006年5月被列为全国重点文物单位。入选第三批国家工业遗产名单。

山西黄崖洞兵工厂是1939年抗日战争时期,八路军总部兵工部奉朱德、左权的命令,将原先设立在榆社县韩庄村的兵工厂总部修建所转移到黄崖洞,并且扩建为当时华北敌后八路军最大的兵工厂。谱写了中国人民抗日战争可歌可泣、激动人心的壮烈史诗,耸立起一座中华民族不屈不挠的丰碑! 入选第六批全国重点文物单位,入选中国科协"中国工业遗产保护名录"。

(七)新中国工业的奠基石

"一五""二五"时期苏联援建的156项目,奠定了新中国工业化的坚实基础。20世纪50年代,百废待兴的新中国开始实施第一个五年计划。洛阳成为全国重点建设的八个工业城市之一。洛阳涧西苏式建筑群是"一五"期间,由苏联在洛援建重点工程时建造的厂房和生活区,主要包括当时中国最大的拖拉机制造厂、最大的轴承厂、最大的矿山机器制造厂、最大的铜加工厂、最大的高速船用柴油机厂和洛阳水泥厂、洛阳热电厂,以及涧西区

2号街坊、10号街坊、11号街坊等苏式建筑，见证了两国的交流。入选第七批全国重点文物保护单位、第二批国家工业遗产名单。

长春第一汽车制造厂是我国在"一五"时期确定的"156"项重点项目，当时在苏联的援助下，在长春市孟家屯车站铁路以西选址建设了厂区，并在工厂的平行风向、厂区的西北建设了配套工人居住区，缩短了工人通勤距离，体现了当时城市建设为工业服务的宗旨。住宅设计直接参照了苏联居住区图纸，仿造苏联居住建筑配套建设了的建筑面积为39.2万平方米的街坊式住区。现存的街坊式住区整体较完整，轴线对称、周边式布局，由一个个封闭的院落空间组成。厂区和住区入选第七批全国重点文物保护单位。

（八）三线建设

三线建设开启了西部大开发的序幕，中国的工业布局得到进一步完善，国防工业得到进一步发展。1965年8月，中国工程物理研究院（九院）内迁梓潼，根据"大分散、小集中、依山傍水扎大营"的原则，将院本部落户于梓潼长卿山，其余各研究所，分散设于龙门山和剑门山几个县的莽莽群山之中。当时，享誉国内外的著名科学家"中子弹之父"王淦昌、"氢弹之父"于敏、"两弹元勋"邓稼先、朱光亚、陈能宽、周光召、程开甲、彭桓武、郭永怀等16位科学家，肩负党和人民的重托，怀着为国争光，为民族争气，为人民造福的愿望，为实现"振我国威，扬我军威"的理想云集到这里。2万余名科研人员、工程技术人员和工人齐聚莽莽荒野中，隐姓埋名、科技报国，在此相继完成原子弹、"氢弹"的设计方案。九院旧址被称为"两弹城"，占地3000余亩，建筑面积20万平方米，是我国继青海原子城之后第二个核武器研制基地的总部。在此相继完成原子弹、氢弹的设计方案，完成原子弹和氢弹轻型化、小型化研制，指挥开展了22次核试验，"两弹"终成"国之利器"。入选第八批全国重点文物保护单位，第二批国家工业遗产。

江西星火有机硅厂（以下简称"星火厂"）前身为化工部星火化工厂，1966年8月，根据国家三线建设领导小组指令，国家和江西省有关部门领导和专家联合组成选址小组，计划在江西永修建设一座军品偏二甲肼生产工厂，最终选址建设在修水河畔的魔港沟。1966年11月，国家计委批准化工部报送的《星火化工厂厂址选择报告》和《星火化工厂设计任务书》。1968年11月星火化工厂（又称"738"）工程指挥部正式成立。3000多名创业者汇集到了魔港沟，开始实施"738"工程。经过3年苦战，军品生产和配套装置沿着2千米的魔港沟拔地而起。星火厂主要生产国防化工产品——高能火箭燃料，为我国各代火箭和"神舟"系列飞船的发射任务提供燃料，为成功发射做出了特殊贡献。

图1 江西星火有机硅厂战斗村

(九)改革开放

改革开放前的"四三方案",以及改革开放时期的宝钢和深圳"三来一补"工业企业,成为我国改革开放工业建设的伟大成就,奏响了中华民族伟大复兴的序曲。改革开放前经毛主席、周总理批准,我国实施了"四三方案"的重点项目,1972—1977年先后引进日本、法国、德国、意大利等国先进大型成套设备,建成上海石油化工厂、辽阳石油化纤厂、天津石油化纤厂、四川维尼纶厂等四大化纤基地,使我国纺织工业得到进一步发展。同期,从美国、荷兰和法国等引进大化肥装置,建成了以沧州化肥厂、大庆化肥厂为代表的13家化肥厂。

1978年8月国家计委正式批准上海宝山钢铁总厂工程建设。1978年12月18日,在十一届三中全会公报发表的当天,宝钢建设打下第一根桩,1985年9月15日,宝钢一号高炉点火投产,标志着中国钢铁工业迈上现代化的新起点。

20世纪80年代,深圳东部工业区有涉及20多个领域、近60家的"三来一补"企业,占地面积约15万平方米,建筑面积约20万平方米,分为南北两区。2004年华侨城创意文化园开始谋划,成为深圳第一个由旧工业区改造而成的LOFT创意文化产业园,这里留下了深圳改革开放的记忆。

四、工业文化与工业精神的升华

在共和国的光辉历史上,各条战线涌现出成千上万的先进模范人物。他们在不同发展阶段,始终走在改革开放和社会主义现代化建设最前列,以忘我的献身精神,激励一代又一代劳动者为祖国的繁荣富强而拼搏。

从全国劳模到大国工匠，他们用辛勤和汗水塑造了为国争光、为民族争气的爱国主义精神；独立自主、自力更生的艰苦创业精神；讲求科学、"三老四严"的科学求实精神；胸怀全局、为国分忧的奉献精神为核心内容的大庆精神，这些工业精神成为中华民族的文化精髓的重要组成部分，是永远激励人们奋进的动力。

王进喜的"铁人精神""身不离劳动，心不离群众"的"孟泰精神"、郝建秀的"细纱工作法"、坚持以"高标准、严要求、行动快、工作实、抢困难、送方便"十八字梦桃精神的"赵梦桃小组"，成为时代的楷模，激励着一代又一代人艰苦奋斗、奋勇拼搏！CCTV推出的8集系列节目《大国工匠》中，讲述了为长征火箭焊接发动机的国家高级技师高凤林等8位不同岗位劳动者。叙述了他们用自己的灵巧双手匠心筑梦的故事，他们传承了老一代劳模精神，是新时代工人的骄傲和楷模。

五、结语

工业遗产是中国工业化的丰碑，承载着国家记忆和民族精神，是中国优秀文化的重要标识！是中国为人类工业文明的进步做出贡献的重要见证！纪录片《大国重器》记录了中国装备制造业创新发展的历史，展现了中国装备制造业成就，讲述了充满中国智慧的故事。蛟龙、天眼、蓝鲸、复兴号、LNG船、919大飞机，这些大国重器正在成为新时代中国屹立民族之林的重要支柱。这些大国重器正是在大国工匠的手中诞生，在今天和未来的工业遗产中生产的！

不忘初心，牢记使命，让我们继承劳模精神，在新时代发扬光大！以更加饱满的热情、更加旺盛的斗志、更加严谨的作风投身到工业遗产调查研究、保护利用的事业中去，让工业遗产所承载的工业文化和工业精神，凝结为中国人民和中华民族的优秀"基因"，为中国的文化自信做出新的贡献！

中国的工业建设源远流长，与中国的历史和文化发展相伴，中国的古代工业遗产凝聚着中华民族古老智慧和传统技艺，是中华优秀传统文化的精髓。中国的近现代工业遗产凝结着无数仁人志士的不懈努力，承载着实现强国梦想的精神和信念。工业遗产还是个人、家庭、企业、行业以及城市发展的历史见证，是他们的情感寄托和时代的集体记忆，甚至升华为国家记忆。工业遗产是文化遗产的重要组成部分，建构了城市的特色风貌，为经济发展提供了永恒的动力，共同谱写了中国工业化的壮丽篇章，是树立在中国工业化进程中的一座座丰碑。

工业创造了曾经的辉煌，今天依然壮观美丽，工业遗产的价值得到越来越广泛的认识，工业美学得到越来越多的欣赏。工业遗产保护利用的观念得到越来越多的国家相关管理部门的关注，得到媒体、职工、艺术家和社会各界的广泛关注。在当前城市更新、城市再生、城市复兴的大潮中，在城市建设从外延扩张式的新区建设，向着内涵挖潜式的存量更新转变过程中,工业遗产保护利用变得越来越重要,意义越来越深远。

　　自19世纪下半叶,工业的发展就与国家的兴衰、民族的存亡紧密相连,涌现出一批实业救国的志士仁人,也建设了一批民族工业企业。新中国成立以后,我们党领导了大规模的工业建设,逐步建立了独立的、比较完整的工业体系和国民经济体系,用几十年走过发达国家几百年走过的工业化历程,实现社会主义工业化。随着改革的不断深化、城市化建设步伐的逐步加快,许多过去的工业区中的企业外迁或改组,出现的大量工业遗产,在拆与保、遗弃与利用之间存在着激烈的碰撞。如何评估这些遗产价值并将其妥善保护、活化利用,已成为文化遗产保护领域一个极为紧迫的问题。

让工业遗产成为我们的宝贝和发展的动力

梁金辉

古井集团党委书记、董事长梁金辉作主旨演讲

　　此次峰会在中国历史文化名城亳州召开，这对我们每位亳州人来讲都是一件幸事、一件大事，也是一件喜事，对古井来说更是一件大好事。

　　我在古井工作已经有32年了，是地道的亳州人。有几个问题一直困惑着我：为什么亳州产生那么多名人？为什么很多人把"亳（bó）州"读成"亳（háo）州"？为什么亳州的酒能成为"贡酒"，被称为"中华第一贡"？

　　这三个问题给我带来了许多思考。我想，回答了这三个问题，也就回答了刚才中创文保科技发展(北京)有限公司董事长敖雯楠敖总提出的问题——为什么首届国家工业遗产峰会会选择亳州、花落古井?

亳州有3700年的历史和文化。老子、庄子、曹操、华佗、巾帼英雄花木兰、道教鼻祖陈抟、竹林七贤嵇康等等,都是亳州人。在一些场合,我经常向大家介绍说,我来自亳州,像亳州这么大面积的城市,在中国、在世界上都有很多,但是唯有亳州产生了那么多名人。为什么亳州产生那么多名人呢? 我想,大概就是与我们生产酒有关系,因为酒是促进人类进化的,酒又是促进人类文明的。

昨天,我们在首届国家工业遗产峰会学术研讨会中说,一部酿酒史就是一部中国的文化和历史。酒是从哪儿来的? 在座有好多来自酒企的朋友,大家都知道"仪狄造酒""杜康造酒"等传说,对于"酒是从哪儿来的"至今没有定论。但是有一个认识大家都是认可的:上天造酒,酒是大自然的造化,酒是大自然给人类的一种礼物和尤物。

远古时代,果子熟了,落在地上;下雨了,随后阳光日照,产生了含有乙醇即酒精的特殊液体。那么谁先尝到了这个特殊的液体呢? 是最早的类人猿们,最聪明的、爱劳动的猿猴们,它们是最早变成人类的。

酒是促进人类的文明的。药酒同源,酒为百药之长,酒本身是活血通络的。

亳州这个地方产生了那么多名人,就是因为有我们的酒,也就是古井贡酒的前身,这是回答了第一个问题。

关于第二个问题。我们经常出差在外,登记时被问"你是哪里的?"我亮身份证,说"我来自安徽的亳州"。她说,"不是,先生,你错了,是亳(háo)州。"我回答,小姐,你仔细看看,不是"亳(háo)","亳"下面抽掉一根毛就是"亳(bó)"了。我经常说,亳州是最早诞生人类的地方之一。对这句话我就是这么解读的。

亳州的"亳"字我们一共有三种解读:一是高处建宅谓之"亳","高"在上,其下加"宅";二是京都之地谓之"亳",上半部是北京的"京",下面是"宅";三是去毛成人谓之"亳","亳"抽掉一根毛就成了"亳"。这是我们根据历史的沿革、根据我们的酒文化以及名人解读,提出的一个系统的解释。

这个解读是不是正确? 我们曾经去复旦大学,拜访古文字专家裘锡圭教授,请教我们这个解说是不是成立。他回答,只要能自圆其说,解说就可以成立。

那么"古井贡"又为什么成为"中华第一贡"?

公元196年,曹操将家乡的九酝春酒进献给汉献帝刘协,由此而得名叫"贡酒",这是中国史书记载的最早的进贡事件,古井贡酒因此被称为"中华第一贡"。

作为亳州人,我们经常思考这些问题,努力找到答案。我们一直在努力,怎么将历史告诉未来,怎么让记忆既记录了昨天、更要记录明天。

今天这次峰会的创意,还是与酒有缘。工信部工业文化发展中心孙星主任第一次来古井考察的时候,我向他汇报工作。他说,工业遗产包括白酒的申遗。为此,当时他让我看了许多文件,阐述了他对中国工业遗产这个命题、课题的解读,以及对怎么弘扬工业遗产文化的想法。他的情怀、认知深深地打动了我。我说，您这个想法正好符合习近平总书记提出的要坚持的"四个自信"，"四个自信"其中之一就是文化自信。我们亳州作为具有3700年历史的名城，我们古井作为老八大名酒，我们应该有责任来落实好文化自信。

在座的各位来自上海、陕西、江西、湖南等全国各地，为什么首届国家工业遗产峰会放在亳州，而且放在古井开？我们何德何能来承办呢？因为，我们有历史、有文化、有情怀，也有具体的做法。

我为今天的峰会准备了一份详细的汇报材料，因为时间关系，就不一一解读了。我们古井目前有四处"国保"，下午大家还要去参观，可以现场了解。

说得好不如做得好，广告做得好不如产品的品质好。古井的文化遗产究竟保护得如何，下午大家可以实地查看、深入了解。届时大家可以看到古井四处"国保"、酒神广场和一些硬件的保护、软文化的开发、器具设备的运用等等，这些对于文化遗产的保护起到了至关重要的作用。

我们的四处"国保"保持得非常好。我们的老厂长聂广荣离世六年了，我们把以聂广荣为代表的老一辈古井人的创业故事、创业精神总结出来，形成"聂广荣先进事迹"，目的就是弘扬劳模精神和工匠精神。

工业遗产是个活文化，既是固态的，又是流动的，既是物质的，更是精神的。我们这一代人，面向未来、迈向新经济，创新发展理念、加速内外双循环建设。这样一个大国，这样一个工业大国，不保护历史、不传承文化、不保留完整的记忆，对未来是无法交代的。我们的工业遗产、工业文化，更多的是一种唤醒，更多的是一种朴实的教育，更多地需要我们在座的企业们来付出，才能让我们的文化赋予真正的内涵，让遗产成为我们的资产，让资产成为未来经济、文化、社会的支撑和支柱，让遗产有灵魂、有新的内涵。

下个月，我们即将举行一个世界申遗相关的大会，我们古井愿意和茅台、五粮液、泸州老窖、洋河、汾酒、李渡共7家企业一起，联合承担起我们的责任。

酒文化是我们中华文化的一个重要的部分，也是国粹之一。我们弘扬酒文化，是一种担当，更是一种责任。希望各位领导、各位嘉宾、各位同行，下午在看古井遗产保护情况的过程中，多给我们提出宝贵的建议，多给我们提出指导性的意见，多给我们一些鼓励和激励。

同时，我更要感谢我们的周晓岚巡视员、孙星主任亲自来这里，还有我们的郑超副市长全程参加峰会，还要感谢郭旃主席的指导，感谢敖总的经验分享，感谢各位专家给我们带来的很多思考。

古井下一步的工业遗产保护工作，还要认真地落实这次峰会的精神，很好地吸收各位专家介绍的宝贵经验，同时，也要更好地践行好"亳州倡议"。我们要做好、要做得更好，让遗产真正成为我们的宝贝和未来发展的动力。谢谢大家！

（本文根据作者在首届国家工业遗产峰会上的发言整理）

兼容与矛盾
——关于工业遗产创意性改造的辩证认知*

1.黎启国　2.帅新元　3.储石韦
（1.2.3.合肥工业大学建筑与艺术学院）

一、工业遗产的创意身份

在城市规模不断扩大、城市化进程加快和城市工业用地更新不断深入的背景下，大量工业遗留被拆除，还有部分工业建筑在产业更替和技术革新的过程中被闲置。近年来，在政府相关部门的推动下，各地纷纷开展工业遗产普查，并通过立法和制定规章制度的方式来保护工业遗产[1]。工业遗产保护方兴未艾，日渐受到社会各界的重视，且在一定程度上摆脱了"越老越珍贵"这种对于遗产类建筑时间认同的禁锢，其承载的文化、历史记忆和建筑特点成为人们关注的重点[2]。作为城市风貌的一部分，工业遗产的保护和再利用与所在地区的发展息息相关：一方面，工业遗产承载了所在区域特有的历史记忆，另一方面，又需适应城市发展做出对应的改造。俞孔坚将工业遗产的改造再利用归纳为城市开放空间、旅游度假地、博览馆与会展中心、创意产业园等模式[3]。目前，文化创意产业园是工业遗产保护再利用的主流模式之一[4]（见表1）。

创意产业最早在1997年作为一项政策概念由英国政府提出，目前在世界各国尚未形成一致的定义，通常是指设计师、艺术家、建筑师等"创意阶层"（creative class）从事的工作[5]，当文创产业形成聚集，就自然产生了"创意产业聚集区"。从事文创产业的"创意阶层"，需要不同于传统的办公场所以适合自身工作、创作和展示的环境，而工业建筑遗产具有的大规模、连片厂房和集中仓库的独特格局，以及结构坚固、大空间和具有工业美感等特点，受到了创意工作者的青睐，这些优势共同决定了工业建筑改造为创意产业聚集区具有巨大潜力[6]。文化创意产业自20世纪末在世界各国受到重视，而工业遗产的创意改造

* 本文为国家自然科学基金面上项目（52178036）、国家自然科学基金青年项目（51808408）、合肥市哲学社会科学规划项目（HFSKYY202111）。

最初是由艺术工作者们自发聚集形成的,早在1998年底,台湾设计师登琨艳将杜月笙名下位于南苏州河路的旧仓库改为工作室;1999年,设计师刘继东在不远处租下一间仓库作为设计工作室,用艺术理念将老仓库重新布局装修,并利用转租的方式,吸引境内外知名设计公司聚集于此,形成上海创意产业聚集区的雏形[7]。

表1 旧工业建筑改造功能汇总

现功能	数量	比例	比例饼状图
创意产业园	45	42.5%	
博物馆类展览	12	11.3%	
商业	8	7.6%	
公园绿地	7	6.6%	
艺术中心	6	5.7%	
学校	3	2.8%	
办公	5	4.7%	
住宅	3	2.8%	
宾馆	14	13.2%	
其他	3	2.8%	
合计	106	100%	

（来源：依据参考文献[8]整理）

21世纪初的国企改革浪潮中,数万座厂房被闲置,等待着重组,这也是国内文创园区兴起的起点[9]。中国跟上了新的发展态势,上海等经济发达的城市纷纷将文化创意产业作为引领经济发展的重要引擎[10],自上而下制定相应推进政策,创意产业作为一种新的经济形态正在崛起(见表2),其经济潜力和对城市发展的影响日益显现[11]。近年来随着我国对国家文化软实力提升的不断重视,推动文化创意产业的发展也成了国家的重要任务之一。此外,环保问题和循环利用等话题近年来也不断被提及,厂房拆除重建的过程中会耗费人力物力资源,并产生一定的污染。从国家政策和发展层面考虑,将闲置的工业厂房进行适当修缮和置入创意产业,引入新业态,既可以顾全工业建筑遗产的保护和发展,又能提升城市文化的丰富度。因此,许多城市都将工业遗产进行创意性改造,与文创产业结合发展(见表3)。

表2 改造数据

城市	数据年份	创意产业园数量	工业建筑改建数量	占比
上海	2009	82	65	79%
苏州	2013	37	20	54%
南京	2008	35	21	60%
青岛	2019	18	9	50%

（来源：依据互联网信息及相关文献整理）

文化创意产业是上海市八大重点产业之一,至2009年,上海市创意产业聚集区已经有

82家,建筑总面积超过了268万平方米,其中65处为工业建筑改建,占总数的79%[12]。截至2013年底,苏州市已建成的创意产业园区总计37家,建筑面积约达360万平方米,其中工业厂房改造共有20家,占比54%[13]。在南京市,至2008年底,市重点推进的35个创意产业园区中,有60%是利用旧厂房改造而成[6]。而在沿海工业城市青岛,至2019年全市共有18处工业遗产进行了再开发,其中改造成为创意产业园的有9处,占到了改造总数的50%[14]。

表3 我国部分工业遗产创意性改造一览

城市	原工厂	改造后	改造时间
上海	上海汽车制动器公司	8号桥创意园	2003年
	上海第八棉纺织厂	半岛1919创意园	2007年
	原轻工业群落	同乐坊	2006年
苏州	苏州刺绣厂	X2创意街区	2006年
	苏州二叶制药有限公司	姑苏69阁创意文化产业园	2013年
	苏州缝纫机厂	花里巷产业园	2020年
南京	金陵机器制造局	晨光1865创意产业园	2007年
	油泵油嘴厂	创意中央科技文化园	2009年
	双流水泥厂	凤凰·创意国际	2011年
青岛	蓝天实业旧厂	繁花文创产业园	2019年
	国棉五厂	青岛纺织谷	2014年
	中国抽纱山东进出口公司第二整理加工厂	中艺1688创意产业园	2015年

(来源:依据互联网信息及相关文献整理)

二、关联思辨

(一)结构坚固,空间灵活

相较于其他建筑遗产,大部分的工业建筑遗存存在时间并不久,主体结构依然年轻[15](见图1),不需要大量修缮,且因功能的特殊性,工业建筑的结构通常十分坚固,便于改造和分割成小空间,为后期改造过程中的局部拆除和改建提供了良好的条件。工业建筑遗产在建造之初,主要是为了工业加工或生产服务,一般空间开敞、跨度较大,许多厂房的进深可达到几百米(见图2)。现存的许多闲置工业建筑即使表皮损坏,内部结构也依然完整有序,将原有构造稍加修缮即可重新投入使用(见图3)。此外,工业片区还有大量配套设施,包括宿舍、食堂、管理楼、垃圾站、变配电所、雨水泵房等,这些配套建筑空间和造型各异,可通过改造置入不同功能。

图1 原安徽采石物流仓储一库　　图2 合肥某闲置厂房　　图3 合肥某改造厂房

创意产业园形成的根本目的是通过"跨界"促成不同行业、不同领域的重组与合作[16]，因而对建筑空间有特殊要求，文创产业园区里有企业、文化机构、艺术场所和工作室，兼备了工作和生活、生产和展示，对空间的需求多种多样，工业遗存及其配套建筑恰恰能够满足这种需求。

(二)工业文化,废墟美学

工业遗产是工业文化的空间载体。我国有许多城市的发展与工业生产密不可分，工业遗产附近的许多居民都曾在工厂奋斗过，对遗存的工业实物和其承载的工业文化具有质朴的情感。工业遗产进行改造能够唤醒当地居民对工业遗存承载的历史痕迹的追忆，为新植入的产业形态增添无形的价值。

废弃的城市工业建筑通常位置优越、租金低廉，初期吸引了部分创意工作者来此定居，此后逐渐形成具有一定规模的创意产业聚集区。工业类建筑具有与一般公建不同的独特造型，例如炼钢高炉、大型仓库、煤气储气罐、烟囱、水塔等(见图4)，这些富有特色的工业建筑符号经过一段时间闲置，自然环境对建筑形成侵蚀而产生的独特的废墟感，是任何新建建筑所无法比拟的。余秋雨在《废墟》中提道:"废墟有一种形式美，把拔离大地的美转化为皈附大地的美。再过多少年，它还会化为泥土，完全融入大地。将融未融的阶段，便是废墟。没有黄叶就没有秋天，废墟就是建筑的黄叶。"这种独特的废墟美学与崭新建筑的融合冲突和极强的空间表现容易让人们产生心理期待视觉刺激，吸引了大量的艺术工作者和游客。

图4 合肥市原马合钢高炉区　　　　图5 合肥市原无缝钢管分厂

(三)循环利用,遗产活化

将闲置的工业厂房改造再利用,不仅留住了城市印记,也避免了大兴土木新建园区带来的环境污染和土地紧缺问题。城市用地逐渐减少,而闲置的工业遗产占用了大量的土地,利用工业遗产进行创意性改造,能够使其在工业生产的使命结束后,延续建筑的生命周期。城市对创意产业的需求增加,新建园区将产生大量耗能,而创意性改造使闲置的工业建筑空间以积极的方式参与到城市公共活动中,充分发挥其文化和服务价值,在少耗能的前提下创造更多的使用价值。

(四)社会聚焦,政策支持

通过政府的扶持、媒体的报道和企业的宣传,工业遗产改造与创意产业都成为网红时代下的社会热点话题,不仅相关专业学生作业和竞赛中出现大量工业遗产改造类的主题,人们也喜爱到工业遗产改造的创意园区中打卡参观。随着国家对创意产业发展的鼓励和工业遗产保护的关注度逐步提升,工业遗产的保护和创意产业园区的建设也逐渐落实到政策上。

早在2009年,杭州市就颁发了《关于利用工业厂房发展文化创意产业的实施意见》(市委办[2009]17号),指导工业遗产创意性改造;作为近代工业的重要发源地,上海颁布的《上海市城市总体规划(2017—2035)》,将减半工业仓储用地,用地减量化背景下存量资源二次开发成为城市更新的重要命题[17],上海市经委2008年印发集的《上海市创意产业集聚区认定管理办法》中提道:创意产业集聚区是指依托本市先进制造业、现代服务业发展基础和城市功能定位,利用工业等历史建筑为主要改造和开发载体,以原创设计为核心,相关产业链为聚合,所形成的创意产业园区;南京、杭州等城市也纷纷发布了关于创意产业的认定管理政策的相关文件,鼓励和支持创意产业园区依托旧工业建筑的改造进行发展(见表4)。

表4 政策文件

地方	时间	文件	相关内容
上海	2008	《上海市创意产业集聚区认定管理办法》	创意产业集聚区是指依托本市先进制造业、服务业发展基础和城市功能定位,利用工业等历史建筑为主要改造和开发载体所形成的创意产业园区
	2016	《关于本市盘活存量工业用地的实施办法》	存量工业用地盘活,全面实施"总量锁定、增量递减、存量优化、流量增效、质量提高"基本策略,进一步完善城市功能,优化城市空间,提升城市品质,强化土地全生命周期管理,提高土地节约集约利用水平

	2017	"文创 50 条"	支持工业厂房、仓储用房等存量房产土地或采取划拨方式发展文化创意及相关服务
杭州	2009	《关于利用工业厂房发展文化创意产业的实施意见》(市委办[2009]17 号)	加大扶持力度,完善鼓励利用工业厂房发展文化创意产业的政策体系,利用工业厂房发展文化创意产业
北京	2017	《关于保护利用老旧厂房拓展文化空间的 指导意见》	保护利用好老旧厂房,充分挖掘其文化内涵和再生价值,兴办公共文化设施,发展文化创意产业,建设新型城市文化空间,有利于提升城市文化品质,推动城市风貌提升和产业升级,增强城市活力和竞争力
南京	2018	《南京江北新区关于进一步加快文化和旅游产业发展若干政策》的政策解读	通过政策引导,打造具有一定规模的文旅产业园,引导企业充分利用新区扬子、南钢、铺镇车辆厂的老旧厂房,进行改造利用

(来源:互联网信息及相关文献整理)

三、矛盾解析

在工业遗产的创意性改造蓬勃发展的同时,一些深层次的矛盾也逐渐暴露。从全国范围来看,旧工业改造为创意产业园的成功案例多分布于一线城市,建筑形态和空间可以复制,但创意难以复制。在成功案例带动的经济效益吸引下,工业旅游蓬勃发展,工业遗址改造的创意产业园遍地开花,其包含的创意概念逐渐削弱,同质化现象严重。同时,这种改造方式难以承载规模巨大的工业建筑群,也很难被人口规模少、经济发展一般的中小城市复制[18]。

(一)属性不同,需求有别

工业建设和发展时期一般并未充分考虑到建筑再利用和可持续发展,在建造时工业建筑仅是为工业生产和存储而存在,其建筑属性与创意产业园的需求大相径庭。创意产业类建筑服务于人,而工业建筑服务于生产。目前工业遗产创意改造的实践项目中,多注重经济价值的活化,而忽略了遗产本身的生产属性。工业建筑的设施通常老旧而缺乏人情味,虽能够给参观者带来一时的感官刺激,对于常驻人群的发展却不具备足够的支持条件。除去针对工业旅游的创意改造园区,许多创意园区对空间需求是小而精,而工业遗址占地通常大而广,建筑也多为大跨度、大空间,并且存在高炉、烟囱等空间特殊的建筑,在改造过程中会出现一定的困难。

(二)区位不同,效益有异

闲置的工业建筑在我国内陆、沿海、大小城市均有分布。工业遗产改造形成的创意产业园区需要有持续稳定的收入来平衡其改造支出和运营成本,故经济效益或社会效益也是工业遗址创意性改造必须考虑的因素。

图6　北京798老厂房

图7　北京798改造

　　文创产业园吸引的人群主要在发达城市和沿海城市,这些区位流动人口多、适宜发展旅游业,常住人口收入较高,会在温饱以外更多地追求精神趣味;发达城市也会有更多的创意工作者聚集,这类人群需要工作和发展的场所,会给文创产业园带来租金收益和生产效益。因而发展运作良好的工业建筑改造型创意产业园区通常分布于沿海、一线城市等经济较发达地区。北京酒仙桥的798艺术区,是我国早期自发形成的、具有一定规模的创意产业集聚区。自2002年起,一些艺术家陆续租用798厂区的空置厂房改建成为画室、工作室、展厅等(见图6、7),逐步形成了一定规模,成为北京市的一张名片[11]。对北京798创意园区人群随机访问的结果显示,在很长一段时间内,前往北京798常驻工作及旅游参观的均为来自世界各地高收入、高文化程度的年轻人及创意阶层,面向的人群具有相当的局限性(问卷数据来源:百度百科)。许多发展较落后的中小城市尝试模仿成功案例,利用工业遗址进行创意型改造,带动当地旅游和经济活化,但是由于区位、人员流动,城市整体收入不足,鲜有成功案例[19]。

　　(三)创意参差,管理不善

　　一些建设者对工业遗产的工业文化、城市的老工业区历史文化内涵挖掘整理深度不够,改造再利用主要集中在老工业区的利用实效性和经济性方面,对城市老工业区的自身特征缺乏正确评价,不顾实际情况,简单套用其他城市的做法,千篇一律地将工业建筑改造成艺术家工作室、画廊、文化创意产业园等。这种粗暴的大拆大建和简单地复制模仿只会让城市老工业区更新改造陷入经营困境,不利于工业遗产保护利用和价值再现。

　　此外,工业遗产的创意性改造是否有良好成效,涉及的不仅是前期的规划和设计,还有后期的管理和维护。投资者前期追求快速效益、盲目跟风,建设者抄袭创意、套用模板;改造后期管理者漠视需求、缺乏宣传,种种因素导致大量已改建完成的创意产业园区名声不显,呈现颓势。例如武汉市汉阳造艺术区,历史悠久,也进行了良好的改造,但由于定位与管理不到位,经营和发展遇到了一定的问题(见图8、9)。

图8 汉阳造艺术区入口   图9 汉阳造艺术区广告位

（四）始于艺术，困于商业

在带着浓重工业化时代气息的旧工业建筑里，多了时尚、艺术、潮流的味道，成为独特的时代风景。一直以来，工业遗产的创意性改造都被认为是有利可图的生意，自北京798艺术区名声大噪，各地纷纷兴建文创园区。中国文化创意产业网统计结果显示，我国文创产业园区在2006年至2012年进入快速增长时期，工业遗产的创意性改造在全国呈燎原之势，文创产业园的大量需求使闲置厂房寻到出路。直至近年，开发数量才有所放缓。但文创园的生意却并不好做，一些园区缺乏市场行情与城市环境的调研，对园区本身定位不准确，盲目引入产业谋求经济利益而非进行长期规划。即使名声显赫如北京798，面对高昂的维护成本和租金，也不得不进行商业化发展。工业遗产的创意性改造在艺术和商业的博弈中艰难前行，许多园区通过推升地价来维持成本，导致了大量艺术工作者无奈离去。从大规模涌现，到如今不乏唱衰之声，文创产业园区项目在短短数余年间已经显现出颓势[9]。对于运营者而言，工业遗产进行创意性改造后必须走向商业化，从而覆盖庞大的改造和维护成本，但文创一直是一个长周期、难盈利的领域，一旦无法找寻其平衡，摸索出合适的路径，或是迫于盈利的压力急于进行商业开发，属于工业遗产的魅力和光环便会逐步散去。

四、建议

（一）建立改造全周期策划及评估流程

建筑策划与使用后评估评价是建成环境空间效能的重要理论方法，也是建筑学的重要研究领域之一，在国际建筑师的职业实践中已被列入必须环节[20]，工业遗产的创意性改造作为建筑设计的一种，也有必要引入全周期的反馈系统（见图10）。

工业遗产的创意性改造不同于一般的建筑改造，对于建筑的保护通常更为重要。在改造前期需要依据城市文化、保护要求、社会需求等方面评估改造的必要性，对改造的成本和效益进行预估。改造阶段中需要寻求专业角度和非专业角度的多方参与。工业遗产的现状条件通常较复杂,厂房、仓库、铁道、水塔、烟囱、宿舍等同时存在,如何有选择地进行拆除与保留,需要详细调研、规划、统筹、结构鉴定、系统分析等,在策划过程中进行研究与梳理[21]。创意园区建成投入使用后,就需要进行评估。使用后评估在我国起步较晚[22],尚需摸索更加完备的流程和模式,将其运用在工业遗产的创意性改造中,能够及时调整偏差,为之后的改造提供经验借鉴。

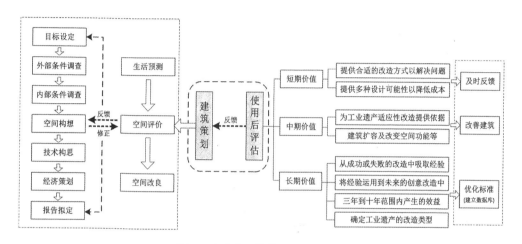

图10 改造全周期策划及评估流程
(来源:依据参考文献[23][24][25]改绘)

(二)明确工业遗产主体,平衡商业化发展需求

工业建筑遗产的价值依赖于人们对其潜在文化的评估和保护意识。它从一般的建筑废弃物上升到一种遗产形式,证明其具有宝贵的价值和巨大的开发潜力,这也为人们充分地综合利用和系统开发这种价值提供了丰富的可能性[26]。而工业遗产的改造,根本目的在于对工业遗产主体的保护和活化,其他的效益是在其基础上的附加值。事实上工业遗产的保护和改造过程中,常会出现理念偏差,譬如不能充分认识工业遗产的历史、文化和经济价值,认为废弃建筑有碍城市观瞻,持消极否定态度;或开发理念存在偏差,过度重视工业遗产的经济价值[27],商业化现象严重,保护价值时常会为经济利益让步。

现代城市发展趋势逐渐成为以土地价值提升代替增量扩张,如何在商业价值和工业遗产本体的价值中寻求平衡,是一个需要长期探索的命题。要综合认识和充分挖掘工业遗产历史、社会、文化、美学以及科学技术价值,关注工业建筑和构筑物、生产工艺流程、基础设施以及与工业有关的社会活动场所,在改造追求普适性的同时,不能失去工业建筑的身份感,改造过程中需要强调工业遗产的主体保护,进行可逆改造,既要顾及单一的物质空间保护,也需扩展到物质与非物质结合的全面系统保护,构建工业遗产本身所具有的独特价值体系。

(三)明确多方协同参与体系

在自上而下规划工业遗产的创意改造过程中,需要规范工业遗产建设用地规划与审批程序,落实工业遗产保护要求,发挥政府主导作用,通过税收支持、政策扶持、利用土地容积率转移等手段合理推进工业遗产的创新再利用,吸引民间资金和创意工作者参与工业遗产保护利用,达到社会、政府、企业共赢的效果[19]。

政府需要做好规划,控制工业遗址创意性改造的数量,建设者也需配合相关政策以保证其改造质量。对于已形成的创意产业园区,要建立实时反馈机制,做好管理和宣传工作。待改建的工业遗址要总结经验,充分考虑创意性改造的必要性,做好前期调查工作,以保证前期投入和后期回报比(见表5、6)。

表5 需求分析

需求方	需求
政府	遗产保护、社会效益、税收
投资者	品牌广告效益、投资回报比、瞬时效益
经营/创意工作者	合理的租金、良好的经营环境、稳定的运营收入
外来游客	参观游览、感官刺激、购物或可玩性
当地居民	环境品质提升、活动场所、便捷的生活设施

表6 具体建议

	规划方	建设方	管理方
已形成的园区	A 理解遗产再利用的原因和动机,确立完善的政策指引工作	实时跟进,进行空间改良	数据收集,评估改造带来的周边环境影响、空间优化效果、人群聚集性,为其他项目保留参考样本
	B 与新建筑相比,明确改造的经济效益预期	了解各项改造投入,试确定单位造价和总体预算	规范经营模式,建立投资—经营实时反馈机制,保证良性运作和资金流动
	C 提供优良政策,鼓励经营者入驻	从动态更新的观点进行功能预测,保证一定的功能适应性和灵活性	—
	D 整合周边旅游资源,设计便捷的旅游路线或廊道	阐述现有建筑在周边环境中多方面的价值	开发相关文创产品,做好宣传和引导工作
	E 明确需要满足的法规规范标准章程,对改造前后的功能对比评估	研究建筑可达性策略,明确在改造中功能与空间的优化方式,包括公共空间、交通空间、休憩空间等	做好园区内游客的引导、商户的后勤工作,保证对周边剧名和环境的良性影响

	规划方	建设方	管理方
待改造的遗址	A 做好改造周边相关土地政策、上位规划及环境关系的调研工作，衡量创意性改造的必要性	结合实际需要因地制宜，提出可行改造方案；考虑复合化、多元化的改造模式和思路	做好市场调研分析，明确公益和经济收益
	B 确定建筑的性能需求，说明改造的功能提升要求，以满足业主、使用者的需求和主要活动的开展。	了解各项改造的投入，确定单位造价和整体预算	评估市场分析报告，考察改造项目的效益预期与可操作性
	－	设计定制化、灵活的方案，时长期使用的商户有自由改造的空间	明确运营成本在遗产再利用决策中的重要程度，确定改造策略
	明确该地的旅游定位，确定周边的游览性建筑和区域游览路线	针对不同场地，建设有标志性的空间或景观	针对目标人群做好前期宣传工作，确保改造后的效益
	根据现状条件确定景观、公共设施	确定场地景观设计、停车交通便捷性、公共空间等	积极调研，保证居民对改造的决策参与过程，重视实际需求

（四）正视地域差距，寻求经验借鉴

不可忽视的是地域之间存在明显的文化和经济差距，创意性改造不能适用于所有工业遗产。工业遗产保护利用方式方法应当丰富多样，例如保存特色并改造为住宅和办公场所、将旧仓库租给创意阶层成为文化艺术中心，或将陈旧的建筑及环境更新为历史博物馆、工业旅游区，通过创新设计实现转型，达到社会、经济效益和对工业遗产保护的协同融合。

在老工业建筑保护利用和更新改造上，需要借鉴经验，总结典型的更新模式，分析评估其得与失，判断其适用度、价值范围和适用对象，对已开展的老工业城市更新改造的模式类型、实施策略、运作体系、具体方式、技术手段等进行系统分类，有选择性地吸取其成功经验或失败教训，做出具有针对性的研究总结和价值判断。工业遗产内涵、功能、类型与形态极为丰富，活化过程中必须认识到改造类建筑的可变性。单一功能可做到专门发展，一旦遇到困境也难以自救。如果面临闲置，必须有备用措施，能方便经济地进行补救。

五、小结

创意性改造是一般的工业遗址能够产生较高效益的改造方向，也出现了许多成功案例，使工业遗产成为优良的城市标志和文化载体。如今创意产业园区的存在，已不仅仅是为了利用闲置工业厂房搭建创意工作者们创意输出的平台和政府经济创收的途径，也为城市人提供交流、休憩的场所。工业遗址通常占地巨大，在寸土寸金的城市中，一旦改造

失败，会对城市人力、资源和经济造成极大浪费。工业遗产的创意性改造如果只是功利地看重短期效益而将其与创意产业捆绑，而不考虑城市发展特点、人群使用需要、改造契合度、成本与收益等问题，将会面临难以发展的困境。只有从改造前到投入使用后全周期综合多方考虑，追求创意性改造的必要性和独特性，而非全盘盲目跟风，才能完成具有良好效益和活力的旧工业建筑改造。

参考文献：

[1] 张松.20世纪遗产与晚近建筑的保护[J].建筑学报,2008(12):100-103.

[2] 蒋楠,沈旸.中国"20世纪遗产"保护再利用中的"前策划"与"后评估"：以建筑师介入的视角[J].建筑师,2020(05):6-9.

[3] 俞孔坚,方琬丽.中国工业遗产初探[J].建筑学报.2006(08):12-15.

[4] 李海东,欧阳桃花,张纯,曹鑫.从工业遗产到文创平台:资源拼凑理论视角——以景德镇陶溪川为案例[J].管理学报.2021,18(03):328-336.

[5] 段进.创意产业与长三角城市发展[J].规划师,2008(01):24-28.

[6] 汪毅.南京创意产业集聚区分布特征及空间效应研究[J].热带地理,2010,30(01):79-83+100.

[7] 奚秀文.上海创意园区与近代产业建筑的生存[D].天津:天津大学,2007.

[8] 聂华.共生思想下旧工业建筑转换为创意产业园的设计研究[D].大连:大连理工大学,2016.

[9] 钟微.798没落,文化创意园的生意为什么不好做了[OL].https://finance.sina.com.cn/chanjing/cyxw/2021-05-11/doc-ikmxzfmm1793098.shtml,2021.

[10] 栾峰,何瑛,张引.文化创意产业空间聚集特征与园区布局规划导引策略——基于上海中心城区的企业选址解析[J].城市规划学刊,2019(01):40-49.

[11] 柯焕章.创意产业与北京城市发展[J].规划师,2008(01):15-17.

[12] 王晶,李浩,王辉.城市工业遗产保护更新———种构建创意城市的重要途径[J].国际城市规划,2012,27(03):60-64.

[13] 陈向楠,杨新海.苏州中心城市文化创意产业园区发展研究[J].现代城市研究,2015(07):28-34.

[14] 贾超,王梦寒,于洋,吴逸伦.青岛工业遗产保护利用历程及现状调研[J].城市建筑,2019,16(19):44-49.

[15] 朱东旭.旧工业建筑类创意产业园展示空间设计研究[D].广州:华南理工大学,2016.

[16] 韩育丹.面向创意产业园的旧工业建筑更新研究[D].西安:西安建筑科技大学,2016.

[17] 胡晨.城市更新视角下文化创意产业与工业遗存改造[J].产业创新研究,2020(21):9-11.

[18] 刘伯英.工业遗产保护发展综述[J].建筑学报,2012(01):12-17.

[19] 邢灿.访谈阳建强:工业遗产整体性保护与综合性更新有待加强[OL].https://cssn.cn/jjx_yyjjx/gyjjx/202008/t20200830_5176244.shtml,2020.

[20] 梁思思,张维.基于"前策划-后评估"闭环的使用后评估研究进展综述[J].时代建筑,2019(04):52-55.

[21] 何冰.旧工业园区改造为文创园的建筑策划研究[D].北京:清华大学,2014.

[22] 庄惟敏,韩默.建筑使用后评估基本方法与前沿技术综述[J].时代建筑,2019(04):46-51.

[23] 庄惟敏.建筑策划导论[M].北京:水利水电出版社,2014.

［24］何冰.旧工业园区改造为文创园的建筑策划研究[D].北京:清华大学,2014.

［25］庄惟敏."前策划—后评估":建筑流程闭环的反馈机制[J].住区,2017(05):125–129.

［26］刘宇.后工业时代我国工业建筑遗产保护与再利用策略研究[D].天津:天津大学,2015.

［27］徐拥军,王玉珏,王露露.我国工业文化遗产保护与开发:问题和对策[J].学术论坛,2016,39(11):149–155.

铁路遗产价值及其活化利用探讨

陈 雳

（北京建筑大学建筑学院）

铁路遗产本身就是工业化的产物，当时过境迁不能继续发挥作用的时候很多铁路设施就变成了工业遗产，但是它们蕴含着极大的价值，简单的荒置废弃是巨大的损失。一旦它们被重视起来并得到充分的利用就会展示出新的生命力。

一、对于铁路遗产的认识与理论

近些年来随着我国高速铁路的快速发展，大量原有的铁路设施逐渐被弃用，不再发挥作用，造成巨大的资源浪费，如何认识到这些遗产的价值并充分活化利用成为一个重要的课题。西方国家非常重视铁路遗产的研究，有很多成功的经验，在铁路遗产活化利用方面，英国起步最早，目前拥有十多处铁路遗产，堪称欧洲第一。英国泰勒林铁路(Talylyn Railway)是世界上第一条受到保护的铁路线。1975年工业考古学者发现了利物浦路车站的历史价值，遂成立保护协会，开展政府收购、维修，改建成博物馆，于1983年正式对外开放。欧洲其他国家，如法国、德国、意大利等都有很多成功的实例。当然铁路遗产的活化利用远不止于此，在开展铁路旅游，后工业遗产景观的更新方面，欧美国家也有很多宝贵的经验值得我们借鉴。

近些年来，人们在研究认识铁路遗产时以更为开阔的视野来认识它，更加重视群体遗产的保护，而不是聚焦于个体遗产。铁路遗产是非常特殊的一类工业遗产，它的成分复杂，数量巨大，因为具有线性的特征，常被归于"遗产线路"(Heritage Routes)一类。"遗产线路"是一种体现了遗产群体的复合型遗产概念，《世界遗产名录》为此设置了特定的遗产类型。人类的迁徙和各种需求导致的位置变化，最终以交通路线（包括铁路）的形式固化下来，这就是遗产线路，因为它承载着无形的历史文化而广受关注。

对铁路遗产的研究人们引入了另外一个概念——"遗产廊道"(Heritage Corridor)，遗产线路偏重于线性的形态，而遗产廊道则更注重遗产的内涵，有助于人们理解遗产的活化利用价值。遗产廊道理论起源于美国，是描述遗产区域的一种主要形式，指的是"拥有特殊文化资源集合的线性景观，通常带有明显的经济中心、蓬勃发展的旅游、老建筑的适应性再利用、娱乐及环境改善"。遗产廊道与历史遗产的区域化保护联系紧密，强调文化遗产保护和自然保护并举，是一种追求遗产保护、区域振兴、居民休闲、文化旅游和教育多赢的、多目标保护规划方法。遗产廊道作为线性的遗产区域保护形式，它的形式和内容是多样的，既可以是线性的自然景观，如自然或历史形成的河流、峡谷等，也可以是由于人类活动或交通路线形成的运河、道路以及铁路，还可以是将各自独立的遗产点连接起来而形成的更大范围的线性遗产区域。以遗产廊道理论研究铁路遗产体现出了一种整体性的研究方法，有利于旧城区域的更新和活化利用。到目前为止，国内外一些学者已经开展了采用遗产廊道理论研究铁路遗产的尝试。

二、铁路遗产的价值

当今国际社会已经大大拓展了对铁路遗产的认识，将其提升到了最高的保护级别，已经有奥地利的塞默灵铁路（the Semmering Pass），印度的达吉岭–喜马拉雅铁路（the Darjeeling Himalayan Railway），意大利和瑞士的雷迪亚阿尔布拉–伯尔尼纳铁路（Rhaetian Railway in the Albula–Bernina Landscapes）被列为世界遗产。

2021年在福州举办的第44届世界遗产大会上，伊朗的纵贯铁路（Trans-Iranian Railway）被列入了世界遗产名录，这是第四条列入世界遗产的铁路遗产。这条纵贯伊朗南北的铁路始建于1927年，于1938年竣工，其设计和建造是伊朗政府与来自多个国家的43家建筑承包商成功合作的结果。这条铁路全长1394公里，沿途有90个车站，以其规模和克服陡峭路线和其他困难所需的工程而闻名。崎岖的地形导致铺设工作涉及多处大规模的山体切割，以及建造174座大型桥梁、186座小型桥梁和224条隧道，其中包括11条螺旋隧道。

从世界遗产的角度来看，铁路遗产代表了人类自身改造世界，发展自我的积极行动。通过比较，作为世界文化遗产的铁路遗产，它们的价值体现在《世界遗产公约实施操作指南》（Operational Guidelines for the Implementation of the World Heritage Convention）中遗产突出普遍价值评价的标准。在艺术性方面，提高了沿途优美的自然景观的可达性，自身形成了一种独特的文化景观；代表了早期铁路建设中突出发达技术水平，通过技术与文化传播实现了对地方发展进步的积极持续的影响力，积累形成了一整套特殊地理条件下施工建设的宝贵经验体系；基于铁路的动态的影响力，它们都形成了特殊的影响范围区域，在进行保护过程中，特地划定了核心的保护范围和缓冲区以保持遗产特有的风貌。

除了已经列入世界遗产的实例，作为普遍意义的铁路遗产，具有丰富的共性价值值得我们研究思考。它们经历了岁月的洗礼，保存了社会发展的珍贵记忆，具有重要的历史价值；由于铁路的兴建成为区域发展的纽带，铁路先天就具备了区位的价值，对城市发展产生过重要的影响；铁路遗产是工业遗产的重要类型，具有工业文化的鲜明特征，其文化价值也不容忽视；铁路是技术创新的产物，体现了工业化过程的技术发展，是特定时期科学价值的体现；铁路遗产大多是由国家投入巨大的经济力量建造完成，大量的市政设施和环境资源围绕铁路规划建设，巨大的建设成本决定了铁路遗产潜在的经济价值。

对铁路遗产的活化利用不仅尊重了既有的历史价值，展现了其真实的外在形象，焕发了铁路新的生命力，相比单一的挂牌保护，活化利用是对铁路遗产更为积极的保护方式，它能够增加社会参与性，带来了新的使用功能，对遗产的维护也更加主动和完善。在原有基址上的活化利用，可以充分使用既有的城市设施，减少建筑垃圾和环境污染，节约资源，实现城市生态化发展，因此铁路遗产具有生态价值。

三、铁路遗产活化利用策略

铁路遗产活化的复杂性超出了一般的遗产，不仅是铁路文化和历史的延续，也关系到棕地治理和环境改善，对重要建筑之外大量的设施、构筑物、场地、土地等资源，需要有系统科学的评价、规划、设计程序和规范。在遗产廊道的概念下，我们既应该有整体性原则，也要对不同层次的遗产要素分别予以探讨。从遗产个体的角度来看，原有的功能减弱之后，亟须赋予其新的功能，也需要体现新形式。从遗产整体性角度来看，铁路遗产的复合性应该得到充分考虑，它涉及到静态的大范围厂区和后工业景观，也包括动态的线性廊道景观。此外铁路遗产的活化不仅意味着建筑与规划的设计，还要在制度层面做出相应的匹配设置，如制定相关政策、法规等。

建筑类型学的方法是分析复杂城市遗产的有效研究方法，通过类型分析可以将不同层次的遗产进行形式分类和属性归纳。借助类型学方法，提炼出铁路遗产的点状、线性和网络三种不同的属性，而每一属性本身可以成为活化利用的依据（见图1）。

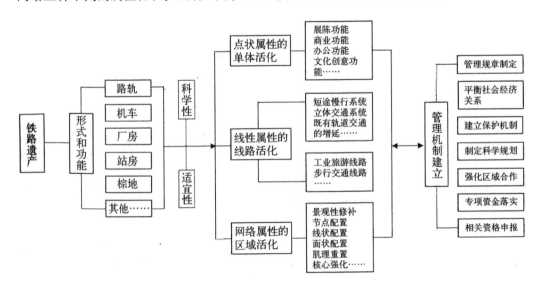

图1 铁路遗产活化利用研究路线

(一)站房的再利用

铁路站房是铁路遗产的主要内容,具有点状属性的特点,废弃站房的活化利用是铁路遗产改造的一个重要方向,其中的很多措施手法带有建筑学专业工作的特点。铁路站房的活化利用体现了两个特点,即功能的多元化和手法的丰富性。以下几个代表性的例子:

1.巴黎奥赛博物馆(Musee d'Orsay, Paris ,1986)

法国奥赛博物馆是知名的文化类建筑,该建筑的不平凡之处不仅在于它是高规格的国家级博物馆,意大利优秀女建筑师奥伦蒂(Gae Aulenti)主持室内设计,更在于其本身就是一个火车站房再利用的经典案例,将古老的火车站改建为19世纪艺术展厅。

1970年,原车站获准拆除,但文化事务部长雅克·杜哈明(Jacques Duhamel)否决了在原地建造新酒店的计划,并提出改建成博物馆的设想。该建筑被紧急列入1973年名胜古迹增补录,最终于1978年被评为名胜古迹。它是20世纪70年代第一个文化空间重生的工业建筑。博物馆充满阳光的、长期开放的开放平台在国际上名声赫赫,每年能够吸引300万游客。奥赛博物馆拥有印象派和后印象派作品的丰富馆藏,被称之为"印象派的天堂",这是早期现代艺术(1848年至1914年)的起源。您可以找到德加、马奈、梵高和雷诺阿等印象派大师的作品,这些作品通过雕塑、照片和装饰艺术等各种艺术品反映了当时的生活。建筑的中庭是惊艳之笔,身处其中能感受到任何角度的空间审美,有一种豁然开朗的通透感。该作品使奥伦蒂成为第一位获得法国最高荣誉——法国荣誉军团勋章的女建筑师。

2.西班牙布尔戈斯市(Burgos)老火车站翻新改造

这个项目旨在复兴老火车站,使之成为一个儿童和青少年的娱乐休闲中心,这是一个火车站房转换为民用公建的可借鉴实例。建筑的外部设计包括了两部分:一部分是将火车站广场改为步行空间,另一部分是将曾经的铁轨改为建筑廊道。廊道的上面用铁和玻璃构成了顶棚,保护着铁轨和平台。改造后的建筑廊道很好地将建筑和环境融合在一起,成为建筑与绿地之间的自然过渡,模糊了建筑与西部森林的边界,并且作为咖啡厅的一部分为人们提供了休闲娱乐的功能。其次就是对于候车大厅的干预措施,项目要求在保护建筑本体的前提下适应新的功能用途。该建筑一字展开,分为几个不同的区域:东侧是儿童区,西侧是餐饮区,在通道区的夹层是行政区,一楼则是青少年活动区。三个塔楼通过廊道连接在一起,走道的末端有交通楼梯。

3.挪威德拉门市(Drammen)的自行车旅馆

火车站房能够成为室内自行车停车场,说明在功能转变方面几乎是无所不能。在19世纪50年代,挪威所有铁路建筑都是用木材建造,融合了瑞典和德国的传统建筑风格,并从中世纪的挪威阶梯教堂中汲取了灵感。挪威的建筑师将这种风格运用到铁路建筑中,象征着1814年脱离瑞典后的民族风格。古尔斯基根(Gulskogen)自行车旅馆是由一个19世纪后期德拉门市(Drammen)的老火车客运站改造而成的。在设计中,建筑师保留了原有的木结构,让人们感受到传统的文脉。为了让建筑物表现出历史的传承,建筑师使用了旧焦油气味的油产品来保护所有木制表面。作为适应性再利用的典范，古尔斯基根自行车旅馆保留了尽可能多的建筑框架。山墙东侧区域已经重新设计，设计灵感除了来自当地历史，还有在阳光明媚的夏日森林和阳光穿透树枝映射下来的景象。带图案的金属板是受到当地山毛榉森林的启发，作为重复出现的元素进行了连续的表达，用简洁的现代材料和设计手法体现文化传承。在挪威，因为有偷盗和故意破坏自行车的现象，很多人并不愿意在室外停放自行车，自行车旅馆因而备受欢迎，旅馆中有视频监控系统，而且只有购买访问权的人才能进入，人们通过手机上的应用程序可以进出旅馆并对自行车进行解锁。旅馆设置了134辆自行车停车位，其中有两辆可用于带拖车的自行车，还有4个用于电动自行车的充电点和1个用于安装轮胎的落地式充气泵。

(二)线性设计

由于铁路遗产自身具有线性的特征，设计师在活化利用的构思中因势利导，赋予新的功能，使原有的线路活起来，如：工业旅游线路、线性步道交通线路的转型，此外针对铁路线路的活化还应引入短途慢行系统，以丰富城市交通。

1.线路旅行

欧洲一些铁路直接为旅游服务，供游客观赏沿途的美景，如人们熟知的德国的莱茵河铁路，瑞士的少女峰铁路，挪威的弗洛姆(Flam)铁路等。如果铁路遗产恰巧与自然、人文景观有交集，可以考虑开辟旅游线路，达到活化利用的目的。

对铁路遗产的活化利用，在日本有一个词叫"废线观光"，顾名思义，不是我们通常理解的博物馆参观，而是依靠废旧的老铁路线组织休闲参观，于是已经废弃的铁路设施又重新活跃了起来。四轮轨道自行车，已经在岐阜县的神冈铁道上施行，自行车本身就构成一景，此外游客可以健身、休闲、观赏美景。宫崎县的高千穗铁道，2008年遭受台风破坏废弃不用，后经过精心组织，成为观光专用的小火车，称为高千穗天照大神铁道，以此呼应当地的"神话之乡"的特殊文化，途经350米长度的道桥，险峻的风光尽收眼底。将"神话观光"和"废线观光"效应相结合，使高千穗路段成为火热的旅行线路。

2.步道交通线路

如果铁路失去了运输的功能，铁路线的原有基址可以开辟成步行景观。高线公园(High Line Park)是一个位于美国纽约曼哈顿中城西侧的线型空中花园，是铁路遗产活化利用的典型范例。高线铁路建于1930年，长度为2.33千米，原来是提供货运的一条线路，与人们日常休闲和景观都没有关系。1980年之后该线不再承担运输功能，政府计划将其拆除。在保护组织"高线之友"(FHL)的大力倡导下，高线最终得以保留，并改建成独具特色的空中花园走廊，为纽约赢得了巨大的社会经济效益，建筑大师扎哈·哈迪德也在毗邻高线公园的位置设计了西28街520号公寓楼，成为高线公园的重要景点。

3.短途慢行系统

短途慢行系统的引入是将完整的线性轨道和孤立的铁路附属建筑物联系起来，去除

遗产片区冗余、杂乱的部分,与公共空间融合,将轨道转变成为沟通城市的桥梁,老铁路线转身成为具有轻轨特点的公共交通线。

欧洲有轨电车经过100多年的发展,已经非常成熟,有轨电车在经济实用方面优于地铁,大大提高人们出行的效率。基于轨道交通的某些共性,铁路遗产可以进行有轨电车化改造,成为城市区域之间和毗邻城市之间的交通联系,发挥城市交通骨干的作用,与当地居民的生活产生密切的关联,成为人们出行的一项有力保障。当前在欧洲城区之间乃至村庄之间普遍使用了短途慢行的轨道交通,这一措施如果在我国实行,将有广阔的前景,能有力地推进新型城镇化的转变。

(三)网络遗产的活化

从形态角度分析,线型形态是铁路线的主要特征,但是铁路遗产由于包含多种元素,而铁路线又往往联系其他重要元素,比如衰退甚至废弃的工业,兴起的社区等,铁路遗产活化利用将成为区域更新的重要线索。铁路遗产的活化利用将对其进行空间织补优化,包括对点、线、面等空间要素的整治,肌理的强化和景观性修补。活化利用的铁路遗产将从城市整体规划的角度出发,增加市民的可达性、可观性、可参与性,使之成为社区居民生活的重要组成部分。

1.铁路遗产博物馆区

铁路遗产比较集中的地点,应该综合考虑多种因素进行活化利用,比如棕地环境中的道路、绿化、市政设施;铁路遗产中的轨道、机车、信号箱、标志牌等;铁路建筑中的制造修配车间、站房、辅助用房。除此之外,还有可能包括为了活化利用而新建的建筑及各种设施。这些元素交织在一起构成了一个复杂的系统,国外大量的铁路博物馆就是将它们有机地组织起来,供人们参观体验。

在美国,铁路博物馆有300多处,数量众多,体系完整,还为此特意开辟了铁路博物馆的专线旅游。澳大利亚国家铁路博物馆位于老工业区内,其基址是数条老铁路线的聚集处,除了在大棚内展示近代以来的机车车辆之外,还有互动展区和环线小火车体验,别具特色(见图2)。英国国家铁路博物馆建立于1975年,位于英国北约克郡,是英国三大科学博物馆之一,占地8公顷,是世界最大的铁路博物馆,展示了英国铁路对于英国近代工业发展和社会的影响力。

图2 澳大利亚国家铁路博物馆环形小火车

2.工业旅游网络

如果说工业区的分布形成了一张巨大的网络，那么既有的铁路线则是网络联系的重要纽带，在老工业区保护利用中起到了不可替代的作用。

德国的鲁尔区拥有全欧洲最密集的铁路网。20世纪90年代开始，鲁尔区经历了大规模的产业转型，将核心区的17个城市进行了改造，实施了近百个开发项目，如博物馆式开发、景观公园式开发、购物旅游开发、区域一体化开发等。在整体发展方向上，区域性的工业旅游是一大特点，在工业景观的规划整合上，原有铁路线发挥了重要的作用。

鲁尔区旧工业改造的实例有很多，其中一个典型的例子就是艾姆舍尔公园（Emscher Park），在这里大片的工业设施都赋予了新的内容，活化成为文化、休闲、娱乐等各种功能，成为由工业遗产构成的城市花园。

四、小结

2018年底中国高铁运营里程超过2.9万千米，占全球高铁运营里程的2/3以上，预计到2025年，将达到破纪录的3.8万千米。在这个过程中，几乎所有的线路都进行了更新，原有铁路遗产如何处置便成为一个紧迫的课题，在国家去产能的调控压力下，这一问题越发突出。借鉴国外的成功经验，实现铁路遗产科学合理的活化利用是我们努力的目标。

铁路遗产的活化利用在我国也有了一些成绩，但是与发达国家相比尚有很大的差距，表现在：少数遗产只是以文物的身份挂牌保护起来并没有实现真正的活化利用；虽然部分遗产转换成博物馆、景观公园等，但它们只是个别案例，不成体系，而且由于功能单一，限制了再利用的其他可能性；此外，铁路遗产的活化利用完全由政府主导，权属问题比较复杂，社会团体和广大市民不能充分参与。

西方国家在铁路遗产活化利用的时候，除了尽量坚持建筑遗产的真实性之外，还用现代设计手法进行合理适度的改造，加入当地的文化元素，并根据现代人的审美需求和社会需要置入新功能。工业遗产保护没有万能的模式，而活化利用的方案，则是要具备可行性和可持续性的特点，并且要与社会的发展进步产生共鸣。

参考文献：

[1] 陈霁.西方铁路遗产活化利用概括[J].工业建筑,2020,5:198.

[2] 李伟,俞孔坚,李迪华.遗产廊道与大运河整体保护的理论框架[J].城市问题,2004,1:28.

[3] 王建国.后工业时代产业建筑遗产保护更新[M].北京:建筑工业出版社,2008.

[4] 张松.历史城市保护学导论——文化遗产和历史环境保护的一种整体性方法(第二版)[M].上海:同济大学出版社,2008.

[5] Jonathan Brown.The Railway Preservation Revolution:A History of Britain's Heritage Railways,[J/OL]. Pen & Sword Transport,2017.

［6］Lambert, Mark. The designation and display of British railway heritage in the post-war decades,2017.

［7］Shin,Ye-Kyeonga, Jung, Hye-Jinb.New Spatial Possibilities of Railway Station: Everyday Heritage, Enjoy - able Landscape,Procedia Engineering 118, 2015.

BIM技术在工业遗产转型营造中的应用价值研究

赵 琳

（燕山大学艺术与设计学院）

一、BIM技术在工业遗产转型营造中的应用前景与趋势

近年的工业遗产转型领域项目众多，规模普遍较大，特别是具有综合性业态属性的项目，项目整体处理会变得异常复杂，这也就对整体营造提出了许多新的挑战。而BIM技术作为可实现整体项目信息的集成，能够将建筑改造设计、施工环节、业态运行及建筑全生命周期管理等信息统一整合为三维模型信息数据库，可实现多项工作协同运行，并可以在应用中不断更新和增项，为整体营造提供协同工作平台，实现数据的动态化管理。BIM技术作为建筑信息化发展的技术手段已经在许多工业厂区改造项目的实施中得以广泛应用。在国家《2016—2020年建筑业信息化发展纲要》中，已经明确提出了"推进基于BIM进行数值模拟、空间分析和可视化表达，研究构建支持异构数据和多种采集方式的工程信息数据库，实现工程信息的有效传递和共享"。

工业遗产转型营造项目的激增对我国建筑行业的工业化、标准化提出了更多的技术要求，但由于我国工业遗产转型项目的实施多处于探索实验阶段，部分工业遗产转型项目在前期勘测的精确化、设计阶段的标准化、实施阶段的模块化并不能达到预期效果，不同相关专业之间也都存在许多待协调问题。这就使BIM技术从业态定位及整体营造阶段开始就可以通过对项目相关信息及数据的建立形成可视化模型，从而为其提供全生命周期管理。这样不仅能实现各专业在营造项目中的数据共享，而且能为转型营造后的新建筑群的整体标准化数字管理提供有效地全方位技术保障。

二、BIM技术在工业遗产转型营造中记录与勘测的应用价值

项目勘测阶段的前期信息采集工作，是研究工业遗产营造可行性研究的重要基础之一，所需采集的信息除了文字记录、影像资料、原始图纸以及与其有关的其他资料外，最为

直接有效的记录方式就是对其进行数字测绘,软件建模、数字航拍、三维扫描都是在针对工业遗产实施改造之前应当对其地域条件以及实体现状做完整全面的信息记录手段,BIM技术除了成果构建方式上的优势之外,就其成果本身,多信息数字模型也更适合进行勘测信息的记录及建档保存。

每个工业遗产都具有很强自身的特殊性,因此针对其营造前开展的专门性勘测更是极具必要的。由于工业遗产转型营造在建筑改造领域目前仍属于一个较为年轻的类型,所以无论是国际还是国内对于工业遗产转型营造前期的记录研究均处于起步的阶段,而在文化遗产领域的数字化保护发展较为快速,目前在长城数字化保护研究、麦积山佛造像等许多领域均有优秀案例产生,研究这些以保护为主的数字化成果形成方式,在工业遗产的数字化保护领域也是值得借鉴的,而基于BIM技术的改造勘测模型也正是项目原始数据的精准汇集,BIM技术中工业遗产的三维可视化信息的记录可随着信息化和数据化的调整而改变,遗产记录的信息如记录主体发生改变,记录内容也将随之发生变化,这就便于日后动态比较保护研究的长效开展。

基于BIM技术发展前景的广泛性及该技术本身对于工业遗产转型营造项目的适应性,从建立开放型的国家工业遗产数据库的基础数据整理上,BIM技术的使用为工业遗产测绘成果纳入数字平台库带来了更广泛的可能性。由此可见基于BIM技术的工业遗产的测绘在营造前期是非常必要的,并且在实际操作结构上BIM技术本身即可作为遗产信息管理平台的重要组成部分,作为数字保护的发展,就更要求先期的工业遗产勘测阶段的信息采集工作应尽可能地利用BIM技术来实施,以便在后续数字平台库的建设中能够实现无缝衔接。

三、BIM技术在工业遗产转型营造中设计与设计管理的应用价值

通过BIM技术的核心建模软件REVIT可完成项目的模型设计,而基于模型生成二维视图的过程代替了传统的CAD制图,BIM模型中可包含更多相关的几何属性信息及人为添加的共享信息,设计过程所需要的二维视图可由统一的模型自动生成并保证数据的完整一致性,使各专业人员统一专注于BIM模型的创建、完善与调整修改,其参数化模型在设计阶段将大大提升设计效率,更可在整体项目研讨协同效率,并成为二维到三维设计的合理配合阶段形成的准确依据。利用BIM技术还可以通过国际工程数据交换标准IFC复用BIM设计模型,减少重复建模,工作效率得到大幅提高。

BIM技术还可以将其用于针对工业建筑构件改造的深化设计、生产加工等环节,提高构件设计、加工的效率和准确性,可通过定义分类、设计、生产的标准,完善构件标准化并形成专有数据库,并将各个构件数字信息上传至网络,通过BIM技术对构件进行信息建模,生成数字资源库,BIM模型可实现构件自动归类并对创建的构件赋予参数化信息,将工业遗产改造中原有的每一个构件的位置尺寸、材质效果与数字模型对应,构件的参数信

息可以直接提取调用,并赋予可调整的有效计算值。从而通过数字资源库实现同类型工业遗产与BIM技术的广泛融合,并结合使用REVIT系列软件,以此做到多专业团队的高效协同设计。

对于工业遗产转型营造而言,综合管线的整治尤为重要。而传统的建筑改造设计并不能做到各类管网的综合实施详图,且施工过程中往往需要自行根据现状进行局部调整设计。在设计大型工业遗产改造和建设项目时,各种工业管网相互交叉,立体空间设计复杂。工业遗产的建筑结构,尤其是建筑间隙,往往会发生管道与结构的碰撞,很容易导致设计死角,产生不必要的浪费甚至潜在的安全隐患。BIM技术可以直接导入从3D扫描仪获取的3D建筑信息,并将其转换为可用的数字模型,使用起来非常方便快捷。此外,借助BIM技术,我们可以对原始管网的扫描数据进行分析,掌握目标工业遗产的整体管道系统分布,以便于分析哪些管道具有保留价值并有效利用它们。

当前,各行各业几乎都在深入研究碳达峰碳中和问题,建筑业更是减少碳排放的重点领域,备受各方关注,而BIM-LCA的整合设计是实现可持续发展和环境保护的建筑改造最佳数字模拟程序,通过规避负面环境影响,在设计和营造阶段对评估建筑材料选用结果的环评数据将成为改建营造的重要依据。而BIM平台的全寿命性能估算器BWPE,更可用于从设计阶段评估建筑结构部件的抢救性能,采用数学建模方法,利用已确定的可靠性分布因素和原理来进行设计测试。这对于评估工业遗产中可回收材料在其使用寿命结束时可重复使用和可回收利用的程度为设计师提供了可行的决策支持机制,并以分析设计决策为依据对工业遗产部分建筑或构件的抢救性能实施方案进行设计。

四、BIM技术在工业遗产转型营造中成本控制与造价管理的应用价值

参数模型的计算会更加精确和快速。BIM建模软件内置计算规则,插件可用于遵守计算规则和各地固定价格信息数据库。此外对组合在一起的成组部件和特殊形状的部件的计算也更准确,在模型生成过程中准确记录了部件的位置关系和几何尺寸,以及部件间的推导信息,这也是非常有用的数据,意味着可以避免人为丢失物体。并且BIM模型传输的数据是IFC文件格式,项目上一个阶段的数据结果可以直接用于下一个阶段,也可以在其他软件中使用,无需重复工作,避免不必要的人为错误并贯穿在成本管理的全流程渠道。BIM模型不仅包含了工程量在工程模型中的几何尺寸和位置信息,还包含了各个构件的具体属性,为工程清单的定价提供了可靠的依据。在现行的定价方法中,对工程特性的描述包括工程的子要素,如尺寸、材料、强度、施工方法等特性,这些信息可以直接添加到构件的属性中。在设计过程中其他构成列表所需的信息也可在模型创建过程中填写。参数化BIM模型分配组件名称、执行分组和分类、精确尺寸并添加材料定价信息以匹配改建过程中的特征需要。因此,在建立模型时,所有属性特征的相关信息同时齐全,然后利用软件自带的图纸和表格汇总,就可快速实现立体检索和数据共享的功能。

实现动态成本分析。BIM技术的成本控制是基于5DBIM模型,在3D模型+"规划"+"成本"的基础上走向5D模型"3D模型"+"进度"+"成本"。BIM技术的动态成本分析以5D平台为信息载体,5D模型的成本数据代表了构件生成时的最基本属性。在模型创建过程中,项目成本信息要素:时间、地点和组件从多个维度收集,预算成本和实际成本动态记录和分析,人员、材料、机器成本和管理检查溢出。将分析标准和超出标准的位置,实现动态统计和精细监控,可以提高对成本来源的追踪能力,减少被动的事后控制情况,实现精细的成本控制过程。此外,基于BIM5D模型平台的统一多维预算成本、多维合同管理方式、多维真实成本统计,使项目成本的分析和控制更有意义,符合参与工业遗产改造过程中多利益需要综合考虑的现状。

优化工业遗产转型营造项目造价控制与管理。改造项目的核心过程与一般项目相比,除了设计阶段的控制,还包括诸多的原有条件的转型环节。并且因为BIM技术具有三维可视化、参数绑定、信息交换和数据完整性等特性,与传统的成本管理模式相比,使用BIM技术可以解决施工项目的全过程、全要素、协同管理的成本控制难、协调性差等问题。因此BIM技术对成本控制在项目的设计阶段最有效。基于BIM模型三维可视化的特性,表现形式更加多样化,也便于设计人员与成本管理人员的交流,有利于图纸定制和造价管理。所以基于BIM模型的协同,设计技术与成本效益的结合,可以有效提高项目的整体经济合理性。

五、BIM技术在工业遗产转型营造中对数字孪生管理的应用价值

在数字城市发展的空间管理模式提升背景下,数字孪生技术的快速普及就是针对物理建筑建立相对应的虚拟模型,并以软件的方式模拟环境中的人、事、物在真实环境下的行为,通过云端和边缘计算,软性指引和操控现实环境中的管理事宜。而数字孪生管理的起点实际上是创建BIM模型,并收集和引用从规划、设计和施工到运营的所有数据到数字平台中,通过在专属数字孪生管理平台上规划设计、模拟仿真等。在工业遗产转型营造项目中,BIM模型主要用于创建设计图纸,但BIM模型还会附带COBIE文件,这类文件提供了建筑物中可操作项目的列表,这本身就是原始3D模型顶层和增强层,是一种整体的数据收集和存储方法,所以BIM技术并不是单纯的软件应用。在数字孪生管理的工业遗产转型营造项目中,在实体空间可观察各类痕迹,在虚拟空间可搜索各类信息,建筑规划、建设以及民众在此环境中的各类活动,不仅在实体空间,而且在虚拟空间也将得到极大扩充,虚实融合、虚实协同,将定义工业遗产转型营造项目未来发展的新模式。

2021年国家住建部、国家工信部等九部门联合发文《加速最新型建筑工业化发展的若干意见》,将BIM技术作为发展最新型建筑工业化的主要信息技术手段,这更能说明BIM技术未来在工业遗产转型营造中的广泛前景。由鲁能集团与华东院联合打造的国内首个全生命周期数字化智慧型海上风电场管理平台2021年也正式上线运行,它的管理平台功能覆盖了基础建设、安全管控、建设管理、运维决策、一体化监控等板块运维的全过

程。这是国内第一个基于BIM技术的数字孪生海上风电场，它的成功应用对于推动国内建筑行业及管理行业的数字化、智慧化快速发展，均有着重要指导意义。

BIM是创建和使用"数字孪生"的工具，BIM技术在参与工业遗产转型营造的流程应该是场地环境及设施评估及原始数据归档，对建筑、结构、各类管网等专业在同一个可视化信息模型下进行协调设计，对造价、材料、施工等环节的程序化把控。而数字孪生管理平台则接手对工业遗产改造项目实施及管理中可能产生的不良影响、矛盾冲突、潜在危险进行智能预警，并提供合理可行的对策建议，以未来视角智能干预事物原有发展轨迹和运行，进而指引和优化实体空间的规划、管理及改善服务，所以完全可以理解BIM技术的作用实质上是贯穿了整个工业遗产转型营造项目的全生命周期。

六、结语

目前国内尚有诸多工业遗产在改造时的定位或实施方式得不到充分合理的科学论证，某些城市单纯的市场导向使它们的转型变成了严重破坏甚至导致二度废弃，其结果令人惋惜。特别是在一定时间维度内的点状静态保护模式已经暴露其诸多的不足。随着信息化时代的到来，数字信息技术不仅仅能实现在工业遗产转型领域中数字技术应用的功能及平台整合，更为重要的是可以通过可视化途径，将全新的保护与改造理念及更为科学有效的过程方法，引入工业遗产的保护与转型的协调领域中，而以BIM技术为代表的数字信息手段正被广泛关注，正因它所具备的技术优先趋势及科学有效结果，而必将在今后的工业遗产改造项目中，成为转型营造研究的必备环节。

伦敦工业遗产的触媒效应及空间识别性构建
——以泰特现代美术馆为例

1.唐　晔　2.王艺蒙

（1.吉林艺术学院；2.澳门城市大学）

一、引言

国外城市更新的先进经验一直受到国内学界的关注,越来越多的研究基于西方城市更新理论和经验总结,尤其是城市触媒理论对城市更新的影响更大。20世纪80年代末,美国学者韦恩·奥图(Wayne Atton)和唐·洛干(Donn Logan)认为欧洲的城市规划策略往往不能解决美国的城市问题,基于美国城市建设现状进行研究,提出了"城市触媒"理论,强调城市发展需要借用触媒实现"都市构造持续与渐进的改革",而在这一过程中,"触媒并非单一的最终产品,而是一个可以刺激与引导后续开发的元素"[1]。城市触媒理论对城市设计影响颇深,引起广泛的推崇和大量的实践,并在项目实践中进行理论总结,城市触媒的相关概念、原则和方法等成果丰硕。此外,学者研究也着眼于对城市更新中的空间识别性的解读以及发挥的作用,但相关研究文献中关于城市触媒中识别性的确立和具体特征缺少系统的归纳和总结,使识别性在城市更新中的作用和价值缺乏正确认知和评价。

基于内涵品质提升公共空间的城市触媒效应分析,通过城市触媒理论解读工业遗产再利用的策略,总结触媒在城市空间的构建中如何发挥积极作用,让具有识别性的公共空间要素与新元素一起共同作用和整合,对其他的城市空间发生作用和产生触媒效应,带动区域甚至城市继续发展。在此基础上,结合伦敦历史街区公共空间的实践案例,从文化识别性、地标识别性、肌理识别性的角度审视公共空间,分析与探讨城市更新中城市触媒的作用,揭示城市触媒作为工业建筑遗产再利用的载体,对我国当前的城市建设和建筑设计也具有较大的现实意义。

二、城市触媒的触媒效应及其识别性特征

(一)触媒效应

居民的行为特征决定了城市公共空间不仅只满足某一种城市生活的需求,而是复杂

多样的。简·雅各布斯(Jane Jacobs)通过分析城市发展存在的问题,提出城市多样性理论,指出城市规划的基调应集中于多样性、活力、满足人们需求等作为出发,其中多样性是基础,它是产生活力、满足需求的根本[2]。城市空间除了要适应多领域城市生活所形成的多样形态,还应具有内在的特质和独特的识别性,以此塑造更富活力的空间,成为驱动城市发展的元素,即城市触媒。城市触媒是城市发展的必要因素,对环境形成相互影响,目的是使城市结构有序的发展。城市触媒可以通过新元素的加入,在不破坏历史城区特质的前提下,作用于本身的触媒通过激活作用带动城市原有区域及相邻区域的发展[3]。当下的城市发展,越来越多的工业遗产通过识别性所确立的空间要素作为触媒来激活城市历史城区,以带动城市的整体有序发展。

(二)触媒的识别性

城市空间的识别性由自然资源、气候、文化、地标和城市肌理构成,触媒所反映的识别性是一种独特而难忘的场所感,目的在于坚持其特征和公共空间的特色,一种独特的场所感可以通过保护文化特征来实现;此外,城市营造应致力于保护与提升城市空间的独特性,通过历史建筑的更新和再利用、营造识别性高的场所精神实现独特的城市个性,具有活力的和场所感的完整系统,成为居民进行多样生活和社会交往的公共空间。

城市触媒元素作为城市空间或构建本体,确立其识别性会有利于触媒效应的扩展。将区域内触媒点根据触媒的优势、影响力的大小、经济效应的高低,加以不同识别性的构建,有利于城市的滚动发展。本文以伦敦泰特现代美术馆工业遗产再利用实践作为具体研究案例,分析其城市触媒与空间识别性构建的丰富特征与内涵。

三、泰特现代美术馆的触媒效应与识别性解析

(一)触媒形态与城市空间识别性

触媒在城市设计的概念下可以是城市物质形态中的某一元素,分为物质化形态与非物质化形态。哈尔滨工业大学金广君教授在其研究中,根据城市触媒理论的类型与特点,将城市设计中触媒物质形态的不同表达归纳为"点触媒""线触媒""面触媒"。城市公共空间由于"承载着城市居民的日常生活和社会交往、协调着人类社会与自然环境的关系、具有强烈的可识别性和标志性","是构成城市总体框架、体现城市的历史文化内涵和城市特色的重要组成部分"[4]。城市空间受项目特征的影响,以多种触媒元素集合和多种形态进行置入,不同触媒形态引发的触媒效应,都可以将成熟条件转化为城市发展的动因[5]。

(二)泰特现代美术馆的触媒表征

伦敦及其周边地区是英国人口集聚和经济增长的重要区域。自20世纪40年代,伦敦制定了大伦敦计划,开始针对伦敦新一轮的现代发展进程;20世纪70年代,伦敦面临社会

经济与区域发展不平衡等问题,经历了由传统产业向高科技产业、创意产业和服务业的转型,20世纪90年代"新伦敦规划"开始实施"城市复兴"战略,将废弃的工业遗产和棕地被开发和转型为城市公共空间再利用[6],成为城市更新典范。对城市中的老工业区进行城市更新,重塑历史城区物质环境、提高城市活力[7],以带动历史城区的物质形态、经济结构、社会生活等方面均衡的发展。

泰特现代美术馆(Tate Modern)前身为泰晤士河南部地区饱受诟病的工业遗产——河畔发电站,地处泰晤士河沿线、伦敦中心城区,与圣保罗大教堂对岸相隔。建于1947年的河畔发电站曾是伦敦地标性建筑,由于煤炭燃烧产生的工业污染日益严重,其烟尘由于天气作用使距离较近的圣保罗大教堂外立面及雕塑出现一定程度的腐蚀。为了净化空气环境、保护圣保罗大教堂不再被侵蚀,伦敦市政府于1981年将发电站废除。废除后的发电站因地处伦敦城市中心、交通便捷、空间大、采光充足等原因,许多移民艺术家和工匠将这里作为生活和创作的场地[8]。20世纪末发电站因地理位置优越、建筑外观保存完整、价格低廉以及最重要的原因——政府想借助旧工业区改造的机会带动南岸地区的经济发展,发电站成为新泰特现代美术馆选址,并发展成为世界级美术馆之一,每年参观的游客络绎不绝。在美术馆后面圆形油管处建造高度与美术馆烟囱呼应的"开关屋",为游客提供了高达原有空间60%的新探索区域。

1.触媒形态的表征

(1)点触媒——触媒元素的塑造

点触媒由城市空间中某一建设项目中的关键节点和地标为元素,可以是城市设计中作用极其重要的触媒元素,其布局的形式要考虑是否对环境产生有益的效应。美术馆作为复兴南岸重要的点触媒元素,不仅有博物馆、美术馆的功能,更兼具了购物、餐饮、休闲等商业场所功能。美术馆顶层加建的通长玻璃结构除为馆内提供光照外,也为参观者提供一个休闲歇息的好地方,参观者在此可以眺望千禧桥及泰晤士河北岸的圣保罗大教堂,欣赏不同视角的风景。二期扩建的"开关屋"相比一期建筑功能性上更具"生活化":6—11层全部用于办公室、活动室、咖啡、餐厅等非展览区域。室外的公园绿地、楼顶的游乐设施、附近日益增加的休闲娱乐场所,都为参观者提供了多元化的文化旅程。

20世纪80年代,伦敦的城市活力逐渐下降,泰晤士河南岸面临公共服务设施不足、居民积极性差、居住设施老旧等问题。机缘巧合下,泰特现代美术管新址定在了河畔发电站。伦敦政府提出了以艺术产业为核心的"南岸设计振兴计划",期望工业遗址的再生建设改善上述城市问题。效果显而易见,发电站的再生将"南岸设计振兴计划"推向了高潮,给城市带来了全新的活力。

点触媒的文化属性极为重要,特定历史场所应随着新开发项目的实施而失去原有的场所精神,避免受区域增长带来的破坏,使其免受高速增长和高强度开发的压力。为了维护城市空间特定区域的识别性,需要对这些场所加以保护。南岸设计振兴计划将这一区域改变成为"文化复兴"的艺术特区,改造后可识别性强的泰特现代美术馆作为触媒载体,以点触媒的形式带动周边区域价值提升,吸引更多新的触媒元素聚集[9],从而达到伦敦政府振兴计划的根本目的。

2.线触媒——文化的编织交融

线触媒是以线性形式强化城市空间,产生对城市的影响。线性的结构是城市触媒中主要的构成形态,常与其他触媒形态融合产生更大的效果,其多样形态和多元素起到了对历史的延续作用。首先,因泰特现代美术馆热度火爆,紧随其后由诺尔曼·福斯特设计的千禧步行桥建成,连接了泰晤士河对面的圣保罗大教堂,在地理空间上形成了传统与现代的对话。美术馆拥有得天独厚的地理位置,通过南北轴线串起地标性建筑圣保罗大教堂,把圣保罗教堂、千禧桥、美术馆串联进行线性发展。千禧桥的修建及美术馆独特的设计极为有效地将泰晤士河南岸北岸相连,形成南北轴线。其次,随着新建或改建的文化休闲性场所,如莎士比亚环球剧院、英国国家剧院、OXO塔楼等陆续完成,形成沿泰晤士河南岸滨水空间的线性发展,形成东西轴线(见图1)。

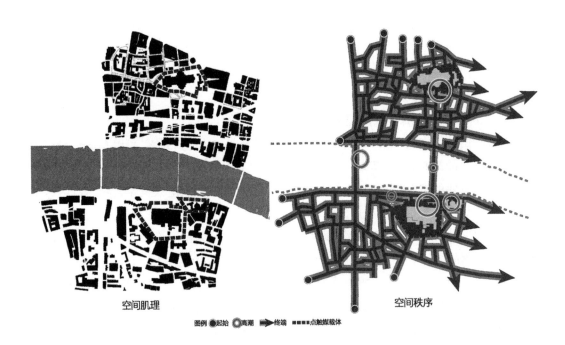

图1 两岸空间肌理秩序解析图

可以看出,通过这些点触媒作为历史城区层积化基质中具有锚固作用的节点和地标,确定出能激活城市建设活动的主要触媒点,并有计划地将这些触媒点做合理分布,各个点触媒影响是均质的。室外的绿地、休闲场所、千禧桥连接的圣保罗大教堂和泰晤士河沿线的文化场所,这些点触媒元素随着整体的联动,形成触媒形态中的线触媒。以轴线的形式串联起文化、休闲、艺术,牵引南北两岸交流,引导参观者发现历史、探索文明,把城市引入建筑,加强南岸地区文化特色以及艺术的生命力和感召力。泰晤士河南岸设计振兴计划即保护和利用了工业遗产,又为伦敦城市带来了新的活力,越来越多的文化创意产业与商户为南岸的发展注入力量。

振兴计划绝不只是一个简单的利用美术馆新址唤醒城市活力的想法,更多的是未来公众对工业遗产文化的理解、认可、审美的期许和信心,由此诞生出联结城市工业文明与艺术文化的地标性建筑。

(三)空间识别性的构建

空间识别性上,城市的地标识别性通过在区域环境内典型突出的重要建筑或开放空间来确定,也可通过尺度相近的重复类建筑所形成的重要地标创造单一的识别性。这种地标不仅限于建筑空间,还可包括能够提升识别性的街道景观。泰特现代美术馆的地标识别性是完整保留前发电站高达99米的巨大烟囱,外观仅修缮,未因新建形态而大面积毁坏原建筑,仍保持着200米长的长方体外形。赫尔佐格和德梅隆的设计理念不仅仅"简单而纯粹",依旧有新的想法加进方案中——"光"是他们改造的主题:"光之梁"是顶层增设的通长玻璃结构,白天为下层空间提供照明,夜晚将人工照明反射至天空。再加上后来由迈克尔·克雷格·马丁爵士(Sir Michael Craig Martin)设计的装置艺术"瑞士之光"——由泰特现代美术馆标志性的"烟囱"顶端向对岸射出一条蓝紫色的光线,架起了联系圣保罗大教堂的另一个"千禧桥"[10]。这两个独特的"光线设计"为泰特现代美术馆带来了更多的参观者和名气。

地标确立的城市空间以线触媒的形式影响城市,在城市触媒系统中起到骨架作用,受项目特征影响导致方向性强,保护和延续区域的基本形态和格局。线触媒常与点触媒和面触媒等元素结合,以扩大其影响范围和边缘效应,达到最大的触媒效应。由于美术馆的设立,原本被唾弃的区域重新焕发了光彩,带动了文化、经济等方面的发展。如伦敦市政府所愿,南岸在美术馆的设立后不断有新的文化创意产业入驻,开发出一系列世界顶级的文化设施[11],泰特现代美术馆附近形成了文化、艺术与经济交织的特殊区域。美术馆外形的突出、周围丰富的文化设施和旧工业区特殊的历史,极大地提升了伦敦的城市辨识度,建筑和城市的交融使泰特现代美术馆成为伦敦新地标性建筑及文化识别性的标志。

四、带动区域发展的触媒效应

泰特现代美术馆作为城市触媒的元素,拉动整体区域经济、文化、旅游产业的可持续增长,最终形成面触媒的触媒形态。泰晤士河南岸将城市建设的项目整体作为触媒,千禧步行桥连接的传统空间以及南岸滨水空间的线性发展,对周边区域的影响较大,其对整体结构进行积极性影响的潜力,保持城市有序和谐的发展,使城市设计项目产生更多的触媒效应。均衡发展下的泰特现代美术馆为伦敦带来了源源不断的活力和机遇,河畔发电站的再生也为工业遗产的再利用提供了成功经验。

(一)促进经济发展

工业遗产的利用形式应更加注重内涵,贯彻尊重历史、尊重文化、尊重环境的改造原则,延续城市脉络、结合城市特色的同时,加强社区教育与文化融合,为公民与公共空间创造更加全面的互动。泰特现代美术馆周围地区发展迅速,经过发电站的改造,以线为轴的文化设施相继复苏:超现实主义风格的达利作品纪念馆、OXO塔楼餐厅改造、莎士比亚环球剧场等(见图2)。美术馆周边大小不一的新建建筑群落,都标志着南岸设计振兴计划的大获成功。办公楼、房地产与商业开发明显增加,周围居住人口迅速上涨,继而对公共空间与绿化的需求度增加,为南岸的综合发展带来巨大的益处。

图2 南岸空间肌理秩序解析图

(二)推动文化传播

相对美术馆外经济产业的快速发展,美术馆内对不同文化的传播也在不断更新。馆内不仅展出本土艺术家的作品,还为参观者提供不同国家的艺术作品,更加尊重历史和政治遗产,展览的艺术品中经常会有战争灾难或国家历史主题的展品、女性及亚非拉地区的艺术家个人展;经常举办面向不同国籍、不同年龄层面人群的政治遗产活动,如:为黑人艺

遗产触媒视角下美国公司镇转型的三种路径*

1.孙 淼 2.李 垣

（1.2.同济大学建筑与城市规划学院）

一、引文

公司镇（company town），是在一定空间范围内，由一家公司提供服务设施和基础设施以及公园等美好环境的福利待遇，吸引工人来此定居，减少来回通勤，提高生产效率[1]。公司镇出现于人类工业历史的中前期，具有鲜明的时代特征：一方面受到制造业、冶矿业和军工业等产业集聚和资源独占特征驱使，另一方面也基于通勤火车、蒸汽地铁和远洋货轮的普及，工业向城市边缘区的滨水地带迁移，从而在从伦敦远郊到北美东北部腹地直至五大湖地区的广大区域内诞生了数千座公司镇。

东北部城市群是美国的工业发源地，也是全球向后工业时代转型的先驱者[2]。这里拥有近千座公司镇，并呈现出自殖民地时期延续下来的特殊的经济、社会和空间特征，可归因于私营企业规模的快速扩张、分散自治的土地权属、相对无计划的区域空间结构发展、空想社会主义城市规划理论指导等一系列因素。20世纪60年代以来，去工业化进程，导致绝大多数的美国公司镇都经历了长期慢性衰败[3]，遗留下成片工业遗产。这些工业遗存物不仅是历史景观和记忆的承载体，也是珍贵的存量空间资源。因此，将工业遗产看作催化公司镇转型的"触媒"，不仅能将其适应性再利用同小镇更新战略并轨，更在于视工业遗产为后工业时代的公司镇的核心资产，具有激发小镇活力，振兴地方产业的关键作用。而其催化公司镇转型的不同路径，对我国在单位制度下建设起来的工业城镇发展亦有借鉴意义。

---

* 本文为中国博士后科学基金面上项目（2020M681388）成果。

二、历史和理论沿革

(一)美国公司镇

公司镇的理论可追溯到16世纪托马斯·摩尔(Thomas More)的《乌托邦》一书,并在18世纪末发展出农村公社和手工工厂混合的公司镇雏形,如勒杜设计的肖镇盐场[4]。19世纪中前叶,空想社会主义者加速了公司镇的理论化和实践,如欧文(Owen,1815)的新拉纳克综合工业组合体、圣西门(Comte de Saint-Simon,1821)的"实业制度"理论、傅立叶(Charles Fourier,1829)构想的法郎吉协作社等。社会主义和父爱主义的融合,衍生出由企业主管理、为工人阶层提供有保障的生产生活条件和城市环境的公司镇模式。

这一模式在北美地区的演变,经历了大致3个发展阶段:(1)早期(19世纪中前半叶)公司镇分布在新英格兰地区,类似殖民地据点或宗教模范村,自由发展出如洛厄尔(Lowell)等棉纺小镇;(2)中期(南北战争结束后)公司镇诞生于铁路大发展时期,遍布在从五大湖到得克萨斯的广大中部地区。企业主代替教士,规划建设了普尔曼镇(Pullman)等机械和矿业小城;(3)晚期(20世纪上半叶)公司镇集中在中西部地区。经过专业设计的城镇空间为工人创造出更好的生活条件,如华盛顿州的朗维尤(Longview)等。多数公司镇由于缺少大规模再开发项目,在后工业时代反而较为完整地保留了工业时代的遗存物——工业遗产。

(二)工业遗产的触媒效应

工业遗产的适应性再利用,同城市的更新息息相关。在经历了20世纪50—80年代的城市重建、城市复苏和城市再开发3个阶段后,城市更新理论逐渐架构起聚焦经济、社会、空间、环境等综合效应的框架[5],关注更新项目对城市产业转型、就业教育和培训、社会包容、环境优化、住宅等紧缺资源供给等方面的影响,这为工业遗产的适应性再利用制定了一个"触媒"内涵。

触媒(catalyst),又称催化剂,本意为可加快化学反应速度,同时能保持自身化学性质不变的物质。触媒理论源于美国的城市更新运动,意味着可以在不彻底改变城市的前提下激起新生命[6],并呈现出连锁性、持续性、渐进性等特征[7]。这种触媒效应可反映为产生稳定人流、形成发展范式、营造公共环境、强化投资信心、突出建筑意义、提升街道活力、刺激街区投资和建设并提供示范效应等[8][9]。对于工业遗产而言,其自身的历史价值、科技价值、社会文化价值、艺术价值等[10],以及天然的经济属性和记忆唤醒机制,不仅能引入创意阶层、刺激创意消费,积累文化资本[11],也能营造舒适环境以吸引游客和居民,刺激工业旅游、文化创意、商业和房地产发展,带动本地就业和消费[12],最终催生出可持续的城市更新效应[13],进一步强化建立在工业遗产基础上的本地身份认同。

三、遗产触媒视角下公司镇转型的三种路径

(一)伯利恒:工业遗产作为资源"锚"催化商业和旅游

伯利恒(Bethlehem)位于宾夕法尼亚州东部的利哈伊河谷。南北流向的利哈伊河,将北侧的早期教民据点同南侧的工业区一分为二。1857年,伯利恒钢铁公司在南伯利恒成立,并在之后一个多世纪里维持着全美第二大钢铁厂商的地位,为诸如纽约克莱斯勒大厦、洛克 菲勒中心、胡佛水坝、金门大桥、恶魔岛监狱等地标建筑提供钢材。钢铁厂于2003年破产,残留下66公顷的工业遗产集聚区,包括始建于1915年的原冶铁高炉,如今被改造成"钢栈"以及过去的炼钢车间、加工车间和仓库,如今被打造成集服务、博彩、购物、旅游和办公等复合功能的工业历史景观地带(见图1)。

图1 钢 栈

伯利恒的转型进程大致可分为三步,工业遗产作为触媒,被纳入这一连锁战略中。第一阶段始于1999年,随着破产趋势不可避免,伯利恒南区被指定为税收增额融资区(TIF),意味着未来所有开发项目的税收均会被用于本地的更新工作。2009年,在原火车站广场上新建的金沙度假村投入使用,新税源为工业遗产的保护再利用提供了持续的资金。第二阶段聚焦工业遗产,由新成立的伯利恒振兴和改善区管理局(BRIA)牵头,改造了包括了钢栈、国家工业历史博物馆、购物中心、艺术家工作室以及户外音乐广场等场所,每年提供1000多场艺术活动。70余米高的高炉被打造成小镇地标,由架空钢栈道环绕,为游客和居民提供近距离观赏契机,以及源于工业遗产的共同身份构建。过去10年,伯利恒每年在工业遗产保护再利用上的投资额超过1000万美金,产生6700万美金收入,吸引100万游客[14],并获得诸如LERTA减税计划等政策支持,这为转型前仅有7.5万个居民的小镇提供了巨大机遇。

然而伯利恒的工业遗产保护再利用不仅限于此,它的触媒效应体现为再造了一个文

化友好、环境友好和年轻友好的小镇形象,摆脱了后工业初期的衰败。资金、人口、就业、收入、活动、公共空间和文化等各类资源都得到了"锚固",从而为第三阶段提供了机遇。作为一种商业旅游导向的更新模式,伯利恒的最终战略是将度假村以东近2平方千米的铸造车间区,未来转型为商业、商务、仓储等混合功能街区,包括了酒店和博彩服务、研发生产以及物流仓储等产业,以此作为小镇未来发展的核心驱动力。

(二)工业遗产作为文化"磁石"催化旅游业

马萨诸塞州当代艺术博物馆位于北亚当斯,是一座由工厂建筑群改造的博物馆,也是美国最大的当代视觉艺术和表演艺术中心之一。这一工厂群跨越了200余年的工业发展,占据了北亚当斯市中心三分之一的区域,26座建筑构成一个精心设计环环相扣的空间系统(见图2)。1860年,阿诺德印刷公司在此建设纺织工厂。1942年,斯普拉格电气公司将其买下并改造成电子品厂。1986年停产后,在北亚当斯市长建议下,将这个建筑群改造成当代艺术中心的想法初步形成。1992年开始规划。1999年,一个可以动态展览、培育全新创意的艺术中心宣告诞生,标志着街区进入第三个阶段。

图2 当代艺术博物馆
(来源:朱怡晨摄)

作为一个收缩城市,北亚当斯的人口从1950到2000年之间下降了32%,产业的凋零导致本地就业萎缩,失业率高达30%以上。且由于地处麻州西北角,远离波士顿等中心城市,实质上是处在东北部城市群的边缘地带。因此,吸引资本、就业和人口,催生文化创意源泉,打造区域性的文化枢纽,就成为发展的主要目标。这一目标是通过不断将工业遗产转换为吸引当代艺术的"磁石"来实现的,其过程大致可以分为3个阶段。

第一阶段是1988—1999年,以吸纳文化投资为主,包括了3500万美元的州基金、580

万美元的联邦基金和1500万美元的私人赞助。自1995年起,更新工作一方面依靠降低薪资、捐献藏品、分阶段开发的方式节省开支,另一方面争取各级政府的补助和税收政策,获得现金流,这一状态一直持续到1999年开业,9300平方米的展示空间收支平衡,无明显收益。第二阶段是1999—2006年,以吸引文化爱好者为主。年均游客人数12万人次,其中非本地游客高达80%以上,创造就业岗位209个[15]。新建了数千平方米的展示空间,翻新厂房并提供充足停车位。同基佛(Kiefer,A.)等一线艺术家建立长期合作机制,以保证持续的游客来源。第三阶段是2007—2017年,以全方位吸引文化就业岗位和文化附属功能为主。作为博物馆长期规划的6号建筑,开拓了1.12万平方米的展示空间,并在短时间内创造了上百个就业岗位。同时,6号楼的开发为文化创意公司腾出空间,从而得以在1、2、10、11、13、26号楼中植入32家配套企业,包括餐厅、诊所、画廊、出版、花店、咖啡和设计等复合功能。

北亚当斯的工业遗产扮演了文化"磁石"的角色,通过引入具有强竞争力的文化机构,快速拓展文化影响力,吸引文化投资、文化爱好者,提供文化就业岗位,完善文化配套功能,在偏僻的麻州西北边缘建立起一个全国性的当代艺术中心。这种分阶段增强文化"磁力"的方式有助于公司镇建立起可持续的发展优势。

(三)工业遗产作为"弹性容器"催化既有产业

鱼雷工厂艺术中心(TFAC)位于弗吉尼亚州亚历山德里亚(Alexandria)的波托马克河畔,建于1918年,原为美国海军的鱼雷生产车间,1950年被改建成联邦档案中心。1974年,亚历山德里亚艺术联盟(Alexandria Art League)提出将这座6700平方米的厂房改造成供本地社区共享的美术馆、教室和艺术工作室。经过地方政府和居民的共同努力,建筑空间得以重塑,百余位本地艺术家陆续入驻,这为小镇的转型带来契机。

亚历山德里亚是华盛顿特区以南的重要港口,是一座以军工外包产业为支柱的公司镇,产业链覆盖超过50%的城市就业岗位。鉴于工业建筑的空间适应性,弹性利用以应对城市转型中社区功能结构变化就显得尤为关键。20世纪40—70年代,本地的军工制造企业逐渐转型为军事研发、分析和管理机构,小镇人口也在不断攀升,30年间增长了3.3倍。服务业和人口的发展,催生出对公共空间的需求。20世纪70年代后期,滨水的鱼雷工厂被改造成文化创意空间,以庆祝建市200周年。1982—1983年制定的滨水区发展规划中,再次强调了工厂作为公共空间的组成部分[16],相关更新措施包括修缮立面、首层局部开放和无障碍设计(见图3)。80年代末,鱼雷工厂的局部被改造成公寓,同时保持着小镇公共空间的定位。

图3 鱼雷工厂艺术街区

20世纪90年代，军事工业萎缩，小镇发展需要新的活力，公共艺术结合滨水空间，成为亚历山德里亚的新名片。由艺术家和艺术联盟创建的鱼雷工厂艺术家协会(TFAA)开始管理这座工业遗产建筑，增加了首层展示和零售空间，保留部分艺术家住所，从而营造出"上住下展"的复合功能模式。鱼雷工厂现在拥有美国数量最多的可公开访问的艺术家工作室(82处)和7个画廊。165名专业艺术家从事着包括绘画、陶瓷、摄影、珠宝、彩色玻璃、纤维、版画和雕塑等设计工作，每年接待以本地居民为主的50万名游客。不同于伯利恒和北亚当斯的"锚固"和"磁石"，亚历山德里亚的工业遗产在不断适应小镇产业结构的调整，呈现出特定的空间和功能弹性，有机融入公司镇的转型中。

四、讨论：工业遗产作为公司镇触媒的条件

公司镇的工业遗产，是在工业历史演进过程中，由于产业网络、社会网络和空间网络叠加产生的物质空间形态，是凝聚所有物质和非物质要素的核心，是所在公司镇有别于其他城市的特殊的存量空间资源，具有系统性、聚合性和排他性特征。因此在步入后工业时代的公司镇中，工业遗产仍应扮演中枢、核心和名片的作用，发挥适应性价值，激发触媒效应，催化小镇转型，这需要至少满足以下3个条件：

首先，聚焦系统性，保护完整的工业遗产和普通工业历史建筑。一方面应在空间上避免工业遗产的边缘化。通过在规划中设立工业遗产保护区，提升交通可达性和空间可视性，同时杜绝大拆大建和零星保护，从而尽可能以"街区"形制保留工业遗产。另一方面"以物厘脉"，将后工业时代新出现的产业网络关系和社会网络关系，更好拟合到历史空间中去。比如伯利恒以"钢栈"作为南城振兴的中枢。

其次,关注聚合性,重塑公司镇社会对工业文化的认同。认同建立包含3个步骤:首先是投入公共资源,改善小镇面貌,将有保留价值的工业遗产改造修缮,塑造宜人的建成环境;其次是让更多居民参与到工业遗产的保护和再利用中,公众参与决策,不断推进更新;最后是让公众从中获益,既可以是鱼雷工厂的滨水空间转作为市民休闲场所,也包括北亚当斯博物馆为本地提供大量就业机会。

最后,关注排他性,最大程度延续工业遗产的真实面貌。真实性包括两个方面,一是历史的真实性,尽可能恢复到工业遗产在历史巅峰期的原貌,如形态、材质、肌理、天际线和空间关系等,尤其是标志性的主车间、烟囱、高炉等,在伯利恒体现尤为清晰;二是建构的真实性,要让工业遗产在后工业时代发挥小镇功能作用,如伯利恒的商业旅游、北亚当斯的文化旅游、亚历山德里亚的社区休闲配套等。

五、小结

中国拥有众多类似西方公司镇的工业小城镇,多数是计划经济时代的特殊产物,如今也面临产业凋零、人口流失、就业萎缩和基础设施衰败等挑战。因此,适度借鉴西方国家公司镇借助工业遗产再利用的转型经验,结合自身的区位、产业、人口结构以及工业遗产类型等内部因素,各级政府、企业和非营利组织的外部支撑,探索将工业遗产作为公司镇转型核心资源的触媒路径,在我国城市高质量发展过程中具有重要的科研和实践意义。

参考文献:

[1] 刘伯英,刘小慧.公司镇的形成和发展[C].第十一届中国工业遗产学术研讨会论文集,2021(5):23-49.

[2] 孙淼,李振宇.基于城市群视角的工业遗存更新模式研究——以美国东北部城市群为例[J].国际城市规划,2021,36(02):91-99.

[3] 孙淼,李振宇.西方"城中厂"更新理论与实践综述研究[J].建筑师,2019(01):81-87.

[4] 诺伯格·舒尔茨.西方建筑的意义[M].王贵祥等译.中国建筑工业出版社,2005:179-180.

[5] 彼得·罗伯茨,等编.城市更新手册[M].叶齐茂等译.中国建筑工业出版社,2009.

[6] Attoe, W, Logan, D, 王劭方译.美国都市建筑——城市设计的触媒[M].创兴出版社,1992.

[7] 金广君,陈旸.论"触媒效应"下城市设计项目对周边环境的影响[J].规划师,2006(11):8-12.

[8] Sternberg, E. What makes buildings catalytic? How cultural facilities can be designed to spur surrounding development [J]. Journal of architectural and planning research, 2003,19 (1):30-43.

[9] Chapin, T. S. Sports facilities as urban redevelopment catalysts: Baltimore's Camden Yards and Cleveland's Gateway [J]. Journal of the American Planning Association, 2004,70 (2):193-209.

[10] TICCIH. Nizhny Tagil Chapter [Z]. 2003.

[11] Xie, P.F. A life cycle model of industrial heritage development [J]. Annals of Tourism Research, 2015,55:

141–154.

［12］ Rautenberg. M. Industrial heritage regeneration of cities and public policies in the 1990s: elements of a French British comparison ［J］. International Journal of Heritage Studies, 2012,18（5）:513–525.

［13］ Miao Sun, Chen, Chen*. Renovation of industrial heritage sites and sustainable urban regeneration in post-industrial Shanghai ［J/OL］. Journal of Urban Affairs, 2021, https://doi.org/10.1080/07352166.2021.1881404.

［14］ https://www. artsquest. org / a–shining–star–national–design–awards–highlight–steelstacks–i mpact–on–community–and–nation/.

［15］ 王璇.博物馆在区域文化产业发展中的作用研究[D].北京:中央美术学院,2019.

［16］ Berens, Carol. Redevelopment industrial sites ; a guide for architects, planner and developers ［M］.John Wiley & Sons Inc., Hoboken, New Jersey, 2011.

空间遗产视角下工业遗产的
价值认知与保护探讨
——以保定恒天纤维厂为例

1. 苏　　晓　2. 李晓峰

（1.2.华中科技大学建筑与城市规划学院）

一、空间遗产概念

空间遗产（spatial heritage），特指具有突出普遍历史文化价值的空间环境。这里的"空间"，并非单纯地指物理空间，还包括描述日常运行的社会空间与具有感知价值的精神空间[1]。这一概念将文化遗产理论的价值认知与识别方面成熟的理论与空间生产理论多层次空间分析的优势进行了结合，形成了一种更为全面的研究方法。

空间遗产理论，在认识层面完成了从"二维地点"向"三维空间"的转变；在方法层面借助列斐伏尔的"三位一体"辩证法，试图构建遗产空间关联分析方法，完成了从"分离分析"到"关联分析"的转变；在实践方面从保护物质实体到延续其文化价值，重塑其空间精神，完成了从"形态固守"到"文态持续"的转变。

二、空间遗产视角下工业遗产的再认识

自 2006 年中国工业遗产保护论坛在无锡举行并通过了《无锡建议》，国家文物局下发了《关于加强工业遗产保护的通知》，2007 年开始第三次全国文物普查，将工业遗产纳入调查范围。以上行动拉开了工业遗产保护的序幕，也掀起了工业遗产研究的高潮[2]。从空间遗产视角对工业遗产进行认知是一种全新的视角，主要有以下两个角度：一是以空间视角认知遗产，提取遗产本体包含的空间要素；二是从遗产的视角认知空间，关注空间承载的历史文化价值[3]。

（一）工业遗产的遗产特性

工业遗产是重要的文化遗产。18 世纪中期，英国工业革命爆发后，人类进入到工业文明至今，建造了许多工业建筑。广阔的工业厂区、高大的建筑厂房和附属设施等工业产

物反映了特定时期的建筑风貌、生产生活状态、历史事件以及社会关系。工业遗产是我国工业发展的历史见证者，具有珍贵的价值，值得被保护和再利用。工业遗产不仅仅是工业建筑群，而是由特定的有形物质空间、无形的社会精神空间构成的有机整体，空间性是其重要特征，工业遗产本身就是一种空间遗产。

（二）工业遗产的文化承载

文化与空间互相影响，在演变过程中形成同构，空间环境成为文化信息在时间维度上传递的纽带。工业遗产既是中国特定时期社会和文化的实践场所，也是文化的表达产物，其物质空间是工业时代的物证，也同时包含着工业时代的城市发展信息、工业历史信息、生产与生活信息、社会文化信息、建筑艺术风貌等。研究文化来源从而认识遗产的历史信息，是认知遗产重要性的基础[4]。

三、恒天纤维厂空间遗产解析

恒天纤维厂处于当地工作人员、居民所营造的社会环境中，从建筑的筹划、修建到工作的开展，这些行为活动在恒天纤维厂选址、厂区的规划与布局、建筑的规模与形制等方面留下印记，恒天纤维厂是工业时期工人们的精神场所。作为空间遗产的化纤厂，其相关历史文化内容及遗产价值，均渗透于社会空间、物理空间、精神空间当中。

（一）恒天纤维厂物理空间

1.厂址选择

保定恒天纤维厂是我国第一座现代化大型化学纤维联合企业，是"一五"期间苏联援建的156个重点建设单位之一，1957年10月开始兴建，1960年7月1日正式投入生产。

为了建设我国的化纤厂工业基础，1955年初，纺织工业部报请国务院批准，委托德意志民主共和国帮助我国建设一座人造纤维厂。1955年4月，纺织工业部第一人造纤维厂筹建工作组开始进行选址工作，先后在东北哈尔滨、牡丹江、佳木斯、吉林，四川成都、金堂、灌县，安徽合肥、芜湖，河北通州、峰峰、保定等20多个地区进行了考察。1956年2月，德意志民主共和国专家组来华，对筹建处已经搜集到的资料进行了分析和研究，并和我国科技工作者一起先后到四川金堂、河北保定等地区进行厂址复选。经过对地理地形、环境、气象、水文、地质、交通、城市规划、给水排水、动力和资源供应等多方面的认真比较，认定保定厂址"邻近'一亩泉'，地势坦荡，地下水温较低，当地气候适宜生产，原材料供应间距尚为适中，产品销往华北运距较近，又有附近将建103纸厂（现保定604造纸厂）和棉纺织联合厂（现保定棉纺厂），在供水、供电、供热、交通运输等设施方面，均可取得统一协作"[5]。

2.城市工业区

1953年，国家开始实行国民经济第一个五年计划，确定以苏联帮助兴建的156个重点建设单位为中心,将限额以上(全部投资大于国家规定的1000万元以上的建设项目)694个建设项目作为我国社会主义现代化的初步基础。1956年,国家建委和城建总局直接参与了保定市的规划方案,确定了以西郊八大厂为主体的南北6千米,东西2.2千米的工业新区的方案布局。至1958年4月,有9个重点建设项目在保定建厂:纺织工业部保定化学纤维联合厂、建设部热电厂、机械工业部四八二厂、机械工业部保定变压器厂、化学工业部第一电影胶片厂、水利电力部列车电业局及列车电业基地、轻工部六零四厂、河北省的保定第一棉纺厂和保定通用机械厂。其中化学工业部第一电影胶片厂、纺织工业部保定化学纤维联合厂、轻工部六零四厂(钞票纸厂)属于苏联援建的156个重点建设单位。这九个重点建设工厂即为保定"西郊八大厂"的前身,保定热电局在保定西郊八大厂的建设之初发挥了供电作用,1958年保定热电厂建成之后便不再主要负责供电,因此不在"西郊八大厂"之列。西郊八大厂互相联系又各自独立,创造了保定工业遗产的辉煌,恒天纤维厂是"西郊八大厂"重要组成部分[6]。

"西郊八大厂"的格局可以概括为"一轨串厂、一心连厂、三水绕厂"。"一轨"为保满铁路,南北串起八大工厂;"一心"则指保定热电厂,热电厂作为国家大二型电、热联产企业为其他各工厂输送电能与热能;"三水"自北向南为一亩泉、侯河、清水河,为供西郊企业用水,一亩泉附近打了近30眼深水井以供八大厂使用,还建了加压站,称为"一亩泉加压站"[7]。

3.厂内平面布局

在"一五"的快速工业化布局下,以工厂为核心的工业建筑集群集中出现,以苏联援建的156个工业项目为主的单位组团空间模型指导了该时期的国营工业企业的空间规划。"生产设施和生活设施配套,进行统一的建设,是'一五'时期社会主义新工业城市建设的一个显著特点"[8]。

恒天纤维厂(见图1)便是这个时期的典型代表,恒天纤维厂厂区近于方形,厂区面积7.2m×105m(1080亩),总建筑面积2.4m×105m,厂区内建筑以及设施基本保存良好。

厂内分为工业厂区和生活区两大部分。依照建筑物及单位分布情况,工业厂区分为前区、中心区、西北区、东北区四个部分。厂前区由两幢办公楼、接待室、职工食堂、中心化验室、托儿所、保健站、职工学校构成;中心区是由纺丝一分厂、加工分厂、中央变电站构成的建筑群,东西两侧分别为动力二分厂、科研所、酸浴分厂、原液分厂和机械分厂、动力一分厂;西北区建有机件库、二硫化碳分厂;东北区建有纺丝二分厂、浆粕分厂、涤纶分厂、废水处理厂。

厂内生活区占地2.1×105㎡,分东、西、南三部分,建筑面积共计1.7×105㎡,

图1 厂区鸟瞰

建有职工医院、学校、俱乐部、浴室、食堂等公共福利设施和粮店、菜店、商店等商业服务网点[9]。(见图2、3、4)

图2 职工住宅

图3 办公楼

图4 纺丝一分厂

表1：生活、文化及福利工程建设

工程项目	初建时间	扩建时间	建筑面积（㎡）	备注
职工住宅	1957年	1971—1986年	150051.55	
职工俱乐部	1964年	1972年	2549	
学校	1958年	1975—1981年	9570	含小学、中学、职业高中、职业学校
职工医院	1957年	1984年	3500	
职工食堂	1957—1959年		5301	
幼儿园	1957年	1985年	1686	含厂区、生活区食堂
托儿所	1957年		1193	
生活区浴室	1958年	1981年	933	
招待所	1957年	1984年	967	
生活区煤厂	1984年		408	
商店	1983年		1680	
自行车棚	1982—985年		1531	含东、西生活区车棚

来源：《保定化纤厂志》

(二)恒天纤维厂社会空间

1.中德友谊的见证者

恒天纤维厂在兴建的过程中得到了德意志民主共和国的全面技术援助，是20世纪早期中德友谊的见证者(见图5)。

2.单位社会的典型代表

莫斯科大学几位建筑师与社会学家在《理想的共产主义城市》首次提出了"新居住

图5 德国机器

单元"的概念,"新居住单元"将人的生产与生活融为一体,是一种社会性的城市聚落。我国将苏联创造社会主义新城市的思路与中国传统文化相结合,建立起一种新的城市制度——单位社会,单位不仅为人们提供就业岗位,也负责职工的住房供给及一些生活服务工作。同一单位的职工及其家庭在同一大院里"同吃同住同劳动",形成共同的社会网络[10]。在恒天纤维厂是单位社会的典型代表,工人不仅在厂内工作,衣、食、住、行、学、玩都可以在厂内完成。

3.发挥"母鸡厂"作用

保定化纤厂自投产以来,先后以多种形式对全国各化纤厂提供了技术服务,如先后派出大批技术力量,支援九江、宜宾、邵阳、吉林等新厂建设,同时,为全国各化纤厂培训和输送了大批技术人才。

(三)恒天纤维厂空间精神

1.工业崛起的民族自豪感

我国的人造纤维工业相当薄弱,在第一人造纤维厂兴建之前,全国仅有东北丹东和上海安乐两家工厂,上述两家工厂生产规模很小,远远不能满足我国经济建设的需求,恒天纤维厂的建成,结束了我国不能建厂生产化学纤维的历史,恒天纤维厂生产的"天鹅"牌人造丝,在国内外享有一定的声誉,恒天纤维厂对于我国而言是我国纤维产业崛起的民族自豪。

2.集体记忆与城市荣光

恒天纤维厂对于曾经在里边工作过的人而言是集体记忆和场所认同,对于保定人而言承载着几代人的梦想和荣光。至1986年,恒天纤维厂累计生产人造丝15万吨,实现利税6.59亿元,上缴利税6.17亿元,极大地促进了保定的经济的发展,同时也造就了属于这个地区独特的城市肌理与专属记忆。

四、恒天纤维厂空间遗产价值保护建议

以空间遗产视角剖析恒天纤维厂,认知其重要遗产价值与文化承载,既能准确描述空间区域与工业发展的动态演化过程,又能反映历史背景下工业遗产的空间精神内涵,有助于理解工业遗产与社会制度、工业发展、城市规划及相关社会文化之间的耦合关系,是其遗产空间保护、传承与发展的先决条件,以"空间遗产价值"为导向,对恒天纤维厂进行整体的、多元的、活态的保护。

(一)进行整体保护

《威尼斯宪章》宣称"将文化遗产真实地、完整地传下去是我们的责任"[11]。恒天纤维厂作为工业遗产的系统性整体,它的各种价值都大于单体工业建筑价值的总和,单体工业

建筑几乎无法表现恒天纤维厂的空间遗产价值,我们对于恒天纤维厂的遗产价值认知和保护都应该是基于恒天纤维厂整体空间层面的。

(二)多元保护发展

遗产保护要尊重其中的所有文化,恒天纤维厂的整体空间环境受到政治制度、城市规划、工业发展等诸多因素的影响,因此,恒天纤维厂空间遗产的价值蕴含丰富的文化意义,其保护应考虑到相关文化的特质,进行针对的多元保护。

(三)注重活态保护

恒天纤维厂是历时性的空间遗产,其时间要素表现为动态的、持续的遗产历史过程。恒天纤维厂随社会发展,经历过改建扩建、繁荣衰败的过程,恒天纤维厂空间遗产的历时性决定其包含的信息始终处于一定程度的变化之中,使其不断被赋予新价值,也更新其作为遗产所提供的信息。对恒天纤维厂历史更迭过程中的全部信息予以重视和保护,是在以动态发展的视角对其进行活态保护。

五、结语:从价值保护到空间遗产延续

伴随后工业社会的到来,随着产业结构的持续转型,社会工业生产逐渐由劳动密集型转变为以信息技术为核心的知识产业型,第三产业占据的比重越来越高,也因此导致了"逆工业化"的情况[12]。很多工业建筑也由此丧失了原有的功能用途,但是绝大多数工业建筑建造质量良好,尚能继续发挥作用。很多废旧的厂区在城市中占据着很多的土地资源,与快速的城市化发展产生了矛盾,因此,探究如何利用这些闲置在城市中的工业遗产是具有现实价值和意义的。

本文在空间遗产视角下对工业遗产进行研究,以恒天纤维厂为例,从物理空间、社会空间与空间精神方面重新审视恒天纤维厂的多元遗产价值,并且提出保护意见,为日后探讨恒天纤维厂的保护活化提供了研究基础。

参考文献:

[1] 李晓峰,吴奕苇.传统书院作为空间遗产的价值认知、承载与保护[J].建筑遗产,2018(03):57-62.

[2] 刘伯英.中国工业建筑遗产研究综述[J].新建筑,2012(02):4-9.

[3] 廖泽宇.空间遗产视角下的传统聚落公共空间研究[D].武汉:华中科技大学,2019.

[4] 东亚地区文物建筑保护理念与实践国际研讨会.北京文件[S].2007.

[5] 保定化纤厂编纂委员会.保定化纤厂志[M].1版.中国地图制印厂,1991.

[6] 黄志鹏,贾慧献.保定工业遗产的代表——乾义面粉公司与保定"西郊八大厂".中冶建筑研究总院有限公司.2020年工业建筑学术交流会论文集(中册)[C].工业建筑杂志社,2020:5.

［7］刘田洁,崔凌英,何紫荆.保定市化纤厂工业遗产特征及再生方向分析.中冶建筑研究总院有限公司.2020年工业建筑学术交流会论文集(中册)［C］.工业建筑杂志社,2020:7.

［8］曹洪涛,储传亨.当代中国的城市建设［M］.北京:中国社会科学出版社,1990:58-62.

［9］保定化纤厂编纂委员会.《保定化纤厂志》［M］.1版.中国地质图制印厂,1991.

［10］董卫.城市制度、城市更新与单位社会——市场经济以及当代中国城市制度的变迁［J］.建筑学报,1996(12):39-43.

［11］ICOMOS.International Charter for the Conservation and Restoration of Monuments and Sites［R/OL］.［2018-06-05］.https:// www.icomos.org/charters/venice_e.pdf.

［12］唐宇峰.德国旧工业建筑改造经验研究［D］.西安:西安建筑科技大学,2018.

遗产活化视角下工业建筑改造为博物馆的策略研究*
——以柳州工业博物馆为例

1.黎启国　2.吕艺飞

（1.2.合肥工业大学建筑与艺术学院）

一、遗产活化与工业建筑遗产

（一）遗产活化的理论

遗产是指人遗留的个人合法财产，现在的遗产不仅指具体的财产，还包括人在社会发展过程中留下的足迹。遗产具有生态、文化、科研、审美、经济等多重价值，只有通过活化才能实现其本身的价值[1]。1977年《马丘比丘宪章》明确提出了保护、恢复、重新使用的关系，必须和城市的建设过程结合起来，以保证这些建筑继续拥有生命力。而1979年《巴拉宪章》中再次明确了要为建筑遗产找到合适的用途，使得该场所的文化价值得以最大限度地传承和再现，同时对建筑重要结构的改变降到最低限度。"活化"最初是由台湾学者提出的，"活"指的是赋予其生命，"化"意味状态发生变化。在国外也被称为再生（rehabilita-tion）、重生（reborn）、可适应性再利用（adaptive reuse）。国外对建筑遗产活化研究较为成熟，主要通过以旅游资源的形式对建筑遗产进行开发和再利用。简而言之，就是将废弃或闲置的建筑遗存在保护的前提下进行功能置换或者延续其原有功能，让它和周围的环境重新焕发活力。

建筑遗产的活化是基于建筑遗产保护的基础上进行的，其包括保护、修复、加改建等。我国学者喻学才提出了遗产活化的概念，即遗产活化的实质是把遗产资源转化成旅游产品而又不影响遗产的保护传承[2]。而学者吴必虎在研究古城活化中认为：建筑遗产活化即为历史建筑寻得新生命，做一个新用途，让公众得以走进并欣赏这个历史建筑。学者林淞枝认为，遗产活化是传统意义的保护与传承，以活化方式对蕴含其中的物质及精神价值

* 本文为国家自然科学基金面上项目（52178036）、国家自然科学基金青年项目（51808408）、合肥市哲学社会科学规划项目（HFSKYY202111）。

进行解码、诠释、继承和重构[3]。综合分析各位学者对于遗产活化的定义，建筑遗产活化是在延续建筑特色的基础上通过改变建筑的形式或功能，使建筑从和社会脱节的状态重新融入社会，提高建筑遗产的历史、社会、艺术、科技、经济价值。

(二)工业建筑遗产理论

工业遗产最初以"工业考古"出现，这个概念由英国建筑史学家米歇尔·李克斯提出。1978年，联合国教科文组织成立了世界上第一个工业遗产保护的国际性组织——国际工业遗产保护委员会，该组织在2003年7月于下塔吉尔召开的国际工业遗产保护委员会大会上通过了《下塔吉尔宪章》。该宪章首次明确了工业遗产的定义，即工业遗产是指工业文明的遗存，它们具有历史的、技术的、社会的、建筑的或科学的价值[4]。这些遗存包括建筑物和机械、车间、作坊、工厂、矿场、提炼加工场、仓库、能源产生转化利用地、运输和所有它的基础设施以及与工业有关的社会活动场所，如住房、宗教场所、教育场所等。由此可见，工业遗产不是工业遗存，它指的是工业遗存的精华。

(三)工业建筑遗产活化的意义

建筑遗产价值主要根据《中华人民共和国文物保护法》中对文物定级的"三大价值"进行评估，即历史、艺术和科学价值。工业遗产具有物质与非物质两个方面的价值。工业遗产作为物品来使用就是它的物质价值，物质价值能够满足人具体的物质需求，如工业厂房、机械设备的开发与利用价值。信息价值是工业遗产作为社会发展的参与者，承载着某个历史时期的特殊记忆。工业遗产见证了时代的变迁，同时工业的发展对今天产生了深远的影响。遗产活化可以在保护的基础上，让建筑遗产的价值更好地发掘和延续。

建筑遗产活化可以传递历史信息、见证历史事件。工业遗产是工业生产活动的载体，是劳动人民在特定历史时期创造的文明成果。工业遗产见证了工业时期的社会生活，承载着生产者创新、改革、进取的优秀品质，建筑遗产活化可以使工业时期由人民创造的宝贵品质得以延续。如大庆油田见证了我国石油工业的发展，也创造了"爱国、创业、求实、奉献"的大庆精神。建筑遗产活化可以延续时代和地域艺术特色。工业遗产大多为粗狂、简朴的形象，但其造型、材料等根据所处的地理位置和历史时期呈现出不同的特点。一些大尺度的烟囱、高炉等建筑物非常具有艺术特色，往往能够成为城市的标志物。如北京"798"的厂房建筑，具有典型的包豪斯风格，通过建筑遗产活化改造为艺术展览区，延续了艺术特色。建筑遗产活化对工业技术的传承与保护具有重要意义，工业遗产在选址、设计、建设、生产等方面记录了工程技术的进步。在可持续发展的背景下，充分挖掘建筑遗产的经济价值可以节约资源、保护环境，既保护了建筑遗产，还创造了经济效益。

(四)柳州工业建筑遗产的历史沿革与保护

19世纪60年代至90年代的洋务运动，是中国近代史的开端。洋务运动期间，广西富川县、贺县开设了贺富官矿局、西湾煤矿。柳州受洋务运动和周边近代工业发展的影响，相继出现了一批实体工业。1916年5月，柳州商人创办的柳州电灯公司标志着柳州近代工业的兴起，也开创了柳州用电业和城市照明之始。在1949年之前，柳州就开始了大规模的城市建设，奠定了柳州近代工业发展的基础，一度被誉为广西"工业的心脏""工业重镇"。兴办的工业包括柳州电灯公司、华兴木植公司、广西酒精厂、柳州机械厂、柳州兵工厂、柳州汽车厂等。1950年至1977年是柳州工业建设新兴发展阶段，该阶段确定了柳州重化工业城市的定位，逐步建立了完整的工业体系，其中以柳州锌品厂、柳州冶炼厂、柳州动力机械厂为代表。1977年至今从计划经济体制向计划商品经济、社会主义市场经济转型的时期，柳州正向欣欣向荣的工业强市迈进，在这个过程中发展起来的有双马电扇厂、都乐冷柜厂、华力电器厂、两面针牙膏厂、金嗓子喉宝、柳州工程机械厂、柳州五菱汽车厂等。

2006年第三次文物普查工作中，工业普查组调查了130处工矿企业，包括柳北区21处，城中区4处，柳南区24处，鱼峰区38处；对市区87家（个）工业遗产旧址及附属建筑、设施进行较为详尽的普查、登记和采集照片[5]。其类型按照现状可分为基本可确定文物遗址型、因改制而拆迁或半停产状态型、废止他用型和仍在使用型（见表1）。其中所普查的厂矿企业已经改制、拆迁、半停产状态、废止他用的床单厂等48处，仍在生产、使用的有长虹机械厂等32处。其中一些建筑遗存保存较为完整，具有一定的价值，主要包括机电、化工、轻工、电力、建材等类型。

表1 柳州重点工艺遗产及其现状统计表

类型	单位名称	地址	工业遗存现状
仍在生产、使用	空压机场	北雀路126号	17栋厂房
	电子管厂	东环路中	2栋厂房
	钢铁厂	北雀路117号	1座高炉、工业车间、工业设施
	化肥厂	北雀路67号	2栋宿舍楼、生产车间设备良好
	水泥厂	太阳村镇内	2座生产车间
	上汽通用五菱	河西路18号	1栋办公楼
停产停用	冷柜厂	柳邕路224号	4栋车间、2栋办公楼
	马鞍山供水设施	屏山大道西	1个圆形蓄水池，顶盖已拆除
	邮电大楼	曙光东路东	1栋办公楼
改为他用	第三棉纺厂	解放北路37号	改造为工业博物馆
	印刷厂	罗池路13号	现为娱乐场所
	新圩贮木场	柳太路6号	1栋办公楼、2栋招待所，正在改造

二、柳州工业博物馆的现状

柳州工业博物馆由原第三棉纺织厂改造而来,原为上海市恒业帆布厂,是地方国营中型企业,1966年为支援边疆建设迁到柳州。1978年改名为柳州市织布厂,并于1986年筹建柳州市第三棉纺织厂。1988年与外商合作成立信棉纺织有限责任公司,还获得广西壮族自治区中大型企业技术进步百花奖,该公司于2003年经营不善破产。柳州工业博物馆选址于原柳州市第三棉纺厂厂区,处于市中心区,在文昌桥东岸,文昌西路南侧,西临柳江河东堤,西南为窑埠古镇,周边有河东公园、柳侯公园和蟠龙山公园环绕,依山傍水,风景秀丽,地理位置优越。项目建设的主要内容为厂房的修复、工业博物馆展览建设、衍生文化产业的构建、园区整体环境改造等,该项目于2012年5月1日建成并对外开放。

(一)道路现状分析

道路作为人们的轨迹是城市最为突出的元素,它具有方向性、延续性、交叉性等特点。柳州工业博物馆的园区道路规划设计主要是由人行道路和公共绿地组成,道路宽4米左右,尺度适宜。场地内设有公共空间和配套设施,但公共空间尺度过大,与均质的小尺度道路之间没有设计较好的过渡空间。主展馆与企业展馆之间设计灰空间进行有效过渡,但与园区的世界工业科技展馆、互动展区、机动展区的道路没有明确的方向性,破坏了场地内部道路的延续性,使游客无法拥有完整的游玩体验。

(二)边界现状分析

边界通常是两个区域的分界线,也是一种线性元素。边界同样是由道路组成,通常被表述为强调了界线性质的道路,因此边界也可以有指向性。公共建筑的入口空间是建筑风貌的展示窗口,具有集散和停留的功能。园区的边界由文昌大桥、桂中大道、柳东路、蟠龙路组成,呈现为不规则的四边形。柳州工业博物馆设有三个入口、两个停车场,东侧为主入口,设有大停车场;南侧为后勤入口,西侧为次入口,并且配有小型停车场。主入口边界连续,尺度适中,具有可识别性。但是主入口没有明显的标识,辨识度不高,且边界封闭,为连续的绿化带,植物茂密、尺度过大,与园区内没有景观上的渗透关系。

(三)区域现状分析

区域是由中等尺度或大尺度的组成单元。边界限定出了一定的区域,道路把区域分成了不同功能的单元。柳州工业博物馆基地呈不规则的四边形,由展览区、办公区、服务区组成,形成"V"字形向两个方向排列。展览区为工业博物馆主体,承担展览功能;服务区为配套衍生产业,能够为博物馆的运营提供经济支撑;办公区承担着贮藏、接待、日常管理等功能。基地周围建筑形式较为复杂,西侧为窑埠古镇,实则为仿古商业街,建筑为坡屋顶形式,尺度较小。东侧紧邻柳州王府井购物中心、三胞国际广场,为现代风格的高层商业综合体,建筑尺度较大。园区与城市区域缺少联系,其中入口广场视野开阔,但与西南侧的高炉相隔较远,视野狭小,只有在服务区才能看到高炉耸立的景象。

(四)节点现状分析

节点就是标识点,也可以只是简单的汇聚点。蟠龙路与柳东路汇聚形成的街角空间有高炉耸立,成为场地的焦点,也是一种象征标志。独具特色的节点激发了转角空间的活力,为游客的活动行为提供了更多的可能性。位于桂中大道的入口广场是人流的汇聚点,广场放置了火车、铲车模型,但场地尺度较大,显得比较空旷。

(五)标志物现状分析

标志物是另一种类型的参照点,是观察者的外部观察参照物,也有可能是在尺度上变化的简单元素[6]。标志物作为一种地标,不仅能给城市中的人提供方向感,还可以成为城市的特色景观。园区的高炉位于蟠龙路与柳东路的交叉口处,强化了与周围建筑的对比关系,成为了园区的标志物(见图1)。高炉与基地西侧的仿古建筑窑埠古镇在城市天际线、造型、色彩、尺度等方面难以协调达到统一,这种强烈的对比增强了我们对园区的意象。

图1 园区高炉

三、柳州工业博物馆遗产活化的改造策略

(一)园区遗产价值活化

柳州工业博物馆园区总用地面积大约106482.12平方米(约160亩),建设用地面积为96842.41平方米(约145亩),总建筑面积约为65025平方米,其中展览区29157平方米,服务区8600平方米,办公区2891平方米,室外展场14000平方米。结合原有建筑的形式、跨度、结构等特点对场地进行了合理的规划。基地内建筑规划比较零散,五栋大车间改造为展览空间,并且通过加建使各个展览空间联系起来,确保游览流线的完整性。服务区位于场地的西侧,主要为博物馆的配套衍生产业,既有服务功能又能为博物馆的经营提供经济支撑。服务区与蟠龙路的商业街窑埠古镇具有相同的业态,能够形成聚集效应。办公区紧邻展区,且设有单独的出入口,方便办公人员和货物进出。通过对园区场地进行规划设

计,园区遗产价值得以活化,使零散的单体建筑合理有序(见图2)。

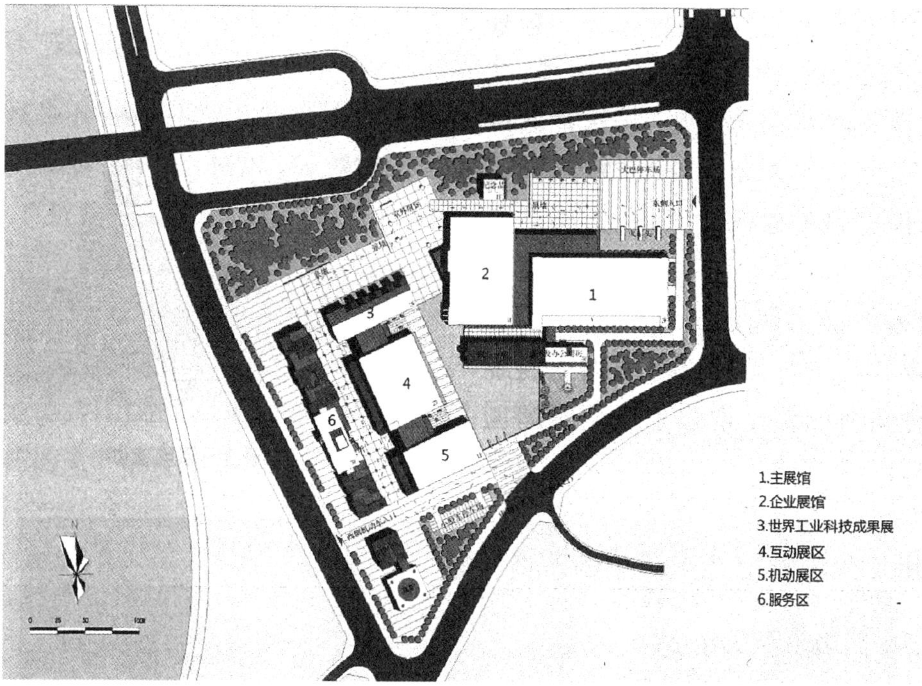

图2 园区总平面图

(二)建筑本体功能活化

第三棉纺厂的改造工程使其原有功能由工业生产变为了陈列展览,由于原有的功能已经不能适应城市的转型发展,通过功能活化使工业建筑遗产在保护的前提下更新升级。功能置换就是寻找一种空间需求大致相同的使用功能,将原有功能直接置换成新的功能,而不是对建筑物进行整体结构方面的增减[7]。经过改造后,园区分为可展览区、服务区、办公区三大区域。展览区由主展馆、企业展馆、世界工业科技成果展示区、互动展区、临时展区、室外展区组成。在改造中并未大拆大建,保留原有的结构,主展馆、企业展馆、互动展区、临时展区都采用了水平分割的手法对内部进行功能划分,营造了连续、实用的展览空间。世界工业科技成果区采用的是垂直分割的功能划分手法,由于原有建筑层较高,首层通过坡道与垂直加建二层串联,不仅增加了游客游览体验的趣味性,还丰富了内部空间层次。服务区的主要功能为企业家会所,功能升级与其他建筑改造有明显的不同之处,只保留了主要结构与侧墙,内部采用水平分割与垂直分割的手法进行功能更新。办公区经过维护、修缮后,延续了其原来的功能。

(三)历史文化要素活化

历史文化要素活化包括延续历史记忆和重构文化要素两个方面。从1966年的第三棉纺织厂建成并投入使用至今,厂区伴随着城市的发展,是柳州历史的见证者。原有建筑历经岁月的洗礼非常具有年代感，尤其是砖砌的外墙和锯齿形的屋顶，具有鲜明的工业建筑特征与时代特点。主展馆、世界工业科技成果展示区（见图3）和企业展馆（见图4）是由纺纱车间和脱胶车间改造而来，屋顶的天窗为锯齿形，立面为红砖。在改造手法上最大限度地保留历史元素，对门窗进行维修或更换，达到活化历史文化要素、保留工业印记的目的。互动展区、临时展区分别由长麻纺车间和短麻纺车间改造而来，立面造型保留原状，与西侧服务区的红色金属板立面形成鲜明对比。新旧交融的手法既表达出了浓浓的工业气息，又活化了园区的历史文化要素，为园区增添了活力。位于园区边界的服务区，其新旧对比的立面造型，与园区内的旧工业建筑及园区外西侧的窑埠古镇形成鲜明对比。服务区临街的立面肌理采用了六角形的螺帽为肌理，重构了工业的文化要素，达到了表达工业意象的目的。

图3 世界工业科技成果展区改造　　　　　图4 企业展馆改造

（四）建筑空间体验活化

　　游客和当地居民都会以参与者的身份进入园区进行活动体验，因此，建筑空间设计是工业建筑遗产更新改造的一项重要内容。原有厂房为分散的单体建筑，通过丰富建筑空间可以改善体验者在园区内的自身感知和行为体验。建筑空间体验活化主要体现在游客流线规划和公共空间营造两个方面，加建联系门厅使展览区的五个独立的展览馆串联起来，优化了游览的流线，对游客的行为产生了积极的影响。主展馆作为园区比较重要的改造项目，为了使其入口更加具有标志性，在厂房的西北角方向加建了方形的入口门厅，材料选用了具有现代特点的钢材和玻璃，丰富了建筑空间体验。企业展馆体量更大，可进行大规模的展览活动，它与主展馆呈现L形布局，但并没有建立过渡衔接。改造过程中，在两个建筑之间加建L形的联系厅并且设计灰空间，使两个展馆整合成为一个建筑，加强了室内外的联系。同时灰空间在展馆之间具有室内外过渡互相渗透的作用，有利于改善体验者在展馆之间过渡时的空间体验。互动区和临时展区为了入口的标志性和可达性，在南侧加建了休息厅和门厅，为游客提供了停留空间。室外展场是建筑空间体验活化的点睛之笔,通过合理规划外部空间,在广场中设计景观小品和展览模型,有序的外部公共空间活化可营造空间过渡的层次感,满足游客的活动体验需求(见图5、6)。

图5 建筑空间体验活化　　　　　　图6 建筑空间体验活化

四、遗产活化视角下工业建筑改造的启示

(一)以遗产保护为导向,科学重构空间秩序

旧工业建筑作为特殊的遗产类型,科学地规划和完善的保护理论体系是建筑工业遗产保护的前提。建筑遗产活化的首要内容是对场地的三维空间进行重构,场地的形态都是通过三维空间的外化表现出来的。遗产活化视角下的空间秩序重构将从场地序列、场地肌理、周边环境三个方面考虑。场地序列的完整性是空间重构的首要内容,通过加建联系厅、增设外部走廊、构建灰空间等空间节点,与各个空间构成完整的空间序列。零散的空间可以利用这些空间节点将每个空间内的要素串联起来,重构连续性、完整性的空间序列。场地内的道路与建筑物之间的排列组合方式就是场地肌理,是在工业生产时期场地空间上的二维的表达形式。场地肌理是历史印记的形象表达,要在保护的基础上对场地肌理进行延续,在遗产活化的过程中可以结合具有历史、艺术、科学价值的空间形象进行重构,这样可以传承和重新激活场地肌理。周边环境在三维空间也是场地的一部分,它与场地共同构成了一定意义的场所。周边环境与场地内部的关系是相辅相成的,同样具有文脉意义。遗产活化视角下的空间重构要尊重周边环境的历史文脉,构建风貌协调、功能互补的空间秩序。

(二)以城市转型为目标,合理确定功能业态

工业建筑遗产活化是优化城市存量用地的重要方式,要结合当地城市转型的目标和规律,使旧工业建筑完成由生产模式到生活模式的转变。要积极引导新置入的功能业态与城市的发展需求相适应、与周边建筑的功能业态相辅相成。遗产活化视角下的功能更

新策略主要从功能置换、产业功能升级两个方面考虑。原有建筑的功能具有深厚的文化底蕴，在社会发展的过程中具有物质性和非物质性两个方面的价值。新的功能业态，需要根据改造后建筑类型及社会的发展需求相匹配，原有的功能已经不再适用，需要对其进行适当的功能置换，从而达到建筑遗产功能活化的目的。在工业建筑遗产改造中，新业态的拓展不但可以提升园区功能的多样性，而且可以为游客和居民提供综合式服务空间。遗产活化视角下的功能业态更新要对传统商业进行升级，融入文化创意产业，构建合理的、多元化的功能业态。

（三）以文脉延续为前提，有效升级建筑形象

工业建筑的历史文脉保护要贯穿更新改造的全过程。遗产活化视角下的建筑形象升级就是要以建筑历史文脉延续为前提，充分挖掘工业建筑遗产的物质性和非物质性价值。一面是要提高对历史文化要素的认识，它包括物质的和非物质的两个方面。遗产活化要将物质性的文化遗产与游客和居民的体验需求结合起来，将非物质性的文化遗产以可触、可见的方式融入建筑形象改造当中，从而达到延续历史文脉、丰富体验者的视觉感受、提高城市活力的目的。另一方面要明确文化保护要素，从时间的层面，建筑风格是与所处的历史时期相契合的，是对历史文脉的传承。从历史背景下提取出具有时代特征的文化要素，对其进行建筑形象活化。从空间的层面，园区与周边环境的肌理和城市的发展是相匹配的，它传递出不同时期的空间演变过程。要从场地肌理中提取文化要素，对其进行以文脉延续为前提的遗产活化。

（四）以外部空间优化为手段，全面激活场地活力

外部空间作为城市空间的建筑尺度，具有多种形式[8]。它可以是围合的庭院、院落空间、广场空间，或是由边界形成的空间、街道节点空间等。遗产活化视角下的外部空间优化，可以从界面优化、外部空间重构与升级、标志性节点空间改造三个方面入手。界面优化要与建筑的类型、功能定位及周边环境采取适宜的方式进行优化。外部空间重构与升级包括公共空间和景观空间两个方面，场地内道路规划完成后公共空间随之产生，可以结合场地内外的景观要素构建新的景观节点，达到激活场地活力的目的。标志性节点空间具有文化价值和艺术价值，可以在原有标志物的基础上对其进行改造升级，也可以通过提取历史元素来重构。

五、结语

在城市更新背景下，工业建筑遗产作为历史的物质载体具有多重价值，如何在延续其历史文脉的基础上使这些建筑与融入现代生活是值得我们思考的问题。柳州工业博物馆的更新改造设计，遵循了遗产活化的原则，以修复为主、新建为辅的方式让旧工业建筑以

全新的面貌融入城市当中,让文化遗产得以传承和发展,为城市的转型增加了活力元素。柳州工业博物馆设计项目的成功实践,为遗产活化视角下工业建筑遗产更新改造为主题博物馆的模式提供了实践经验。

参考文献:

[1] 夏丝飓.基于可持续的历史地区评估模式探讨[D].南京:东南大学,2018.

[2] 喻学才.遗产活化论[J].旅游学刊,2010,4:6-7.

[3] 吴必虎.古城重建不如古城活化[J].广告大观(综合版),2012,11:7.

[4] 国家文物局.国际文化遗产保护文件选编[M].2007,251-255.

[5] 叶伟伶.柳州工业旅游新途径探索[J].柳州职业技术学院学报,2017,6:22-25.

[6] 周立军,杨雪薇,周天夫.黑龙江省传统聚落布局特色的意向分析[J].城市建筑,2017,18:18-23.

[7] 杜辉.山西旧工业建筑适应性再利用研究[D].太原:太原理工大学,2017.

[8] 张琦.遗产活化视角下的历史文化街区城市设计研究——以成都市文殊坊为例[D].绵阳:西南科技大学,2021.

基于"绿色再生"理念下的船政文化马尾造船厂片区工业遗产保护实践*

1. 梁章旋　2. 黄　平

（1.2.福建省建筑设计研究院有限公司）

一、历史背景

中国船政文化福州马尾造船厂始建于1866年，是清末洋务派兴办的第一座军工造船产业，是中国近代海军的摇篮。船政十三厂是中国近代第一家机器造船厂，也是同期远东地区最大的造船厂。民国期间在造船厂内设立的海军飞机工程处是中国第一家飞机制造厂，开创了中国飞机制造的先河。船政学堂是中国第一所新式学校，开我国近代科技教育之先河。培育出了众多优秀的风云人物，活跃在近代中国的军事、文化、科技、外交、经济等各个领域。船政为海军之根基，1874年组建中国近代第一支新式海军舰队，船政制造的舰船构筑了海防体系，维护领海主权且多次参与海难救助。可以说船政文化是集教育系统、军事系统、社会系统和工业系统四大系统于一身的近代以来科技创新和爱国护海的重要代表。新中国成立以来马尾造船厂以制造民用船舶为主恢复生产。马尾造船厂片区内呈现出不同建造年代、不同风貌类型、不同结构类型的建筑叠加，2016年马尾造船公司整体搬迁，旧船厂成为历史遗址，2019年启动马尾造船厂工业遗址保护建设。

二、规划策略

整个保护规划的策略对已灭失和现存的重要价值点进行系统梳理，作为整个保护规划的设计依据。以保护修缮和绿色改造为主要的整治方式，避免建设性破坏，对于不同年代不同类型的建筑采取不同的改造或修缮策略：对于文物类建筑，以最小干预、改造遵循

　* 本项目设计团队：北京华清安地建筑设计有限公司 林霄、宁阳、杨伯寅、郝阳、赵一霏、李晓龙、胡盼、程琪雅、于明玉、李斯宇、苏元彬、张丽娜，福建省建筑设计研究院有限公司 梁章旋、黄平、黄建英、蒋枫忠、陈乐祥、许美珊。

可逆原则,保证文物本体特征;对于历史风貌类建筑,尽量呈现出不同时期的历史记忆,通过修补的方式呈现建筑特色;对于工业风貌类建筑,结合功能更新适当地加入一些现代元素以彰显船政传承创新的精神内核。

图1　船厂保护规划鸟瞰图

三、建筑设计策略

核心区主要为铁胁厂、综合仓库、机装车间、机装课仓库以及甲居装课保障组五栋建筑。建筑设计基于"原真性、叙事性、生态性"三个原则,最大限度地保存不同历史时期的遗存,通过叙述造船工业历史为根本出发点,利用空间、光线、材料、细部构件等元素记录和展示造船工业的历史故事和空间氛围。在建筑材料上尽可能使用可再生材料和利用船厂内遗存的建筑构件,体现船厂再生和可持续发展的理念,新建和改建部分既要体现工业建筑的粗犷,又要体现现代工艺的精致。

(一)适度节能改造

对于一般公共建筑的改扩建项目,节能设计需遵循《公共建筑节能设计标准》GB50189-2015和《福建省公共建筑节能设计标准》DBJ13-305-2019的设计要求,但对于工业遗产项目中的历史风貌类建筑,如机修车间及机装课仓库,应以最大限度地保存建筑的历史风貌为前提,不能简单地满足围护结构的热工性能规定指标为目标,因此在外围护结构修复的基础上采用适度节能改造的方式对建筑室内的热舒适性进行性能改造提升。

机装车间及机装课仓库为始建于20世纪70年代左右的青砖建筑,为1层钢筋砼排架结构厂房,机装车间单体占地面积为4152.36平方米,建筑面积为6832.83平方米。机装课仓库为1层砖混结构厂房，单体占地面积740.95平方米，建筑面积1203.4平方米，两栋建筑均为南北朝向。机装车间及机装课仓库建筑外立面具有较好的历史风貌价值，但外墙存在木窗糟朽严重、玻璃大量脱落、屋顶预制板漏水等问题。且建筑经结构可靠性鉴定等级评定为四级，即不符合国家现行标准规范的可靠性要求。通过对机修车间及机装课仓库的外围护结构进行节能性能评估，机修车间及机装课仓库外墙为240厚清水砖墙，传热系数为2.24w/㎡·K，外窗为木窗加4mm厚透明玻璃，传热系数为6.44w/㎡·K，机修车间屋面为40mm厚钢筋混凝土预制板屋面，传热系数为5.784w/㎡·K，机装课仓库屋面为0.5mm厚压型钢板，传热系数为58.2w/㎡·K，两栋楼围护结构热工性能和室内热舒适均较差。

在保护建设过程中对于机装车间及机装课仓库的立面清水砖进行清洗、修补，最大化地还原建筑历史风貌，对原有糟朽的木窗进行修缮，替换5mm厚隔热涂膜玻璃，有效地增强门窗的隔热性能，更换隔热涂膜玻璃后的门窗传热系数为5.79w/㎡·K，比原有透明白玻优化10%，原先糟朽严重无法开启的门窗在修缮后均保证可开启，且室内高窗增加电动开启装置，保证室内空间拥有良好的通风。机装车间屋面为30mm厚预制板屋面（见图2），现有屋顶无法满足传统保温隔热屋面做法的荷载需求，经过多轮方案比选，最终采用聚氨酯薄涂型涂料与仿古面层热反射型涂料的组合方式，在保证屋面防水的同时有效地增强屋顶的隔热性能（见图3），修复后的屋面K值为4.305w/㎡·K，优化约25.5%，且最大限度地保持原有屋面的风貌（见图4）。另外机装课仓库原有屋面已缺失，现状屋面为后期搭盖的简易彩钢板屋面，其风貌及保温隔热性能均不理想，故采用深灰色铝镁锰板加厚保温岩棉的屋面构造替代原有彩钢板屋面，在还原原有瓦屋面意向的同时增强屋面的保温隔热性能，改造后屋面的传热系数为0.486w/㎡·K。

图2 机修车间现状屋面　　　　　图3 保温隔热材料分层做法

图4 修复后机修车间屋面

(二)"绿色表皮"再生

厂区内的铁胁厂及综合仓库均为钢结构建筑,但现状表皮均为简易彩钢外墙,建筑风貌及对铁胁厂内原有钢构的保护均不理想,亟须替换建筑表皮以满足船政文化城园区运营及对铁胁厂钢构保护的需求。

铁胁厂始建于1875年,为歇山顶、青瓦屋面木构建筑,1898年聘请法国人杜业尔任洋监督,福州将军兼船政大臣裕禄听从他的意见,将铁胁厂改建为钢构架厂房;抗日战争期间多次被轰炸,1944年仅存屋架,1947重建铁胁厂;1998年对铁胁厂进行维修改造。在2016年马尾造船厂搬迁时,铁胁厂现状为简易钢板屋面及局部砖砌外墙,对内部结构主体缺乏有效保护,原有的钢结构为不同时期改扩建所致,经结构鉴定已不具备承重作用。铁胁厂是船政建筑的重要组成部分,是中国最早的近代西式钢构架厂房,最早的飞机制造车间,因而是国内重要的近代工业遗产,具有很高的文物价值,亟须妥善保护。

由于原铁胁厂的基础承载力及主要构件已不能满足正常建筑使用需要,从保护文物的角度出发,避免对原结构进行过多的更换与加固,铁胁厂的遗产保护建设定性为"保护性设施建设工程",即"为保护文物而附加安全防护设施的工程",在原结构的外部新建类似"橱窗"的表皮,将原铁胁厂的主要构件以"展品"的形式进行保存。外部表皮采用"时间轴"的设计理念,通过木纹陶砖以及彩釉玻璃屋面由实至虚像素化演变的方式将铁胁厂历史上由木构到钢构不同时期的建筑风貌在立面上呈现出来,屋面系统采用双层玻璃系统,中间留130厚空气间层,有效增强屋面的保温隔热性能,并通过双层玻璃系统的局部开口促进空气间层的空气流动,有效地通风散热;屋面系统下设电动遮阳帘,避免夏季阳光直射。利用双层屋面系统中间空隙间层的龙骨作为避雷带,在保证建筑整体效果的同时,减少材料的使用,同时双层屋面系统起到两道防水的作用。通过局部的电动可开启外窗设置,实现自然通风,顶部烟囱造型设置通风器增强通风,改善室内微气候。

综合仓库始建于2005年左右,单体占地面积2456.42平方米,建筑面积为8388.88平方米,为主体四层局部两层的钢结构仓库,建筑整体质量较好,外围护结构原为蓝色简易钢板(见图5),综合仓库的整体改造策略为在保存原有钢结构主体框架的情况下,拆除原蓝色简易钢板外皮,替换波浪形穿孔铝板表皮,在延续原有的立面肌理特征的基础上,又隐喻船政深厚的海洋文化(见图6),立面延续原有建筑条形开窗逻辑记忆,通过穿孔铝板+玻璃的双层幕墙系统,有效地遮蔽阳光,并通过双层幕墙内的空腔实现自然通风,改善室内微气候(见图7)。

图5 综合仓库改造前照片　　　　图6 综合仓库改造效果图

图7 综合仓库表皮构造做法

(三)重现历史记忆

铁胁厂原结构钢材生产于约120年前,具有很高的文物价值,因此全部保留原有的钢结构构件和吊车、吊车梁柱钢构(见图8)。对于锈蚀较轻的钢结构构件,采用表面清理再喷涂透明阻锈剂的方式进行处理,最大化的展示原有构件的历史记忆。对锈蚀严重的钢柱,采用贴焊钢板的方式进行加固,焊接完成后,柱脚位置进行混凝土外包,其他位置采用外刷透明阻锈剂进行处理。同时对于原有钢构件上遗留的不同时期工业生产的附属构件,如电风扇、设备管道等均最大限度地保留下来,尽可能地展示船厂各时期工业生产的印记(见图9)。

图8 保留吊车及吊车梁柱　　　　图9 保留风扇及设备管道

为了保证原有钢构件的展示效果,新增设备管道基于最小干预的原则,其中空调管道采用通风管廊的形式,严格避开原有基础,从铁胁厂地面布置送风百叶口进行送风。

(四)装配式设计

新增表皮均采用模数化设计,其中铁胁厂外部陶砖采用两种陶砖的模数(480mm × 240mm × 150mm 及 1035mm × 240mm × 150mm)进行设计,采用两块陶砖对拼的方式进行组装,方便施工和后期维修更换,并采用像素化搭接的方式做出立面渐变的肌理,铁胁厂屋面玻璃采用 300mm × 600mm 的彩釉玻璃模数,同样通过像素化拼贴的方式做出屋面渐变的肌理。综合仓库采用 750mm、1500mm、3000mm 三种模数的穿孔铝板,拼贴出波浪起伏的立面效果。

新增的结构体系均采用工厂预制,现场安装,其中铁胁厂新增钢结构仔细避开原密集的钢结构,并且利用木纹肌理来体现"铁胁木壳"的意向,钢构节点采用一体成型铸钢节点,展现现代工艺的精致,外围护结构采用钢材、玻璃、铝板等可再循环材料,最外层陶土砖渐变表皮采用模数化预制,现场锁扣安装;室内空调通风系统采用地送风的形式,实现对历史构件的最小干预。所有新增室内墙体均采用轻钢龙骨一体化预制墙板,减少现场施工环节。

四、低影响开发场地设计

充分尊重场地不同历史时期的遗存,从场地现状出发,最小干预场地,将废弃材料再利用。根据场地不同片区的历史信息进行不同的定位表达并通过景观进行串联,针对近期实施的造船厂区域通过景观的碎片重组,将船政遗存与现代工业发展的碎片化空间重新体系化。通过景观的叙事性表达及互动设计,以及弹性活动场地的预留,为未来的使用者提供丰富的参与体验与多种可能。

在场地植物上,最大限度地保留现状树木,根据现场条件筛选现状植被作为主导植被,保留场地内遗存的构筑物,并以构筑物的形态作为景观小品设计的依据。

屋面雨水一部分通过雨水管排入建筑周边植草沟,通过植草沟的净化作用渗透入土层,植草沟设置溢流口衔接雨水排放系统,另一部分屋面雨水经过过滤后进入埋地雨水搜集池,作为室外景观水景的水源(见图12)。

图12 室外植草沟示意

对船厂片区内拆除的建筑废料进行循环再生利用,将废弃混凝土块进行破碎、清洗和分级后,按一定比例相互配合形成再生粗、细骨料,代替天然骨料配置新的混凝土,并将再生混凝土用于船厂滨江码头广场铺装的基层,可以有效地减少船厂区域内的建筑垃圾外运,实现建筑废料的在地消化,同时可以减少天然骨料的消耗(见图13、14)。

图13 建筑拆除的废料

图14 再生骨料混凝土透水铺装材料

五、结语

马尾造船厂片区工业遗产保护作为当今工业遗产绿色改造的案例,在建筑单体上呈现丰富多样的形式。工业遗产建筑的绿色再生是一个全新的概念,建筑不再认为是静态的,它是一种可以进行新陈代谢和有机伸展的活体,它具有极强的自我适应能力,以适应外界的新需求,在这种新旧功能融合的时代下,我们应该对工业遗产建筑进行针对性的分析,对不同建筑类型、不同建筑形式等工业遗产建筑采用不同的绿色再生技术,强调绿色再生技术的可靠性、可操作性、经济性,根据建筑特点和系统特性制定适宜的综合改造方案,真正体现出建筑与地域结合,建筑与生态结合,让工业遗产建筑带着城市的历史,焕发出新的活力。

参考文献：

［1］霍晓卫,杨勇.福州市历史建筑保护利用案例指南[M].上海:同济大学出版社,2020.1.

［2］陈悦.船政史[M].福州:福建人民出版社,2016.11.

［3］秦雨相,于汉学.工业建筑遗产活化利用策略研究[J].城市记忆与工业遗产,2019(10):73-74.

［4］张春茂,万川特,王维.首钢工业遗产改造中的绿色转化[J].工业建筑,2014(44):68-71.

共生思想下海南盐业遗产保护与再利用研究

——以儋州古盐田为例

1. 林　婷　2. 顾蓓蓓（通讯作者）

（1.2. 深圳大学建筑与城市规划学院）

海南岛得天独厚的自然地理优势使其海盐文化绵延至今，并遗留下一些传统的制盐遗址。儋州古盐田是典型案例之一，其传承数百年的传统晒盐工艺至今仍在为人们所沿用。近年来城市发展速度加快，这些传统工业遗产面临破坏，传统与现代之间出现了诸多难以调和的因素。因此以共生思想为切入点，分析个中问题，从而找到解决矛盾的方法。

一、共生思想概述

（一）起源与发展

"共生"一词最早于 1879 年在生物领域中由生物学家德贝里（Antonde Bery）提出，定义为生物在进化过程中与生俱来的与其他种属生物彼此联系、相互依存的现象。在建筑规划领域中，黑川纪章受佛教思想、现代文明与信息社会、生命哲学等影响，对机械时代与二元论进行批判，认为生命时代终将转向共生，异质文化的共生将取代机械时代的"普遍性"。《新共生思想》阐述的要点可归纳为：人与技术共生、异质文化共生、部分与整体共生、人类与自然共生等，在他的观点中建筑应蕴含一种生命时代，它能够与异质文化要素共生，通过传统与技术的共生而创造出来，同时又能与自然环境共生[1]。

（二）共生思想对工业遗产的启示作用

在工业遗产的保护中涉及自然、历史文化、城市等方方面面，其中包含的遗存与更新、与自然等方面存在着对立矛盾的关系，共生思想让工业遗产的保护与再利用有了新的研究思路。实现共生需具备三个基本条件，即圣域论、中间领域和"道"的复权。

黑川先生认为对立的双方存在着"圣域"，但共生不是妥协与折中，而需彼此尊敬并寻求其中的互补要素。本文将其延伸为历史与现代的共生，即两者彼此尊重因身处不同的背景而产生的文化差异。"中间领域"指对立双方之间的共通部分,遗产作为历史遗留与城市化进程中逐渐被征服的自然之间由相伴相生转向彼此对立的局面,继而产生消极影响,需要这样一种过渡空间来使其恢复共生的秩序。

作为中间领域的具体表象之一的"道"是建筑与外部环境的连接部分,即建筑空间的延伸。在工业遗产的保护与利用中,"道"包含了两个层面:遗产与城市的规划层面;遗产内部的规划层面。从城市规划、内部功能划分与道路环境建设等方面去思考,营造出富有生命力的"道"空间(见图1)。

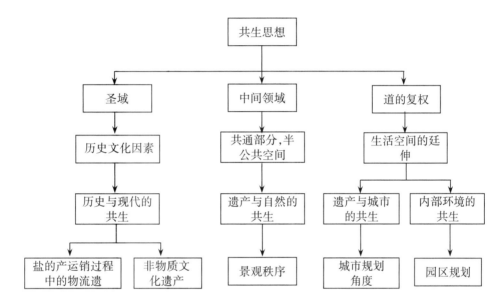

图1 共生思想的对应关系

二、儋州古盐田遗产背景与构成

(一)历史概况

儋州市古称"儋耳"。儋州之立自唐开始,唐宋时史书记载儋州义伦县一带有盐。盐田族谱序言中提及,盐田谭氏先祖从闽迁入广东顺德甘竹村,北宋时谭氏朝正、朝端、朝辅三兄弟迁至海南,分居琼山、澄迈、儋州、陵水。据谭氏族谱记载,唐天宝年间有谭正德自福建莆田迁海南儋州,以制盐为业并传于后人。明清为儋州盐业的大发展时期,封建统治对于海南的渗透进一步深入。明洪武年间博顿兰馨场创立,朝廷设置都转运盐史司、盐课提举司及下设的分公司、盐课司三级机构,兰馨场受廉州府海北的盐课提举司管辖,岁赴海北新村缴纳盐课,清时盐课改为府州管理[2]。民国时期儋州盐业发展达到顶峰,具体体现在盐场数量与盐务处、港口分卡的设置上。可见,儋州盐田作为物质载体,对于研究社会政治与精神文化具有普遍价值。

（二）自然环境与空间布局概况

1.地貌地质

旧时兰馨场现约位于新英镇以北、三都镇以南，目前现存的盐田村、盐丁村、灵返村、细沙村等地的多处盐田均属于兰馨场的管辖区域，现位于儋州市北部地区的峨蔓港及新英湾周边。儋州的北部地区是西、南、北三面环海的半岛，作为半围合的港湾，不仅是自古以来的避风良港，还因这种不完全隔绝性而导致水体连通有所差异，水体咸度较高。在纳潮量上，区域沿岸潮差大，纳潮量大，潮间带广阔，有利于设置需要大面积滩涂的盐田。同时峨蔓港与新英湾沿海一带具备一定硬度与黏度的滩涂，有利于防止在制盐过程中盐卤渗漏。由此可见，儋州北部沿海地区是盐场的优良地点，在选址上顺应自然，并成为自然的一部分是其在历史进程中长久留存的主要因素之一。

2.聚落空间

对于以盐为生的聚落而言，与自然共生早已成为必不可少的生活方式。由于儋州古盐田的盐业生产需要依靠潮水的涨落，为避免潮侵，聚落位置与盐田存在一定的高差和距离，沿着海域与道路发展扩大。古代移民在选择迁居地时考虑到生存发展需要，一般会将聚落置于"背山面水"的格局，即以山林构成防卫体系，水系保障生产与交通，通过河流运至治所的仓储或至市场中贩卖。因而盐场区域的基本布局为仓储与市场—河流—植被—聚落—盐田—海域（见图2），盐田依据土质条件呈长条状分布于紧挨水域的沿海滩涂地带，由河道与海域连接了整个生产与生活空间。

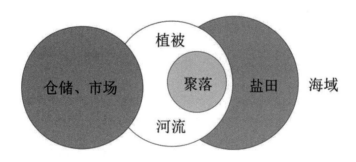

图2 盐场区域的基本布局

地域偏远、土地贫瘠与长期水资源不足等多种因素造成了该地区低下的经济水平，一定程度上约束了当地尽可能使用本土材料去建造与本地区气候地理相适应的低成本民居与生活生产工具，例如采用火山岩堆砌而成的民居、打磨形成的晒盐槽等。除受闽南地区民居文化的影响外，儋州地区因受地势制约，宅基地发生适当的旋转移动，街巷沿火山熔岩流自然形成的坡地蜿蜒而上，整体朝向不拘泥于传统中的正南向，但大体上以行列式排列的方式面向盐田这样的开放空间，生产与生活相互紧密联系在一起，是人与自然共生的实例。

（三）盐业遗存中的圣域

黑川纪章认为"共生的思想就是相互承认对方圣域的思想"，例如对于日本而言，米、天皇制、相扑、茶道等是圣域，这些构成了民族自豪感与认同感的一部分，丧失其中一项会同时破坏与之相联系的传统文化及城市面貌。同理，对于古盐田而言，圣域论所强调的文化自尊正蕴含于盐民世世代代的生产生活方式之中，形成了当地的"文化传统基因"，其物质呈现表现在盐的生产与运销中，生产包括槽、池，运销包括渠、港、仓等，两者均是应在古盐场保护与更新中需给予尊重的圣域。

1. 生产中的遗产构成

盐的生产过程往往与自然气候条件密不可分，儋州古盐田所使用的淋卤晒盐法是当地盐民继承历代先民智慧与尊重自然的产物。淋卤晒盐法需要利用到两种来自沿岸的自然物质——海水与滩涂，并结合潮水的涨退规律和季节的温度规律来完成整个制盐的过程。

涨潮时，潮水由火山岩堆砌而成的引潮渠由海岸蜿蜒至盐田各处，以将潮水引至盐池中，滩涂吸收海水后含盐量增加成为制盐的后续原料，即盐泥。退潮时因储备需要海水会留存于位于地块凹陷处的蓄水池中，在卤水池需要使用海水过滤盐泥时方便取出。从布局上看，两者因功能联系紧密并共同组成盐池的一部分，方便盐民进行下一步的过滤工序，使之成为一个流程中的完整系统。

退潮后，盐丁由村落拾阶而下至盐池，使用木耙疏松盐泥，利用气温高的气候特征使盐泥中的水分蒸发，提高盐泥的含盐率。将盐泥置入过滤池，浇灌入海水，盐泥中的盐分重新溶解于海水，海水会经由茅草过滤并逐渐透过石块之间缝隙流入卤水池。此时的卤水经过两次的提纯后，还需要通过"黄鱼茨"来测试浓度，并将卤水置于盐槽上曝晒蒸发得盐。盐槽表面是依据沿岸天然形成的玄武岩的材料特性打磨出略带凹槽的光滑平面，由于盐田在沿岸依势而生、依势而造，故盐槽分布往往根据地形与生产需要高差错落排布，形成一道独特的景观。晒制好后盐民便可以用刮盐板把晒好的盐收集，并在运销至外地前临时储存于低矮的盐房中。

由此可见，盐的制作工序决定了盐田布局与各功能的位置关系（见图3），池与渠的建造反映了当地的历史文化，体现了盐民悉知自然规律并与之共生的过程，最终共同形成了一个科学而高效的系统。

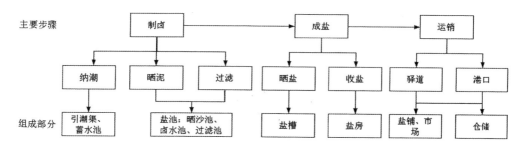

图3 产盐与运盐的主要流程图

图4 蓄水池、引潮渠与盐池　　　　图5 盐槽　　　　　　　图6 盐房

2.运销中的遗产构成

儋州古盐田区域现存两处盐铺遗址，是过去与周边村落居民买卖食盐的场所。在对外运销时，盐民通过一条由火山岩铺就、仅通一人的盐道穿越滩涂区域，挑着扁担将盐运至对岸的村庄，再经由古驿道输送至其他地点。

驿道与港口是当时古盐田及其聚落同外部联系的通道，其运销路径反映了当时的社会经济状况。明驿道体系与港口建设完善后，盐的运销得到了较大的发展。儋州兰馨场临近的新英湾自然地理优势明显，是当时该区域负责经济贸易的重要码头。盐商通过这样的大型码头将盐等商品远销外地，盐民则可通过峨蔓港等周边沿岸小型港口用小型船只运至较近的地区。清以后新英港由于泥沙堆积、水域变浅，无法容纳大的船只行驶与停泊而逐渐废弃，儋州区域的对外贸易转而依赖洋浦港等其他大型码头。

3.非物质文化遗产

儋州古盐田的海洋文化由福建移民引入，但又受本土文化影响，形成了富有地域特色的神灵崇拜。以产盐销盐而生的村民，与自然共生的同时敬畏自然，信仰着对于生产力低下的社会而言无比神秘而强大的海洋环境，认为祭祀与之有关的神灵能带来顺遂的生活。具体表现在：在古盐道旁祭祀古盐神的巨石，为运盐的船只指引方向的火山岩古灯塔，面向海域起镇压作用的风水塔，以及与之相关的祭祀游行活动等，是当地民俗的重要组成部分之一，具有重要的历史文化价值。

三、儋州古盐田共生发展中的困境分析

（一）历史与现代的矛盾

1.缺乏共生的精神驱动力

《儋州市峨蔓镇盐丁古盐田旅游发展规划》中将盐丁古盐田规划为"一轴五区"的旅游空间布局，以千年古盐田旅游拓展轴串联五个功能区，分别包含港口、盐田、古道、湿地等自然人文景观，建设以古盐田景观为核心的文化遗产旅游目的地。在现有的规划文件对古盐田作为旅游地的规划中，以物质层面的建设为主，缺少在精神文明层面上保护文化遗

产的机制。规划文件中对市场营销与相关产品做了相应策略,旨在提升文化遗产的市场化利用程度,后续需权衡市场化利用与保护之间的关系,避免出现过度的行业化而忽视了遗产保护。同时,儋州北部地区的历史文化相关遗址各自独立,未有规划文件将遗址整合形成相对完整的文化圈,在与城市化的对抗中无法生成足够的影响力,面临逐渐被取代的局面。

2.缺乏相关支撑设施

过去儋州对古盐田遗产保护缺乏宣传意识与力度,仅依靠硬性围合将古盐田与游客分隔,虽然对遗产来说直接起到了防护作用,试图以排除异质的方式来保持秩序,却失去了对于外来及本地游客进行文化资源宣传的意义。峨蔓古盐田则仅使用立牌简单划界,防护设施缺乏,导致一些盐田附属建筑遭到破坏。儋州文化媒体产业较其他地区发展慢,相关设施的缺乏导致了外界对当地盐业遗产及周边生态环境的认知局限性。

(二)城市发展与环境保护的矛盾

没有自然生态的存续,盐业赖以生存的物质来源消失,盐业遗产的延续也将终止。沿着儋州湾海岸线由盐田村至新州镇南岸村的红树林海岸线受到周边建设、鱼塘等养殖业的侵占遭到破坏。当前古盐田仍在被少数村民使用,部分盐田在开发为旅游项目后,由于保护不力受到游客的踩踏,目前相关部门将原本开放的盐田区域封闭,游客仅能以远观的方式游览盐田,缺乏深度体验,也丧失了古盐田与自然共生的思想本质。盐田村沿着盐田区域村民自发经营起了一片以盐饮食文化相关的商铺,存在大量以移动式大棚为主的摊位,缺乏相应的规划。自然环境方面,大量游客前往的沿海环境由于管理不当受到一定程度的破坏,废弃的盐田遍地垃圾,居民缺乏对于遗产的保护意识。

(三)遗产与城市、与内部环境的矛盾

1.遗产分布不均,与外界联系不紧密

现存的儋州古盐田分为两大区域,其中位于新英湾盐田村的古盐田目前被建设为"千年古盐田"历史文化景区,位于盐丁村一带的峨蔓盐田距离盐田村约10千米,两者距离较远,从后续规划的旅游资源开发上看缺乏应有的连续性。在遗产的分布上,盐丁村所保留的盐场遗址较盐田村更多,存在各个年代的盐田相互混杂的情况。且盐丁村一带与城市路网联系不紧密,外来人群仅能通过一车宽的小路进入,导致盐田主体因疏于管理而面临毁坏,不利于后续的开发利用。峨蔓盐田作为未来在旅游发展规划中主要的建设区域,如何与盐田村、与周边路网联系并产生一定的效应是待解决的问题。

2.古盐田保护相关指导性规划文件尚待补充

旅游发展规划中提到了遗产保护规划,提出了对于整个村落及其景观的总体保护思路与古建筑的保护措施,但缺少明确针对古盐田的具体保护措施与空间改造方案。从目前的调研发现,峨蔓镇盐丁古盐田中存在年代跨度大、部分损毁等情况,聚落中部分传统

民居已改为自建房。需要依据具体情况将其进一步保护、修复及梳理,形成科学系统的理论指导并提出合理策略。

四、儋州盐业遗产的共生策略研究

(一)历史与现代共生

盐文化长期处在沿海边缘地带,地域限制成了文化与文化之间无形的边界,传统盐业的变迁面临着与新兴文化共生的局面,消逝与新生中潜藏了历史与现代之间的矛盾。如果传统盐业遗产在现代城市中消失,那么随之共同消亡的不仅有独特的自然风貌、聚落格局等,还会影响到当地海洋文化、饮食习俗、祭祀活动等延续了上百年的地域文化。

时代的发展会陆续创造出新的圣域,而旧的圣域存在不仅包含了物质与非物质中存在的强烈的文化基因,还是其于历史长河中存续的证明,它们无法一成不变,会随着时代而发生变化,需要当地根据不同背景去制定实施保护、宣传的积极策略。

1.整合文化资源,加强空间联系

对周边文化资源进行梳理,分析与盐田遗产文化相契合的部分,将两者相互整合形成独特的文化网络,最终共同提升区域整体的文化实力。儋州地区无论是在自然资源还是历史人文方面都在全省范围内占据突出地位。儋州古盐田所在的滨海火山岩滩与红树林自然景观,与周边白马涌泉、东坡书院等的人文历史关联,以此整合为儋州历史文旅的体系,加强不同文化组团的联系以达到互利共生的目的。同时,保留完好的两个盐田区域由于地理位置相距较远、交通不便,处于各自孤立的状态,无法形成完整系统的儋州盐文化地图。在疏通路网、衔接城市道路的同时,发掘并追溯沿线古驿道、海岸线的相关人文资源,与盐田区域对接,扩大文化辐射圈,在一定的秩序下构建儋州地区独有的遗产文化带。

2.塑造独有的文化品牌

扎根于传统文化之上,不仅仅继承肉眼可见的物质层面,还应继承其中思想、感受、习惯与意识等非物质层面。以上述文化资源为基础发展文化产业,结合市场需求,在文化旅游、创意、服务产业上与时代特性共生,塑造出利于提升城市形象的文化品牌。如打造儋州盐业特色产品体系、构建文化产业链并利用好新兴的媒介方式,在改造更新中纳入文化符号的隐喻等,有助于增加盐文化的普适性及影响力。同时还应加强公众参与度、认同度,迎合当地习俗举办文化活动、选取纪念日等,加深公众对盐文化的认知,从而使其具备更长久的生命力。

(二)遗产与自然共生

《新共生思想》中提出人与自然的共生,建筑是人类文明活动的产物,注重建筑与自然环境的相互协调。盐的生产过程本身就离不开自然,以盐为生的盐民以自然为依靠世代繁衍。现代人与自然相处的方式与过去盐民与自然共生的理念相违背,而当盐业不再是当地村民生存的依赖时,城市化带来的其他影响给生态环境造成了一定的污染,也将会导致遗产的消亡。

黑川先生认为农业、林业与传统文化是三位一体的。遗产保护也是对景观格局的保护,突出生态环境的原真性,建立火山海岸—红树林—盐田的景观秩序,并重视盐业与农业、林业的共生关系,控制养殖区域的大小,恢复原有的红树林风貌。对于盐业遗产而言,重新回归这种契合的状态需要中间领域,即属于园区的内部空间与城市公有空间之间的共有空间。如将洋浦古盐田与其所处的新英湾沿海景观相结合,共同构成城市的遗产公园,满足城市居民对公共空间与绿化的需求,使之成为更有人情味的空间,达到城市中人与自然、遗产与自然的共生。

(三)遗产与城市、与内部环境共生

针对遗产与城市之间相对隔绝的情况,需要城市产业布局的框架下考虑区位发展条件,并以此建立遗产与城市的联系。传统工业遗产保护与高新工业规划之间存在一定的矛盾,在盐业遗产保护再利用过程中适当纳入文旅、教育、文化产业等功能,面对现今园区外部人车混行、为车辆服务的联系空间,增加更多适宜人的生活娱乐功能,使二者在传统与高新工业的规划中找到平衡点。

传统盐业聚落的"道"是布局中沿着地势而建的供人活动的生活场所,这样一条条2米左右的行列式街巷是当地居民活动交往、祭拜游行、往来盐田的必经之路,再利用过程中避免将其一味拓宽而丧失了原有的生命力。在开发过程中注重顺应地形地貌,该地拥有独特的地貌类型,盐民在过去建造盐田与聚落时顺应地形形成高低错落的生产生活空间,相对高差在表达相关历史文化及功能时发挥作用。可见在旅游目的地的规划中不仅要尊重城市肌理与地域文化,还应关注并利用地形地貌的差异,就地取材,以求达到与自然和谐共生、新旧融合的意趣。在内部环境增加触媒,即添加道路、景观、标牌等设施,规划地块内部商业娱乐功能,如合理利用废弃石墙设计为照片墙等,通过这样的"道"空间化,打破原本的二元空间——制盐区的封闭空间与交壤的外部活动空间,增强民众保护意识的同时合理设置出入口空间与广场等延伸空间,使遗产与城市双方由互不关联到彼此衔接,实现共生。

五、结语

儋州古盐田作为延续了数百年的传统工业遗产,继承了城市社会历史沉积的文化基因,是城市中的宝贵财富,在未来区域发展建设中占据重要地位。目前以静态保护为主的方式已不能适应城市发展带来的矛盾,文章通过引入共生思想,试图探讨遗产与现代城市的共生关系,在自然、文化与城市整体层面提出对儋州古盐田的共生策略,力图为盐业遗

产提供一定的借鉴参考。

参考文献:

[1] 黑川纪章,覃力.新共生思想:Philosophy of symbiosis[M].北京:中国建筑工业出版社,2009.

[2] 房建昌.新中国成立前海南岛盐业小史[J].盐业史研究,2000(002):27-31.

[3] 周开媛.海盐制作中所体现的生态观念——以海南岛盐田村为例[J].盐业史研究,2016(1):33-45.

[4] 张宇明."共生思想"下川渝地区三线工业遗产更新策略研究[D].重庆:重庆大学,2015.

[5] 曾邦泰,等纂修.林冠群,点校.万历儋州志[M].海南:海南出版社,2004.

专题二　地方工业
　　　　　遗产研究

以马钢9号高炉为例谈工业遗产的生态问题

张钟云

（湖北大学历史文化学院）

2021年6月,因安徽马鞍山钢铁厂9号高炉(以下简称"马钢9号高炉")异地迁移项目可行性论证,跟随有关部门去马钢现场参观了慕名已久的9号高炉,笔者原来一直以为这是马钢工业遗产中的一个有机组成部分,但是现场听了当地文物工作者和马钢相关领导介绍后才知道马钢9号高炉是一个2018年批准公布的市级文物保护单位,保存有比较完整的四有档案资料,文物部门和马钢之间还经常就怎么保护和利用问题进行互动探讨,提出了一些创造性的思维方式和利用模式,马钢公司还专门出资兴建了马钢展示馆,介绍马钢建设、逐步扩大及辉煌的历史。由于马钢本身的重要性,2019年中科协公布的第二批《中国工业遗产保护名录》,马钢位列其中。

工业遗产保护利用是近年来非常热的遗产保护分支,不仅仅因为绝大部分工业遗产基本完整活态存在于我们周围,并影响着我们的生活,更主要这些工业遗产随着时代变化、技术升级换代后,在当代建筑、艺术、文旅等从业者的努力下,以新的方式保存下来,并为当代社会经济、文化等方面服务。新中国成立以来最早的工业项目技术升级的淘汰,而导致的搬迁、新建,在有识之士的关注引领下,一些大型国营工厂被当作工业遗产保护下来,因为搬迁、拆迁经费巨大,土地置换就成了很多工业项目的首选手段,城区的土地置换带来了巨大的房地产商机,但是一些被置换的工业遗产就面临拆除,或者迁建,保护、拆除、迁建的矛盾突出,有的甚至不可调和,原来申报的工业遗产就无法在原址保留,引发了很多争议,尤其是在遗产构成和保存环境方面,各方分歧严重。本文仅以马钢9号高炉的保护问题为例,在前人研究的基础上,对工业遗产的生态景观保护做一些探讨。

一、马钢工业遗产

马鞍山位于安徽省东部,长江下游,地跨长江两岸(2011年地级巢湖市撤销后,长江西边的含山、和县划归马鞍山管辖),南边是芜湖市,北部紧邻江苏省会南京市;自然人文条件优越，市域内人文典故荟萃，李白墓、太白楼、采石矶、朱然墓、孙休墓点缀其中，厚重的文化氛围和美丽的生态风景交相辉映，马鞍山也成了中部地区首个全国文明城市，同时还是国家级创新型城市和滨江山水园林旅游城市。

新中国成立初期，安徽一些地方因资源、工业成立省辖市，如淮南、淮北、马鞍山、铜陵等，马鞍山因为马钢而著名。1953年，建成马钢，1956年因钢设市，在后来很长一段时期，马钢撑起了马鞍山这个城市，形成了"一钢独大""一马拉城"的局面。马钢位于马鞍山市南部，20世纪60年代，马钢建成亚洲最大、全国唯一的车轮轮箍厂，马钢车轮轮箍厂投产，结束了中国火车车轮全部依赖进口的历史，"江南一枝花"的美称也享誉全国。90年代，马钢成为我国首批9家规范化股份制试点企业之一，被称为"中国钢铁第一股"。

马钢2019年被列入中科协公布的《中国工业遗产保护名录》（第二批），入选理由是：20世纪60年代建成我国第一个车轮轮箍厂，填补了车轮轮箍国产化的空白；创造了"三清、四无、五不漏、规格化、一条线"的文明成产经验，人称"江南一枝花"，享誉全国；80年代建成我国第一套高速咸菜轧机，成为我国咸菜高速轧制技术的摇篮；90年代，成为我国首批9家规范化股份制试点企业之一，有"中国钢铁第一股"之称；1998年建成了我国第一条H形钢生产线，填补了国内大H形钢产品的空白；9号高炉有"华东第一高炉"之称，曾四次荣获全国"红旗高炉"称号。自此，马钢不仅是钢铁工业明珠，也是工业遗产保护利用家族中重要的一员。

二、文物保护单位的马钢9号高炉

马钢9号高炉是马钢工业遗产的重要组成部分，位于马鞍山市西部，马钢炼铁总厂南区、长江东岸，南依核桃山，北临雨山河，现隶属马鞍山市花山区。2018年9月18日，9号高炉公布为马鞍山市第六批市级文物保护单位。9号高炉的文物构成为：9号高炉本体及框架、上料系统、热风炉、集中控制室和毛泽东主席视察9号高炉纪念墙。

马钢9号高炉于1958年9月8日建成投产，是当时华东地区第一座200立方米以上的最大的炼铁高炉，先后采用喷油、喷煤和富氧等技术，历经60年炼铁历史，经过8代炉龄，几次扩容改建使用后（最初的210立平方米，到现在400立方米），2018年4月23日永久性停产。它是毛泽东主席亲自视察过的高炉，1958年9月20日，毛泽东主席来到马钢一铁厂，登上9号高炉炉台，通过看火镜从6号风口观看高炉冶炼情况，作出了"马鞍山条件很好，可以发展成为中型钢铁联合企业，因为发展中型钢铁联合企业比较快"的指示，为马钢的发展指明了方向；1959年10月29日，毛泽东主席第二次莅临马鞍山视察，在一铁厂原料场眺望包括9号高炉在内的全面建成投产的5座中型高炉，对一年来马钢取得的成绩表示满意。在很短时间内，国家主席亲自两次参观指导一个钢铁企业，实属罕见，也说明了马钢在当时国内钢铁企业的重要性，以及在国家层面的战略位置。

9号高炉在华东地区乃至全国钢铁工业的发展具有重要的历史地位和作用，4次获得原冶金部"红旗高炉"称号,9号高炉所在的原马钢一铁厂在全国首创的《高炉操作标准化条例》《生铁含硅标准偏差管理法》,作为重大成果在全国推广;60年来为马钢贡献了1416万吨优质铁水,对研究高炉建造及改进技术、钢铁冶炼技术工艺、冶金史技术发展有着重要价值和借鉴意义。60年的发展,承载着马鞍山工业发展和城市变迁记忆,记录着马钢的发展史、马钢精神及文化的形成史,展现了新中国的人文精神和历史记忆。可以说,9号高炉标志着马钢从这里诞生,城市从这里崛起! 它的保护利用,将在历史价值、社会价值、文化价值、科学价值和经济价值方面得到了全方位的展现和传承。

三、9号高炉保存现状

马鞍山市位于长江下游冲积平原下段,宁芜断陷盆地南段,丘陵和平原过渡地带,总体地势较为平坦,马钢9号高炉地理位置处于阶梯状平台上;属于亚热带季风性气候,湿润多雨,从气候条件来说,潮湿环境不利于钢铁类建筑遗产的保护保养,尤其是废弃不使用之后,缺乏必要维护的前提下,往往锈迹斑斑,遗产观感效果和保存状况会大打折扣。

(一)9号高炉本体

2018年9号高炉永久关停后,没有了实际使用作用,本体处于闲置状态,但因为它的特殊重要性,也见证了马钢几代建设者的奋斗历程,职工对此也有很深的情感,9号高炉本体及框架、上料系统、热风炉、集中控制室和毛泽东主席视察9号高炉纪念墙都保存比较好,经常有职工、退休工人及市民在毛主席参观马钢纪念墙前合影留念,表达对9号高炉的怀念和崇敬之情,马鞍山市政府和马钢集团也因为情怀所致,情感归宿,在中科协公布它成为工业遗产后,努力将其打造成工业遗产遗址公园和爱国主义教育基地,缅怀先人,激励后者。因此,9号高炉的总体保存状况还是比较良好,外观没有变化,内部结构也没有做其他扰动和改动。

(二)9号高炉周围环境

作为工业遗产的马钢,随着时代进步,技术革新和产品升级换代的需要,软件和硬件都有了质的飞跃,作为遗产的马钢原厂区格局发生了重要变化,主要工业遗存,因后期改造升级是在原址进行的,也拆迁破坏了很多;2016年经过兼并优化后的马钢成为中国宝武马钢集团的一员,由于一些新建项目选址在马钢原有厂区,用地面积巨大,和9号高炉临近的10号、13号高炉已经拆除,土地也被其他重要项目重新规划利用,目前9号高炉旁就正在进行大规模的建设。因此,9号高炉仅仅存在于很小的范围内。

现有厂区升级改造的规划建设正在实施,建成后可能产生的粉尘、震动、气态污染物、物流等都会对9号高炉产生一定的影响,原有的环境发生了较大的改变,厂区的格局、肌理和建筑风貌也正逐渐消失,这是不争的事实。

（三）目前状况的原因分析

作为有重大经济技术、历史价值、科学价值意义的马钢，无论在技术层面、国民经济、国家战略、城市记忆、市民情感、职工情怀等方面具有不可替代的作用，9号高炉的特殊性，体现了国家领导人的最高层面的重视、关心、关怀，也是精神层面上的记忆遗产。对于这样的工业遗产园区，应该有很好的整体保护规划，来进行整体、分期、分区、分层次的保护，并通过合适的方式，进行传承、展示和利用。但是，由于缺乏科学的规划，保护利用出现了一些问题，导致了目前马钢工业遗产保护不完整，尤其是9号高炉成为"孤岛"状况，分析原因，主要是人为和自然两大因素。在人为因素方面具体表现为以下4个方面：

1. 马钢工业遗产缺乏保护利用规划

马钢厂区巨大，旧厂区的升级转型并没有向其他一些工业遗产厂区那样在城市改造和工业升级换代中整体迁移，而是主要在原厂区进行了升级换代。同时，对工业遗产的保护、利用部分没有明确的保护规划，缺乏有针对性的保护划片、分区。旧厂区的哪些部分可以进行拆迁、改造升级为新厂区，哪些片区不能拆迁，可以或者必须原貌保存，进行基于精神纪念目的的旧工业建筑保护，推动工业遗产的重组及其功能转换，或者基于商业盈利目的，进行代表性厂房、设备的留住记忆、再利用；或者进行工业遗产的生态修复式，建立文化旅游休闲创新去处，进行遗产文化景观、环境整治，使其获得重生。

2. 对9号高炉的重视程度不够

既然已经公布为市级文物保护单位，划定的保护范围是9号高炉本体以外5米，保护范围外5米为建控地带，从高炉本身的体量、高度分析，这样的保护范围和建控地带显然不足以保护文物本体的安全和环境的和谐，需要很大的空间，根据科学测算，只有留出足够的景观视廊和空间距离，有足够的空间感，才能保护好，而且在利用的时候给观众留下参观、拍照留念的通道和角度。同时，鉴于这样的文物本体，目前没有明确的保护应对手段，传统的文物保护方法很难适应匹配现代工业遗产的文物属性。

3. 远景配置影响

距离马钢9号高炉仅20米远的核桃山一直进行采石工程，粉尘、交通、噪声对马钢工业遗产和9号高炉文物保护单位都是严重的破坏和扰动。

4. 公司升级空间解决不好

客观来说，钢铁企业的工业生态建设成本高，建设周期长，技术难度大，土地占用面积大，如果不能整体搬迁，旧址的升级改造总是代代相传，前期的一些基础设施，后期能用则用，在没有工业遗产总体保护规划的前提下，随时都可能对遗产区进行现代工业建设的再利用，造成对工业遗产的破坏。

自然因素方面因为工业遗产建设材料的特殊性，在湿润多雨的气候环境下，很容易锈蚀、风化，停产后缺乏日常维护保养，加剧了保护的难度。

四、工业遗产及9号高炉保护利用的相关问题

（一）工业遗产的保护利用概况

工业遗产的保护利用同其他学科一样,都经历了一个困难的认知和发展历程。国际上最早开展工业遗产保护展示利用的是英国,第一个提出了"工业考古"的术语,并成立了工业考古学会组织,随后在欧洲其他国家迅速扩散开来,瑞典成立的国际产业遗产保护联合会是第一个以工业遗产保护为宗旨的国际组织,2003年在俄罗斯通过了最重要的并被联合国教科文组织确认的工业遗产保护宪章——《关于工业遗产的下塔吉尔宪章》。

我国对工业遗产保护利用起步比较晚,但是行动很果断,2006年召开了以保护工业遗产为主题的论坛,并通过了《无锡建议》,2010年通过了抢救工业遗产的《北京倡议》。近年来,随着对工业遗产保护利用认识深入和提高,各种研讨会和研究论文层出不穷,观念也随之发生了重大变化,学术界的保护利用观点得到了政府和社会各界的广泛认同,各地工业遗产的保护、展示和利用项目如雨后春笋般地进行着。

《国家十二五时期文化改革发展规划纲要》对工业遗产保护也做了重要论述,开展工业遗产、文化景观的调查与保护,正确处理保护与利用、传承与发展的关系,促进文化遗产资源在产业发展中实现传承和可持续性;《国家文物事业发展"十三五"规划》中文物保护"两个转变",即"由注重抢救性保护向抢救性与预防性保护并重转变,由注重文物本体保护向文物本体与周边环境、文化生态的整体保护转变,确保文物安全";也提出了对文物景观、环境、生态的保护。这些保护政策及理念的提出,为工业遗产的保护利用提供了纲领性的参考。

（二）马钢工业遗产价值和利用

工业遗产的再利用在我国呈现出非常好的前景,可以说取得了良好的社会效益和经济效益,德国鲁尔工业区的再生重塑、上海大宁鼓风机厂及自仪厂项目、上海东区水质处理厂改造项目、湖北华新水泥厂旧址新装车展台保护展示项目、合肥柴油机厂保护利用项目、首钢工业园区保护性改造项目等等,都是比较成功的案例,将老工业基地、厂房等工业遗产在保护利用和创新性再造结合方面,展现了勃勃生机。

马钢工业遗产无论是厂房、建筑物、道路系统、机械、仓库,还是基础设施,都存在于工业景观中,也存在于成文的档案或无形的记忆与习俗中。在保护利用方面还有很长的路需要走,目前还处于启动阶段或者没动的阶段,首先在马钢工业遗产区内,做好保护规划、划分保护片区,更新基础设施,重塑功能新生,积极对标马鞍山城市公共设施规划和建设的衔接,结合新建建筑进行局部调整,将其外观及主要结构构建作为重要风貌元素予以保留,在保护历史风貌前提下,让城市文化休闲、餐饮娱乐、民俗展示、特色文旅等方面走得更快更远。

(三)9号高炉的保护价值

如前所述,马钢9号高炉是毛泽东主席1958年9月20号参观并做出过重要指示的地点,凝结了老一辈国家领导人对马钢发展的期望和指导线路,对马钢的发展有着不可替代的作用;马钢也是我国钢铁工业文化流变传承的重要载体,反映了钢铁工业文明嬗变的格局印记;马钢对马鞍山城市发展有着决定性的影响,是马鞍山城市发展、产业传承的标志和城市记忆,马钢精神是马钢人代代相传、奋斗不止的精神食粮,是城市居民不可磨灭的深刻记忆。保护好马钢及9号高炉,对中国乃至世界工业遗产的保护、研究和重生都有积极的时代意义。

在马钢9号高炉的保护实施中,需要注意其建筑的主要立面、主要结构体系、主要空间格局和有价值的建筑构建不得改变,其他环境和人文景观可以根据当代需要做适当调整,作为遗产的价值得以继续存在,在留住历史记忆的同时,保持原有的生产与生活环境,尽量使原有的或者更大能展示并参观的空间格局保持安全、稳定。

(四)9号高炉保护的难点

因为总体规划、资金和土地等多重因素的制约,马钢的硬件厂房等升级换代不像有的钢铁企业那样整体搬迁,主要是利用原有位置和一些已有的介质管线、道路和铁路运输系统,发挥已有基础设施价值,同时对工业遗产的分区划定没有统一的规划,对工业遗产发挥当代作用的认识不够强,导致了工业遗产包括9号高炉在内的遗产构成,不能有很完备的保护方案。比如,对应该属于工业遗产组成部分的10号、13号高炉已经拆除,新项目的选址、空间规划和土地利用等导致与9号高炉相关的原来的工业环境生态基本不复存在。而9号高炉得以保存至今,最主要的原因是毛泽东主席参观过,其意义深远不言而喻,能在原址保留,也是因为已经列入文物保护单位,根据《文物保护法》及实施条例的规定,使得9号高炉孤岛一样地保存下来了。

也正是因为缺乏系统的保护意识和有目的的保护手段,9号高炉及马钢工业遗产范围内的价值在逐渐消失,随着时间的流逝,闲置的旧厂房加速了遗产价值在结构、安全、景观、经济、科学等方面折扣、衰败。新的建设项目挤占了原来作为遗产的空间,严重影响遗产本身的安全,反过来为保护利用增加了难度,减少了可行性和可持续性发展。

(五)异地迁移保护方案的提出

根据目前所处的状况,马钢公司提出了异地迁移保护的构想,并委托编制了《马钢9号高炉异地迁移项目可行性研究报告》,分析了9号高炉原址保护存在的问题,尤其是"文物本体安全"和"周围环境要素不存在",但是在该评估报告中忽略了分析这些安全因素存在的原因和产生的前提。异地迁移的一个最主要的理由就是"打造后进十足大而强的新马钢需要",其实就是要征用土地,为新的项目腾挪空间。而异地迁移的初步选址是一个产业园区，先不论空间大小，拟迁新址周围已经建设成熟，迁移到这个产业园区后，周围环境都是现代化建筑，遗产所依存的原环境没有了，即使有足够的土地空间来模拟复原部分历史格局，在没有原生态环境的保护衬托下，遗产本身就显得非常突兀和不协调。

五、工业遗产环境中个体文物保护单位的保护利用

一般来说，工业遗产空间面积是比较大的，遗产构成也很复杂，就马钢来说，有工业厂房、炼钢高炉、公路铁路、行人空间、大型管道、工业构建、特殊建筑材料、大型除尘通风设备等，在一定的空间范围内，完整地构建起一个工业遗产园区，缺一不可，其中少数的单体建筑、工业设备等因涉及著名人物、技术载体而被公布成为各级别的文物保护单位，使其具有双重保护的身份价值，也受到各种手段的特殊保护；马钢9号高炉就是属于这类特殊的工业遗产保护范围内的个体文物保护单位，其中9号高炉本体及框架、上料系统、热风炉、集中控制室代表了建筑和工艺技术，毛泽东主席视察9号高炉纪念墙是名人情感维系。看到9号高炉，不仅让人联想到毛主席对马钢的指导和关心，同时也可以追忆当时周围高炉群及其他配套设施分布的场景，记忆中浮现的是整个马钢工业遗产及其重要贡献，它所依托的城市记忆也才会完整。因此，这种文物遗产场景的割裂既不符合文物保护的原则，也不符合情感的维系，这些构成元素，相互依存相互影响存在于工业景观、成文档案及无形档案中。

异地迁移保护也同样如此，因为9号高炉文物本体的特殊性，异地迁移保护除了割裂了文物依存环境，与《文物保护法》的相关规定也矛盾，新选址周围建筑的高度、体量和风貌等与之也很不协调。再者，文物保护异地迁移保护的申报程序非常严谨，根据《文物保护法》第二十条：无法实施原址保护，必须迁移异地保护或拆除的，应当报省、自治区、直辖市人民政府批准。即使能够顺利通过相关批复进行异地迁移保护，并尽可能重建9号高炉周边小环境，然而，9号高炉都是钢筋、混凝土结构，搬迁需要切割、再焊接等工序，不能遵循《文物保护工程管理办法》《中国古迹遗址保护准则》等规章中对文物保护的一些原则：不改变文物原状、最小干预等，也不能完全遵循文物保护原材料、原工艺、原做法等原则；最后，根据《文物保护工程施工资质管理办法》：凡从事文物保护工程施工的单位，必须取得《文物保护工程施工资质证书》，方可承担相应等级、业务范围的工程，现有从事文物保护资质单位，基本不具备搬迁工业遗产中如此重量级的设备和经验。

因此，马钢9号高炉的保护，从工业遗产整体来说，原来应该有一个比较完善的保护规划，从单个文物保护单位来说，更不能割裂了其环境依存，不能离开马钢工业遗产这个大家庭。应该从现在开始，实施积极的保护理念和策略，不要把工业遗产当成一种凝固的遗产，应该通过一些创新手段，赋予新的功能和内涵，推动遗产升级的同时，促进城市更新；同时，工业遗产的一些组成部分可能现在还在使用，还没有完全淘汰、停产，在工业活动使用过程中需要维修、维护，甚至局部拆建，大规模的厂房改动等，整体保护没有完全定

型,利用也没有成熟的概念和思路,一些具有比较重要价值的个体,还是不要急于申报公布为不可移动文物保护单位,因为文物保护更加具有传统性和保守性,相关理念尽管有很多重叠,但是会增加工作的重复性和难度,引起行业、部门之间工作的不协调,这样既不利于工业遗产的保护利用,也和文物保护法规、政策相抵触。

洛阳工业遗产保护的经验与教训

1. 杨　东　2.杨晋毅

（1.北京港源建筑装饰设计研究院；2.郑州科技学院中原文化遗产研究）

2020年6月国家发改委、工信部、国务院国资委、国家文物局、国家开发银行等五部委印发的《推动老工业城市工业遗产保护利用实施方案》指出："当前,我国工业遗产保护利用工作相对薄弱,特别是一些工业遗产遭到破坏、损毁甚至消亡,急需采取措施进行有效保护与合理利用。"总体上看,中国工业遗产保护的局面仍然十分严峻,还没有摆脱被动局面。工业遗产保护,在理论和实践上都亟待突破。

洛阳市工业区的工业遗产保护,是中国工业遗产保护的典型代表。同时,洛阳工业区也是笔者长期观察、研究的工业区。我们以它为例证,具体分析中国目前工业遗产保护的经验和教训。

一、洛阳工业区的典型性

洛阳市是"一五"时期重点建设的八大工业城市(西安、太原、兰州、包头、洛阳、成都、武汉、大同)之一。苏联设计、援建的、奠定新中国工业基础的一五六项目,在洛阳安排了6个(一拖、洛矿、洛轴、洛铜、洛电、河柴),是中国一五六项目比较集中的城市之一。

六个一五六项目中,一拖、洛矿、洛轴、洛铜、河柴,均为国家该行业的"头生子",在国民经济中有重要地位。"一五"末期,国家又在洛阳安排了国内设计的耐火材料厂(规模亚洲第一)、玻璃厂(规模亚洲第一)、棉纺织厂等,以及配套的大学、设计院、研究所,形成了一个重要的设施完备的工业基地。

洛阳,在中国拖拉机、矿山机械、轴承、铜加工、高速船舶柴油机、玻璃、耐火材料等工业领域,都有不可替代的举足轻重的地位,是新中国工业经济版图上的一颗明珠。

洛阳"一五"时期的城市规划,是在苏联著名城市规划专家巴拉金的指导下进行的,公认为比较成功,被誉为"洛阳模式"。建设路上的四个一五六建设项目洛铜、洛轴、一拖、洛矿,由东往西,坐北朝南,一线排开;四个巨大的厂前广场,形成了全世界独一无二的工业景观带，气势恢宏，雄伟开阔，震慑人心。西苑路上与一五六项目配套的大学(河南科技大学)，研究院、所(耐火材料研究院、拖拉机研究所、船舶材料研究所)，设计院(有色金属设计院、轴承工厂设计院)以及附近的轴承研究所，均为国家级研究院所(为该行业研究、设计院所的老大或独生子)。它们的主楼，均坐南朝北，与4个一五六项目的大门相距1500米，面对面排列，互相呼应，中间是38个"一五"时期规划建设的居民街坊和商业服务区。这种工厂、研究院所面对面布局，中间是有序排列的居民区的工业区，整齐完美，所形成的工业区景观，非常独特，在全中国都是非常突出和典型的。

根据我们30余年对中国工业区的调查，这样面对面整齐布局、排列的工业区，在国内独一无二，在世界上也是极其罕见的。洛阳工业区有条件成为中国第一个完整保护的活态工业区。洛阳工业区气势恢宏的工业景观，有条件作为新中国工业遗产的样板，成为世界级的工业景观遗产。

二、洛阳市工业遗产保护的经验

2006年3月，国家文物局局长单霁翔同志视察洛阳工业区，就曾经指出：洛阳工业区的工业遗产保护，应该成为新中国工业遗产保护的典范。2008年，中共中央政治局常委尉健行同志来洛阳视察。十几年来，洛阳工业区的工业遗产保护，在各级领导部门的高度重视和关注下，取得了显著的成绩，同时，也出现了一些失误和教训，值得我们重视和总结。

洛阳工业区的遗产保护，最早开始于20世纪80年代末期。1988年11月10日，建设部、文化部联合发出《关于重点调查、保护优秀近代建筑物的通知》。洛阳市城市规划局按照这个通知的要求，认真调查，筛选、确定了一拖厂部大楼、十号街坊作为"优秀近代建筑"，列入保护名单。后来，又陆续增加了洛铜办公楼、二号街坊、十一号街坊。

1995年，洛阳市编制的《历史文化名城保护规划(1996—2010)》在国内首次将工业遗产保护纳入规划文本。

《洛阳市城市总体规划文本》(1995)第八章历史文化名城保护规划第63条要求："保护西宫吴佩孚司令部，保护涧西拖拉机厂入口区建筑和第二、十、十一号街坊，体现城市建设不同历史阶段的连续性、可读性。"

《洛阳市城市总体规划文本》附件二《洛阳历史文化名城保护规划》(1995)第58页要求："涧西工业区为50年代洛阳新区，除洛阳饭店、二号、十号街坊、拖拉机厂入口区，保护原建筑面貌以作为城市建设一个历史阶段的见证外，其余范围均可为现代建筑风格。"

这个规划对洛阳工业区工业遗产的保护下了一定的功夫，在当时是非常突出的，一直是洛阳市规划局的骄傲。

2011年5月底，以上建筑以"涧西工业遗产街"名义，入选第三批中国历史文化名街(文化部、国家文物局批准、中国文化报、中国文物报、中华文化促进会举办)，是历届中国历史文化名街中,唯一入选的工业遗产项目。

2011年12月4日,洛阳市城乡规划局正式公布洛阳市首批优秀近现代建筑保护名录,一拖集团厂前苏式办公楼,中铝洛阳铜业公司厂前苏式办公楼,一拖集团厂前毛主席塑像、洛阳LYC轴承公司厂南毛主席塑像,涧西区2号街坊,涧西区10号街坊,涧西区11号街坊被列入名单。

2013年5月,以上建筑又以"涧西苏式建筑群"名义,被公布为第七批全国重点文物保护单位。

2018年11月,一拖、洛矿进入工信部颁布的第二批国家工业遗产名单。

2020年12月,洛耐、洛铜进入工信部颁布的第四批国家工业遗产名单。

从这个角度看,洛阳工业遗产的保护,成绩是比较突出的,保下了一批最突出的优秀建筑,比较圆满地完成了建设部下达的优秀建筑保护、历史街区保护的任务。

洛阳工业遗产保护的主导部门,始终是洛阳市规划局,是按照近代优秀建筑保护——历史文化街区保护这条线执行的。洛阳市规划局与洛阳市文物局相互协调配合,兢兢业业,筚路蓝缕,严谨细致,为洛阳工业遗产保护做出了显著的成绩和贡献。30多年来,洛阳市的工业遗产保护,也始终得到洛阳市领导的大力支持。

2008年以来,先后有洛阳市某设计公司、上海市某设计公司、上海市某大学设计公司三家单位受洛阳市委托,陆续参与了洛阳工业遗产保护规划。他们都在洛阳工业区工业遗产保护上做出了艰苦的努力,试图保护洛阳工业区内涵十分丰富的工业遗产,也都取得了显著的进展和成绩。

但是,由于历史原因,洛阳的工业遗产保护,也出现了一些难以避免的失误和教训。

三、洛阳市工业遗产保护的教训

洛阳工业遗产保护,最突出的问题和教训,是洛玻浮法一线的毁灭和四大广场景观的破坏,以及五号街坊、红卫村、长春路、长安路历史建筑和景观的毁灭。这些建筑和景观,尽管都属于洛阳工业区的要素性建筑和核心景观,尽管都有非常重要的、明显的历史价值、文化价值,但却都不属于"优秀近代建筑",很难得到人们重视。因此,它们的毁灭与破坏,几乎是历史的必然。

(一)洛阳玻璃厂"浮法一线"被拆除

1971年,国家在洛阳玻璃厂安排建设了中国第一条浮法玻璃生产线,即后来闻名遐迩的"洛阳浮法"。浮法一线是在国外技术封锁的情况下,中国技术人员和工人发挥聪明才智,在艰苦岁月里创造的中国工业奇迹。1981年通过国家鉴定,轰动了世界,被誉为世界三大浮法玻璃技术之一,是中国工业史上极其罕见的世界级工业遗产,是中华民族的骄傲,毫无疑问有重大历史价值,应该完好保存。但作为一条玻璃生产线,它外表朴实无华,算不上美丽与优秀，从来也没有被当成是"优秀建筑"，没有得到有关部门的重视，一直未被列为保护对象。

2008年，洛阳玻璃厂搬迁，根据国家文物局指示，洛阳市文物局把洛阳玻璃厂旧址（总面积800余亩）工业遗产保护的调研任务交给了河南科技大学文化遗产研究课题组。课题组用一周时间，对厂区进行了紧张的调研，并与文物部门的专家讨论了洛玻厂区北半部隋唐城重要组成部分"九州池"的具体位置和玻璃厂各大厂房的具体价值，然后提交了我们的调研报告。报告充分论证了洛阳玻璃厂浮法一线的重大价值和洛阳玻璃厂对中国玻璃工业发展所做出的杰出贡献，提出抓住洛阳玻璃厂搬迁的历史机遇，保留浮法一线所在厂房和附近的洛玻办公大楼（总面积不到洛玻厂区面积的十分之一，下面没有古代重要遗址），建设"中国洛阳玻璃博物馆"的建议。指出洛阳玻璃博物馆有条件成为中国玻璃文化发展和工业旅游的一个亮点和洛阳市文物保护、文物旅游的一个热点。

洛玻其余占面积十分之九的厂区内的建筑，价值不高，历史价值、景观价值均远不如涧西区的工业建筑，而且地下有非常重要的隋唐宫城九州池遗址，已经列入隋唐城大遗址保护工程（"十一五"期间国家重点保护的100个大遗址之一），因此未建议保留。洛阳文物部门表示，九州池原址将实施隋唐城大遗址保护和展示，建设成为隋唐城遗址公园的一部分。

这个报告得到了国家文物局领导的首肯，也得到了洛阳市领导的高度重视。

出乎意料的是，洛阳市提出洛阳玻璃厂旧厂房全部保留，创造地下大遗址、地上工业遗产的"双遗产保护"模式，并且付诸实施，制定了全盘保护洛玻厂房建筑的规划。

对这个"双遗产保护"模式，洛阳市当时引为骄傲，规划图在各种场合展出，并印成图册广泛散发，造成了很大的影响。

但是，洛玻旧厂区的"双遗产保护"模式，没有持续几年。2012年，洛阳市重新做出规划，决定放弃"双遗产保护"模式，从一个极端跳到另一个极端，全部拆除洛玻旧厂区工业建筑。

这个新的规划，文字上强调要"对原有洛玻集团相关厂区进行改造和提升，拓展发展空间，优化城市景观，有效提升城市品位和形象"，"充分利用历史及工业文化，以九洲池遗址为中心，形成'一心、四圈、十片区'的结构布局"。实际上，却把洛玻厂区建筑全部拆光，将洛玻地块规划成"滨水商业、居住配套、主题商业、精品商业、奢华品牌、酒店配套、高档休闲、休闲观光、商住混合、综合服务等十大功能片区"，里面没有工业遗产保护的任何实质内容。

在国家文物局专门发文（2012），强调开发过程中一定要保护好洛玻工业遗产的情况下，2013年，洛玻旧厂区建筑仍然被全部拆光，片瓦无存。具有重大历史价值的浮法一线，也被彻底毁灭了。

洛玻旧厂房，从"全盘保护"到全部拆光，两个极端做法的演变史，只有短短的五六年时间。这个过程充满戏剧性，真是令人眼花缭乱。这是洛阳市经济发展压倒文物保护，商业利益、眼前利益压倒中华民族长远利益、根本利益的又一次鲜明例证,是洛阳工业遗产、文化遗产保护历史上,极其严重的教训之一,值得我们深入反思。

(二)四大广场工业景观被忽视和破坏

洛阳工业区第一批建设的统一选址、统一规划、同时动工的一拖、洛矿、洛轴以及稍后规划、建设的洛铜等四个工厂厂门及厂部办公大楼和厂前广场,一线相连,神脉贯通,开朗舒展,气势磅礴,激荡人心,连绵5.6公里,具有独特的社会主义计划经济时期的宏大叙事风格,是中国乃至世界社会主义计划经济建设时期最优秀、最有代表性的工业遗产,可以看作新中国工业遗产的标志性建筑群和标志性景观,是新中国工业遗产的典范,是中华民族的核心文化遗产,也是世界性的文化遗产,具有非常重要的历史价值和景观价值。如果认真保护、利用,在充分尊重历史、尊重广场基本风貌的基础上,合理改造、恢复,四大广场有可能成为新中国工业遗产的标志性广场、国家级名片和新中国工业遗产的中央客厅,为申报世界文化遗产做好准备。

2007年,河南科技大学课题组就指出了四大广场的重要地位,将四大广场的景观保护列为洛阳工业遗产的核心。这份报告,曾经得到了国家文物局有关领导的重视,在《中国文物报》全文发表(参考文献[2]:聚焦:《洛阳工业区遗产保护》,《中国文物报》,2007-7-18)。

但是,2007年,文化景观的概念还刚刚进入中国,国人对文化景观保护还普遍不重视。洛阳工业区的四大广场景观的保护,始终没有引起洛阳市有关领导、有关部门的重视,没有列入洛阳市的保护议程。

2010年前后,洛阳市开始委托上海某单位进行洛阳工业遗产保护规划。这个保护规划第三稿中(2011),在四大广场周边规划了10余座30多层的住宅楼,将广场的历史面貌破坏殆尽。对这种规划性破坏,我们课题组提出了坚决的反对意见。在我们课题组的反对下,这个规划在定稿中,将四大广场周边的高层住宅楼去掉,改为了绿地。

但是,在以后的执行过程中,洛阳市仍然违背规划,不断在广场周边建设高层住宅楼。洛铜广场、洛矿广场周边,近年来高层商住楼陆续拔地而起,违法违规建设,四大广场宏伟壮丽的工业景观已经被严重破坏。

(三)五号街坊与红卫村的被拆毁

截至1985年,洛阳市涧西工业区共有76个街坊居住区(参见《洛阳市涧西区志》。其中"一五"时期规划设计、陆续建设的有38个)。绝大部分是三层四层楼房,可以分为高中两档类型。十号、十一号、二号三个街坊,属于高档住宅区,质量较好,而且有较多的装饰性花纹,看上去比较漂亮,已经被洛阳市列为"优秀近代建筑",实施了保护措施。

其余73个街坊属于中档住宅区,建造风格比较朴素,没有各种装饰性花纹。此外,在部分街坊里和周边地区(厂北、南山等)还建设了多个平房住宅区(工人村),公共水房、卫生间，属于低档住宅区，风格更加朴素，甚至十分简陋。中档住宅区的典型代表是五号街坊，低档住宅区的典型代表是红卫村。

经过20世纪80年代以来的更新改造，这些大量的中低档住宅区，急剧消失，至2006年，比较完整地保存下来的，历史风貌较为突出的，只剩下五号街坊和红卫村。作为五六十年代工人住宅区的典型代表，成为非常珍贵的历史记忆。

作为已经几乎全部消失的几十个中低档工人住宅区的典型代表，五号街坊和红卫村，比十号街坊更典型，更有历史价值，更能唤起子孙后代对前辈们艰苦创业的崇敬和憧憬，更值得我们重视和保护。诸如新疆建设兵团早期住宅的典型，不是将军楼，而是大量地窝子一样，五号街坊和红卫村的历史价值，是非常明显的。

而且，五号街坊位于一拖办公大楼和洛阳农机学院（现河南科技大学）主教学楼之间的长安路上，其区位优势和景观价值十分突出，在洛阳工业遗产、工业景观的整体布局中，有非常重要的地位。2006年还有16栋历史建筑，坐北向南，整齐排列，而且均为明廊式建筑，带有鲜明的时代特色（明廊式建筑，又称为阳光式建筑，开朗大方，为五六十年代工业区所特有的住宅建筑，中国工业区曾经普遍存在。但70年代以后已经不再建造），历史价值极其突出。

红卫村，2006年还有两排十栋，整齐排列，红墙红瓦，景观效果突出，历史价值也非常突出。

但是，五号街坊和红卫村，均不属于"优秀建筑"，尽管河南科技大学文化遗产课题组不断呼吁，却始终没有得到洛阳市的重视。最后，终于都被拆除。洛阳工业区这两个重要的历史要素，永远消失了。

（四）长春路工业遗产一条街的毁灭

长春路是洛铜广场前的街道，只有350米长，却保存了众多的20世纪50年代的历史建筑，有办公大楼、职工俱乐部、企业宾馆、集体宿舍、家属宿舍、职工医院，还有一个大食堂，均为红砖坡顶，风格一致，品类繁多，观赏度很高。

这么多代表性历史建筑，集中在如此短的一条街道上，是非常罕见的，在洛阳市是绝无仅有的一条街。特别是大食堂，1956年建造，1250平方米，质量很好，周边环境开阔，而且是当年大量存在的大食堂仅存的硕果，有非常重要的历史价值。从2008年起，我们课题组就反复呼吁保护长春路工业遗产一条街，但却没有任何效果。洛阳市政府主要领导亲自拍板，拆除大食堂、宿舍等历史建筑，建造四座高层住宅楼。长春路的历史面貌，目前已经被彻底破坏。

（五）西苑路科研院所主楼的拆除

洛阳工业区西苑路上大学和科研院所的主楼，共有七座，形成了科研院所一条街。它们都是1956—1965年建造，带有那个时代的鲜明印记，讲究对称布局，突出中轴线，具有社会主义计划经济时期宏大叙事风格,线条流畅丰满,善于铺叙细节,洋溢着崇高感和自豪感,有较高的艺术性和观赏性,与建设路上的4个一五六企业大门遥相呼应,构成了洛阳工业区宏伟明朗、庄重肃穆的整体风貌,是非常重要的历史建筑,是洛阳工业区的有机组成部分。

但是,这些重要的历史建筑,近年来也有多座被拆除,原址建造了高层住宅楼或新的办公楼。洛阳工业区的历史面貌,正在急剧破坏中。

(六)洛阳市第五期城市规划对涧西工业区整体面貌的彻底毁灭

洛阳涧西工业区的6个一五六企业,作为国家的超大型骨干企业,一直在正常运转、发展中,并没有拆迁的必要。而且,作为新中国最典型的工业遗产,洛阳工业区本来应该进行活态保护,尽可能维护工业区的历史面貌,维护工业区的正常运转。

但是,受经济利益驱使,2019年完成的洛阳市第五期城市规划(《洛阳市国土空间规划》),却将建设路4个一五六企业中的两个——洛铜、洛轴——列为拆迁对象,打算将这两个企业的老厂区"退二进三",由工业用地转为商业用地,进行大规模商业开发。洛阳工业区已经危在旦夕。洛阳工业区的历史格局和历史面貌,即将彻底毁灭。

四、总结:工业遗产保护的主要困难和问题

(一)法律缺失,约束无力

洛阳工业遗产保护所出现的问题,特别是浮法一线毁灭的过程,深刻说明,工业遗产保护的法律法规不健全。现行《文物保护法》关于文物的五条标准,实际上并不包含工业遗产。没有一部适用的法律,工业遗产得不到切实有力的保护,破坏工业遗产的行为难以得到应有的处理。如此大规模破坏已经规划保护的、在中国极其罕见的世界级工业遗产,有关部门和有关领导心中没有丝毫顾虑,也没有受到任何惩戒。尽快出台《中华人民共和国工业遗产保护法》,已经是中国工业遗产保护最迫切的问题之一。

(二)体制不顺,谁来主管?

洛阳工业遗产保护,一直是由城市规划部门主导的。洛阳市规划局保护近代优秀建筑(如一拖十号街坊)的态度是非常坚决的,多次抵住了损毁近代优秀建筑的压力,成绩十分突出。但是,城市规划部门不是工业管理部门,对生产流水线等各种工业遗产要素的价值很难判断和理解,很难全力去保护。由于工业遗产留存的复杂状况,文物保护系统的重点文物保护单位这条线,与建设部的优秀近代建筑保护这条线一样,都不能很好地承担起工业遗产保护的重任。中国的工业遗产保护,必须有新的思路,新的方法和途径。洛阳的教训深刻说明,由更加熟悉工业企业情况的工业管理部门来主导工业遗产保护,可能是更

好的管理方法。

(三)工业遗产保护理论不成熟,概念不清晰,地方政府操作困难

与近代优秀建筑保护相比,工业遗产保护要复杂得多。面对大量的工业遗存(根据有关部门统计,中国工业遗存达30亿平方米,全国人均2.3平方米),究竟哪些属于工业遗产,哪些需要保护,怎样保护? 2006年国家文物局《关于保护工业遗产的通知》中,并没有给出十分清晰的答案。工业遗产与文物的关系、工业遗产与工业遗存的关系,都非常模糊,地方政府有关部门在实际操作中遇到诸多困难,常常很难把握和处理。深入研究工业遗产保护和利用的一系列理论问题,是中国工业遗产保护的当务之急。

(四)景观保护、整体性保护、全要素保护得不到应有的重视

洛阳市工业遗产保护的实践过程中,优秀建筑保护得到了高度重视,有关部门付出了巨大的努力,做出了显著成绩。在历史风貌的保护方面,也付出了艰巨的努力,取得了一定的成绩。但是,对工业景观的保护,却始终很难进入状态。对洛阳工业区如此突出的、宏伟壮丽的工业景观,有关部门始终不能深入理解,一直没有真正下决心实施必要的保护。这也反映了景观保护理论在中国的不成熟,人们普遍不理解景观建设、景观保护的重要意义。深入研究中国特色的景观理论,深入研究、建立中华民族核心系列景观体系,已经是非常迫切的研究课题。

洛阳工业遗产保护的另一个突出问题,就是缺乏整体性保护、全要素保护的理念。有关部门的思路,始终停留在"优秀建筑保护"的层次,对表面上不漂亮、"不优秀"却更典型、更有代表性的浮法一线、五号街坊、红卫村、长春路、长安路,一直熟视无睹,无动于衷。尽快提出、强调对特别重要的工业区工业遗产的整体性保护和全要素保护,也是中国工业遗产保护特别紧迫的当务之急。

(五)活化保护、原生态保护和利用认识不足

活化利用和原生态保护与利用,是中国工业遗产保护极为重要的问题,已经迫在眉睫。洛阳工业区和诸多一五六工业区一样,原企业都还在朝气蓬勃地运行中,没有必要为了眼前一点经济利益强迫企业"退二进三",变工业用地为商业用地,变"活遗产"为"死遗产"。对于像洛阳工业区这样极其重要的新中国工业遗产的典范,必须强调活态保护和利用的重大意义,绝不允许为了一点点经济利益去强迫企业搬迁,退二进三。洛阳市第五期城市规划部分改变洛阳工业区性质,是对洛阳工业区工业遗产的最大破坏,必须立即纠正。这种在城市大发展背景下的破坏性规划,在各地很可能是普遍现象,有必要认真检查,重新认识。凡是历史价值特别突出、特别重要的工业区,应该积极考虑活态保护与利用的可能性,不允许为了眼前经济利益改变工业区用地性质,强迫企业搬迁,强迫企业原址退二进三。

（六）部分城市领导人对工业遗产重视不够、认识缺位

部分城市领导人,受经济利益驱使、政绩驱使,不重视工业遗产,违背工业遗产保护规划,是造成工业遗产损毁的重要原因。此外,地方领导人几年一换,使他们很难熟悉、重视当地的文物保护。洛阳市经常出现这样的情况:新来的领导,经过几年磨合,好不容易了解了洛阳的文物保护情况,开始重视了,但任期又到了,又换人了。这种情况对工业遗产保护极为不利。

地方政府是工业遗产保护的最大威胁,少数只重视经济发展、不重视文化、不懂历史的地方领导人,对工业遗产造成了最大的破坏,已经成为许多专家的共识。

（七）文物保护专家、工业遗产保护专家的弱势地位与地方领导人对专家意见"选择性听取"甚至漠视、打压的不良倾向

在洛玻旧厂区"全盘保护"与全部拆光的两个极端过程中,均未征询工业遗产保护专家的意见。地方领导人对文物保护专家意见的"选择性听取"方式,比较突出。符合自己心意的专家意见,还能够采纳,不符合自己心意的专家意见,就常常回避和漠视。对于敢于坚持意见的专家,甚至采取某些极端措施。如2001年洛阳市"天子驾六"遗址保护过程中,洛阳市某领导(后因贪污罪被判刑)就对坚持原则的专家公开谩骂和威胁,甚至对不合己意的权威专家、洛阳市文物队队长叶万松同志采取了突然撤职的极端做法,造成了十分恶劣的影响。明哲保身,回避矛盾,成为一些文物专家不得不采取的态度。罗哲文先生曾经回忆说:"对人民群众,对下级部门还可以开导之、说服之、甚至命令之。而对上级、特别是顶头上级或是最高层的领导就非常困难了。有一些同志为此而遭受打击、撤职、调离工作等处分。有口难言,冤哉枉矣。"这个积压了几十年的老问题,这次工业遗产保护立法,必须解决,再不能拖延了。

改变这种局面,加强文物保护专家的地位,只靠呼吁、教育是无济于事的。只有建立"首席工业遗产保护专家"制度,才能真正让工业遗产保护专家无所顾忌,畅所欲言,坚持原则。这也是中国工业遗产保护、文物保护的当务之急。

（八）保护工业遗产的国家意志,还没有最后形成

中国的各类文化遗产保护,从调查、认定、探索、研究阶段到摸清家底、找出规律,明确保护的途径和方法,形成坚强的国家意志,采取有力措施,一般需要一个比较漫长的过程。

例如大遗址保护,从"一五"时期洛阳一五六建设遭遇大遗址保护问题开始,不断探索、摸索,直到五十年之后的21世纪初叶,终于形成了坚强的国家意志,出台了100个大遗址保护的重大决策,彻底解决了困扰文化遗产界许多年的大遗址保护问题,由被动转为主动,迎来了大遗址保护的春天。其他比较复杂的文化遗产保护,诸如文化生态保护区建设、非物质文化遗产保护等等,都经历了这个过程,经过几十年的探索、酝酿,逐渐找到了

规律,明确了方法和途径,凝聚了决心,国家意志终于形成,出台了坚定有力的措施,由被动转为主动。

中国的工业遗产保护,2006年正式启动,不过短短十几年。基本还停留在号召和探索、酝酿的阶段,保护途径和方法还在摸索之中,对总体情况还不熟悉,理论建设还没有完成,还没有掌握规律,还没有明确的主管部门,还没有理顺管理体系,还没有形成坚强的国家意志,还缺乏坚决有力的重大措施,还没有一部适用的法律,对上述工业遗产保护中出现的各种严重的问题,还缺乏真正深刻的认识,还没有能力纠正,还没有由被动转为主动。由于中国的城市化高潮背景,中国所有城市都在急剧更新改造,除旧布新,因此,中国工业遗产的大规模毁灭,目前几乎是不可抗拒的历史现象。

面对这一紧迫的历史背景,我们期待中国工业遗产保护的探索阶段尽快完成,期待国家尽快出台《中华人民共和国工业遗产保护法》,期待国家采取一系列保护工业遗产的重大措施。在更新观念、形成理论、凝聚决心的基础上,抓大带小,抓重点带动全局,像大遗址保护那样,坚决保护一百个最重要的国家级工业遗产,保护、建设十个最重要的国家级工业景观特区(作为"国家文物保护利用示范区"和"中华文明标志性工程"的一个类型)。作为突破口,建议以洛阳工业区为典型,集中国家意志和力量,亡羊补牢,下决心保护、恢复洛阳工业区的历史景观和历史风貌,将其建设为新中国工业遗产保护的典范、名片和中央客厅,以此带动全局,逐步建设十个国家级工业景观特区,保护一百个国家级工业遗产。必须像大遗址保护那样,采取坚决有力的行动,投入相应的资金,坚决纠正工业遗产保护中出现的一系列严重问题,亡羊补牢,使中国的工业遗产保护由被动转为主动,迎来中国工业遗产保护的春天。

参考文献：

[1] 董志凯,吴江.新中国工业的奠基石——156项目建设研究[M].广州:广东经济出版社,2004.

[2] 杨茹萍,杨晋毅,钟庆伦,谢敬佩.聚焦:洛阳工业区遗产保护[N].中国文物报,2007-7-18.

[3] 杨晋毅.新型文化遗产保护研究.国家文物局"十二五"发展战略规划研究项目[M].2010.

[4] 杨茹萍,杨晋毅.洛阳工业区工业遗产保护研究.河南省文物局2006年研究项目[M].2006.

[5] 杨茹萍,杨晋毅.河南省"一五"时期156项目工业遗产保护研究.河南省文物局2009年研究项目,[M].2010.

[6] 单霁翔.关于保护工业遗产的思考[J].中国文化遗产,2006(2).

[7] 中国工业遗产保护论坛[J].无锡建议,2006(4).

[8] 俞孔坚,方琬丽.中国工业遗产初探[J].建筑学报,2006(8):12-15.

[9] 俞孔坚.中国工业遗产保护与利用实践[J].景观设计,2006(4):72-76.

[10] 杨晋毅,杨茹萍."一五"时期156项目工业建筑遗产保护研究[J].北京规划建设,2011(1).

[11] 杨晋毅.河南省"一五"时期156项目工业遗产保护研究[C].中国工业建筑遗产调查、研究与保护(2011年中国第二届工业建筑遗产学术研讨会论文集),重庆:重庆大学,2011.

[12] 杨晋毅,杨茹萍,钟庆伦.洛阳工业区四大广场历史建筑及周边环境的保护、改造与利用研究[C].中

国建筑学会 2012 年会论文集,2012.

[13] 杨晋毅,杨茹萍.洛阳工业区长春路历史建筑及周边环境的保护、改造与利用研究[C].中国工业建筑遗产调查、研究与保护(2013 年中国第三届工业建筑遗产学术研讨会论文集),2013.

[14] 杨茹萍,杨晋毅.工业遗产基本概念概述与辨析[C].中国工业建筑遗产调查、研究与保护(2013 年中国第四届工业建筑遗产学术研讨会论文集),2013.

[15] 杨晋毅,杨茹萍,钟庆伦,关振民.基于遗产群保护理念的"一五"时期 156 项目工业遗产保护研究[C].中国工业建筑遗产调查、研究与保护(2013 年中国第四届工业建筑遗产学术研讨会论文集),2013.

[16] 杨晋毅,钟庆伦,杨茹萍,关振民.洛阳玻璃厂工业遗产保护研究——建立中国洛阳玻璃博物馆的论证报告[C].中国工业建筑遗产调查、研究与保护(2014 年中国第五届工业建筑遗产学术研讨会论文集).2014.

[17] 杨东,杨晋毅,杨茹萍,康杨睿.东北地区 156 项目工业景观遗产考察——兼论中华文明核心景观遗产系列研究[C].中国工业建筑遗产调查、研究与保护(2015 年中国第六届工业建筑遗产学术研讨会论文集),2015.

[18] 国家文物局.关于加强工业遗产保护的通知[Z].2006-5-29.

[19] 杨晋毅.郑州市"一五"时期工业遗产保护研究——暨郑州市工业遗产综述[C].中国工业建筑遗产调查、研究与保护(2017 年中国第六届工业建筑遗产学术研讨会论文集),2017.

[20] 杨东,杨晋毅,陈云与洛阳一五六建设——1960 年陈云在洛阳[C].中国工业建筑遗产调查、研究与保护(2019 年中国第六届工业建筑遗产学术研讨会论文集),2019.

[21] 杨东,杨晋毅.第一拖拉机厂的开端——一拖筹备处第一批干部情况研究[C].中国工业建筑遗产调查、研究与保护(2019 年中国第六届工业建筑遗产学术研讨会论文集),2019.

[22] 杨东,杨晋毅.一份一五六企业领导人的任命文件——洛轴早期领导白耀卿情况调查[C].中国工业建筑遗产调查、研究与保护(2019 年中国第六届工业建筑遗产学术研讨会论文集),2019.

[23] 杨晋毅.郑州一五时期苏联专家墓[C].中国工业建筑遗产调查、研究与保护(2019 年中国第六届工业建筑遗产学术研讨会论文集),2019.

[24] 洛阳市规划局.洛阳历史文化名城保护规划(1996—2010)[Z].1995.

[25] 洛阳市规划局.洛阳市城市总体规划文本(1995.8.)[Z].

[26] 洛阳市涧西区志编辑室.洛阳市涧西区志[M].北京:海潮出版社,1988.

工业遗产与城市艺术区景观再造
——以景德镇陶溪川为例

王永健
（中国艺术研究院）

城市艺术区通常可以分为两种类型，一类是在城市工业废弃地基础上建成的，一类是在城市郊区或边缘地带艺术家聚集形成的。本文将着眼于第一种类型的城市艺术区。文中所讨论的后工业社会，是相对于“工业社会”而言，旨在强调的是生产部门的变化，以及由一个“产品生产”的社会转变为一个“服务性”的社会。景观生产，是从文化学的视野对景观进行设计与市场开发、价值建构，实现景观与生产领域的衔接与合作。近年来，城市艺术区成为艺术人类学研究中一个新视域，为学界所关注。方李莉及其弟子所做的系列研究①，是城市艺术区研究的代表作。

就目前学界对于城市艺术区的研究来说，讨论主要集中于城市艺术区的形成与发展现状、业态布局、历史与文化价值等方面，而对于当前城市艺术区发展进入深水区所面对的功能定位、承载功能、景观生产等问题缺乏深层次的理论探讨。本文以景德镇陶溪川为例，以近三年的田野调查资料和文献资料，对景德镇的后工业社会特征，陶溪川的历史发展脉络，景观生产中如何再利用工业遗产资源、规划与设计理念、业态布局控制等问题展开探讨。

一、景德镇的后工业社会特征与陶溪川的发展脉络

景德镇作为中国的瓷都，制瓷业是支柱产业，制瓷手工艺传承延续了千年而没有中断。新中国成立后，国家投资陆续建造了一批国营瓷厂，统称为“十大瓷厂”，发展工业机械化制瓷，工业化的生产方式逐渐取代了手工制瓷的生产方式。这些国营瓷厂发展的高

① 参见方李莉的《城市艺术区的人类学研究——798艺术区她讨所带来的思考》、刘明亮的《北京798艺术区：市场化语境下的田野考查与追踪》、金纹廷的《后现代社会背景下的文化艺 术区比较研究—— 以北京798艺术区和首尔仁寺洞为例》、张天羽的《北京宋庄艺术群落生 态研究》、秦竩的《当代艺术的三重解读：场域、交往与知识权力——中国·宋庄》。

峰期是在20世纪80年代至90年代初期,自此之后随着市场经济的全面铺开,脱离了依靠国家统购统销的发展模式,这些国营瓷厂陆续破产,传统的手工制瓷生产开始复兴。方李莉在《本土性的现代化如何实践——以景德镇陶瓷手工技艺传承为例》一文中,以近百年来景德镇传统陶瓷手工艺的发展为例,论述中国在通往现代化的道路上,传统手工艺遭遇的不同境遇。作者将中国对现代化的追求分为:"清末至民国时期——早期现代化(市场经济);解放后至改革开放前——中期现代化(计划经济);改革开放至今——后期现代化(市场经济)三个阶段。"认为:"在后期现代化中传统与现代不再对立,保护与发展也可以达到一致。我们不需要摧毁我们的传统文化,以换取现代化的实现,相反传统可能会转化成一种构成新的文化或新的经济的资源。手工技艺的文化复兴,既是后工业社会的一种特征,同时也是本土性现代化的一种实践。"[1]其对景德镇陶瓷手工艺的复兴和传统与现代的关系,以及景德镇具备后工业社会的特征的判断与笔者是一致的。

　　后工业社会的概念由丹尼尔·贝尔于1959年在奥地利的一次学术研讨会上首次提出。他总结为五大基本内容:"(一)在经济上,由制造业经济转向服务性经济;(二)在职业上,专业与科技人员取代企业主而居于社会的主导地位;(三)在中轴原理上,理论知识居于中心,是社会革新和制定政策的源泉;(四)在未来方向上,技术发展是有计划、有节制的,重视技术鉴定;(五)在制定决策上,依靠新的'智能技术'。"[2]在我国,由于地域辽阔,发展水平不一,工业社会与后工业社会是同时存在的。"如果工业社会以机器技术为基础,后工业社会则是由知识技术形成的。如果资本与劳动是工业社会的主要结构特征,那么信息和知识则是后工业社会的主要结构特征。"[3]可以说,后工业社会的一些典型特征在景德镇逐渐呈现出来。景德镇陶瓷手工艺行业的发展并不是靠纯粹技术系统的支撑,而是由知识系统、技术系统和信息系统共同决定着它的发展。"工业商品是由分开的、可辨认的单位来生产、交换、销售、消费和耗尽的。但是,信息和知识并不能消费或'耗尽'。知识是一种社会产品,它的成本、价格或价值的问题大大不同于工业产品的有关问题。"[4]掌握更多的知识,由此而带来的声望会增加作品的文化附加值,掌握更多的信息,会使作品更快地进入市场流通,在这三者之中更被看中的是知识和信息。

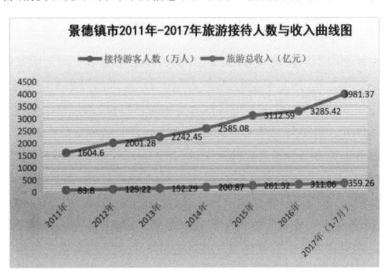

图1　景德镇市2011年–2017年旅游接待人数与收入曲线图
(数据来源:景德镇市统计局2011–2017年国民经济和社会发展统计公报)

　　从旅游接待人数报表(见图1)来看,景

德镇市旅游接待人数和旅游收入持续增长，从2011年的1604.6万人到2017年上半年的3981.37万人，旅游收入从83.8亿元增长到359.26亿元，实现了跨越式的发展，说明景德镇这座历史古城吸引着越来越多的游客来此观光，旅游业对财政收入的贡献率也在逐步提升。机器大工业的生产方式退出，传统手工艺复兴，知识和信息居于社会的中心地位，服务性的旅游经济兴起，综合这些特征来看，可以说景德镇已经具备了后工业社会的一些典型特征。

陶溪川是在景德镇原国营"十大瓷厂"之一——宇宙瓷厂的工业废弃地基础上建构出来的。宇宙瓷厂是江西省委、省政府于1954年投资兴建的，当时为了更快地形成规模，便将几个小型瓷厂①进行了合并组建，后更名为宇宙瓷厂，厂址位于市东郊里村童街后山。该厂拥有景德镇第一条机械化制瓷生产流水线，年产瓷器可达千万件，产品以高档出口的成套茶具和中西餐具为主，远销欧洲和东南亚等十几个国家，是江西省重点出口企业。宇宙瓷厂发展的高峰期在20世纪80年代中期至20世纪90年代初期，企业拥有员工4000余人，效益在同行业中名列前茅，为国家创造了丰厚的经济效益。

至20世纪90年代中期，面对全面铺开的市场经济，企业连续亏损，发展面临困境，宇宙瓷厂2004年进入破产程序，进行改制，2010年完成。为了将这些老的工业遗产资源进行再利用，从2012年开始，由江西省陶瓷工业公司下属的景德镇陶邑文化发展有限公司进行整体规划打造，总投资额达65亿元。聘请国内外一些知名机构进行设计，开发"陶溪川–China坊"项目，力图打造一个集文创产业和服务业于一体的城市文创街区。经过3年的打造，一期项目建成开园，国营宇宙瓷厂工业废弃地转变成为城市艺术区。

二、陶溪川艺术区的景观生产

在城市中工业废弃地基础上，通过对工业遗产资源再利用建构起来的城市艺术区，是后工业社会背景下的一种景观生产。伴随着城市的产业结构升级和功能的转变，工业社会时期遗留的厂房，因其空间大、租金低廉吸引着艺术家的加盟，成为艺术家理想的创作之地，是艺术家的"乌托邦"和当代艺术的聚集地。如方李莉所言："城市的艺术区是置身于全球化的后现代社会中的特殊区域，与以往工业时代的社区是有区别的，这是以往人类学研究从未遇到过的新的研究空间和社区。在这里不再有固定的传统，也没有了传统与外来文化的冲突，而是全新的经过了文化重构与再造的文化社区。"[5]"景观"源于16世纪画家借用的荷兰语"landscape"一词，此后在不同的学术研究领域中被广泛使用，它既有日常生活中的风景、景色之义，也有"由各种生态系统构成的复杂生态系统"的含义。新文化地理学研究中将景观定义为："视觉性的挪用方式或将外部世界构造并协调为一个视觉性统一体的方法。"[6]该定义将景观视作一个意义系统，对景观及

① 建国瓷厂一分厂、第四瓷厂（1956年第十三制瓷社、黎明瓷厂、民光瓷厂等合并，厂名为"第四瓷厂"）、第十三瓷器手工合作社合并组建宇宙瓷厂。

其系统意义的阐释是重点研究的问题。生产和消费是相对于市场和商品经济活动而言,其理论基点是马克思关于生产和消费的论述,从《1844年经济学哲学手稿》到《资本论》,马克思将生产系统地分为物质生产和精神生产。物质生产主要指涉的是生产力与生产关系。精神生产主要指涉的是思想、观念和意识的生产。在本文的论述语境中,受文化生产理论的启发,将景观与生产组合成一个复合词——"景观生产"。这些城市艺术区往往艺术气息浓郁,是时尚文化与当代艺术的展示场,是城市标志性的文化符号。陶溪川艺术区的景观生产与景德镇的陶瓷史、工业发展史,以及当代社会发展紧密结合在一起,在设计与建构过程中,亦被赋予了丰富的内涵和寓意,对意义的阐释理应纳入研究的范畴。

(一)陶溪川名称的建构

陶溪川是一个被建构出来的名称,之所以命名为"陶溪川",是因为其被赋予了丰富的历史和文化内涵,蕴含着景德镇瓷业的"前世、今生、未来"三重寓意:陶即"新平冶陶,始于汉世",说明景德镇陶瓷制作与传承的悠久历史;溪指发源于为民瓷厂旁边凤凰山的小溪流,传说这是风火仙师童宾的墓葬之处,将这条小溪流的活水引入陶溪川,让其绕园区环流,流出厂区后再次汇入紧邻著名陶瓷遗址的南市、白虎湾、湖田的小南河,之后流进景德镇的母亲河——昌江,由昌江汇入鄱阳湖。汇入鄱阳湖后便可以并入长江、赣江,因而能够轻松到达宁波、福州、泉州、广州等多个沿海港口,这是景德镇古代陶瓷外运的主要交通路线,为瓷器的外销提供了物流上的保证。该名称象征着景德镇陶瓷业日益蓬勃,由小溪流发展为大河川,奔腾于江湖海洋,重振瓷都雄风的意义。

(二)规划与设计

科学的规划和设计是城市艺术区成功的关键因素之一,从世界范围来看不乏成功的案例,如德国北杜伊斯堡景观公园、法国巴黎雪铁龙公园、英国的阿尔伯特船坞等。实际上,在操作层面是有一些原则可循的,在顶层设计上需要考虑与整座城市发展格局的匹配。在具体设计层面以遗产的再利用为主,思考旧空间和新的景观与功能之间的

图2:陶溪川功能区位分布图
(图片来源:景德镇陶邑文化发展有限公司)

关系，以及历史与当下，传统与现代，本土文化与外来文化之间的互动关系。

陶溪川是在景德镇整体的规划与设计理念的指导下开展的，正如景德镇所提出的城市发展定位："复兴千年古镇、重塑世界瓷都、保护生态家园、建设旅游名城，打造一座与世界对话的城市。"[7]配合着景德镇的城市定位和发展格局，陶溪川在规划和设计下足了功夫。保护和利用工业历史文化遗产，融入现代设计理念，打造出符合现代人审美的，具有国际范的城市名片是在规划与设计之初所秉持的理念。一期项目占地270余亩，建筑总面积18万平方米，未来还将把民瓷厂、景德镇瓷厂、陶瓷机械厂等多家老工厂区域纳入二期建设项目，占地面积将达到3600亩。其范围以朝阳路至珠山路东西方向延伸为轴线，以为民、宇宙、雕塑、景陶、建国、艺术等老城核心地段六家城市老工厂为依托，构建陶溪川、学生村、窑作群、红店街四大板块文化创意产业集群。项目的定位为："世界艺术创意交流平台、国家文化复兴先锋示范区、江西特色旅游目的地和城市工业文明保护典范。"按照项目的定位，遵循工厂改造、功能再造、文化塑造、环境营造的原则，抢救性保护工业文化遗产，建设七十二坊陶冶图全景展厅，陶瓷工业遗产博物馆，学徒传习所等非物质文化遗产工艺展示场所，建造精品酒店、咖啡馆、美术馆，引进时尚品牌，导入现代经营理念，着力打造一个具有国际范的现代服务业集聚区。

有了以上的规划与设计定位，陶溪川在功能区划上力求合理、高效，实现业态混合搭配，功能齐全的目标。由图2可知陶溪川艺术区内的功能区位分布为：景德镇陶瓷工业遗产博物馆、大师工作室、陶瓷烧制服务中心、餐饮商业、酒店客栈、办公区域。这样的功能分布将陶瓷文化的产业链置于艺术区的核心地带，使博物馆展示、陶瓷制作、陶瓷烧制、陶瓷销售实现联动发展，凸显了陶溪川艺术区的陶瓷文化创意街区的品牌特色。

此外，对创意经济的打造也是陶溪川在规划和设计中格外重视的，创设了"陶溪川邑空间"，打造"景漂"青年创业平台和创意孵化器。现已涵盖"陶溪川创意集市""线上陶溪川"和"邑空间商城"三大板块，汇聚了近5000名"景漂"创业青年，发展陶瓷创意经济。我们正逐步进入一个创意经济的时代，这个时代是可以将创意迅速、规模化地转化为财富的时代。创意经济时代的特征是："一是从生产的角度看，在经济增长的诸因素中，资本、土地和劳动等传统生产要素的贡献率处于相对下降趋势，而创意在经济增长中的贡献率处于相对上升趋势。二是从消遣的角度看，在社会总产品中，人们对物质产品的需求比重在相对下降，而对精神产品的需求比重在相对上升。"[8]创意经济的特征在陶溪川艺术区中已经逐渐呈现出来，创意和知识成为核心竞争力，在经济增长中的贡献率处于持续上升的状态。创意集市每个周六下午和晚上开市，摊位主要分布在陶溪川街区广场和主干道，参与创意集市的群体主要是景漂创业青年，由于摊位有限，主办方需要通过一定的遴选机制，每个月筛选出300人入驻，摊位免费提供，为景漂青年提供创业平台。此外，定期举办的艺术创作与交流活动，使景漂青年多为受益，刺激了艺术创作，增强了艺术氛围。按照这样的规划与设计，陶溪川未来会成为景德镇文化创意产业群集聚地、工业遗产和非物质文化遗产工艺展示与传习地、当代艺术的展示场。

（三）业态布局

陶溪川作为一个极具现代气息的城市艺术区,其功能定位是集文化创意、购物、休闲、餐饮、娱乐等多种综合功能于一体的大型城市新型创意综合体。景德镇陶邑文化发展有限公司在公布的招商范围,分为四大类,即零售类、餐饮类、产业链和配套服务(见表1)。[①]

表1 陶色文化发展有限公司招商范围

	品牌企业	国内、外知名品牌企业
零售类	学院派艺术瓷	陶瓷绘画、陶瓷雕塑、生活陶艺
	传统艺术瓷	绘画类、颜色釉、567陶瓷、古瓷片
	日用瓷	茶具餐具、工艺礼品、文房用品
	集合店	陶瓷生活馆、陶瓷艺术馆、陶艺社、画廊
	创意产品	陶艺雕塑、生活陶艺、陶瓷艺术衍生品、文化创意产品
	其他类	书店、茶与茶器、沉香类、家具类、木雕根雕、竹编竹雕、铜雕铁艺、玉石类、漆器、纺织类、文房书画、宜兴紫砂、干鲜花与装饰品
	艺术家工作室	画家、雕塑家、陶艺家
餐饮类	正餐	地方特色餐饮、品牌连锁餐饮、文化主题餐厅、素食餐厅、创新餐厅、火锅/干过、自助烧烤、西餐、日韩料理
	快餐	快餐连锁、美食广场、特色小吃
	休闲餐饮	茶咖、面包甜点、鲜果饮料、零食类
	娱乐	影剧院、酒吧、量贩KTV
产业链	泥釉颜料、瓷胎素坯、制瓷工具、商品包装、手工艺传承、陶瓷工坊、窑炉烧造	
配套服务	银行/ATM、物流配送中心、医疗机构、图文摄影	

由表1可见,4大类可细分为23个行业门类,在招商中围绕着陶瓷文化及其配套服务,力争做到全产业链覆盖。结合着陶溪川的招商目录表,笔者对陶溪川的入驻机构和业态分布状况进行了调查与分析,通过数据分析来呈现陶溪川的业态布局。

据2017年7月笔者对陶溪川艺术区的调查形成的统计,入驻陶溪川艺术区的机构共有173家,主要可以分为"展示交流类、创作和设计类、服务类"三大类。其中展示交流类包括美术馆、博物馆、艺术机构、研究中心等,有7家。创作和设计类包括艺术家工作室、文创园、陶瓷手工作业线、陶瓷3D打印体验中心等,有73家。服务类包括餐饮、酒店、商店、休闲娱乐等,有93家。

从业态分布比例来看,服务类项目占54%,引进了众多知名品牌,如广州众上动漫梦工厂、猫的天空之城书吧、次元动漫、开元曼居酒店、胡桃里音乐酒馆、台湾元生咖啡、猫屎咖啡、香天下火锅、荣昌夏布,以及集陶瓷手工作业线、餐饮、剧场为一体的成都印象和木

[①]依据陶邑文化发展有限公司提供的招商目录绘制。

雕艺术、寿山石印章、服饰店等。创作与设计类项目占42%,引进10多家国外艺术机构和来自欧亚非的50多位陶瓷艺术家,包括美国门县画廊,韩国青瓷研究所,韩国利川陶瓷协会,著名陶艺家、教育家安田猛、启尧居国外游客体验工作室等。展示与交流类项目占4%,建设了陶溪川美术馆、景德镇陶瓷工业遗产博物馆,并引进了中央美术学院陶瓷艺术研究院、中国美术学院敦品设计中心、人民网陶瓷艺术馆、方李莉求知书院等。众所周知,很多城市艺术区在知名度提高之后,便从艺术区转变为商业区和旅游区,其中缘由有着来自各方利益的博弈,但不容否认的是转变带来的结果是使艺术区的性质发生了根本性转变。在陶溪川,服务类项目所占比重和展示交流类、创作与设计类两类几近持平,处于一种相对平衡的业态格局,就当下而言是比较理想的。实际上,城市艺术区并不拒绝商业气息的浸染,但在业态分布上要有合理的布局规划,需要管理者在招商和各方利益的维系上把握适当的尺度。

(四)对工业遗产资源的再利用

2003年,在俄罗斯下塔吉尔召开的国际工业遗产保护委员会①第十二届大会上,通过了《关于工业遗产的下塔吉尔宪章》,该宪章是国际工业遗产保护的纲领性文件,对工业遗产的内涵与外延、如何认定,以及维修与保护等七项内容进行了系统阐述。就"工业遗产"做了较为明确的概念界定:"由具有历史价值、技术价值、社会价值、建筑学或科学价值的工业文化遗存组成。包括建筑物和机械设备,生产车间,工厂,矿山及其加工和提炼场所,仓储用房,能源生产、传输和使用场所,交通及所属基础设施,以及与工业相关的居住、宗教崇拜、教育等社会活动场所。"[9]同时,在此次会议上专家们经过讨论,形了成如下共识:"为工业活动而建造的建筑物,所运用的技术方法和工具,建筑物所处的城镇背景,以及其他各种有形和无形的现象,都非常重要。它们应该被研究,它们的历史应该被传授,它们的含义和意义应该被探究并使公众清楚,最具有意义和代表性的实例应该遵照《威尼斯宪章》的原则被认定、保护和维修,使其在当代和未来得到利用,并有助于可持续发展。"[10]可以说该宪章的发表,在人类遗产保护历史上具有里程碑式的意义,它标志着人类对遗产的认识和保护的观念得到了进一步深化,使保护对象和保护方式得到了拓展,将近现代工业社会遗存纳入人类文化遗产保护范畴,明确了保护的价值和意义,从传统意义上单纯的保护,拓展到了保护与利用并行的新维度。自20世纪80年代始,德国弗尔克林根炼铁厂、英国特尔福德的峡谷铁桥、挪威ROROS工业市镇等一些工业遗存被相继收入《世界遗产名录》中,成为文化遗产。依据宪章的精神,宇宙瓷厂工业废弃地符合工业遗产的基本构件,它身上承载了工业化时期的历史与价值,是一笔丰厚的工业遗产资源,应该对其进行深入研究,并使它的价值在当今社会得到开发和利用。

---

① 国际工业遗产保护协会(TICCIH)是代表工业遗产的国际组织,也是国际古迹遗址理事会(ICOMOS)关于遗产的特别咨询机构。该宪章由国际工业遗产保护协会起草后递交国际古迹遗址理事会,获准后由联合国教科文组织最终确认通过。

　　陶溪川艺术区的景观生产是在工业废弃地基础上建构而成,宇宙瓷厂工业化时期的厂房、烟囱、机械设备等这些工业遗产是建构的基础,将其视为可利用的资源进行了很好的再利用。这些修建于20世纪50年代的老厂房,具有典型的包豪斯式建筑的特点,承载着一个时代的记忆,其本身蕴含了丰厚历史文化信息。面对市场经济大潮,这些国营老工厂的发展逐渐走向没落,在经过专业的设计与打造之后,国营老瓷厂实现了转型升级,成为城市艺术区。同时,陶溪川承载着对工业化时期遗留下来的工业遗产的保护与传承的功能。企业虽然破产改制了,但是在工业废弃地上的厂房、机械制瓷流水线等保留了下来。"这些工业遗产是工业化时期的产物,一方面对它们的保护便是对民族工业历史完整性的尊重,也是对传统产业工人历史贡献的肯定和崇高精神的传承;另一方面,它们曾在一定的历史时期发挥过重要的作用,解决了大量的就业,创造了大量的物质财富,在人们的心中存在着相当程度的心理认同,工业遗产恰恰提供了对工业文化进行怀旧体验和回忆的载体。"[11]可以说,这些工业遗产资源,挖掘出其特有的历史和文化价值,并得到科学的开发与利用,便会转化为重要的旅游文化资源。

　　为了实现从遗产到资源的转化,让这些宝贵的工业遗产活起来,以更好地保护、开发和利用,主办方在宇宙瓷厂原机械制瓷车间生产流水线基础上,打造了一座工业遗产博物馆,全面展示了近代以来景德镇陶瓷工业发展的百年变迁。这些厂房、窑炉、烟囱、机器矗立在艺术区内,它们承载着景德镇陶瓷工业的发展历史,凝聚了新中国成立后几代陶瓷产业工人的辛劳与智慧,也透视着中国近代以来工业化发展的历史进程。陶瓷工业遗产博物馆以老的制瓷车间为基础建造,完整保留了制瓷工艺流程的流水作业线,以及窑炉的实物样态,并附以详细的文字介绍,全面展示了工业化时代机械制瓷的生产工艺流程。主办方对500多名陶瓷产业工人进行了口述史访谈,并利用多媒体手段对这些访谈的视频资料和6.9万名陶瓷工人的档案资料进行了展示。此外,主办方在墙壁的橱窗中以文献资料的形式展示了国营瓷厂的创建,从手工业生产合作社合并到公私合营,一直到国营瓷厂破产改制的全过程,较为明晰地介绍了景德镇国营瓷厂的发展历程。

三、结语

　　通过对景德镇陶溪川个案的调查与研究,可以得出如下认知,城市艺术区作为后工业社会背景下建构出来的景观空间,其内部的问题是非常复杂的。景观作为一种被建构的存在,艺术区内部也可以理解为一个复杂的生态系统,每个部分承载着不同的意义和功能,构成了彼此连接的意义体系。城市艺术区的景观生产不是纯粹物理空间的打造,而是由社会、文化、经济、政治等因素共同作用下所形成的综合体。其本身承载着对工业化时期文化遗产的传承功能,将这些工业文化遗产资源化,并进行活化再利用,建构出新的景观,实现功能和价值的转换,也是当前较为通行的路径。

　　遗产记录并承载着历史,如果仅仅将其视为博物馆橱窗中展示的遗产,它的价值远远没有被放大。如果可以充分挖掘出它的历史和文化价值，将其视为宝贵的文化资源加以科学地再利用，服务于今天的社会建构和文化建设，才会显得尤为重要。霍布斯鲍姆（Eric Hobsbawm）关于"传统的发明"[12]的观点与方李莉"遗产资源论"[13]的观点颇有共鸣之处，皆在探讨如何将遗产转化为可利用的资源，实现再利用，成为今天构建新的文化的基础。这一理论在实践中具有重要的指导意义，陶溪川艺术区在规划设计和具体打造过程中，对工业文化遗产的历史文化价值予以充分考虑，关注其对艺术区形塑所发挥的重要作用，将工业废弃地上遗留下来的烟囱、厂房、机器设备、工业生产线等进行艺术化的设计与处理，使其成为艺术区景观的一部分。在它们身上，除了可以看到现代设计之外，还可以体会到其所承载的历史文化认同，以及传统与现代的默契结合。陶溪川的建构过程就是将这些工业遗产作为文化资源进行活化利用，再生产出符合现代审美的艺术区景观的过程。陶溪川艺术区已成为景德镇的一个城市地标和旅游必到地，在它身上体现着对工业文化遗产的承载和利用，以及与工业化历史、未来发展的连续性。景观生产将会成为未来景观研究中的一个热门话题，涉及景观生产的原则、模式、人与景观的互动等一系列问题仍需从学理层面展开深入探讨，也期待学界给予更多的关注。

参考文献：

[1] 方李莉.技艺传承与社会发展——艺术人类学视角[J].江南大学学报(人文社会科学版),3:100.

[2] 丹尼尔·贝尔(Daniel Bell).后工业社会的来临——对社会预测的一项探索[M].高铦,等译.新华出版社,1997:导论部分第14页.

[3] 丹尼尔·贝尔(Daniel Bell).《后工业社会的来临——对社会预测的一项探索[M].高铦,等译.北京:新华出版社,1997:9.

[4] 丹尼尔·贝尔(Daniel Bell).《后工业社会的来临——对社会预测的一项探索[M].高铦,等译.北京:新华出版社,1997:10.

[5] 方李莉.城市艺术区的人类学研究——798艺术区探讨所带来的思考[J].民族艺术,2016,2:22.

[6] Denis Cosgrove. Prospect, perspective and the evolution of the landscape idea, Transactions, Institute of British Geographers[J].New Series,vol.10.

[7] 吴怡玲,丁雪.钟志生在市委十届十二次全体会议上强调打造一座与世界对话的城市[J].景德镇日报,2015-12-19(1).

[8] 张京成等.工业遗产的保护与利用——"创意经济时代"的视角[M].北京:北京大学出版社,2013,19-20.

[9] 上海市文物管理委员会.上海工业遗产实录[M].上海:上海交通大学出版社,2009:323.

[10] 上海市文物管理委员会.上海工业遗产实录[M].上海:上海交通大学出版社,2009:323.

[11] 王永健.陶溪川:工业遗产资源再利用的造梦空间[J].中国文化画报,2018,S1:22.

[12] 霍布斯鲍姆(Hobsbawm,E.),兰格(Ranger,T.),编.传统的发明[M]:顾杭,庞冠群,译.南京:译林出版社,2004.

[13] 方李莉.从遗产到资源——西部人文资源研究报告[M].北京:学苑出版社,2010:总论.

黑龙江牡丹江—鸡西地区近代机场建设及其建筑遗存研究*

1. 欧阳杰；2. 刘佳炜；3. 文　婷

（1.2.3. 中国民航大学）

二战时期，日本关东军在我国东北修建了大批军用机场，其中牡丹江—鸡西地区的部分机场在抗战胜利后曾是"人民空军的摇篮"——东北老航校培养航空人员的训练基地和教学平台，这一地区至今保留了分布广泛、数量众多以及建筑类型丰富的机场遗址和机场建筑遗存。本文以伪满洲国时期牡丹江省和东安省境内的侵华日军机场为研究对象，以东北老航校使用过的航空教学培训基地为主线，以日伪时期南满铁道株式会社所经营铁路线沿线的机场为研究重点，对其机场的规划建设及其现状建筑遗存进行专题研究。

一、日伪时期的机场布局建设

（一）伪满洲国军用机场建设的总体特征

伪满洲国时期，为了防御苏联和强化殖民统治，侵华日军在黑龙江、吉林国境线沿线地区兴建了密集的军用机场群。作为针对苏联"进可攻退可守"的重要军事航空工程，这些军用机场主要供日军关东军陆军航空部队使用，部分机场兼顾民航功能。通常在国境线腹地、铁路沿线地区布局多个相互衔接、互为保障的机场群，每个机场群又由多个主要机场和辅助机场所组成，在平日可用于转场训练飞行，战时又能形成区域联合作战，在基地机场遭受空袭前还可紧急向周边机场快速疏散驻场飞机。日军利用机场群的"面辐射"作战特性，构筑全域密集又相对分散的机场群部署体系，搭建较为完善的军用航线网络，并结合战备铁路线军事补给的"线辐射"功能，衔接国境线沿线的东宁要塞、虎头要塞、勃利密塞等诸多要塞工程，共同筑成了日本关东军攻防苏联的"国境筑垒"军事工程，由此构筑"前后协同，陆空联合、攻防兼备"的对苏作战模式。

＊ 本文为国家自然科学基金面上项目：基于行业视野下的近代机场建筑形制研究（51778615）。

侵华日军考虑到地区重要程度以及驻场部队的作战部署需求,按照建设规模标准和功能完整度将军用机场分为常驻飞行场、机动飞行场和着陆飞行场三类。其中常驻飞行场的跑道多为按"一主一副"铺设的两条交叉跑道或Ｖ形开口跑道,主跑道朝向常与当地主导风向保持一致,副跑道则以满足侧向风向为主。跑道端部多衔接有不同形状、数量不等的联络滑行道,其沿线分散布置有飞机库、飞机堡油料库以及弹药库等;机动飞行场多为单条跑道,同时部分修建有滑行道、飞机堡等;着陆飞行场则仅预留供飞机临时起降使用的大面积平整场地,基本不设置驻场士兵宿舍等其他设施。日军在某一区域布局建设军用机场群时,通常会涵盖所有不同类型的飞行场,并按照军用飞行场的分类标准修建油料库、弹药库、飞机堡、飞机库和营房等规模不等的军事航空设施。

(二)侵华日军在牡丹江—鸡西地区军用机场建设的总体特征

伪满洲国牡丹江省牡丹江和东安省鸡西地区地处中苏边境北段和东段的结合部,由南满洲铁道株式会社运营的牡图线、林密线和滨绥线贯穿其境,其地理区位关键且军事地位显要。侵华日军为继续控制东满地区和防范苏联,将牡丹江设置为关东军第一方面军(通称第五部队)的指挥中心,以东部边境沿线的东宁、虎头、绥芬河等军事要塞工程为重点防御前线,将机场群设置在军事要塞群后方腹地的牡丹江、鸡西地区的铁路沿线一带。其中鸡西沿林密线地区以东安机场群为主;牡丹江沿牡图线以南地区以宁安机场群为主;中东铁路滨绥线的牡绥段以穆棱机场群、绥芬河机场群和东宁机场群为主。日军在牡丹江—鸡西地区所布局的机场群多以常驻飞行场为核心,在其周边再修建辅助性的机动飞行场或着陆飞行场,所布设的飞行场基本上主跑道都是西南—东北朝向,辅跑道则为东南—西北朝向的(见表1)[1][2]。

表1 伪满洲国时期黑龙江牡丹江—鸡西地区的军用机场建设概况

机场名称	军用机场等级	是否民用	示意简图	机场建设规模及主要设施	机场遗存现状
牡丹江	机动	是		主跑道1400m×80m,副跑道1100m×80m;滑行道、诱导路、飞机堡、宿舍和飞机修理所	无
牡丹江海浪	常驻	是		主跑道1500m×160m,副跑道850m×130m;滑行道、诱导路、飞机堡、宿舍和飞机修理所	部分跑道、飞机堡、机库
团山子	常驻	否		主跑道1500m×80m,副跑道1700m×65m;滑行道、诱导路、飞机堡、宿舍和飞机修理所	无
温春	常驻	否		主跑道1500m×80m,副跑道1700m×80m;滑行道、诱导路、飞机堡、宿舍和飞机修理所	残损跑道和滑行道、机库
兰岗	常驻	否		跑道1500m×130m;滑行道、诱导路、宿舍和飞机修理所	机场营房建筑群
东京城	常驻	否		跑道1350m×80m;滑行道、诱导路、飞机堡、宿舍和飞机修理所	机库、营房

续表

机场名称	军用机场等级	是否民用	示意简图	机场建设规模及主要设施	机场遗存现状
西鸡西梁家街	机动	否		跑道 900m×65m;滑行道	无
平阳镇	机动	是		跑道 1400m×80m;滑行道、诱导路、飞机堡和宿舍	残损跑道
东安	常驻	是		主跑道 900m×80m,副跑道 1350m×95m;滑行道、诱导路、飞机堡和宿舍	残损跑道、油料库、弹药库
五道岗	机动	否		跑道 1500m×80m;滑行道、诱导路、飞机堡和宿舍	油料库、弹药库

（注：飞机修理所包括维修车间和维修机库等设施；"诱导路"指将机场跑道、滑行道与飞机堡及其他机场建筑相互连接的飞机滑行通道)[来源：作者根据日本亚洲历史资料中心馆藏档案"防卫省防卫研究所《满洲东南部飞行场概观 1951 年 1 月 24 日》(C16120513900)"等资料自行整理]

(三)满洲航空公司在牡丹江—鸡西地区的机场建设与运营

1932 年,伪满洲国、南满铁路股份公司和日本住友合资会社合资成立了满洲航空公司,为开通民航与军航相结合的伪满地区航线网络,也在牡丹江、鸡西一带军用机场设置航空站或建设民用机场。该地区的航线网络以伪东满总省省会牡丹江为中心,以绥芬河、半截河、东宁和东安等地机场为通航点,这些航线为军用和民用兼顾,既为日伪军政要员、商贾富人服务,也承担运送军事物资或军事人员往返于前线的虎头、东宁、绥芬河等要塞与后方腹地的牡丹江以及哈尔滨、"新京"(长春)等地,同时还担负航测森林资源及特殊的"治安"执勤等任务(见图 1)[3]。

图 1:满洲航空公司开辟的牡丹江—鸡西地区航线

二、解放战争时期东北老航校的机场建设和使用

(一)东北老航校的搬迁历程及其所使用的机场概况

抗日战争结束后，基于当时提出的"向北发展，向南防御"战略方针，为了尽快建立空军队伍，考虑伪满时期侵华日军在我国东北遗留有大批机场和航空器材，中共中央决定在东北地区设立用于培养航空人员的航空学校。以通化机场为基地，于1946年3月1日成立了"东北民主联军航空学校"（统称"东北老航校"）；同年5月第一次由通化搬迁到牡丹江，将牡丹江海浪机场作为航校基地，并修缮好机场跑道之后完成首次飞行训练；同年11月老航校第二次搬迁至东安机场，将其附近的汤原、千振、东安、五道岗等机场作为教学训练机场，后续又驻扎海浪机场和团山子机场进行了轰炸训练科目培训；1948年老航校第三次搬迁回牡丹江，结合牡丹江地区和东安地区的众多机场继续进行航空教学；次年最后一次搬迁至长春后，由于航校扩编，不仅原有训练机场照旧使用，还新增了依东、齐齐哈尔、公主岭等诸多机场，用于辅助战斗机作战部队的训练使用（见表2）[4]。1949年12月13日老航校停办后新组建"航空七校"，分别以哈尔滨马家沟、长春大房身和宽城子、锦州小岭子、沈阳北陵、济南张庄、北京南苑、牡丹江海浪等机场作为航空训练基地。

表2：东北老航校各时期使用机场表

起止时间	校部	使用机场	机场建筑现状遗存	保护等级	老航校纪念馆
1946年3月—1946年5月	通化市	通化	无	无	通化二中：东北民主联军航空学校陈列室
1946年5月—1946年11月	牡丹江市	主：海浪、通化辅：兰岗、温春、团山子	海浪：机库4座、飞机堡遗址5处、气象台和对空指挥塔台1座	全国重点文物保护单位	海浪机场：人民空军东北老航校旧址展陈中心
1946年11月—1948年3月	东安县	主：东安、海浪、通化辅：千振、五道岗、汤原、团山子、兰岗、温春	东安：飞机堡28处、油料库和弹药库16座五道岗：油料库和弹药库3座	黑龙江省级文物保护单位	密山：东北老航校纪念馆、东北老航校旧址
1948年3月—1949年3月	牡丹江市	主：东安、海浪、通化辅：依东、千振、五道岗、汤原、团山子、兰岗、温春	温春：机库2座、若干机场建筑东京城：机库3座、气象站1座和若干机场建筑	无	温春镇：人民空军摇篮纪念馆
1949年3月—1949年12月	长春市	主：齐齐哈尔、宽城子、马家沟、公主岭、东安、海浪、通化辅：大房身、依东、千振、五道岗、汤原、团山子、兰岗、温春	马家沟：机库3座、修理厂和宿舍各1栋、办公楼1座依东：飞机堡1座齐齐哈尔：机库1座	无	长春：东北老航校暨飞行训练基地历史纪念馆、航空馆

（二）东北老航校的机场建设历程及其建筑特征

除了对日作战时摧毁日军机场之外，1946年苏军在撤离东北时还将伪满时期修筑的大批飞行场设施予以炸毁，以致黑龙江地区可供东北老航校较完整使用的机场及其附属建筑设施的数量有限，且多数为被炸毁损坏后又经过翻修的残损建筑。例如创办之初在通化机场利用旧有设施成立了飞机修理厂,勉强收集到能够完成飞行训练或教学的旧飞机和器材等;初次迁移至海浪机场时,将牡丹江市公署办公大楼作为老航校校部,同时修理跑道、住房、教室等设施,改造空库房为各专业实习教室,利用日军遗留残破机库维修飞机;在东安机场时期,老航校则将火车站旁的原日军司令部作为主要校部,将日本人在东安建设的鱼类加工厂和冷藏库改造为飞机修理厂、机械厂和材料厂[5];航校移驻长春后,为了加快航校基础设施建设,自1949年4月起在沈阳、齐齐哈尔、牡丹江、长春、公主岭等机场陆续修建了指挥塔台和气象台,这是东北老航校首次大规模完成的机场建设工程。

三、牡丹江—鸡西地区的近现代机场建筑遗存研究

(一)东安机场建筑遗存

1946年11月,老航校迁至密山,校本部设在距东安机场西南向约5千米处的密山镇,主楼是由1938年始建的原东安北大营司令部改建而成[6],为一座东西朝向、矩形平面的二层建筑(今存密山市第四中学内)。

东安机场(也称密山镇北机场)是侵华日军1936年在鸡西市东安县(现密山县)以北约2公里处的新华村附近建造的军用机场,该机场占地广阔,总面积约280公顷。南北向的主跑道和西北—东南向副跑道相互交叉,并与南侧的联络滑行道整体构成三角形,其交叉处东侧设一指挥塔。机场南端两条弧形的诱导路分别与主、副跑道以及诱导路沿线的飞机堡、油料库和弹药库等相连。

目前东安机场遗址整体上相对完整,起降跑道尚遗留80余米遗迹;在主跑道西侧和南侧还有遗存有28座飞机堡,呈半圆形分布,飞机堡为钢筋混凝土浇筑的撮箕状飞机掩体,其四周设有通风口;弹药和油料库共遗存16座(见图2),与飞机堡形状相似,但规模较小,一般为三个一组分布布局,其顶部中央位置设有方形通风口。该遗址现已为密山市级文物保护单位。

图2 东安机场遗存油料库

(二)五道岗机场建筑遗存

位于密山市富源乡富强村的五道岗军用机场始建于1938年。1946年苏联红军撤离东北时对其进行了爆破损毁。1947年3月，老航校飞行教研队将该机场修复，并在此进行了两个多月的恢复性训练。现存的三座航空油料库与东安机场油料库的建筑形制相同，跑道、滑行道等已被复垦为旱田。该遗址被第三次全国文物普查公布为不可移动文物保护单位，也是密山市级文物保护单位。

(三)海浪机场建筑遗存

位于牡丹江市西安区机场路的海浪机场是1932年由日军修建的，该主基地机场设有"V"字形跑道。1946年4月老航校搬迁到海浪机场后进行了飞行教学训练；1949年11月"牡丹江航校"成立后，机场跑道进行多次改扩建。海浪机场现为军民合用机场，沥青道面的跑道长2600米，宽45米，水泥混凝土道面的平行滑行道长2600米，宽18米，另有3条民用垂直联络滑行道和多条军用垂直联络滑行道。

牡丹江东北老航校旧址位于海浪机场跑道以西，占地56万平方米，机场建筑遗存的数量众多、类别完整，遗址主要由1条跑道、1座指挥塔台、4座飞机机库和5座飞机堡所组成。其中现存4座圆拱形钢筋混凝土机库的建筑形制完全相同（见图3），均为东西向布局，沿滑行道并排而立，每座机库长35.5米、宽18.5米、高8米，可同时容纳教练机两架，正面机库大门为双扇对开式，机库后部设有小门及防吹坪，用于飞机发动机试车。现北侧两个机库已改建为"人民空军东北老航校旧址展陈中心"；机库西侧、跑道北侧遗存的五座机堡由西至东排成一排，每个机堡面阔26米、高4米，由钢筋混凝土整体浇筑而成，均被苏军在撤离时炸毁；紧邻5号机堡南侧尚遗存一座指挥塔台，由东北老航校于1949年5月始建，该砖混结构的塔台共4层，地下一层为宿舍，地上一层为办公用房，中央位置为上下两层的指挥塔亭，其八角形状的顶层全方位设置玻璃窗，便于目视指挥飞机起降，底层为方形的飞行指挥办公室。该塔台占地面积约432.86平方米，长36米，宽14.3米，高12米，是老航校当时同期建设的一批机场指挥塔台中唯一保留至今的塔台。目前国家文物局已拨款修缮此旧塔台（见图6），保留其原有的建筑形制和房间使用格局，以原真性地、完整性地展现出了老航校的历史文物价值、建筑艺术价值和社会文化价值。占地面积约0.2平方公里的牡丹江海浪机场"人民空军东北老航校旧址"已被列为第八批全国重点文物保护单位。

(a)机库外观　　　　　　　　　　　　　　　(b)机库内部

图3　牡丹江海浪机场遗存机库图

(a)修复前　　　　　　　　　　　　　　　(b)修复后

图4　牡丹江海浪机场修复前后的指挥塔台

（来源：人民空军东北老航校旧址展陈中心）

（四）温春机场建筑遗存

温春机场位于牡丹江市西安区烧锅村西侧，为1933年侵华日军所建。中华人民共和国成立后为一空军航校所属的教练机场，1969年后一度改为空军"温春五七干校"，现归驻海浪机场的后勤部队使用。温春机场现有两条东北—西南向、西北—东南向垂直交叉的跑道遗址，中央区域为机场营区，多条滑行道连接跑道和机场营区。该机场还遗留有相对完整的近代机场建筑群，包括钢结构机库与砖墙结构机库各一座，以及礼堂、叠伞室等，整个营区呈"北方南圆"的规整用地，建筑群总体上呈南北朝向的行列式分布，主要建筑沿布置两座机库间的主轴线对称排列，布局规整有序（见图5）。

(a)北侧机库外观　　　　　　　　　　(b)南侧机库外观

图6 牡丹江温春机场遗存的两座机库

(五)兰岗机场建筑遗存

日伪时期始建的兰岗机场位于牡丹江市宁安县(现宁安市)兰岗镇民和村南侧,解放战争期间曾作为东北老航校所属的教练机场,原有一条跑道和一条平行滑行道及机场建筑群。现场址已被重建为军用机场,重新开发工程占地面积8340亩。兰岗机场场址目前仅在老营区尚遗留部分近代机场建筑群。

四、东京城机场的近现代建筑遗存研究

(一)东京城的总体布局及其建设概况

近代的宁安东京城是牡丹江的南大门,日伪军、苏联红军及人民军队曾先后驻扎。1936年起,日军强行推行"归乡并村"和集团部落,使得东京城人口急剧增长。东京城布局是以牡图铁路线为轴线的组团式布局形式,主要分为旧市街(满人街、朝鲜人街)和新市街,其中新市街是以东京城站为核心、以日本人街为轴线的新城区。该新市街还包括陆军宿舍区、学校区、医院等六大功能区,功能区划分清晰,城市规划特色鲜明。1932年兴建的东京城机场位于新市街的北面(现东京城镇农贸一条街北侧),该常驻机场设有一条1350米长、80米宽的跑道,该跑道一端通过滑行道与机场营区相连,营区建筑包括飞机库、飞机修理厂、兵舍等,另一端连接滑行道,并与飞机堡、日本人街及铁路线衔接,便于铁路线运输飞机或相关军用器材[7]。中华人民共和国成立后在该机场曾设立过航校,1969年在航校基础上改成空军的"五七"干校,现仍有东京城机场维护队驻场。

(二)东京城的近现代建筑遗存现状

东京城机场至今有以现代机场建筑为主的众多近现代建筑遗存,机场专业建筑遗存包括两座大机库、一座小机库、航空气象台和降落伞室等;航校教学类建筑遗存包括小学校、低年级教室、高年级教室以及大礼堂、教学主楼等;生活类建筑遗存包括服务社、宿舍、

仓库等。东京城机场建筑群是保留最为完整、历史遗存最全的机场建筑群遗址。其中,教学类建筑与生活类建筑群的布局朝向与东京城的城市布局形式保持一致,为南北朝向;而机场专业建筑的布局则顺应跑道的方位平行或垂直设置,如两座大机库及其南侧的气象站布局朝向与跑道保持平行,另一座小机库朝向则与跑道方向垂直,为东西朝向。

五、牡丹江—鸡西地区机场建筑遗存的价值认定

牡丹江—鸡西地区现有的近代机场建筑遗存类型丰富、规模庞大且相对完好,其建筑遗存主要分三类:一类仅是机场场道遗址,遗存部分仅有破损跑道道面,且机场大致的轮廓、痕迹依然可见,如平阳机场等;二是机场建筑遗存,遗留建筑以飞机库、飞机堡、油库和弹药库以及营区建筑为主,如兰岗机场、五道岗机场等;三是机场及机场建筑群遗址,这类机场遗址遗存相对完整,既有机场跑道遗存,同时也遗存有日军军官宿舍、老航校校部楼、指挥塔台和气象台等诸多历史建筑,机场基本原貌、总体布局等也保留较为完整,如东京城机场、温春机场等。

牡丹江—鸡西地区近现代航空历史文化积淀丰厚,其机场建筑遗存既是日军侵华历史的实物证据,也是东北老航校艰辛建设历程的见证者,同时还是人民空军诞生的摇篮和我国"建军先建校"的航空学校起源地。另外,温春镇、东京城等机场也是空军"五七"干校的旧址所在地,承载了一代代的航空精神和航空人的情感,因此具有较高的历史文物价值和丰富的航空文化价值。该地区机场群在不同时期的建设标准、建筑类型具有共性,但在机场总体布局、建筑功能风格特性等方面又有其各自特征,所遗存的机场建筑是当时建设水平和建筑工程技术的真实反映,具有特定的科学艺术价值和建筑文化价值。最后,保留比较完整的机场建筑遗存可以重新改造再利用,如机库可改造为体育活动中心或航空文化展示中心,在既保存机库完整性和真实性的同时又挖掘其建筑功能价值,体现了机场建筑遗存的经济价值和再利用价值。

六、牡丹江—鸡西地区的机场建筑遗存保护策略

(一)结合东北老航校建筑遗存系列申报航空文化线路遗产

以"东北老航校"迁移路线为主线,串接密山市区域内东北老航校旧址、老航校纪念馆和航空公园;东安机场遗址、五道岗机场遗址和牡丹江市区域内海浪机场、温春机场、东京城机场的老航校旧址典型建筑遗存等,一方面结合东北老航校的系列建筑遗存进行全域性的整体管理与保护认定,另一方面在现有的密山、海浪、温春及长春等系列老航校纪念馆基础上,再相应规划建设一批老航校纪念馆,以此申报完整且具有特色的航空文化线路遗产,以实现日伪时期机场建筑遗存为主的黑色旅游和以东北老航校建筑遗存为主的红色旅游线路的结合,最终将东北老航校精神发扬光大[8]。

(二)对机场历史建筑遗存进行军民联合普查和考古挖掘

考虑牡丹江—鸡西地区的近现代机场建筑遗存缺乏系统而全面的整体保护方案，建议现阶段黑龙江省市文物保护部门与驻场部队应尽快联合开展对该地区内历史机场建筑遗存的田野调查，对现有的机场建筑遗存进行全面摸底和价值认定，并设立分类分级的历史建筑保护名册及电子文物档案。对尚未列为保护名单的机场历史建筑予以抢救性修缮和管理，以最大限度地保留其建筑原貌。对仅遗留机场遗迹的场址可实施机场考古挖掘，以勾勒出原有机场风貌和考证挖掘机场建筑文物。

(三)实施实现分类保护和活化利用结合

针对以机场场道为主的遗址、以机场建筑遗存为主的遗址以及以机场场道和机场群为主的遗址三类不同类型遗存分布现状，应采取不同的保护和再利用对策：对机场场址保留较为完整的机场可规划建设为予以整体保护为主、具有开放性公园性质的"机场遗址公园"，如东安机场遗址可整体规划为"东北老航校遗址公园"；对于机场建筑群较为完整的机场，如东京城机场的近现代建筑群可规划为特色航空文化历史街区或军事航空主题公园，实现以航空旅游为主的综合开发利用；对于仅有机场单体建筑遗存，可纳入省市级文物保护单位或历史建筑名录，予以挂牌保护和活化再利用。

七、结语

黑龙江牡丹江—鸡西地区近代机场遗址是我国现存最为完整的机场历史建筑群之一，具有显著的历史文物价值、建筑艺术价值和航空文化价值。这些近代机场建筑群既是侵华日军的历史罪证，也是东北老航校培育人民空军这一光辉历程的实物见证，如何系统而完整地予以保护和再利用已是其当务之急和重中之重！

参考文献：

[1] JACAR(アジア歴史資料センター)Ref.C16120514200、満洲東南部飛行場概観1951.1.24[B](防衛省防衛研究所).

[2] 欧阳杰.中国近代机场建设史1910—1949[M].北京：航空工业出版社,2008.

[3] 黑龙江省地方志编纂委员会.黑龙江省志·交通志[M].哈尔滨：黑龙江人民出版社,1997:879-880.

[4] 张开帙,王麦林.新中国航空事业的先驱——常乾坤[J].中国科技史料,1989(02):48-60.

[5] 张开帙.对东北老航校的一些回忆[J].航空史研究,1999(04):14-29.

[6] 密山县志编纂委员会.密山县志[M].北京：中国标准出版社,1993:732.

[7] JACAR(アジア歴史資料センター)Ref.C16120028900、中共地域資料概況第二回補修訂正留守業務部[B](防衛省防衛研究所).

[8] 刘威.近代东北建筑期刊与日本侵华史研究[J].中国出版,2018(20):66-68.

抗战内迁前后军工建筑设计研究
——以兵工署 50 工厂为例

吴杨杰
（同济大学建筑与城市规划学院）

一、研究背景

军工建筑，即关于发展军事国防工业的建筑物，其类型是由内部关键功能与工艺流程所决定。近代中国的武器装备门类较少，因此近代军工建筑一般指代具有自主生产能力的军械兵工厂，以及少部分的交通工具制造厂。经营创办的主体一般为清末的官办机构、国民政府兵工署、红军中央军委以及部分军阀。

近代史研究中，军工建筑议题以个案分析为主脉展开，研究时间从清末跨越至抗战时期，内容上聚焦于创办历史、生产状况、人物解读与后续影响，成果颇丰。历史研究仰赖于一手资料，随着重庆抗战历史档案资料的不断充实，近年以工业内迁为背景的军工企业专题性研究陆续完成[1-4]。基于全球化视野，罗永明以兵器技术史为背景，剖析德国对我国军工产业的影响[5]。建筑历史研究中，除了对兵工厂遗址的分析与设计改造之外[6-7]，部分学者借助设计图档回归空间层面，讨论近代早期兵工厂的布局规划[8]。既有研究为笔者缩小调查范围裨益良多，同时也为后续填补缺位的建设图纸档案、遗址现场探勘和切入设计研究提供了关键线索。

本研究聚焦内迁至重庆的兵工企业，重庆曾是抗战时期大后方工业的绝对中心，在支援前线作战中发挥着龙头作用。研究目标锁定兵工署50工厂（以下简称"50工厂"），其前身——浈江炮厂是广东近代史上的第一个现代化枪炮厂，其厂房设计与工艺流程完全依照德国规范建造，相关历史沿革研究已然全面，但因早期设计图纸的缺失，缺乏对厂区空间以及建筑本体的研究。50工厂起始于德国的技术支持，在战时搬迁至重庆由本土工程师重新设计建设。追根溯源，建筑设计易受外部因素制约，特殊历史阶段的建造体现出差异化的工业建筑技术标准，内迁前后的工厂设计具有对比研究的学术价值。

本文以个案的比较研究作为出发点，通过填补设计图纸档案在既有研究中的缺位，试图比较不同外部环境作用下，选址布局、建筑空间与立面风格三个层面的变化，管窥近代军工建筑在内生技术变迁作用下建筑形式与自身环境的相互调适过程。

二、内迁前的湛江炮厂

(一)前期筹建与选址

1928 年南京国民政府取得了全国形式上的统一,1929 年,陈济棠①在逐步获得对广东军权的控制后,开始推行自己的治粤方针,即"整军经武,改革政治,发展经济,阐扬文化"[9],随着《广东三年施政计划》的施行,广州在公共建设和工商业等领域都获得了短暂的繁荣与稳定。

随着蒋介石个人聘请德国军事专家为其整编部队和制定国防方案,大量的军火供应商和建筑承包商闻风而至,最后通过"精心"包装后的国际贸易中介公司来与远东进行交易,即合步楼公司(HAPRO)(见图 1)。公司的组建者汉斯·克兰(Hans Klein)在 20 世纪 30 年代初的中德关系中,扮演着非常微妙的角色[10]。克兰身为掮客,没有一官半职,却可以在德国高层办公室内出入自由,也曾受到 希特勒的召见。他于 1933 年初跟随塞克特(Seeckt)②来到中国后,多次在中央政府与地方军阀之间摇摆,四处兜售军火合同。

图 1 合步楼公司信纸抬头

国内武器装配大部分偏重于轻型武器,工厂也只能生产枪支弹药,而炮弹作为现代战争的大规模杀伤武器,其中的德国的克虏伯大炮更是声名远扬。伴随着广西政府与克兰关于建立生产炮弹厂的计划夭折,慕名已久的广东政府向德国抛去了橄榄枝。1933 年初,克兰与陈济棠会面,双方决定跳出中央政府管辖,两广政府独立协作建造新式兵工厂,7 月双方签订《中德交换货品合约》(见表 1):

---

① 陈济棠(1890 年 2 月 12 日—1954 年 11 月 3 日),字伯南,广东防城人,粤系军阀代表人物,长时间主政广东,政治上与南京中央政府分庭抗礼,在经济 、文化和市政建设方面则颇多建树,有"南天王"之称。

② 汉斯·冯·塞克特(1866 年 4 月 22 日—1936 年 12 月 27 日),德国军事家。第一次世界大战期间任德国陆军参谋总长。1933 年 5 月来华访问,提出《陆军改革建议书》,引起蒋介石注意。次年再次来华,受聘为蒋介石政府的军事总顾问。

买方委托克兰,与1933年7月20日由买方指定在潖江口南部之地段,建筑下列之工厂,并须设备妥当,至能制造出品[11]。

表1 潖江炮厂项目造价表

项目名	造价(港币)	备注
炮厂	185万元	每月生产:9门重7.5cm步兵榴弹炮 9门7.5cm野战炮 5门10.5cm轻便野战榴弹炮
炮弹、信管及火药桶厂	107.5万元	每月生产:12500个
毒气厂	49万元	盐酸厂、毒气分解设备、自动装气弹设备
防毒面具厂	6.5万元	
以上总计	348万元	
安装费、运费、保险费、建筑费、工厂修理费	170万元	
特别用费	51.8万元	
退回特别用费	−20.72万元	
所有费用总计	549.08万元	

表格来源: 重庆市档案馆
档案号: 01860002006500000001

合同约定,厂址用地需由买方整理安置,关键工艺生产厂房的建设由克兰代为设计管理和监督,非制造用的房屋,例如办公厅与职工宿舍则由买方承建[12]。按照合同条款约定的建厂位置,由原汉阳兵工厂厂长邓演存担任筹建主任,同德国工程师一同前往清远县城东北的潖江口勘察选址。

潖江口位于清远县城东北面18千米,位于珠三角平原的北部边缘地带,紧靠广州城区,因距离海岸线和周边相邻省份较远,具有较好的防御缓冲距离。同时江口交汇处的企胡塘,消隐在三面环山的树林中,拥有极佳的隐蔽性。未来陆运将向西南方架设支线铁路,即可与粤汉铁路相连,通达南北。选址不久便获得陈济棠的批准,随即开始进行征地和建厂事宜。

(二)规划建设布局

工程进度安排中,方案与施工图设计提前进行,而后的征地计划跟随拟建设范围进行调整。根据1933年12月签订的《潖江口各兵工厂建筑承建合约》显示,同济大学土木工程科毕业的中方工程师郭秉琦与德籍合伙人施永利(Schwemmel)承接了克兰的工程发包,完成方案后交由广州永隆建筑公司承建,监督工作则是由德国工程师负责。

早期划定的建设用地不敷应用,因此广东政府就近征地扩容。征用的土地跟随山体形态,分为南北两处,共计2300亩。靠近潖江的一侧面积为800余亩,"北至企胡塘,南至龟窟,西至佛子岭山顶,东至青菜园山脚";南面地块"北至龟窟,南至龙门坑,东至果园村,西至黄茅窟山脚",面积约为1500亩。土地征用计划中附有勘察情况,地块内部为"荒山约为十分之八，农田约为十分之二"的伴山坡地[13]。

　　建筑师的工厂规划设计受制于工厂山地约束，因此将主要的窄轨铁路和运输公路设计为曲线，伴随山地轮廓线形成半圆形的空间结构，厂房依照占地面积大小分置在交通环道东西两侧。合同中对各功能单元进行了规定，即生产区和服务区。南北两侧分布医院与职工宿舍，兵工厂生产区位于中部，其中德籍员工宿舍用房设置在最北端，与周边保持较大的间距。生产区由于工序要求，炮弹厂和炮厂关键厂房分置在两端，内部建筑布局严格按照工艺流程排列，从北向南依次为制炮—锻压—引信安装—炮弹成品制作，最后向南经铁路外运出厂。动力工厂、业务办公室与急救医院在满足最小相邻间距的情况下，设置在厂区中部，便于电力供应和人员联络。

（三）厂房设计风格

　　工程进度推进迅速，建设如此高标准和高规格的兵工厂自然是受到了特殊关注。1934年9月，中统特务出身的吴醒亚向蒋介石密报：

> 确息粤陈与德官商方面订约在粤之湛江口，设立较大规模之兵器厂，另一部分可造炮机，筹备经过近一年，粤前次所发行之公债，尽用于此，现将就绪，正闻始输运机器，其图谋之大，速防之[14]。

　　1935年11月25日的即将建成之际，厂房正式定名为广东第二兵器制造厂，完成产品试制，对外开始生产供货。完全不同于以往的双坡屋面单层厂房，湛江炮厂采用的是基于超大空间尺度的现代主义工业建筑风格。即使管理过汉阳兵工厂的邓演存，也不由发出"在当时的中国来说也是罕见"的赞誉[15]。

　　以生产区最大的单体建筑——炮厂为例，主体厂房南北向长度为83.32米，东西向宽度为65.63米，内部加设隔墙划分出两处独立的生产空间，两端分设建筑出入口（见图1）。平面布置力求节约造价，建筑师将大跨度空间支撑柱南北向纵列，且保持3.81米的柱跨间距。生产空间的尺度调整在东西向开间中完成，最大跨度为18.85米。外观风格处理上简洁明快，突出于外部墙体的承重柱，将立面均匀分割成若干规整的立面单元，每一个单元内部开设有3扇外窗，依次排开形成强烈的横向秩序感。跨中顶部开设三角形钢制天窗，突破第五立面的界面束缚，结合局部倾斜的屋面，增加平屋面厂房的立面层次感（见图2、3）。

　　炮弹厂的平面布置较前者出现了局部调整，轴线尺寸上进行了微缩，纵向柱跨缩减至3.54米。适应内部多功能空间的需要，厂房东西两侧添加室内隔断，划分出不同大小的辅助用房，内部再分隔五处相同尺度的生产空间。立面风格在原有炮厂基础上进行多样化处理，分割单元中增设上下两道开窗，增加厂房沿街可视立面的通透性（见图4、5）。

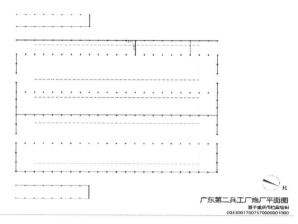

图1 炮厂平面图
图片来源：基于重庆市档案馆改绘

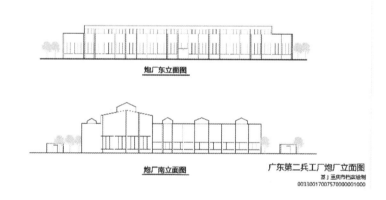

图2 炮厂立面图
图片来源：基于重庆市档案馆改绘

图3 湛江炮厂施工现场照片
图片来源：《大众画报》1935 年第 15 期

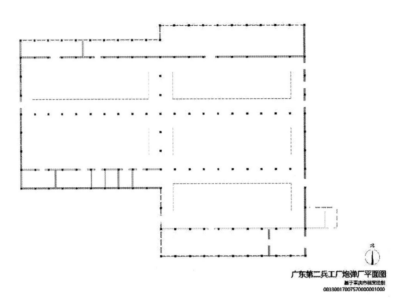

图4 炮弹厂平面图
图片来源：基于重庆市档案馆改绘

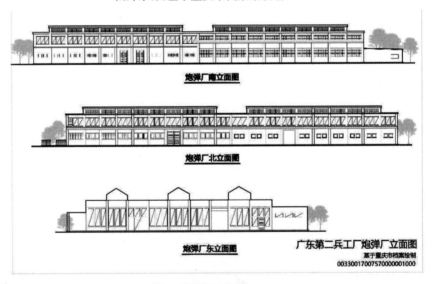

图5 炮弹厂立面图
图片来源：基于重庆市档案馆改绘

1936年7月，蒋介石在两广事变后逐步获得了对广东省的控制权，潖江炮厂同时也移交至中央军工管理机构兵工署管辖，遂改名广东第二兵器制造厂，改换由德国柏林工业大学毕业的江杓担任厂长。1937年抗战伊始，8月中旬工厂受到日本海军航空队的重点关照，完全暴露在危险之中。幸运的是，虽然初期遭受轰炸，由于采用的高标准钢筋混凝土结构，所幸并无重大损失，但迁厂势在必行。

三、内迁后的50工厂

（一）内迁工厂的选址

1937年7月27日，全面抗战爆发20天后，蒋介石电令军政部兵工署旗下兵工厂开始按计划进行撤退疏散的工作。1937年9月，广东第二兵器制造厂开始启动迁厂工作，年底先后派员前往云南、广西和湖南三省勘察新厂，初步选定湘西辰溪县作为新厂筹设地区。1938年2月，因保密起见，第二兵工厂再次改名为50工厂，代号"务实林场"[16]。1938年3月，兵工署部署各地工厂向后方重庆迁移，并规定"迁渝各厂均勘定在扬子、嘉陵两岸，关于厂房建筑，究嫌有困集之弊，仍应力求疏散"[17]。

实际上兵工署给出的意见是出于对各军工产业集中发展与空间联动的考虑，对于厂房建设用地的细节并未给出明确意见。战时工厂选址需要以运输便捷和安全隐蔽作为先决条件，其次是满足地形地势和周边配套功能的要求。依照厂长江杓的选址原则，于4月5日选定距离重庆主城区长江下游18公里的郭家沱作为迁建终点。

"沱"为江岸内凹形成的水湾，因河岸面扩大水流减缓而成为天然码头。郭家沱周边地貌形态丰富，铜锣峡的山地与大溪沟的河谷平地在此交汇，既能满足平地建厂的常规需求，又能在附近开挖防空山洞，保护关键机械设备。港江炮厂完成土地征收后，开始陆续将器材拆卸，经粤汉铁路和长江水道运抵至重庆。首批迁建人员达到后，即开始设计厂房，为后续转移人员设备赶造生产生活建筑。

（二）防空下的厂房建设

依靠船舶运输优势，50工厂开始在郭家沱两岸陆续建设厂区。办公厅与存储库房靠近码头设置，普通的大面积厂房与此紧邻，大面积的山洞厂房布置在西北角的铜锣峡，配套生活住宅区则位于北岸南部的落旗寺和南岸的大兴场[18]。

50工厂的厂房建设首先由内部组织营造计划，再向重庆各大小营造厂发包建设工程，项目名称全部以代号命名，其中技术负责人为毕业于同济大学土木科的麦蕴瑜。50工厂力图短期复工快速建造，同时尽量减小空袭带来的损失，因此将暴露在外的厂房建筑设计标准降低，以传统川渝木构民居的建造技艺来建设厂房。

在建筑材料极具缺乏的情况下，室外的厂房主要依靠当地开伐的木材作为主要结构支撑材料。以85号工程厂房为例，建筑整体采用双坡屋面，平面采用3.5米×4米的柱网单元，整体建筑高度为6.4米，屋面与屋身的高度比为3:5。内部无柱空间由杉木拼接而成的木桁架支撑而成，空间净高为3.2米。墙身整体采用青砖，其接近与檐口区域安装0.5米高的百叶高窗，增强空气流动。建筑基底部分，室内地面采用三合土地面，底部条石基础承托杉木柱。防止屋面排水对檐下土壤表面和埋深地基浸湿过多，从而引发的不规则沉降，建筑四周将无组织散水改换成预制混凝土明沟，快速排出场地内积水。

现今铜锣峡还完整保留有 13 座生产山洞,洞穴内部相互通达。关键的武器加工制造在山洞厂区中进行,特别设置在距离码头 1 千米左右的山脚下。工程师并未直接沿路开挖山洞,而是首先对山体外轮廓进行大范围修整,目的通过大面积退台处理将入口平台抬高,地势自然形成视线遮挡。此后移去土石平整场地后形成主要的货物集散广场,再开凿山洞移入设备。钢筋混凝土成为支撑结构中必不可少的材料,内部拱形对称的梁柱构件,限定了在内外界面的入口大小,结合孔洞间隔处的简易线脚装饰,形成一排齐整壮观的山洞工厂。

四、结语

以 50 工厂作为研究对象,其工业建筑在抗战前后的两个研究时间内,其设计与建造出现了完全不一样的技术倾向 : 在战前,以现代主义风格为主导的大空间工业建筑,以及在战时,以节约材料和快速建造为诉求的临时生产空间。

本文认为,上述设计倾向的前后迥异,是源自建筑师对不同时间背景下影响工厂建造因素的综合考量。在战乱的 1931—1945 年,军工建筑设计首先考虑安全与隐蔽,其次才是建筑造价、建筑材料、空间尺度、结构选型与室内环境等因素。1935 年的湛江炮厂,以追求完美的工业生产空间为目标,不顾建筑造价和建筑材料的短缺,形成了具有"包豪斯"特征的现代厂房建筑。与此相反,1941 年的 50 兵工厂,传统木构临时厂房是回应了极低造价的严苛限制,另一侧的山洞厂房则是以生产安全为第一要点。

西南后方的军工建筑对于研究中国战时工业建筑技术史研究,具有典型代表性和研究价值。从研究对象数量上来看,重庆作为战时工业中心,50 工厂只是两江四岸上工厂中的"沧海一粟";从研究可行性上考量,虽然抗战已过近 80 年,工厂遗迹大量消失,但现有重庆市档案馆还保留众多清晰工程图档,为后续研究提供助力;从研究问题上思考,战时工业建筑从现代风格向传统地域风格转变中,其设计过程中是否存在趋同的平面、材料、结构与构造? 50 工厂的研究,为后续扩大研究范围,剖析技术细节奠定了前期基础和宝贵经验。

参考文献:

[1] 西南大学 2011 年成立重庆中国抗战大后方研究中心后,不断收集编著历史档案史料,整理出版大量的抗战工业史料,并完成了多项研究,其中包括:张欣.国民政府兵工署第二十四工厂研究[D].重庆:西南大学,2020.

[2] 郝元青.国民政府兵工署第五十工厂研究(1935–1945)[D].重庆:西南大学,2020.

[3] 刘丹.全面抗战时期重庆地区兵工厂工人生活研究[D].重庆:西南大学,2019.

[4] 杨向昆.战时体制下兵工企业的秩序与影响[D].重庆:西南大学,2016.

[5] 罗永明.德国对南京国民政府前期兵工事业的影响(1928—1938)[D].安徽:中国科学技术大学,

2010.

［6］邵传奇.乡镇旧建筑更新改造的本土性设计策略［D］.苏州：苏州科技大学,2019.

［7］韩玲,钟超男,陈霞.城区抗战遗址景区交通组织规划研究——以重庆汉阳兵工厂（抗战生产洞）遗址为例［J］.交通 科技与经济,2015,/17(03)：23-27.

［8］赖世贤,彭月,徐苏斌.中国近代早期工厂布局规划及选址建设［J］.新建筑,2021(02)：110-115.

［9］程继隆.落暮：国民党高官的最后岁月［M］.北京：团结出版社,2014.

［10］吴景平.汉斯·克兰与抗战前的中德关系［J］.近代史研究,1992(06)：175-195.

［11］重庆市档案馆.中德交换货品合约》［Z］档案号：01860002006500000001.

［12］中国人民政治协商会议广东省委员会文史资料研究委员会编.广东文史资料：第9辑［M］.广州：广东人民出版社,1963.06.

［13］重庆市档案馆.潜江征收土地计划［Z］.档案号：01860004002820100001.

［14］台北"国史馆"［Z］.全宗名：002.档案号：00208020000181027.

［15］中国人民政治协商会议广东省委员会文史资料研究委员会.广东文史资料：第9辑［M］.广州：广东人民出版社,1963：174.

［16］《中国近代兵器工业档案史料》编委会.中国近代兵器工业档案史料3［M］.北京：兵器工业出版社,1993.

［17］重庆市档案馆.［Z］.档案号：01750001013800000077.

［18］《中国近代兵器工业档案史料》编委会.中国近代兵器工业档案史料3［M］.北京：兵器工业出版社,1993.

试论汉冶萍地区红色工业遗产的特点

1. 刘金林　2. 聂亚珍　3. 顾云杰

（1.2.3.湖北师范大学资源枯竭城市转型与发展研究中心）

汉冶萍地区包括武汉、黄石、萍乡、重庆、上海等城市，核心在武汉、黄石、萍乡。汉冶萍地区是中国近代早期工人运动中心、抗战时期工业内迁中心、中华人民共和国成立初期国家建设的重点地区，分布着大量的红色工业遗产。

以黄石为例，黄石市区到处都是汉冶萍公司的历史遗址、遗迹，有汉冶萍铁路、港口、车站、矿山、钢铁厂、电厂等，黄石市就像是一座大型的汉冶萍历史博物馆。从1890年在黄石创办大冶铁矿，到1948年黄石的华中钢铁公司全面接收汉冶萍公司的过程中，中华人民共和国初期华中钢铁公司扩建与发展的过程中，以及黄石地区其他大型厂矿在其发展过程中，都保存有大量的红色工业遗产。

一、分布的广泛性

黄石地区红色工业遗产分布广泛，特别是近代红色工业遗产非常丰富，如近代工业初创时期有汉冶萍铁路和码头、下陆车站、华记水泥厂码头、华记水泥厂办公楼（贺龙二十军军部旧址）等；近代工业发展时期有油铺湾旧址（林育英在黄石创建共产党，宣传革命遗址）、汉冶萍煤铁厂矿旧址（中共黄石港地委所在地）、源华煤矿旧址（源华煤矿工人罢工所在地）、下陆大冶铁矿工人俱乐部（下陆大罢工所在地）、利华煤矿旧址（利华煤矿工人罢工所在地）等；抗战时期有卸矿机码头（日本掠夺铁矿资源修建的码头）、公安路立交桥等；近代工业晚期有华中钢铁公司办公楼、华新水泥厂旧址、华新宿舍楼、大冶电厂旧址等。新中国成立初期有第二钢都工业遗产、大冶有色苏式建筑群等。

萍乡地区红色工业遗产主要分布在安源区，有总平巷、安源路矿工人大罢工谈判处旧址、安源路矿工人俱乐部旧址、安源毛泽东旧居、安源路矿工人消费合作社旧址、株萍铁路、秋收起义安源军事会议会址、安源工农兵政府旧址等。

武汉地区红色工业遗产主要有汉阳铁厂矿砂码头旧址、京汉铁路总工会旧址、江岸火车站、江岸车辆厂、大智门火车站、武钢青山红房子、汉钢转炉车间旧址、武汉重型机床厂、武汉锅炉厂、武汉长江大桥等。

重庆地区红色工业遗产主要有钢铁厂迁建委员会生产车间旧址、8000匹马力蒸汽机等西迁设备以及兵工署第一工厂(汉阳兵工厂)旧址等。

二、地位的重要性

汉冶萍地区是中国近代早期工人大罢工最早取得完全胜利的地区,抗战时期被誉为"敦刻尔克大撤退",成功完成重工业西迁的地区、中华人民共和国成立初期国家重点建设的重工业基地。汉冶萍地区红色工业遗产具有重要的历史地位。

汉冶萍煤铁厂矿旧址不仅是中国近代最重要的支柱产业——钢铁工业最悠久的工业遗产,也是亚洲最早最大的钢铁联合企业的工业遗产,还是黄石地区中国共产党最高机关中共黄石港地委及工会最高机构大冶总工会所在地。汉冶萍地区红色工业遗产充分体现了这一地区是中国近代工人运动的摇篮,安源路矿工人大罢工、京汉铁路工人大罢工以及下陆大罢工影响全国。汉冶萍重工业西迁促进了我国西部工业的发展,成为中国抗战胜利的物质基础。新中国第二钢都的兴建,使武汉、黄石地区成为当时中国的重工业基地。

汉冶萍地区以近代重工业遗产为核心,在行业分布以及重要地位方面,即工业部门齐全的系统性、重大历史影响的代表性方面,居全国前列,在世界上也占有重要地位。清末民初,汉冶萍地区是中国拥有钢铁、水泥、煤炭、有色金属、电力、机械等重工业部门齐全的重工业基地。中华人民共和国成立后,重工业地位进一步增强。

三、集中的成片性

汉冶萍地区红色工业遗产,特别是近代工业遗产地理位置分布非常集中,主要分布在黄石城区、安源区、汉阳区、青山区等,成片排列。

萍乡地区红色工业遗产主要分布在安源区。黄石中心城区的黄石港区、西塞山(原石灰窑)区长江沿岸分布着汉冶萍公司大冶钢铁厂、华记湖北水泥厂、大冶水泥厂(华新水泥厂)、大冶电厂(黄石电厂)、源华煤矿、利华煤矿(黄石工矿集团公司)以及汉冶萍铁路、各厂矿码头建筑群等重大工业遗产,这些绝大多数是近代工人运动、工业西迁、抗日救亡运动以及护厂运动等方面的红色工业遗产。汉冶萍地区红色工业遗产集中分布程度之高,居全国前列。

四、表现的线型性

汉冶萍地区红色工业遗产的主要表现形式为线型性工业遗产。这些遗产主要分布在铁路沿线,如黄石大型工业遗产片区汉冶萍煤铁厂矿旧址、华新水泥厂旧址、大冶有色工业遗产片区、大冶铁矿工业遗产片区等,通过汉冶萍铁路连接,总体上呈现线型性工业遗产的特征。此外,武汉的京广铁路、萍乡的株萍铁路沿线分布着大量红色工业遗产。安源路矿工人大罢工就包括株萍铁路工人大罢工。大冶铁矿工人大罢工,即大冶铁矿下陆机修厂工人大罢工就是通过汉冶萍铁路,将近代黄石五大厂矿工人紧密联系在一起,最终取得罢工胜利。此外,长江航线、高空索道线路也呈现线型性工业遗产的特征。抗战时期著名音乐家冼星海率领武汉大学歌咏队乘坐汉冶萍公司轮船、汉冶萍铁路火车、利华煤矿高空索道到工人、矿工、群众中开展抗日救亡宣传活动[2]。

五、历史的延续性

汉冶萍地区红色工业遗产延续不断,拥有领先亚洲的近代工业,是钢铁摇篮、水泥故乡和煤炭摇篮。汉冶萍公司是亚洲钢铁工业的摇篮,也是工人运动的摇篮。华记水泥厂是近代工人阶级独立管理过的企业。萍乡煤矿成为南方最大的煤矿,成为近代工人运动中心。近代工业在西迁过程中,将民族工业延续到中国西部,促进了中国近代民族重工业的发展。

领先中国的现代工业——工业特区、重工业基地,1949年中华人民共和国第一工业"特区"——大冶工矿特区建立,1950年黄石市建立,汉冶萍公司延续成为华中钢铁公司,国家以此为基础筹建第二钢都,华新水泥厂成为远东第一水泥厂,黄石电厂成为中南第一电厂。当时在武汉兴建了武汉钢铁公司、武汉重型机床厂、武汉锅炉厂等重点企业,大冶特钢、武钢成为百年钢铁企业汉冶萍公司及华中钢铁公司的历史延续。20世纪50年代,武黄地区成为内地最大的重工业基地。

六、档案的丰富性

汉冶萍地区不仅近现代工业遗产在全国罕见,工业档案遗产丰富,特别是属于国家稀缺的近代早期重工业档案数量多、价值高、影响大,其中有反映工人运动、工厂西迁、新中国工业兴建的大量红色工业档案。主要包括湖北省档案馆、黄石市档案馆以及各厂矿企业档案馆、汉冶萍公司及国民政府资源委员会华中钢铁有限公司档案、新中国兴建第二钢铁工业基地档案以及华新水泥股份有限公司,源华煤矿股份有限公司、利华煤矿股份有限公司、大冶电厂等厂矿档案。此外,重庆市档案馆、重钢档案馆有汉冶萍公司西迁重庆的大量工业档案。萍乡地区还有萍乡煤矿及安源路矿工人运动的红色工业档案。

七、名人的代表性

工业名人资源是汉冶萍地区红色工业遗产的一个重要组成部分。汉冶萍地区有安源路矿工人大罢工领导人毛泽东、刘少奇、李立三等,黄石工人运动领导人林育英等,武汉工人运动领导人林祥谦、施洋等。重工业西迁的专业人才有水泥大王王涛,钢铁专家吴健、严恩棫、黄金涛、翁德銮等。还有中国的"保尔·柯察金"——吴运铎等。国家领导人也钟情于这片热土,特别是毛泽东主席两次视察黄石工矿企业,这在全国钢铁工业企业中是唯一的,影响深远。为了纪念毛主席对工业基地的重视,从20世纪60年代开始,黄石工矿企业制作了六座大型的毛主席塑像,已成为黄石工业遗产的一大亮丽的景观[3]。

八、传播的全国性

汉冶萍总工会由安源路矿工人俱乐部、汉阳铁厂工会、汉冶萍轮驳工会、大冶铁矿工人俱乐部和大冶钢铁厂工人俱乐部五大工团组成,是第二次全国劳动大会发起工会,是中国劳动组合书记部的工作重点。大冶五大工团大冶铁矿、大冶钢铁厂、富源煤矿、富华煤矿、华记水泥厂等工会成立总工会,动员工人参加贺龙二十军,参加南昌起义,安源路矿工人参加秋收起义,建立井冈山根据地,革命火种燃遍全国。抗日战争时期,汉冶萍地区厂矿西迁,保存了中国民族工业的根基。

汉冶萍红色文化与工业文明的传播对于长江中游城市群及长江经济带的发展具有重要的现实意义。以汉冶萍红色工业遗产为中心形成一条全国性的红色文化传播旅游线路。这是一条红色革命火种传播之路、西迁工业精神传承之路、民族工业文明振兴之路。从上海—武汉—黄石—南昌—萍乡—长沙—重庆,由历史上的长江之路、铁路线路转变为现代的高铁旅游线路。这条红色文化线路连接着众多红色革命博物馆及工业遗产博物馆群。如上海汉冶萍公司总部旧址、中国劳动组合书记部旧址陈列馆、武汉革命博物馆、京汉铁路总工会旧址陈列馆、武汉二七纪念馆、张之洞与武汉博物馆、武钢博物馆、黄石工人运动史展览馆、汉冶萍煤铁厂矿博物馆、湖北水泥遗址博物馆、大冶铁矿博物馆、南昌八一起义纪念馆、安源路矿工人运动纪念馆、萍乡秋收起义广场、长沙秋收起义文家市会师纪念馆以及重庆工业博物馆、重庆兵工署第一工厂旧址博物馆等。

参考文献:

[1] 刘金林.永不沉没的汉冶萍 探寻黄石工业遗产[M].武汉:武汉出版社,2012.

[2] 刘金林. 汉冶萍公司与近代长江经济带的初步形成—— 以大冶重工业基地的创建为中心[J]. 湖北理工学院学报(人文社会科学版),2014(5).

[3] 刘金林,聂亚珍,陆文娟.资源枯竭城市工业遗产研究—— 以黄石矿冶工业遗产研 究为中心的地方文化学科体系的构建[M].北京:光明日报出版社,2014.

工业遗产系统保护与利用的思考*
——基于江苏省13市99个工业遗产调研的总结

王　波

（南京邮电大学；南京中智文化创意研究院）

工业遗产是工业文明的遗存，见证了城市工业文明的发展历程，是城市的历史文脉，是人类宝贵的资源和财富。加强工业遗产的保护、管理和利用，对于传承人类先进文化，保持和彰显一个城市的文化底蕴和特色，推动地区经济社会可持续发展，具有十分重要的意义。

20世纪60年代，英国的工业考古运动引发世界各地对工业建筑、工业机器等工业遗产的重视并纷纷呼吁保护工业遗产。我国工业遗产保护利用的实践较早起源于对工业建筑的保护利用。2006年5月12日，国家文物局发布《关于加强工业遗产保护的通知》，标志着国家层面对工业遗产保护的重视。2018年以来，工业和信息化部先后印发《国家工业遗产管理暂行办法》《推动老工业城市工业遗产保护利用实施方案》，积极推动各省、市相关部门组织开展工业遗产保护利用工作。

江苏是工业大省，是中国近代民族工商业的摇篮，在近代工商业发展史上占有重要的地位。长期的历史积淀，特定的沿江、沿大运河的地理人文环境，孕育了江苏的近现代民族工业，留下了丰富的工业遗产。江苏省也是最早自发进行工业遗产保护利用的地区，并诞生了许多相对成熟的模式，如博物馆模式、文化创意园模式、工业遗产旅游模式等。本文以2020年江苏省首届工业遗产调研数据为基础，总结分析江苏省工业遗产的特点和保护利用情况，提出工业遗产系统保护与利用的建议。

一、江苏省工业遗产基本概况

本次调研涵盖了江苏省13个设区市共99处工业遗产，其中9处已入选为国家工业遗产。调研的工业遗产规模大小不一、风格迥异，各具特色，具有一定的代表性。

---

* 本文系2020年江苏省工业和信息化厅委托项目《江苏省工业遗产地图（2020）》阶段性研究成果。

（一）被调研工业遗产的基本特点

从被调研工业遗产的分布情况来看,首次调研的99处工业遗产中,南京18处、无锡13处、徐州11处、常州13处、苏州8处、南通6处、连云港4处、淮安4处、盐城2处、扬州9处、镇江5处、泰州2处、宿迁4处(见图1)。从地域分布来看,江苏省工业遗产主要集中于苏南地区,共有57处。从地理位置来看,则主要集中于长江及大运河文化带沿岸,共有85处,数量丰富。

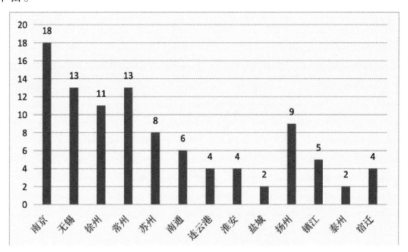

图1 被调研工业遗产的城市分布
（来源：2020年江苏省首届工业遗产调研数据）

从被调研工业遗产的主体建成年代来看,大体可以分为晚清及以前(1910年及以前)、民国及中华人民共和国成立前后(1910—1949年)、中华人民共和国成立初期(1950—1969年)、改革开放前后(1970年以后)四个阶段。其中中华人民共和国成立初期遗产占比最多,占所调研总量的37.37%,其次为改革开放前后,占24.24%(见图2)。

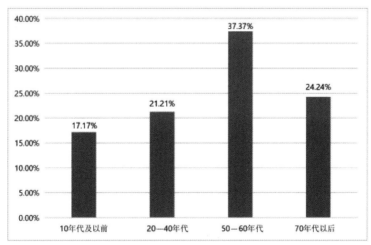

图2 被调研工业遗产的主体建成年代
（来源：2020年江苏省首届工业遗产调研数据）

从被调研遗产的类型来看,江苏省工业遗产种类繁多,涉及20多个门类,其中纺织印染类18处、机械制造类11处、食品加工类9处。如南京永利铔厂生产了中国第一包"肥田粉",号称"远东第一大厂";南通大生纱厂则是由中国近代著名实业家、教育家张謇于1895年创建,是近代爱国者艰难探索"实业救国"道路的一个历史缩影;还有窖龄600余年始建于明朝洪武年间的洋河老窖池群等。

从被调研工业遗产的核心物项来看,车间、作坊、矿场、仓库、码头桥梁道路等生产储运设施、与之相关的附属生活服务设施及其他构筑物等保留数量较多,且相对完好,并具有跨年代的特点。如始建于1865年的金陵机器局(现为1865创意产业园),其旧址内有9栋清代建筑、23栋民国建筑,以及20世纪50年代至70年代的多栋近现代建筑。苏州第二制药厂(现为姑苏69阁文化创意产业园)现存43栋20世纪50年代至70年代的极具特色的近现代建筑。常州恒源畅厂(原常州第五毛纺织厂,现为常州运河五号创意街区)现存多栋20世纪30年代至70年代的具有纺织企业特色及江南民居风格的建筑。与保留数量较多的各类工业建筑相比,机器设备、生产工具、办公用具、生活用具、历史档案、商标徽章及文献、手稿、影像录音、图书资料等保存数量较少,绝大部分调研的工业遗产项目因历史变迁等诸多原因,老旧设备、档案资料等大多已丢失或遗弃。

(二)被调研工业遗产的保护利用情况

江苏省工业遗产首次调研的99处工业遗产,按照其保存现状可以分为正常使用、保护利用以及闲置三大类型,分别为18处、64处和17处,分别占被调研总量的18.18%、64.65%、17.17%(见图3)。

图3 被调研工业遗产的保存现状
(来源:2020年江苏省首届工业遗产调研数据)

　　工业遗产的保护利用实践证明,仅仅保存是不够的,还需要不断挖掘工业遗址的资源,找到工业遗址的新的用途,并用创新的管理手段使它们产生必要的资源,从而确保其可持续性[1]。此次调研数据分析来看,江苏省对遗产进行保护利用的方式主要有建设为文创园、博物馆及展览馆,开辟工业遗产旅游,建成遗址公园,综合开发,出租等形式,其中将工业遗产建设为文创园的有27处(含正在开发中的项目),占调研总量的27.27%;适应性改造为博物馆及展览的占13.13%;利用工业遗产重点发展工业旅游的(含正在开发中的项目)占7.07%;进行综合开发的(含正在开发中的项目)占6.06%,建成为遗址公园的占4.04%,而以出租为主要利用方向的,包含部分出租、部分使用及部分闲置等情况,占7.07%(见图4)。

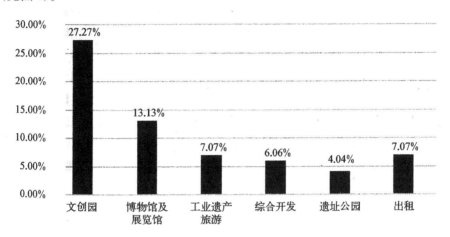

图4　被调研工业遗产的保护利用方式
(来源:2020年江苏省首届工业遗产调研数据)

　　实际上,工业遗产保护利用的方式并不是单一模式,多数遗产项目集文创园、主题博物馆或展览馆、遗产旅游等多种保护利用方式共存。通过活化利用,许多工业遗产项目成为城市的重要文化地标。如南通颐生酒业有限公司把老厂区工业遗存打造成集参观游览、体验消费为一体的文博园,其中清末的酒仓库建设为秘方馆,民国时期的老礼堂建设为颐生酒博物馆,建于70年代的老米酒酿造车间被打造为体验馆。而南京钟山手表厂旧址则建成为南京十朝历史文化园,现有展览区、文化经营区、商务办公区、户外景观区4个功能区域。此外江苏浒关蚕种场旧址被打造为集特色餐饮、精品酒店、咖啡茶吧、文创零售等极具苏州浒墅关特色文化底蕴的休闲商业场所。

二、江苏省工业遗产保护利用的主要做法

(一)纳入城市规划和重点文物、工业遗产名录保护

　　江苏省各地在城市规划制定和历次重点文物保护单位申报中,主动将一批工业遗存

纳入保护范围。无锡市政府早在2007年就印发了《无锡市工业遗产普查及认定办法》，公布了无锡首批工业遗产保护名录。南京2017年发布的《南京市工业遗产保护规划》是全国首部工业遗产保护规划，公布了从1840年到1978年间全市52处工业遗产项目。扬州市也于2015年选定24处工业遗存作为第一批工业遗产进行保护利用。目前，全省有南通大生纱厂、南京金陵机器局旧址、无锡茂新面粉厂旧址等被评为全国重点文物保护单位；洋河酒厂的地下酒窖、常州恒源畅厂旧址等于2010年被列为江苏省首批大运河沿线重点文物抢救单位。

（二）率先立法推动大运河文化带工业遗产保护利用

大运河是中华文明的重要标识，是江苏的一条母亲河，2014年成功列入《世界遗产名录》。大运河文化带不仅将江苏的楚汉文化、淮扬文化、江海文化等传统地域文化有机串联起来，也将陆上丝绸之路和海上丝绸之路联系在一起，形成了兼收并蓄、包容多样、独具魅力的江苏运河文化系统，是富含江苏文化特质的传统文化大宝库、爱国主义教育的大走廊。2019年12月，江苏省人大常委会通过了《关于促进大运河文化带建设的决定》，是全国首部促进大运河文化带建设的地方性法规。《决定》明确提出："县级以上地方人民政府及其工业和信息化、文化和旅游等部门应当……利用大运河两岸老旧厂房、仓库等工业遗产发展工业文化旅游，开展大运河中医药特色旅游、养老度假旅游，发展乡村旅游，建设一批康养基地、旅游民宿和特色小镇。"

（三）形式多样因地制宜进行工业遗产活化利用

各地对于影响力大、文化内涵丰富，体现人文精神的工业遗产及名人故居，充分挖掘潜能，引进新的生产方式，在保持建筑风貌不变的前提下，对一些有保护价值的历史厂区进行统一规划和建设，采取多种方式加以保护利用，有的建成工业博物馆，有的开展工业旅游，有的辟为文化创意园区，还有的以出租为主。如无锡、常州等地区的荣氏家族故居和刘国钧故居等，采取辟为纪念馆的方式，既达到了对建筑遗址的保护，又发挥了它的教育功能。无锡市利用茂新面粉厂旧址建立了"中国民族工商业博物馆"，将永泰丝厂旧址改建成"中国丝业博物馆"。苏州市吴江区的坛丘缫丝厂旧址则建成为"东方丝博园"。江苏恒顺醋业、洋河酒厂等企业，建成"中国醋文化博物馆""洋河酿酒作坊老窖池群"等国家4A级景区，利用工业遗存和生产厂区开展工业旅游，不仅实现了对工业遗产的保护和利用，还提升了企业品牌形象。常州大成一厂、二厂，徐矿集团旗下夹河煤矿等工业遗产建筑则以出租为主要利用方式。还有一些工业遗存华丽转身为创意园区，如常州大明纱厂旧址已打造为天虹大明1921创意园，南京第二机床厂已改造为南京国家领军人才创业园，淮阴新华印刷厂已开发为淮印时光文创园。

三、江苏省工业遗产保护利用存在的主要问题

根据此次调研及现有资料分析得出,江苏省工业遗产保护利用中存在的主要问题体现在以下方面。

(一)缺乏专向工业遗产保护的法律法规依据

有法可依是工业遗产保护利用的制度保障。2019年12月,江苏省人大常委会通过了《关于促进大运河文化带建设的决定》,明确提出相关单位应利用大运河两岸老旧厂房、仓库等工业遗产发展工业遗产旅游。除此之外,目前江苏省还未出台工业遗产专向保护利用的法律法规文件。此次共调研全省99处工业遗产,其产权多属于工业企业所有。工业遗产属于企业的私有财产,企业有权根据其自身的发展战略决定工业遗产的去留。当企业为追求经济效益破坏工业遗产时,在没有出台相关的法律法规的前提下,相关部门则无权介入。

(二)投资回报率较低导致遗产保护利用意愿较低

对于有形遗产而言,其所有者和管理者必须处理有形遗产的物质构筑物持续损耗的问题。对工业旧址来说,不仅保存和修复,而且持续维护都需要高昂的费用。对于工业遗存建筑的改造利用,首先要确保改造全过程中的安全性,但是对于建造年代较早的工业建筑来说,本已无法获取当时的相关数据,且改造又需符合当下的消防安全等各类标准,存在难度大、成本高的特点。除了部分国有产权或有实力的企业对工业遗产保护利用可以不计成本,大多数工业遗存都面临着保护投入资金大、成本高、回报少的现实难题,保护现状堪忧。一些工业遗存由于得不到及时的修缮,只能是长期搁置或将其拆除。如徐矿集团新河煤矿、韩桥煤矿除少部分工业建筑用于办公之外,其遗存的大量车间、厂房、职工宿舍处于闲置状态。还有部分兵工企业由于涉及保密问题,在遗产的开发利用上存在较大的阻碍。

(三)工业遗产的保护利用与城市的和谐发展缺乏宏观考量

工业遗产是城市文化遗产的重要组成部分,见证了城市工业文明的发展历程,是城市的历史文脉,是连接市民社会生活深层情感的纽带,是城市凝聚力的根基,也是城市不可再生的文化资源和空间资源,其本身具有公共属性。但工业遗产的产权却多归属于工业企业所有,遗产是否被保护、其保护利用的方式以及未来发展多以企业的意志为导向,同时工业遗产还存在产权不单一等问题,因此在工业遗产的活化利用中,主要考虑企业的未来发展需要,缺乏与城市和谐发展的宏观考量。

(四)重物质遗产、轻非物质遗产保护倾向

国内工业遗产保护利用的实践相对较晚,对于如何合理、科学保护利用工业遗产还处于探索阶段。遗产产权所有人对于工业遗产的价值及保护意义存在认识不足的问题。江

苏省工业遗产保护利用的实践中,大多工业遗产的保护往往重视物质遗产所带来的建筑使用价值、空间可利用价值,而忽略了对于工业遗产相当重要的非物质历史文化价值,缺乏对如工业的生产工艺、企业文化等一系列重要因素的整体考虑和深度研究,未能够有效传递工业遗产的深厚文化内涵,其在民族工商业发展的重要作用和奋斗精神也被忽略了。

四、加强工业遗产保护利用的建议

(一)建立健全工业遗产保护利用法律法规

法规是历史遗产保护行动的法律依据,是政府责任部门对历史遗产实施有效保护与管理的最强有力的武器。我国现行的文化遗产保护法律法规在有关工业遗产保护方面还不够明确和完善,有些法律法规条款中可包含或延伸到工业遗产内容,但由于这些法律法规都未明确提到工业遗产概念,容易产生歧义。其次,工业遗产其产权多属于企业或个人所有,对产权人而言,工业遗存保护和企业做大做强是一对矛盾体,在没有法律法规明确要求的前提下,企业拆旧建新,相关部门无权介入。同时,我国现行的相关法律法规,更多的保护了物质型工业遗产,如厂房、职工宿舍等工业建筑,缺乏对非物质型工业遗产的保护,如企业文化、工艺流程等。因此鉴于我国工业遗产保护利用的实践要求,建议对现行的部分法律法规条款进行修订,将工业遗产保护和利用内容增添其中,并加强非物质型工业遗产的保护。

(二)成立工业遗产保护利用组织

建议成立省级工业遗产保护利用组织,专项负责工业遗产保护利用工作,切实提升工业遗产的保护和利用水平。主要开展以下工作:一是搭建工业遗产大数据平台。采用申报登录制,由遗产产权所有人依据信息采集标准,在省、市、区工信部门的引导下按统一标准对工业遗产进行申报登记。二是科学制定工业遗产价值评估标准体系,对登录的工业遗产的价值进行评估,对不同价值的工业遗产提出不同的保护利用方式。三是加强工业遗产保护利用研究、展示和宣传。以平台为抓手,推动全社会开展工业遗产方向的基础研究,支持遗产产权单位开展工业遗产宣传、保护利用工作。

(三)构建工业遗产保护利用的资金保障体系

建议发挥政府主体作用,构建相对完善的工业遗产保护利用资金保障体系。将工业遗产保护利用纳入政府财政预算,为工业遗产保护利用提供资金保障,并适度采用经济激励政策,如采取税收抵扣、资金补助的方式调动工业遗产产权单位对工业遗产保护利用的积极性。成立工业遗产保护利用专项基金,对遗产项目的价值、特点以及保护利用方式等进行系统评估,从而确定提供不同额度的资金支持。在专项基金资金的筹措方面,还可通过发行工业遗产彩票、社会捐赠等方式募集工业遗产保护利用资金。

（四）结合城市发展规划，推动重点工业遗产项目建设

工业遗产是一个城市文化遗产的重要组成部分，见证了城市工业文明的发展历程，是连接市民社会生活深层情感的纽带，是城市凝聚力的根基。建议鼓励各地结合城市发展规划，充分考虑工业遗产的价值、当地的经济水平、人口规模、产业发展、文化氛围等多种因素，确定工业遗产项目的保护利用方式，因地制宜打造重点工业遗产项目，如大运河文化带工业遗产文化工程项目，在树立典型示范的同时完善城市功能体系布局。

（五）推动工业遗产博物馆建设

建设工业遗产博物馆是工业遗产保护利用的有效模式之一。工业遗产博物馆具备宣传、展示、教育等社会服务功能，是弘扬和发展工业文化的重要载体。对于以博物馆模式保护工业遗产的有效性，人们更多地持肯定的态度。1999年9月，国际工业遗产保护协会在匈牙利召开国际会议，会议的八项议题之一就是"工业博物馆和博物馆项目"，表明国际工业遗产保护领域对博物馆模式保护工业遗产的重视。Trinde认为工业遗产博物馆"增强了成千上万漫不经心的游客的历史意识，同时它也被证明是许多人建设性思维和行动灵感的促进因素"[1]。斯克拉姆斯代德认为，工业遗产博物馆作为"体验的场所"，有许多令人兴奋的故事可叙说，当代博物馆面临的挑战就是怎样利用这些故事和相关的实物"给今天的人们以价值和意义"[2]。建议支持各地利用老工业建筑、构筑物、老机器设备等工业遗存，因地制宜，建立各类工业遗产主题博物馆、科学与工业博物馆、工业领域名人纪念馆等；鼓励各类工业遗产博物馆拓展公共文化服务功能，研发工业遗产主题的社会教育课程及工业元素的文创产品，推出各类工业遗产主题展览、社教研学活动与文创体验活动等，培育新型文化业态及产业模式，推动工业遗产的可持续发展。

（六）推动利用工业遗存发展工业旅游

发展工业遗产旅游业是城市实现产业结构调整，为城市发展注入新活力的重要手段[3]。利用工业遗产发展工业旅游有助于推动工业遗产的可持续发展。建议鼓励各地利用工业遗址、老厂房、职工宿舍、老机器设备等工业遗存发展工业遗产旅游，建设一批特色主题工业遗产旅游线路，研发工业遗产文化旅游创意产品。鼓励企业在发展工业遗产旅游时，开放生产车间等形式进行产品展示和品牌宣传，建设一批具有社会公益功能的工业旅游示范点，促进工业遗产旅游与传统观光旅游、工业科普教育相结合。加强部门间协作，鼓励文旅机构、工业企业及大、中、小学校建立联盟，支持引导大、中、小学生到工业遗产博物馆、工业遗产景区参加研学旅行活动。

（七）加强基础研究，重视保护利用项目的可持续发展性

鼓励高校、科研院所开展遗产方向的基础研究，从文化、经济、技术等多角度、多维度

探讨工业遗产的可持续经营和可持续发展问题。鼓励相关专家、学者开展典型工业遗产保护利用实践案例剖析，将保护利用实践的成功经验上升到理论层面，补充和丰富工业遗产保护利用的理论基础，为相关部门出台工业遗产保护利用政策提供理论和数据支撑。

(八)实施工业遗产专项人才培养计划

人才是第一生产力，是推动工业遗产保护利用的原动力。相较于国外，国内工业遗产保护利用工作起步较晚，工业遗产保护利用方向人才短缺。建议制定实施工业遗产项目经营管理人才和专业技术人才培养计划。鼓励高校和科研院所与文化企业建立人才、科研等资源共享机制，促进成果转化，形成产学研联动的创新文化人才培养模式。充分发挥文化遗产行业协会等中介机构作用，帮助专向人才与遗产所有企业有效对接，为遗产保护利用提供良好的人才和智力支撑。

(九)加强交流与传播，弘扬工业文化

公众的关注和兴趣是做好工业遗产保护工作最可靠的保证，建议支持各地将工业遗产保护利用与文化节、艺术节、博览会等文化活动相结合，举办工业遗产主题研讨会和工业遗产主题展。鼓励遗产产权单位、运营管理单位等宣传部门积极运用微博、微信公众号等新媒体，拓展工业遗产的价值普及与传播渠道，弘扬新时代中国特色工业文化。

参考文献：

[1] Barrie Trinder.Industrial Conservation and Industrial History: Reflections on the Ironbridge Gorge Museum [J].History Workshop, Oxford University Press.1976,2：171-176.

[2] Harold SKramstad.The Mission of the Industrial Museum in the Postindustrial Age [J].The Public Histori - an,2000,3(22)：25-32.

[3] 胡燕,张勃,钱毅.以旅游为引擎促进工业遗产的保护——欧洲工业遗产保护经验[J].工业建筑, 2014,01：169-172.

新中国成立前山西红色军工遗产价值与
开发保护研究*

刘林凤

（中北大学马克思主义学院暨国防科技工业历史研究中心）

　　本文研究对象为抗战时期山西八路军军事工业遗产（下文简称"八路军军工遗产"），特指全面抗日战争时期（1937—1945）人民军队在山西活动建立的兵工厂以及支援战争的工厂等。这些工厂在经历合并、迁移改建后，形成的具有科学技术价值、历史文化价值、社会价值、艺术价值等军工文化遗产。弄清楚抗战时期山西八路军军事工业遗产的地域分布、鲜明的价值特色，对未来合理保护与开发这些军工遗产、弘扬伟大抗战精神，促进山西产业转型、文化高质量发展有一定意义。

一、山西红色军工遗产分布（1937—1949）

　　保护与开发山西红色军工遗产，需梳理其发展源流、分布。人民军队在山西活动时期的军工遗产主要集中在晋察冀根据地、晋冀鲁豫根据地、晋绥根据地以及太原解放后华北兵工局接管的阎锡山所属兵工厂所在地[1]。

　　（一）晋察冀根据地

　　平型关大捷后，1937年11月7日，聂荣臻任司令员兼政治委员的晋察冀军区在山西五台山成立，初步形成以五台山为中心的晋察冀抗日根据地，设立四个军分区。第一军分区包括灵丘、广灵、浑源、应县、山阴、怀仁[2]等县。第二军分区包括五台、代县、繁峙、崞县[3]、定襄、盂县等县。第三军分区包括阜平、曲阳、唐县、完县、定县、望都、满城、易县、涞水等县。第四军分区包括井陉、获鹿、新乐、平山、灵寿等县。上述四大军分区只有第一军

---

　　*　本文为山西省哲学社会科学规划课题：山西八路军军事工业遗产与开发策略研究（2020YY138）

①　本文对于厂址在山西省之外的兵工厂不作详细论述。
②　怀仁2018年撤县立市，现属朔州代管的县级市。
③　崞县即今天的山西省原平市。

分区和第二军分区在山西域内，这些军分区根据战争形势和需要，建立了规模不一的修械所、兵工厂等军事工业。

1937年11月初，晋察冀军区在五台县石咀村普济寺成立，12月晋察冀军区供给部在五台县跑泉厂村的几间民房和草棚里建立第一修械所①，迫于日军扫荡，后迁移到河北省。粉碎扫荡后，同年11月又在五台县跑泉厂村成立军区第二修械所。1939年4月晋察冀军区三分区抽调工人和机器组成第三修械所。第四、第五修械所在冀中军区修械所基础上建立，地址在今河北省保定市涞源县。1939年6月，原来生产手榴弹的军区三分区修械所改建为军区第六修械所，地址在河北省域内。此外，各分区、冀中军区保留部分工人和机器，组成分区修械所，以方便枪支随时随地修理、装配，规模较大的是晋察冀军区在五台县东冶镇成立的炸弹厂（手榴弹厂），后命名为边区制造所。1937年11月，忻口、太原相继失守后，北岳区②在当时还收编了国民党撤退遗留的晋绥军新编第二师修械所，当时的第二师师部就在定襄芳兰镇③。至1938年底，晋察冀根据地修械所已发展到8个。

抗日战争进入战略相持阶段后，晋察冀军区根据"在敌后必须大力发展军事工业"的精神，加速兵工建设。此后军区又抽调力量重新组建修械所若干，但大部分都在河北建立，故不再详细展开说明。需要特别说明的是从1940年开始，军区工业部进行整编，最后形成13个单位，分布在河北唐县、完县、曲阳、阜平、平山、易县以及山西五台等深山农村中，形成北、中、南三个生产基地。1942年至1943年因为日军大扫荡，重新整编连队和化工厂，至1945年抗战胜利前夕，共20个工厂（不包括军分区小型修械所）[1]。

（二）晋冀鲁豫根据地

1938年2月，八路军进入晋东南地区，开创了晋冀豫抗日根据地，随后分兵东进，开辟冀南、冀鲁豫根据地，联合形成晋冀鲁豫抗日根据地，其下设5个军分区。晋中地区（秦赖支队）为第一军分区，主要在山西晋中和顺县一带；晋冀地区（八路军游击队）为第二军分区④；冀豫地区（先遣支队）为第三军分区，活动范围在河北、河南一带；榆社、武乡，黎城、襄垣地

---

① 也称晋察冀军区供给部修械所。见于中共山西省委党史办公室，中共忻州市委党史办公室编. 山西省革命遗址通览·忻州市（第5册）[M].太原：山西出版传媒集团·山西人民出版社，2016：63.

② 北岳区地处晋东北、冀西、察南的山区、半山区及接近山区的一些平原地区。抗日战争时期，晋察冀边区北岳区，在1940年辖五个专署三十二个县。第一专署辖五台、孟县、定襄、代县、寿阳、崞县、忻县、阳曲、山阴九个县，属第二军分区。第二专署辖灵邱、繁峙、广灵、浑源、应山五个县，属第一军分区。第三专署辖涞源、满城、徐水、定兴、龙华五个县，属第一军分区。第四专署辖唐县、阜平、曲阳、望都、定北五个县，属第三军分区。第五专署辖 平山、灵寿、行唐、井陉、建屏、平定六个县，属第四军分区。另外，平西区设第六专署，在行政上也由北岳区管 辖。见于傅尚文.晋察冀边区北岳区的粮食战[J].历史教学，1985，02.

③ 第二师部后迁到五台建安村。

④ 八路军当时属于第二战区，第二战区的司令是阎锡山，作战范围一开始为山西和察哈尔，全面抗战第二年变成山西和陕西北部，后期局限在陕西。但是和国民党军的正面作战不同，国民党军在不断战败后活动范围越来越小，而八路军却是活动范围越来越大。随着日军的步步紧逼，八路军的活动区域从第二战区的山西、陕西逐渐扩展到整个北方沦陷区。

区(谢家庆、张国传大队)为第四军分区,全部在山西域内;太南地区(赵涂支队)为第五军分区,主要在山西晋城陵川县一带。

1938年4月,八路军在晋东南开辟了太行抗日根据地,为建设军事工业创造了条件。9月军实科副科长徐长勋等在山西省榆社县韩庄村筹办步枪兵工厂,组成人员为115师344旅修械所全体职工、129师补充团(华山游击队)修械所职工、115师唐天际支队(晋豫游击支队)修械所职工,此外还有115师供给部、山西青年抗敌决死纵队修械所部分职工。他们共同组成八路军总部修械所。

为避免敌人的破坏,1939年夏,经过左权亲自勘察,八路军总部修械所新址选在山西省黎城县黄崖洞。此后修械所即从韩庄村迁移到黄崖洞兵工厂,也叫军工部一所、水窑工厂。随后适应战争形势,相继调整组建了军工部西安里二所(平顺县)、高峪三所(辽县,今左权县)、梁沟四所(河南武安,今河北)等枪械修造所和下赤峪复装子弹厂(黎城县)、柳沟铁厂(山西武乡县)等。

1940年后,日军集中主要兵力对根据地进行最残酷的大扫荡。根据形势,总部军工部按照"缩小规模、分散设厂"的原则,对所属的工厂进行调整扩充,重新组建。1944年,抗日战争进入战略反攻阶段,军工部队整编在山西兵工厂有:左权苏工炮弹厂(一厂),平顺西安里炮弹厂(二厂)、武乡柳沟炮弹毛坯厂(四厂)、武乡显王村弹尾锻造厂(五厂)、左权云头底村82迫弹厂(六厂)、黎城源泉村化学厂(无烟药厂)、黎城彭庄枪弹厂[①]。

(三)晋绥根据地

1937年八路军120师主力进入管涔山区[②],开辟了晋西北抗日根据地。八路军115师主力和山西青年抗日决死队一部及工卫旅开赴吕梁山区,开辟晋西抗日根据地,发展成为晋绥抗日根据地。

1937年底至1939年在晋绥根据地创办的修械所有:120师修械所、山西工卫旅修械所、决死二纵队修械所等。120师修械所的前身是中国工农红军第二方面军修械所。工卫旅修造厂即山西工人武装自卫旅修械所,1937年底成立于山西保德县。1940年5月将120师修械所和工卫旅修械所合并,组成晋西北军区决死二纵队修械所,1939年初成立于吕梁山区,后转移到陕北葭县。1941年,有一部分人员回到山西交城县,改编为晋绥第八军分区修械所。1942年,120师后勤部又在陕北葭县成立了炸弹厂。1944年10月,晋绥军区工业部在陕北葭县成立,至抗日战争胜利时共有4个兵工厂,其中第三兵工厂即毛坯铸造厂,在山西临县招贤镇。

---

① 三厂是河北邢台县明水枪炮厂。
② 管涔山处于宁武、岢岚、五寨等县的交界处。

（四）接管的阎锡山部属兵工厂

1949 年 4 月 24 日太原解放以后,华北兵工局接收了一批国民党政府阎锡山部所属的兵工厂,主要有西北制造厂、西北修造厂、西北化学厂、晋兴机械公司等企业。这些企业在解放前大部分属于西北实业公司管辖。1945 年日军投降以后,国民党政府接收了这些工厂。太原解放时华北兵工局接管了这些兵工厂。西北制造厂在太原大北门外,是太原兵工厂原址。西北制造厂原本在太原万柏林区,解放军围攻太原后,阎锡山怕受到攻击,将西北制造厂搬到市区,以山西大学为中心点,另外在上马街、文庙等地共设五个生产工部。太原大北门外还有西北机车厂、西北电化厂、西北修造厂、西北化学厂以及牧羊场等。西北化学厂厂本部在大北门外,新厂在大北门外涧河之北,即晋安化工厂处。晋兴机械公司地址在太原市内迎泽区①。

综上,晋察冀根据地、晋冀鲁豫根据地、晋绥根据地涉及的山西域内的抗战时期八路军军工厂主要分布在五台县、灵丘县、广灵县、浑源县、应县、山阴县、怀仁县、代县、繁峙县、榆社县、武乡县、黎城县、襄垣县、平顺县、辽县、保德县、交城县、临县等地跨晋东北、西北、晋南等山西全境。太原解放后华北兵工局接管的阎锡山所属兵工厂主要在太原市小店区、万柏林区、尖草坪区等。从卫星地图上看,这些军工厂多分布在山区较为隐蔽的地方,这是抗战时期特殊的环境所决定的。

二、山西红色军事工业遗产的重要价值

山西红色军事工业在三晋大地绽放,发挥巨大作用,它蕴藏着丰富的军工物质遗产和伟大的军工精神,它们共同构成山西珍贵的红色文化资源。这些遗产具有鲜明的历史文化价值、科技价值、社会价值、艺术价值等。限于篇幅,本文选取部分抗战时期八路军军工厂案例说明。

（一）历史文化价值

历史不断向前发展,见证历史发展的一切实体都可称之为遗产。从这一角度出发,军事工业遗产产生于特定时代,反映了特定的历史阶段,它具有天然的历史价值。以山西黄崖洞兵工厂为例,黄崖洞兵工厂 2018 年入选第一批中国工业遗产保护名录。它是抗战时期华北敌后八路军创建最早、规模最大的兵工厂。在这里曾爆发过轰轰烈烈的黄崖洞保卫战。它的历史既是一部山西军工史,也是中国共产党抗击日军可歌可泣的革命史。黄崖洞兵工厂的历史在党史、军工史研究中具有不可忽视的地位。

一切历史即是文化。黄崖洞兵工厂的赫赫历史,蕴藏着兵工人的勤劳智慧、吃苦耐劳

---

① 曹焕文. 太原工业史料[M]. 太原 : 太原市城市建设委员会,1955 :426.

以及无私奉献等可贵的精神品质,而这些精神品质同样是中华民族优秀传统文化的体现。因此,黄崖洞兵工厂这一军事工业遗产具有鲜明的历史文化价值。同样,入选了第三批国家工业遗产名单的军事工业遗产——刘伯承工厂,也具有历史文化价值。刘伯承工厂前身是八路局总部黄崖洞兵工厂一所二分厂,后辗转搬到现址①。它是1936年至1937年,晋冀鲁豫边区开展生产竞赛运动,成绩突出而得名的。刘伯承工厂承载着抗战时期,中国共产党兵工人自主研制、生产军工武器的拼搏精神、无私奉献精神,厂区的展品无不饱含着历史信息。

图1 黄崖洞兵工厂外观

图2 黄崖洞兵工厂《崔振芳殉难地碑》

图3 刘伯承工厂

(二)科技价值

军事工业遗产的科技价值反映了特定历史时段下的军事工业生产技术水平。它作为建筑形态出现的时候,又同时具有极强的建筑价值。军事工业遗产遗留的工业设备、厂

---

① 1945年11月由平顺的西安里搬迁到长治市区东南三公里塔岭山下的南石槽村。

房、工业产品、技术手册等，都深刻地体现了当时科技发展的水平。保护好不同发展阶段、具有突出价值的军事工业遗产，才能给后人留下工业领域科学技术的发展轨迹，提高对科技发展史的认识，才能更好地在科技领域作出贡献，特别是更好地认识抗战时期中国共产党的伟大领导。

以太原兵工厂为例，太原兵工厂的前身曾是洋务运动时期山西巡抚胡聘之开办的山西机器局，它开创了山西以蒸汽机为动力、金属切削机床为手段的兵器生产，成为我国近现代早期的军工厂之一。1931年，改名为太原修械所，后几经更名为太原兵工厂，太原解放时被解放军接收。2018年太原兵工厂列入第二批国家工业遗产名单。2019年，入选第二批中国工业遗产保护名录。现在主要遗存有办公室1栋、制造车间1栋、烟囱1座；70余台车床等机器及大量生产工具；晋造火炮、枪支、炮弹、枪弹；档案、历史照片等。这些遗留的珍贵遗产清晰地再现了当时的工业技术水平，因此具有一定的科技价值。

（三）社会价值

山西红色军事工业随着时代的发展，也进行了相应的体制改革。一部分转为军民结合型企业，发挥着服务地方经济建设的作用；一部分则继续服务国防建设。"两个服务"体现的是军事工业的社会价值。除此以外，军事工业自诞生之日起，凝聚了深厚的民族情感，因此对于改制后的企业文化的孕育、地域认知的凝聚同样意义非凡，其社会价值显而易见。

位于长治的石圪节煤矿就具有鲜明的社会价值。它于2019年入选第三批国家工业遗产名单。它是中国共产党接管的第一座红色矿山，并已形成特有的"石圪节精神"。现在主要遗存有南副立井、北副立井、主斜井，"三天轮"提升装置，洗煤厂及附属设施，更新厂2栋，职工集体宿舍3栋，苏式矿工俱乐部，裕丰煤矿抗日救国会旧址与康克清到矿传播革命火种旧址，朝鲜机床，部分媒体报道、老照片等历史档案。当地政府对石圪节煤矿进行了合理的开发与保护，设立了潞安集团干部学院，并大力发展红色、工业旅游，建设康养小镇、低碳绿色街区；还建设智华农林产品展示基地，进而带动地方经济发展。石圪节精神如今已成为山西潞安集团核心企业文化，在新的时期形成了新的企业精神——潞安精神。潞安精神就是石圪节精神在新时期的继承和发扬。

（四）艺术价值

军事工业遗产具备特有的军工产业风貌特征、空间布局、地理环境，这些要素都会让军事工业遗产展现出独有的艺术气息。

当前，很多工业遗产的开发与保护，都是基于其特有的艺术价值，进行创作设计，进而孕育出一批独具创意的开发模式。典型代表有南京晨光1865创意园。它的前身是金陵机器制造局，入选第一批中国工业遗产保护名录名单，位于南京秦淮河畔，建于1865年，是国内目前最大的近现代工业建筑群。创意园区有9幢清代建筑、19幢民国建筑，总建筑面积10万平方米,犹如一座工业建筑的历史博物馆。

山西抗战时期八路军军事工业遗产同样具有独特的艺术价值。比如上文提到的石圪节煤矿,它的苏式建筑设计独具艺术,发展工业旅游经济、康养小镇、绿色街区等,都是基于其艺术价值进行的创新发展。再如,刘伯承工厂,在院子中央高耸的烟囱以及两边的职工宿舍,整齐划一,基本对称,同样具有一定的艺术审美。

图4 刘伯承工厂院内

三、国内外工业遗产开发、保护的经验借鉴

欧洲是工业遗产旅游的先行者,在英、法、德、日本四国的工业遗产旅游发展模式及经验基础上,兼顾国内成功的工业遗产保护与开发模式①,本文试图从中找到为山西八路军军工遗产保护与开发提供有价值的策略参考。

（一）英国

19世纪中期英国已经开始重视工业遗产保护,20世纪80年代开始对以铁路谷的废弃工厂、作坊作为典型代表进行工业遗址旅游的保护与开发。

英国工业遗产保护管理经验可总结为:一是成立了专门负责遗产保护的机构——英格兰遗产委员会;地方政府主要负责遗产的规划审批以及长期维护管理,保证遗产建设项目科学合理。二是资金来源多元:地方政府财政、投资;各类管理收入、运营收入及服务收入;举办相关活动等收入。三是多层次产品设计,根据詹一虹等学者相关研究,其产品设计分为核心产品(文化体验、知识学习)、中介产品(工业建筑、工业构件、工业博物馆、工业档案等)、外围产品(仿制品、茶餐厅、纪念品、场地工业文化等)[3]。由此可见,英国工业遗

---

① 文中只对国内形成的博物馆模式、景观公园模式、创意园模式案例进行列举说明。

产开发保护理念不仅重视前期保护、申报，还重视后期运作管理和合理利用。除上述三个方面外，英国的工业遗产保护管理还体现了生态环境保护、城乡规划、城市和谐发展、公众参与等社会主题。

与英国的理念相近的国内模式，典型代表之一有南京晨光 1865 创意园，它的园区经过设计，分为时尚生活休闲、科技创意研发、工艺美术创作、酒店商务和科技创意博览五个功能区[4]。这种多功能区的综合利用，与英国工业遗产保护中"城市和谐发展、公众参与"的理念极其相似。

(二)法国

法国 1983 年成立工业遗产普查处，开始工业遗产普查工作。这里需要特别注意法国的工业遗产保护标准：一、历史标准。该工业用地创造过特定历史事件，对工业、社会或技术产生了影响；二、定量标准。某种类型的产业在国家或地区中占有一定发展比重，选取某一类型作为最具代表性的实物，如钢铁业；三、名望标准。由于设计师、名人等的巧思，使他们有一定名气；四、技术标准。维护生产知识和技艺，并成为相关动产与不动产的限制要素，可将其作为工业遗产与文化技术整体保存下来。标准的细分有助于更好地、更有针对性地保护与开发利用工业遗产。

法国的工业遗产的开发实践具有一定规律性特点：一是保持地区整体在某一工业化时期的显著特点；二是维持遗产外观美观有序的前提下，同时适应不同功能的项目；三是与遗产起源一致的修复与再利用，包括有文物价值的工作场所再利用和寓教于乐的纪念场所再利用；四是推行工业旅游，将封闭的博物馆或露天工业场所等整合成资源网，实现旅游经济效益[5]。

同样地，法国理念在国内的工业遗产开发中也得到了体现。景德镇陶瓷工业遗产博物馆①，它的设计是将各时期的窑炉遗存置于舞台中心。新的设计基于"最少干预的原则"，不仅尊重原先工厂的形式和比例，还创造了与著名陶瓷生产设备的全新对话方式[6]。这种博物馆模式下蕴含的工业遗产保护与开发理念与"法国注重遗产地区的整体康复，保持地区整体在某一工业化时期的显著特点"的理念实践也非常相似。

(三)德国

德国工业遗产开发与保护，包括政府自上而下推动和非盈利组织推动。政府方面主要是将工业遗产保护纳入法律保护范围；非营利组织则是通过募集资金，进行工业遗产的保护和再利用。德国工业遗产开发与保护的模式较为丰富，特点突出。(详细见表1)

---

① 前身是 19 世纪 50 年代的宇宙瓷厂。

表1　德国工业遗产的保护与再利用实践

类型	特点	案例
工业博物馆	保留历史场景	措伦煤矿、关税同盟煤矿
公共游憩空间	与休闲娱乐结合	北杜伊斯堡景观公园
购物会展	工业景观的地标式改造	奥博豪森煤气储气罐
工业主题住宅区	工业遗迹的景观再利用	Hemo矿工小镇
工业特色办公区	工业建筑的新旧共生	多特蒙德Eving中心

可见,德国典型经验就是将遗产保护纳入法律保护范围,并举办工业遗产旅游和大型节事活动,还以工业遗址舞台化和背景化的形式展现和发掘工业遗址背后的工业技术和文化,以及与休闲娱乐结合、商业地标式改造等[7]。上文提到的南京晨光1865创意园的开发理念就兼具德国工业遗产保护开发中"与休闲娱乐结合、工业景观的地标式改造"这一理念。景德镇陶瓷工业遗产博物馆,将窑炉遗存置于舞台中心的实践与德国"以工业遗址舞台化和背景化的形式展示工业技术和文化"的理念异曲同工。

（四）日本

以日本犬岛为例,这是以环境保护为宗旨的工业遗产保护开发的模式。犬岛是传统的工业用地,曾以花岗岩闻名。20世纪随着开挖,导致环境破坏,人口降到不足50人。犬岛精炼美术馆在北川富朗的带领下,按照"以现存创造过往"的理念进行重新整修,发展了"直岛艺术基地",实现了"遗产、建筑、当代艺术与环境"的完美结合①,成为资源循环利用的典范。

上海辰山植物园矿坑花园,原为上海采石场,经北京清华同衡规划设计研究院和清华大学设计转化成一个带有浮动人行通道的花园绿洲[8]。这样的设计极具艺术美感。上海辰山植物园由过去环境较差的采石场转化为花园绿洲,它体现的设计理念与日本的"遗产、艺术与环境结合"理念是极为相似的。

当然国内也有对于英、法、德、日等国工业遗产开发与保护理念兼具的成功典范——首都钢铁公司。首都钢铁公司是华北地区最早的近现代钢铁企业之一,始建于1919年,已入选第一批中国工业遗产保护名录名单、第二批中国20世纪建筑遗产名录。园区是国内目前保存最完整、面积最大的钢铁工业生产厂区,计划建成冬奥广场区、首钢工业遗址公园、石景山景观公园、城市织补创新工场、公共服务配套等,将打造成为京西地区的高端商业中心。它的改造兼有公共休憩空间、大型活动举办场所、地标式改造等。

约翰·西蒙兹认为,景观设计的物质环境只是基础,最终目的应该是"人"的体验,设计

---

① 刘伯英.2014亚洲工业遗产区域网络国际论坛综述[J].建筑技艺,2014(10):20–23.

出身体参与和心灵互动的物质环境①。上述提到的国外的理念与国内的模式充分体现了西蒙兹的景观设计理念，并且它们中的理念、模式在具体实践的时候不存在严格的对立区分。究其本质还是"和谐"。军事工业遗产保护与开发也应当遵循这样的意旨，即既要构造优美的体验环境，还能教化心灵。

四、红色军工遗产开发与保护的几点思考

山西军工遗产既有军工厂，也包括支持战争发挥作用的部分煤矿等工厂。国内外已有的成功经验、理念，为山西红色军工遗产的保护利用提供了有效的范本。但是，不同于现有的工业遗产开发、保护范例多数都靠近城区或者位于城市内部的特点，山西红色军事工业遗产在地理位置上更为偏僻，甚至多数都在穷乡僻壤。因此开发利用、保护这些军事工业遗产，除了需要解决庞大的资金问题外，还需要兼顾地方发展实际。

（一）构建多元资金来源渠道

任何遗产的开发与保护都离不开强有力的资金支撑，否则都会成为无源之水、无本之木。我国工业遗产开发、保护中所需资金主要是依靠国家和地方政府拨款，渠道单一。根据2019年施行的《山西省红色文化遗址保护利用条例》来看，县级以上人民政府对"红色文化遗址保护利用纳入本级国民经济和社会发展规划，所需经费列入本级财政预算"。所拨款项通常进入文物、退役军人事务主管部门等主要负责机构后，再进行分配。从政府管理和文物管理文件来看，很多军事工业遗产还未列入"保护名册"，因此资金成为制约军工遗产开发与保护的主要因素。此外，由于资金不足，在开发与保护军工遗产的过程中，地方引入市场资本，但是因科学开发保护理念滞后或贯彻不力，导致很多军工业遗产走向拆建的命运，造成无法挽回的损失。比如，西北修造厂②旧址就于2010年拍卖给富力地产。

如是之故，"开源节流"成为开发、保护军工遗产首要解决的问题。从国内外成功经验与实际情况来看，我们可以一方面引入社会力量，共同参与开发与保护，以此拓宽资金渠道。例如，引导村民

图5 晋城市阳城县暖池村

① 巴里·W.斯塔克，约翰·O.西蒙兹.景观设计学：场地规划与设计手册[M].俞孔坚，等译.北京：中国 建筑工业出版社，2014.
② 西北修造厂后改为太原矿机厂。

自筹,或者借助乡贤、能人力量提供资金捐助,亦或吸引地方成功企业资本加入等。另一方面,还可以转换思路,创新开发、保护模式,最大限度节省资本。对于身处偏僻之地的农村军工遗产,因时过境迁,遗留的房屋、工厂均老旧,甚至成为当地村民的住所,这种情况下剥离村民与遗产,无疑会增加资金投入,因此应该尊重既有事实,进行创新开发、保护,实现村民与遗产的融合性的保护与开发。中共晋豫区党委、豫晋联防区司令部曾驻扎在晋城市阳城县暖辿村。暖辿村地处偏僻,但是却找到了一条属于自己特色的发展之路。曾经首长住过的房屋很多为当地村民居住,在这种情况下,地方政府尊重实际,打造红色暖辿村,一进村到处可见画在村墙、房屋墙上的画报,红色氛围浓厚,令人耳目一新。最主要的是这种发展模式节省了资金。

(二)营造合理的空间环境

现在一些地方在工业遗产开发中经常将"原住民"隔离出去,这种做法不利于工业遗产的持续开发。工业遗产与当地居民的社会记忆和人文情感联系密切,隔离原住民无疑割裂了人文情感,容易造成开发中对地域性工业文化阐释的偏离。英国较为重视工业遗产所处的空间环境,重视各要素对空间环境的影响。工业遗产作为城市功能的重要组成部分,首先是当地居民公共服务设施的一部分,其次才具有后续的商业性和经济效用。因而工业遗产开发要维护遗产所在地的特色文化语境,构建一种可持续的社区生活方式,突破传统的单一建筑实体的开发模式,重视建筑内外部及周边情境的设置,增强并凝聚而不是破坏原有的场所营造的氛围、精神。例如位于阳城县的暖辿村,村里到处都是关于抗战时期中国共产党在村里活动的绘图,红色文化氛围浓厚,而且尊重地方实际,很多原来的中国共产党的活动遗址都成为村民的房屋或仓库,实现了在利用中保护,节省了资金,而营造的氛围感,有力地凝聚了村民的力量来共同参与保护。

图6 晋城市阳城县暖辿村

(三)注重深度文化体验

要在传统的保护与开发模式基础上进行创新。对于不同规模、性质的军工遗产要区分对待。一部分可以与地方政府、企事业单位(包括中小学校、高校)等合作,打造平台,建成爱国主义教育基地等,发挥红色文化遗产教育引导作用。在这里需要说明,相关单位如果条件合适,可以充分利用数字技术,依托爱国主义教育基地的平台,大力宣传、弘扬军工遗产蕴含的宝贵的军工精神。一部分则可以纳入城乡规划中,进行整体开发,建成"景观",如公园、博物馆、创意园等模式。但是建立这种景观模式,不能脱离实际,比如在农村偏远地方就不适合,也很难取得实效,这种景观模式更加适用于城市的建设。通过景观模式,既可以发挥军工遗产的历史教育意义,教化心灵,也可以构造"人"与"物"融合的美好环境。

(四)吸引社会力量参与

上文提到构建多元资金渠道,营造合理的空间环境、文化体验等措施办法,归根结底还是离不开"人"的作用。具体而言,可以考虑建立利益主体机制。从短期看,为了节省资金,可以发动军工遗产周边居民的亲自参与。一方面,对原企业下岗职工或者附近居民,在促进再就业的基础上,通过培训,发挥其就近的遗产保护作用。另一方面,结合地方实际,必要的情况下建立工业遗产保障资金,从下岗职工或者附近居民中选拔并培养专业讲解队伍,加强对军工遗产资源的宣传推广,唤醒民众自发保护意识。从长期发展来看,保护是开发和发展的前提,保护是为了更好地开发。因此,把军工遗产保护与开发的重要性与就近居民切身利益相结合,建立利益主体机制,明确利益分配关系,从长远旅游开发视角看,更好处理与周边居民的利益关系,可以避免很多问题,更好促进军工遗产的保护。

五、总结

山西军工在中国近现代历史上意义重大。由于各种原因,很多军工厂遗址命运走向不同。新时代下,重温红色记忆,铭记历史,保护、开发这些军工遗产十分必要。同时,国内外保护利用工业遗产已成为重要话题,已有很多成功案例借鉴。通过借鉴已有的经验,结合地方实际,本文形成初步的山西军工遗产保护与开发的策略要素,以期能对山西军工遗产的保护与开发起到作用。

参考文献：

[1] 中国人民政治协商会议山西省委员会文史资料研究委员.山西文史资料(第五十八辑)[M].太原:山西省政协文史资料研究委员会,1988.

[2] 王健南.工业遗产历史文化传承与城市生活的互动——兼谈南京晨光1865科技创意产业园现状及改进[J].北京规划建设,2017(6):90-93.

[3] 詹一虹,曹福然.英国工业遗产开发的经验及启示[J].学习与实践,2018(8):134-140.

[4] 王健南.工业遗产历史文化传承与城市生活的互动——兼谈南京晨光1865科技创意产业园现状及改进[J].北京规划建设,2017(6):90-93.

〔5〕王益,吴永,刘楠.法国工业遗产的特点和保护利用策略[J].工业建筑,2015(9):191–195.

〔6〕胡建新,张杰,张冰冰.传统手工业城市文化复兴策略和技术实践——景德镇"陶溪川"工业遗产展示区博物馆、美术馆保护与更新设计[J].建筑学报,2018(5):26–27.

〔7〕李蕾蕾.逆工业化与工业遗产旅游开发——德国鲁尔区的实践过程与开发模式[J].世界地理研究,2002(3):57–65.

〔8〕孟凡玉,朱育帆."废地"、设计、技术的共语——论上海辰山植物园矿坑花园的设计与营建[J].中国园林,2017(6):39–47.

〔9〕中共山西省委党史办公室.山西省革命遗址通览[M].太原:山西人民出版社,2016.

四川洞窝水电站遗产构成及价值评估初步研究

1.张伟兵　2.李云鹏

（1.2.水利部防洪抗旱减灾工程技术研究中心；

中国水利水电科学研究院水利史研究所）

　　洞窝水电站是四川省第一座水电站,位于泸州市龙马潭区罗汉镇龙溪河上,是四川省具有代表性的近代水利遗产、工业遗产。洞窝水电站始建于1921年,位于龙溪河河口以上约两千米处,电站坝址以上流域面积约518平方千米,是利用天然瀑布为基础建成的水电站。洞窝水电站1925年建成发电,原名"泸县济和水力发电厂",由九三学社创始人之一、留德泸县籍工程师税西恒主持创建,后历经多次扩建改建,至今仍在使用,发挥有发电、旅游、科普和文化教育等方面的功能。

　　作为第一座由中国人自主设计建造的水电站,洞窝水电站具有历史悠久、内涵丰富、遗产价值突出等方面的特点。本文在实地调研的基础上,结合档案文献资料,就洞窝水电站的遗产构成及价值评估初步分析如下。

一、洞窝水电站工程现状

　　洞窝水电站始建于1921年,为引水式水电站,现存3台机组、两座厂房,都在运行发电。其中,2×500千瓦机组为1942年从美国引进的立轴混流式水轮机组,1951年安装投入运行,原发电机电压为3000V,并配置有升压变压器将电压升高到6000V,与泸州北方公司电网系统并网供生产运行。20世纪90年代初,取消了升压变压器,经改造后直接发出6000V电压。

　　洞窝水电站目前发电主要供北方公司使用。3台机组根据上游来水情况基本上均能全年正常投入运行,在丰水和上游来水充沛条件下,均可满负荷发电运行。必要时,机组也可超额定铭牌标示10%功率的状态下连续运行。平均年发电时长约8个月左右,平均年发电量约200万千瓦。目前洞窝水电站所有单位、管理单位均为泸州北方化学工业有限公司。该公司是中国兵器工业集团公司所属的国家重点保军和具有自营外贸经营权的综合性大型化工企业,前身即国营255兵工厂。

洞窝水电站生态环境条件较好,龙溪河在此形成高44米的天然断崖陡坎,形成瀑布景观,是不可多得的风景资源。1988年,将此地开发为洞窝峡谷旅游风景区。近年来,按国家AAAA级旅游景区标准进行建设升级,首期工程已于2010年5月完工,计划建成为集休闲旅游、观光旅游、商务旅游为一体的多功能旅游景区。洞窝水电站目前为四川省重点文物保护单位,正在申报全国重点文物保护单位、国家级工业遗产,积极筹建水电博物馆和国家水情教育基地。

二、遗产构成及特性分析

(一)遗产构成

洞窝水电站遗产体系由水利工程体系、水力发电工程设施、遗产环境及景观、相关遗产等四部分组成。

一是水利工程体系,包括引输水工程、防洪工程,是水电站的基础构成。其中,引输水工程包括拦河坝、进水闸、排沙底孔、输水渠、调压池等,以及20世纪30年代续建的梯级调蓄扩容工程。

洞窝水电站初建时拦河坝高2.4米,蓄水深2米,库容87万立方米。引水渠230米。1931年在龙溪河上游谷溪滩修建相同规模的拱形砌石堤坝一座(第二级堤坝),蓄水容积226万立方米。1934年又在龙溪河上游特凌桥修建堤坝(第三级堤坝),蓄水50万立方米,同时将洞窝堤坝加高1米。1940年7月改建引水渠。1942年改建进水闸。现状洞窝水电站拦河坝为浆砌条石支墩拱坝,全长108米,坝顶宽1.18米,坝高3.63米,库容量197.5万立方米。坝顶可溢流,坝右与进水闸之间设有排沙底孔。进水闸位于大坝右侧,两孔2.4米×1.25米(高×宽)开敞式进水口,提升式闸门。输水渠全长255米,沿龙溪河右岸延伸,渠道右侧靠自然山体,左堤为浆砌条石结构,渠宽1.15~10米。渠道末端为压力前池,发电引水经压力前池、竖井进入厂房内发电机组发电,然后经过尾水渠进入龙溪河道。1930—1931年间曾在洞窝上游续修了二级谷西滩坝、三级特陵桥坝,以增加洞窝电站发电水量的调蓄能力,库容分别为226万立方米和50万立方米。20世纪80年代又在此基础上分别于两坝增建电站厂房,谷西滩电站装160千瓦机组两台,特陵桥电站装200千瓦机组两台。至今仍保存完好。

防洪设施是保障水电站工程体系安全的必要组成。洞窝水电站排洪主要通过拦河坝堰顶溢流、渠道侧向溢流两种方式。拦河坝砌石结构可通过堰顶溢流泄洪,输水渠上有3处可侧向溢流排泄进入渠道的多余洪水。

二是水力发电工程设施。该部分是洞窝水电站遗产的核心构成,包括电站厂房、水轮发电机组、进水管路工程及尾水排泄工程。洞窝水电站经过多次改扩建,前后水力发电设施共计3期(套)。

第一期1925年的电站厂房遗址及输水管道遗址、机组设备、尾水消能和导控工程。电站安装的德国西门子公司产水轮机转速每分钟750转,出力250马力,自励交流发电机容量175千伏安,变压器升压到6千伏,通过铁塔架空线输送到泸县县城。1953年拆除了运行28年的第一期140千瓦老机组,1959年调拨给石棉水电站。近年又将第一期厂房建筑及钢管拆除,仅存遗址。

第二期1938年引水管道及厂房、机组。1934年扩建厂房,经德商孔士洋行购得一台产自德国加满亚公司的240千瓦立轴混流式水轮发电机。发电机容量300千伏安,功率80%,额定电流24安,电压6600伏,水轮机转速每分钟750转。为了节省压力钢管,将引水渠向下延伸16.5米,利用跌坎处完整砂岩开凿一条直径1.3米、长45米的竖井(其中,竖洞27米、斜洞13米、横洞5米),并凿肘形尾水洞8米直接引入立式水轮机。工程1933年动工,1938年底完工。

第三期发电设施为20世纪四五十年代对第二期发电工程设施的改建。1946年11月改建厂房竖井;1947年拆除240千瓦机组;建设安装两台500千瓦机组厂房。1950年6月第一台500千瓦机组投产发电;1951年5月第二台500千瓦机组投产发电。

目前电站所装机组三台运行至今,其中,2×500千瓦机组为1943年从美国引进的立轴混流式水轮机组,1951年安装投入运行,原发电机电压为3000伏并配置有升压变压器将电压升高到6000伏与公司电网系统并网供生产运行,20世纪90年代初对发电机组定子线圈进行改造后直接发出6000伏电压而取消了升压变压器,提高了机组运行效率;1×1250千瓦机组1988年安装投运,为杭州发电设备厂生产的立式混流式水轮机组(HL263-LJ-100)。

三是遗产环境及景观,包括洞窝水电站所处的河流水系环境、生态,以及电站工程设施与周边环境、人文等共同构成的工程生态文化景观。具体包括洞窝瀑布、工程体系及附属设施景观、园区生态环境景观等。

四是相关文化遗产,即附属于洞窝水电站的相关工程及非工程遗产,以及由洞窝水电站衍生或相关的文化遗产等。具体包括洞窝水电站服务的兵工厂遗址,水电站相关档案、文献、碑刻等,水电站相关主要历史人物的遗存、遗物等,以及与洞窝水电站相关的抗战等历史文化,历史名人、故事、文学艺术作品等。

(二)遗产特性

洞窝水电站具有系统性、发展性和在用性等基本特性。

系统性方面,洞窝水电站遗产体系包含水利水电工程、兵工厂系统及附属其上和衍生的相关遗产和文化,是综合性、系统性的遗产,同时兼具水利遗产、工业遗产、文化遗产等属性。遗产的各类组成部分共同构成一个有机整体,遗产内容及文化内涵丰富多样,遗产认定、评估和保护利用也因此呈现一定的复杂性。

发展性方面,洞窝水电站自1921年筹建,历经多次改建、扩建,水利水电工程体系不断发展,其供电对象、兵工厂体系也在发展演变。因此,认知和保护利用洞窝水电站遗产时,应注意其发展历程及不同阶段的代表性遗产的时代特点,以及它们之间的发展传承关系。

在用性方面,洞窝水电站主体工程设施保存至今,且其发电效益自1925年建成之后从未中断,至今仍在发电,而且在继续为兵工生产服务,这在中国早期建设的水电工程遗产中是不多见的。在制定遗产保护、利用措施时,应充分认识其作为在用、活态遗产的基本特点,并以保障遗产功能可持续发挥为基本原则。

三、价值评估

基于国保单位及水利遗产、工业遗产价值体系,分别分析评估洞窝水电站各方面的遗产价值。国保单位的价值评估要求从历史价值、艺术价值和科学价值三个方面进行阐释;国家工业遗产的价值评估要求从历史价值、科技价值、社会价值和艺术价值四个方面进行阐释。鉴于此,本文尝试从历史价值、科学技术价值、文化艺术价值和社会价值四方面对洞窝水电站的价值进行阐释。

(一)历史价值

洞窝水电站是第一座由中国人设计、建造的水电站,是中国水电事业自主发展的起点,在中国水电工程科技发展史上具有里程碑意义。

第一,洞窝水电站是第一座由中国人设计、建造的水电站。洞窝水电站是见证中国近代早期水电工程建设发展的代表性遗产,是第一座中国人设计建造的水电站,由第一批留学归国人员主持设计建造,在中国水电发展史上具有重要意义,洞窝水电站工程也具有近代从传统走向现代化的过渡时期鲜明的时代特征。洞窝水电站始建于1921年,1925年第一期机组发电,是中国人自主设计施工的第一座水电站,同时也是四川省第一座水电站,翻开了四川水电建设的历史篇章,是四川水电开发的鼻祖。

第二,洞窝水电站开启了中国水电工程科技自主发展的历史进程。洞窝水电站是中国水电事业起步阶段的历史见证。20世纪20年代中国第一批海外留学人员抱着科技救国的愿望陆续归国,将西方各领域现代工业科技引进中国,洞窝水电站就是在这样的背景下,由留德工程师税西恒主持设计建造。在洞窝水电站之前,中国建设的几座水电站如云南石龙坝、台湾龟山等,均是由国外工程师设计建造,洞窝水电站的兴建则是中国水电开发由外国人设计建设向中国人自行设计建设发展的转折点。在洞窝之后,中国人自己设计建设的水电工程越来越多,先是海外留学人员,慢慢国内自己培养的水利水电工程师也成长起来,水利水电科技也快速发展,到现在,中国的水利水电工程技术已处于世界领先水平,三峡、二滩、溪洛渡等一批标志性的水电工程建成发电,水利水电也成为中国向国际技术输出的重要领域。在中国水电发展历程中,洞窝水电站的建设具有里程碑意义。

(二)科学技术价值

洞窝水电站的科学技术价值,体现在其工程体系规划设计的合理性,以及工程建筑及技术的时代特征。

首先,洞窝水电站工程体系规划科学。洞窝水电站选址、工程体系规划布局十分科学,电站选址在龙溪河瀑布段,充分利用天然水头实现水能利用效益最大化。拦河坝、输水渠、调压池、电站厂房及输水发电系统,体系设计完善,体现了当时水电工程设计最高水平。洞窝水电站的装机容量和发电量,在当时中国属于较高水平,发电效益十分突出。

其次,洞窝水电站是中国传统水利工程科技与西方现代水利工程科技结合的产物。洞窝水电站拦河坝工程具有鲜明时代特点,是西方现代坝工设计理论和中国传统水工建筑材料工艺的结合,坝型采用现代的支墩拱坝,建筑材料则是中国传统的条石及糯米灰浆胶接,结构科学,材料工艺因地制宜,在中国近代水利工程技术史上具有代表性。洞窝水电站是近代中国早期留学科技人员归国投身国家建设,引进西方现代化科学技术的代表性工程。

(三)文化艺术价值

洞窝水电站遗产文化内涵丰富,区域生态环境景观独特而优美,具有突出的文化艺术价值,主要体现在水利文化、军事兵工化学文化、抗战历史文化、历史名人及政治文化等,以及水利水电工程美学、区域生态环境景观价值。

水利文化与工程美学价值方面,洞窝水电站是中国水利工程技术初步现代化阶段的产物,是中国传统水利工程科技和西方现代水利工程技术体系结合的产物,体现了传统治水用水因地制宜、因势利导的哲学思想,以及西方现代工程科技工业化、精确化的理念原则。洞窝水电站拦河坝、洞窝断崖瀑布等,共同构成自然与工程一体、历史文化科技内涵丰富的遗产景观,水利工程具有美学价值,遗产环境景观艺术价值突出。

军事兵工文化方面,洞窝水电站自1939年开始,并入从河南巩县迁至泸县的军政部兵工署23兵工厂,此后一直为军事兵工生产供电,并与兵工厂工业遗产构成有机整体,历经坎坷,为抗日战争胜利发挥了基础支撑作用,并且为之后中国兵工化学的发展发挥了重要作用,蕴含丰富的军事文化。国民政府把第23兵工厂厂址选在离该水电站仅有6公里的高坝,也是出于该水电站能够提供电力供应的一个重要原因。洞窝水电站现仍属泸州北方化学工业有限公司所有,其前身是开中国化学兵工之先河的我国第一座化学兵工厂——军政部兵工署巩县兵工分厂(后更名23兵工厂)。公司是中国兵器工业集团公司北化集团所属的国家重点保军企业。当年23兵工厂迁泸后,在争分夺秒抢修硫酸工场和氯碱工场,为抗日将士提供充足的武器弹药的同时,为了防止工厂免遭1937年在河南巩县孝义镇被日本帝国主义狂轰滥炸夷为平地的惨剧重演,工厂于1939年着手在离主厂区约6公里的洞窝征地820亩,在碾子山与望龙山之间形成的峡谷地带,紧靠望龙山山壁一侧修建窑洞式化学战剂工场。该窑洞式化学战剂工场的通风系统的设计受到中国人民解放军防化学院的高度重视,曾于2004年派专家前来现场考察调研。

抗战历史文化方面,在抗战期间,洞窝水电站为第23兵工厂全力以赴生产抗日前线所需的产品提供了强有力的能源保障。1937年抗日战争全面爆发后,11月16日奉令迁川,1938年3月1日,在四川泸县城西职业学校旧址复工。1939年9月11日上午位于泸州城西忠山的"治庐"所址遭日机轰炸,化学实验室、图书室、陈列室、仪器室、侦毒纸工场及维修工场,均起火燃烧,贮存器材半数烧毁,员工幸无伤亡。后经兵工署同意,在泸县狮子岩征地173.73亩,动工兴建所址,1940年9月迁入。应用化学研究所从1934年在南京成立、1937年迁川到1948年12月迁往台湾的14年中,有一半的时间在泸州。1939年至1945年,在国外物资和科技情报资料来源中断的情况下,在化学战剂性能、设计防毒器材、试制各种特种兵器弹药等方面取得了重大的研究成果,并试制出大量的纵火器材纸、信号弹、侦毒和侦查器等军用品支援抗战前线,为夺取抗日战争的全面胜利作出了巨大贡献。

此外,洞窝水电站建设发展历程中,还涌现出一批历史名人。最为突出的当数主持洞窝水电站设计建设的税西恒。税西恒又名税绍圣,四川泸州人,九三学社创始人之一。他早年参加同盟会,1912年公费考入柏林大学学习,1919年回国。1925年建成济和水电站,1932年建成重庆第一个自来水厂。先后任四川兵工厂总工程师、重大工业学校校长、蜀都中学校长、重华学院院长、九三学社中央委员会副主席等职,其一生与国家危亡、民族团结进步密切关联,在中国近现代史上有着重要地位。作为洞窝水电站的创建者,以税西恒为代表的历史名人及其政治文化也是洞窝水电站遗产文化的重要组成部分。

(四)社会价值

洞窝水电站的社会价值主要体现在以下方面。

首先是该电站自建成后,就持续不断为社会提供服务,发挥综合效益。洞窝水电站自1925年第一台机组建成发电开始,水力发电效益从未中断,社会经济效益十分突出,在抗战时期战略地位显著。洞窝水电站是中国近代早期生活电气化的代表性工业遗产,最初主要为生活照明供电,在区域社会发展史上具有里程碑意义。后抗战爆发,泸州地区是为大后方,洞窝水电站转而为化学兵工厂供电,为支援抗日战争发挥了重要的战略基础服务功能。新中国成立后洞窝水电站继续为枪炮弹药生产提供电力,在中国近代社会发展史、抗日战争史及新中国兵工化学发展史上都具有重要价值。

其次,洞窝水电站的建设开启了泸州用电的新纪元。洞窝水电站开启了四川泸州"电气化"的新纪元,水电站送电那天,川南重镇泸州万人空巷,奔走相告。由于当时装机容量小,电量有限,电站仅是夜晚发电,白天休息,只对泸州当时的大型商场、娱乐场所供电。从来没有看见过"电"的泸州百姓,常常把商场挤满,争相观看"电"究竟是什么样的。水电站采用市场化运作为民用照明供电,是时代发展的标志。

第三,洞窝水电站的建成,为民族生存、国家安全和社会稳定提供了重要支撑。1939

年,洞窝水电站被国民政府23兵工厂（255厂的前身）收购,济和电厂更名为洞窝水电站,为夺取抗战和反法西斯战争的胜利做出了不可磨灭的贡献。此后洞窝水电站持续为兵工厂生产供电,目前其所属和供电服务的北方公司已成为国内最大的纤维素醚产品和微车金属燃油箱生产研发基地,培育的硝化棉产品产销量居世界第一,并已成功上市。同时,开发了人工降雨弹、森林灭火弹及射钉弹用发射药等军民结合产品,其中射钉弹用发射药在国内市场占有率达80%以上,人工降雨弹用推进剂在国内市场占有率达90%。

洞窝水电站作为遗产,结合洞窝风景区的建设开放,同时发挥着科普教育、爱国教育、历史文化教育等的社会服务价值。

四、结语

基于上述分析,文章对洞窝水电站遗产价值初步总结如下:

第一,它是第一座中国人自主设计建造、经营管理的水电站,是现代水利科学技术引入中国的重要奠基,是中国水电工程与现代工业同时艰难起步的历史见证,是近代中国留学归国的知识分子实业救国的重要实践,是中国水利工程的"活文物",具有重要的历史文化和科学技术价值。

第二,洞窝水电站最初是以照明供电为主的民营水电站;抗日战争时期转化成为军工服务的国家水电站,为抗战的胜利做出了重要贡献,见证了抗战时期军工发展的历史进程。

第三,洞窝水电站也开启了水电开发的时代。以洞窝水电站建设为开端,至20世纪40年代,龙溪河成为中国第一条完成梯级水力开发的河流。之后,西南地区小水电建设快速推进,大江大河水电工程勘测、规划全面开展,这与洞窝水电站的前期实践有着密切关系。

第四,洞窝水电站见证了1910年以后现代水利工程技术的变革,目前进口水轮机、水电,以及部分厂房不复存在,但是,水工体系基本完好,水库、拱坝、支墩坝都是传统与现代工程承前启后的标志性工程。引水渠、前池、节制闸布局科学,施工工艺精良,是近代水利

图1 洞窝水电站拦河坝现状

图2 洞窝水电站进水闸

图3 20世纪80年代修建的洞窝水电站厂房　　　图4 通用产水轮发电机组

工程技术的杰出典范。

第五,洞窝水电站遗产构成包括水利水电工程、军工山洞、厂房、工程档案、电站产权交换等,它们都具有较高的科技、历史、文化价值,应在文物保护利用中高度重视。

参考文献:

[1] 中国水利水电科学研究院.洞窝水电站价值评估与对比研究[R].北京:中国水科院,2018.

[2] 四川省电力工业编纂委员会.四川省电力工业志[M].成都:四川科学技术出版社,1994.

[3] 四川省水力发电工程学会.四川水电史略[M].成都:四川科学技术出版社,2011.

[4] 泸州市龙马潭区志编纂委员会.泸州市龙马潭区志(1996—2005)[M].北京:中国文史出版社,2014.

[5] 陆远兴.解放前的四川水电[J].四川水力发电.2005,24(4):95-97.

[6] 卓政昌,姚国寿,曾逸农.风雨洞窝——四川水电开发的源头[J].四川水力发电.2010,29(3):143-146,154.

[7] 纪华.税西恒修建四川洞窝水电站[J].中国水利.1985(01):31.

专题三　三线工业遗产
与乡村振兴

莱芜小三线工业遗产保护与再利用
——以原山东省交通厅汽车修理厂（17号信箱）为例

1.刘清越　2.冯传森　3.姜　波　4.卢　勇

（1.山东建筑大学建筑城规学院；　2.山东建筑大学艺术学院
3.山东建筑大学齐鲁建筑文化研究中心；　4.山东赢泰文化旅游发展有限公司）

一、前言

　　"三线建设"是国家在20世纪60年代，迫于国内外紧张局势，为加强战备，逐步改变我国生产力而布局的一次由东向西转移的战略大调整。1965年1月12日，毛泽东主席在关于第三个五年计划的谈话中提出要"备战、备荒、为人民"，大规模三线建设正式开始。同期，作为对"大三线"的补充和衔接，"小三线建设"①也开始大规模在全国各个省份进行建设部署。山东小三线建设始于1964年[1]。遵照中共中央"建设三线工业"的指示，在中共山东省委、省人民委员会和济南军区的领导下，坚持"分散、靠山、隐蔽"[2]和"立足省自为战"的方针，在沂蒙山区建立了以军事工业企业为主、地方企业为辅的专业化协作生产体系[3]，即小三线建设。

　　改革开放以后，大量小三线企业难以适应新的发展形势，逐步以关、停、并、转、迁等方式进行全面产业调整。企业遗留的不动产被移交当地政府，成为当代小三线工业遗产的重要来源。随着我国乡村振兴战略的不断推进实施，以及文化旅游产业的快速发展，为小三线工业遗产的重新评估和进一步活化利用提供了契机。

　　本文通过实地走访调研原山东省交通厅汽车修理厂（17号信箱）②，追溯并梳理企业发展历史和建筑布局，分析在对厂区保护与再利用过程中遇到的问题和积累的经验，从实证角度探索莱芜小三线工业遗产保护与再利用的技术路径，以期为山东省小三线工业遗产的开发建设，以及乡村文旅产业发展提出有益指导和借鉴。

---

　　①　一线指东北及沿海各省市；三线指云、贵、川、陕、甘、宁、青、晋、豫、鄂、湘11个省区，其中西南（云、贵、川）和西北（陕、甘、宁、青）俗称大三线；二线是指一线、三线之间的中间地区；一线、二线地区各自的腹地俗称小三线。

　　②　1969年2月，根据《山东省交通邮政管理局革命委员会生产指挥部(69)革生邮字2号通知》，将筹建施工的 汽车修理厂代号定为"山东泰安第17号邮政信箱"，简称"17号信箱"。

二、历史发展沿革

1965年，莱芜①开始大规模进行小三线建设。1966年初，根据上级安排，山东省交通厅决定将济南客车修理厂搬迁至当时的莱芜县高庄公社域内的县属水泥厂旧址，作为三线建设配套企业。经1966—1969四年大规模建设，由原有占地面积约5.4万平方米扩展至约16万平方米，建成了集生产车间与生活区住宅、配套小学、幼儿园、食堂、卫生所、礼堂等为一体的综合型厂区。在随后的20年间，该厂陆续下线了五吨"泰山牌"载重汽车、10吨半挂车、20吨重型半挂汽车、集装箱半挂汽车等产品。其产品种类也从一开始的单一型号、单一用途汽车，升级转变为多型号、多用途半挂车及专用车。1980年1月，该厂更名为山东省交通厅莱芜汽车制修厂，并于1982年底完成了200部10吨半挂车的生产任务，不仅实现了当年研制、当年投产的目标，也正式由载重汽车生产转产为汽车改装厂。1990年，厂区生产线搬迁至泰安，更名为山东泰安交通车辆厂，原莱芜厂区整体保留。自1966年建厂后的30多年间，先后经历数次更名、搬迁、改制等一系列进程，逐步成长为一个现代化汽车制造企业（见图1）。②

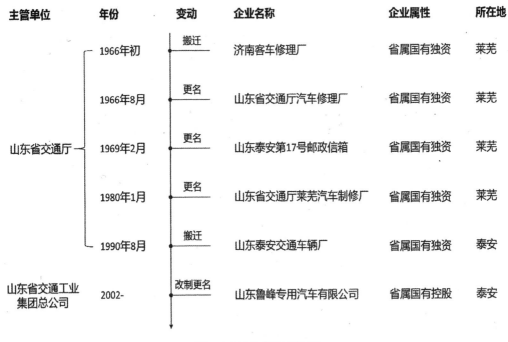

图1　17号信箱历史沿革

---

①　原为山东省泰安市下辖县。1983年8月，经国务院批准，撤销莱芜县，改设省辖县级市，由泰安市代管。2019年1月，国务院批复同意撤销地级莱芜市，划归为济南市莱芜区，下文简称莱芜。

②　自1986年以来，该厂连续保持山东省交通系统"经济效益先进企业"和"精神文明建设先进单位"称号；1989年晋升为省级先进企业；1991年列全省110家"工业经济效益排头兵企业"和"泰安工业企业五十强"；1995年又获"全省交通系统先进单位"；1996年省经贸委授予"管理示范企业"；1997年中通集团公司授予"科技进步先进单位"等称号。其产品通过ISO9001质量体系、英国（UKAS）质量体系、德国（TGA、KBA）质量体系、国家安全性评价、强制性产品3C等权威认证。

三、地理环境与布局

17号信箱位于莱芜区高庄街道办事处老君堂村以北。其布局特点与全国大多数三线军工企业"靠山、分散、隐蔽、进洞"[4]的选址原则不同,综合根据实际地形、地貌条件和对安全、隐秘性的考虑,确定了"大分散、小集中","依山傍水扎大营"[5]的山东省小三线建设原则。厂区背靠丘陵,前临新甫河,呈带状由东北向西南延伸。

根据1985年绘制的厂区总平面图(见图1)可知,厂区可大致分为两个区域(详情见表1),即生产区(装配区、仓储区和机加工区)和生活区。生产区绝大部分位于山脚下,沿河依次而建;生活区位于半山腰处,地势略高,紧贴生产车间布局。

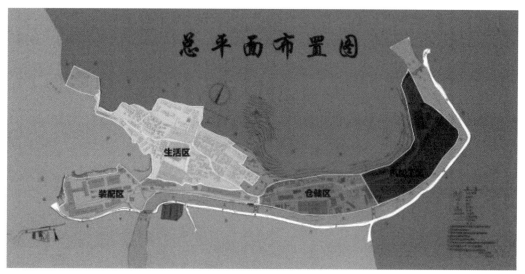

图1　1985年厂区总平面图
来源:山东赢泰文化旅游发展有限公司提供

表1　厂房功能分区表

分区图	功能区	编号区段	主要建筑	面积(平方米)
	装配区	1–28	1.冲压车间	1949.47
			3.下料车架车间	2204.94
			4.漆工车间	693.12
			6.半挂配件车间	589.73
			10.半挂车间	1266.50
			11.半挂车间	657.42
			12.半挂总装车间	1071.70

续表

分区图	功能区	编号区段	主要建筑	面积（平方米）
			20.原翻砂车间	1024.96
			23.原模型车间	841.55
			26.设备车间	2141.94
	仓储区	29-65	31.工具技术库	443.99
			33.热处理车间	394.70
			36.仓库	638.41
			40.模型车间	590.46
			41.变电室	250.47
			43.供仓	429.4
			44.供仓	612.94
			45.供仓	394.05
			46.供仓	394.05
			52.改装车间	3509.51
			62.食堂	823.88
			65.木材库	673.03
	机加工区	67-88	67.机加工车间	639.54
			68.机加工车间	443.58
			72.机加工车间	637.33
			76.油库	377.87
			77.切割下料	654.43
			79.锻造车间	1626.46
			81.正火车间	337.49
			82.宿舍	499.08
	未知	89-98	无	无
	生活区	99-316	103.冷库	242.51
			104.宿舍楼	464.13
			128.托儿所	843.94
			145.家属宿舍楼	910.25
			170.家属宿舍楼	1757.48
			178.单身宿舍楼	2494.16
			180.宿舍楼	1753.08
			183.职工食堂	1095.72
			184.礼堂	1348.99
			302.卫生所	922.78

　　生产区全部为单层建筑,层高均在6米以上,面积大于1000平方米的车间有8栋(见表1)。外墙为清水砖砌,高大气派(见图2)。车间顶棚为混凝土牛腿、预制桁架支撑(见图3)。其中,原生产汽车零部件及组装车辆的车间,总面积约有10000平方米;另有锅炉房等其他配套的动力车间,以及机修车间等小型车间(见图4),总面积近3000平方米。目前,厂房建筑大部分保存完好,结构完整,外观因年久失修局部破损脱落。

　　生活区建筑包括职工宿舍和公共建筑两类。职工宿舍多为清水红砖砌筑,少部分小型宿舍为方石垒砌;其余的公共建筑大多以红砖砌筑,外饰水刷石,少数为清水红砖砌筑。相较于部分职工宿舍(见图5)因年久失修已损毁不存(见图6),公共建筑大部分外观保存完整,且内部结构无坍塌破损迹象(见图7)。

　　受当时经济、技术条件的限制,厂区整体建设采用了"低技术"的建造策略。材料大多选用红砖或当地的天然石材,就地取材,既经济又便捷,且能满足结构需求和立面效果,最终形成了统一简洁的厂房外立面。同时,为了满足生产需要,建筑结构以大跨桁架结构为主,形成超大的空间尺度和清晰的构造节点,体现"工业机械美学"的特征。

图2 改装车间外观

图3 改装车间内部

图4 机加工车间

图5 职工宿舍楼

图6 损毁的职工宿舍楼   图7 卫生所

四、开发利用现状

改革开放以后，17号信箱大力发展民用汽车制造。为了改善企业地处山区交通不便、生产生活物资运输困难等问题，避免山洪、地震等自然灾害对厂区建筑造成破坏，企业向省交通厅物资工业公司提交了拟建设泰安分厂的请示。1990年8月1日，莱芜厂区正式停产，生产线全部迁入泰安。原厂区建筑、生产设备等产权移交当地政府。

2018年，经莱芜区政府同意，将原17号信箱相关资产无偿划拨注入莱芜区属国企山东赢泰文化旅游发展有限公司，要求赢泰文旅创新思路方法，依法依规办好相关手续，尽快盘活闲置资产，实现国有资产保值增值。

目前山东赢泰文化旅游集团已对17号信箱完成了总体概念性开发规划。对现存占地面积达307亩、27个单体建筑进行功能区划，形成集大美儿童世界、综合服务中心、汽车梦工厂、越野IN巷、汽车文创园、汽车产业园、汽车会展中心在内的七大功能区（见图8）。

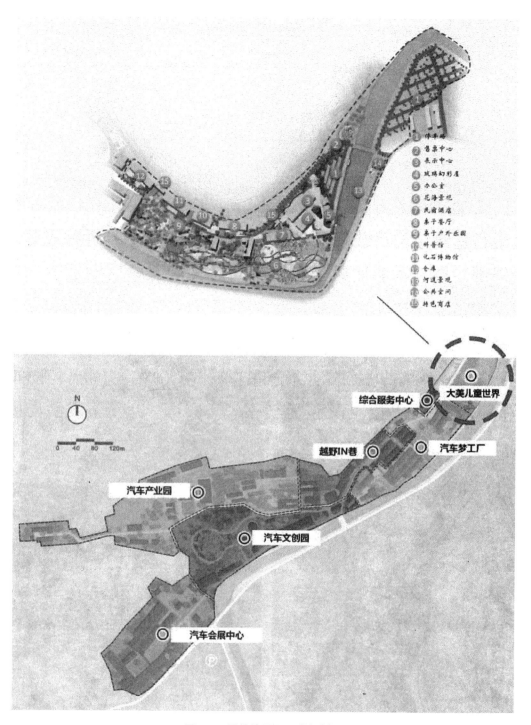

图8 17号信箱厂区开发规划图

表2 大美儿童世界建筑列表

地块编号	项目名称	建筑面积(平方米)	建筑层高(米)	建筑层数	游客承载量(人)
2	售票中心	132.6	3.5	1	40
3	展示中心	2274.6	10.5	2	100
4	玻璃幻彩屋	200	7.5	1	30
5	办公区	555	7	2	—
7	亲子民宿	623.3	3.5	1	27
8	亲子餐厅(在建)	638	—	1	100
10	科普馆(在建)	444	—	1	150
11	化石博物馆(在建)	640	—	1	200
12	仓库(在建)	640	—	1	0
15	特色商店(在建)	159	—	1	—

来源:笔者根据实地调研而制。

根据实地走访调研,目前已开工建设的大美儿童世界地块中,已建成售票中心、展示中心、玻璃换幻彩屋、办公区和亲子民宿(见表2),并于2021年5月投入运营。

利用厂区原传达室作为入口售票中心(见图9)。在保存完好的原有主体结构上,延续其现代主义风格,内外墙面仅做粉刷和局部墙体贴面,更换门窗。整体造型简洁,无多余装饰,讲求实用。

图9 售票中心外部实景图　　　　图10 展示中心外部实景图

展示中心(见图10)由原锻造车间厂房改造而成。由于旧厂房屋顶桁架结构腐蚀严重,配筋亦不能满足现行建筑结构荷载规范,故将顶部桁架结构全部拆除重建。外墙加固后,脱离原墙体加做局部二层。本着复原工业风貌同时又能兼顾后期运营的原则,在外观和内部装潢设计时采用工业风框架和当地材料。外墙为红砖外挂,配以深灰色竖方窗和主题壁画,既保持了厂房原有构成肌理,也彰显了军工文化色彩。内部空间选用白色、原木色结合的风格,与灰色桁架和白色内墙形成鲜明对比(见图11、12)。平面由多个六边形体块组合而成,蜂窝状边界分割出四个功能分区(见图13),为儿童室内活动场地。

图11 展示中心内部实景图   图12 展示中心内部实景图

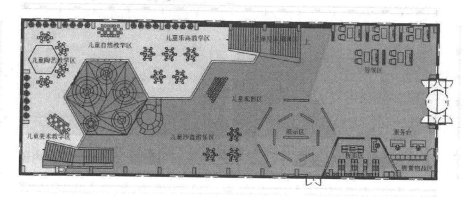

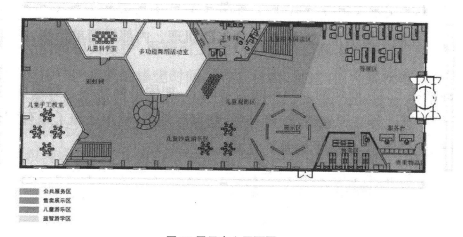

图13 展示中心平面图

来源：山东赢泰文化旅游发展有限公司提供

玻璃梦彩屋（见图14）所处位置为正火车间旧址。因原建筑损毁严重，拆除后重建为玻璃幻彩屋。其主体为金属框架结构，外附几何彩色玻璃拼接而成。采用蒙德里安抽象绘画风格，传递出活泼多彩的童真童趣。内部可用于儿童手工活动、售卖、会议等多种功能(见图15、16、17)。

图14 玻璃梦彩屋外部实景图

图15 玻璃梦彩屋内部实景图
来源：山东赢泰文化旅游发展有限公司提供

图16 玻璃梦彩屋内部实景图
来源：山东赢泰文化旅游发展有限公司提供

图17 玻璃梦彩屋内部实景图
来源：山东赢泰文化旅游发展有限公司提供

办公区原为二层职工宿舍(见图18)。建筑主体结构保存较为完整,改造时对屋顶、墙体做加固处理,外墙面做清洗、复原,露出原红砖肌理。内部做简单装修,原有建筑形式和风格得以保留。

亲子民宿(见图19)在原切割下料车间的基础上,加固整体结构。对损坏严重的屋面翻新后重铺机制红瓦。外立面做清洗、修补后,贴青砖处理,基本还原了原有建筑风格特征。红砖与青砖的交错使用,增强了建筑外立面的视觉感受。

图18 办公区外部实景图

图19 亲子民宿外部实景图

五、经验与启示

　　不同于城市中的工业遗产，"小三线"工业遗产的价值评价、更新模式、保护方法都受环境制约而具有特殊性。保护并盘活这些工业遗产，尤其是将其"靠山、隐蔽、分散、进洞"等处于劣势的区位特征转化为山区旅游资源，对国家乡村振兴战略及工业遗产保护实践皆具重要意义。

　　在17号信箱原厂区已完成的保护开发中，经营管理者很好地把握了其汽车制造、修理的工业价值，以汽车文化为切入点，利用基本保存完好的厂房，依托原有景观环境，植入了集儿童世界、汽车工厂、汽车产业园、汽车文创园、会展中心等功能为一体的文娱、商贸、展览基地，发展主题鲜明的文旅融合项目。根据实地调研分析，对后续17号信箱原厂区的保护与再利用提出如下几点建议：

(一)军工历史结合汽车文化

　　在以汽车文化为主题开发建设17号信箱厂区的同时，加强小三线企业的军工属性的连接，实现"三线精神"与汽车文化的价值传承。例如建立小三线汽车工业遗产博物馆，通过复原生产场景、重现技术工艺、展示文本资料等内容，并引入多媒体、3D、VR等展示新技术，增强人机交互体验，使得工业遗产在传递工业文化价值的基础上，兼具科普功能。

(二)加强管理与监督

　　虽然对17号信箱相关保护、再利用工作已经展开，但尚未对全部厂房进行系统完整的调研、测绘。包括厂区建筑的修建时间、结构、材料、用途，以及现状等信息还未进行统一采集整理。在接下来的开发改造进程中，应做好相关数据的充分采集、登记、分类，为17号信箱后续开发建设提供翔实有效的数据支撑。

　　同时，通过积极宣传，提升周边群众的遗产保护意识，以及对17号信箱的主人翁意识。发动群众的力量，与政府、企业三方合力助推小三线工业遗产的保护与再利用。

(三)运营专业化

　　在招商引资过程中，地方政府与投资开发公司要做好监督与引导工作。严格把关入驻品牌的定位和经营理念是否与园区主题和服务范围相契合。逐步形成品牌集聚效应，努力实现工业遗产经济效益开发与遗产保护实现平衡。

　　经营管理者还需要搭建专业运营平台，完善管理制度，招聘职业经理人参与17号信箱的项目开发运营中，保障厂区运营的有序健康发展。

(四)完善配套设施

　　17号信箱距离莱芜城区14千米，据济南市中心城区101千米。经营管理者可以通过加强交通营运建设，为引流创造条件。例如，在高铁站、汽车站等公共交通枢纽以及城区、商圈设立免费接驳车；或向公交公司申请在景区入口设置公交站点等，为游客提供多种交通路线选择，解决游客往返问题的同时，可以有效缓解景区停车压力。

鼓励周边群众参与到住宿、餐饮等第三产业的经营中去，在园区内外发展现代乡村民宿，从而提高旅游接待能力，以达到完善旅游基础设施的目的。

六、结语

小三线建设是一场中央和地方密切配合下的国防建设运动，是我国工业建设发展的重要组成部分。现存的小三线工业遗产不仅是对当时我国国防战略部署的折射，也为所处地区的经济发展提供了一条新思路。在未来乡村小三线工业遗产保护与再利用过程中，一方面要认清其文化和经济的双重价值，尽量平衡文化属性与经济效益之间的关系；另一方面，应积极学习国内外工业遗产开发优秀案例，充分做好前期准备与全面规划。依据自身实际情况，整合各类资源优势，推动建设资金多元化，人才专业化，管理系统化。做到有效利用经济效益反哺实现工业遗产的合理开发，助推乡村文化旅游产业的实施，打造文化与旅游相融合的乡村"文旅综合体"。

致谢

感谢山东赢泰文化旅游发展有限公司对齐鲁建筑文化研究中心在前期实地调研，以及论文成稿过程中给予的特别支持与帮助。

参考文献：

[1] 刘本森,刘世彬.山东小三线建设中的民工动员[J].当代中国史研究,2020,27(05):136-148+160.

[2] 中共中央文献研究室.建国以来重要文献选编(第19册)[G].北京:中央文献出版社,2011:116.

[3] 山东省地方史志编纂委员会.山东省志·工业综合管理志[M].济南:山东人民出版社,1999:149.

[4] 刘伯英.北京工业遗产的研究方法[J].城市与区域规划研究,2008,1(03):63.

[5] 霞飞.毛泽东在上世纪六十年代的一个重大战略决策[J].党史纵横,2008(01):42-45.

[6] 徐苏斌,青木信夫.从经济和文化双重视角考察工业遗产的价值框架[J].科技导报,2019,37(08):49-60.

关于三线建设记忆之场空间重塑的思考
——以二汽为中心的考察

杨亚茜

（华中师范大学国家文化产业研究中心）

　　20世纪60年代，面对严峻的国际形势，党中央做出了以"备战、备荒"为主要意图，兼顾平衡我国沿海与内陆地区工业布局的重大战略转移运动，即"三线建设"。在此期间（从1964年至1983年前后）[①]国家共计投资2052.68亿元人民币，兴建了1945家大中型工矿企业和科研院所，遍布全国中西部13个省、自治区，涵盖了军工、冶金、航空、矿业、交通运输、钢铁、水泥、电力等众多行业。进入20世纪80年代，随着国际形势趋于缓和，国务院对三线企业做出了"调整、改造、发挥作用"的政策调整，这标志着我国"三线建设"正式画上句号。随后大批厂矿企业或搬离原址、或转型重组为民用产品的生产，而原有的"三线"厂房、设备、生活区建筑等也随着企业的迁离而逐渐闲置、荒废。三线建设作为我国工业发展史上一个极其重要的阶段，具有明显的事件指向、时间指向与意义指向。

　　如今三线建设已离我们远去，原来的厂房、设备等也因其功能性转换，并以其独立的特性构成了我国现代工业遗产的重要组成部分[1]。近年来，无论是从国家层面、地方政府还是社会公众都对三线建设遗产给予了高度的关注，在国家工信部已公布的五批次国家工业遗产名单中，三线建设遗产有多项入选，这也意味着三线工业遗产的价值逐渐得到官方认可。作为历史的见证者、叙述者，三线建设遗产不仅述说着城市的发展与变迁，而且还铭刻了一代人尤其是老一辈产业工人内心最深处难以割舍的情感记忆，是延续城市记忆、凝聚城市认同感和归属感的重要载体。随着城市化进程的演进，大量蕴涵集体记忆的工业遗存会走向消亡，但相关记忆仍然会铭刻在人们的身体、思想与记忆中，成为人们连接过去、直面当下、走向未来的重要力量源泉。美国作家阿历克斯·哈利曾指出："人最宝贵的东西，是知道自己是什么人，是从哪儿来的。"[2]

---

　　① 学界对"三线建设"的开始时间几乎没有分歧，都认同以1964年5月27日中央工作会议期间毛泽东正式提出"三线建设"战略任务为起点，1965年正式实施。但对"三线建设"结束的时间有不同看法。一种观点认为是1983年；另一种观点认为是1978年；还有一种观点认为是1980年（参考吕建昌《三线工业遗产的特点、价值及保护利用》一文）。

　　记忆是人存在的重要基础，也是遗产建设中的重要因素。近年来，关于"记忆"的研究受到了遗产界的广泛关注，并带动工业遗产研究内容与方向发生转变，这从不断增多的、其密度迄今不见减少的研究文献就可以得到证明。学者丁小珊（2021）依托社会记忆理论和场所理论，探讨了三线工业遗产改造思路[3]。乔治、贾新新等（2020）提出在工业社区适老化设计工作中，要以工业文化的集体记忆为线索，实现工业文化遗存的可视化、创造化表达[4]。吕飞、武海娟（2018）结合哈尔滨"156项工程"发展困境，提出从"自上而下"与"自下而上"两方面，分别就记忆储存、记忆组织、记忆再现等方面提出实现工业记忆的更新与保护的策略[5]。李蕾蕾（2015）从乡愁概念内在的矛盾性出发，指出在工业遗产保护与再开发过程中，必须关注乡愁记忆中的负面情感部分，即黑色工业遗产保护的价值[6]。以上有关记忆视角下我国工业遗产保护利用的探讨，很好地将人的记忆和作为物的遗产联系起来进行考察[7]，这给本文研究提供了一定的理论基础，对于我们更好地认识人与遗产的关系，形成遗产批判理论，彰显三线建设遗产的时代价值具有重要意义。

一、相关概念与研究的理论基础

　　记忆对人们来说是一个既熟悉又陌生的词汇，它既来自远方，又流经现在、奔向未来；既关乎历史，又关乎身份认同和人类前进的方向，为我们提供了连接过去和走向未来的多种可能性。英国著名哲学家培根曾指出："世界上的一切知识都只不过是记忆。"记忆是人类生存进化之本，可以说"如果没有记忆，人类就无法辨认自己，也就不再存在"[8]。作为一个文化学题目，当前，记忆已经成为一种可以被大规模生产、制造、存储、传播、消费的文化产品，有关"记忆"的研究业已成为当代史学和史学理论研究的热点问题。其实，在早期关于"记忆"的研究主要是集中在生理学和心理学领域，如心理学家艾宾浩斯致力于运用实验心理学的方法进行个体记忆的研究、马尔科·姆格拉德威尔有关记忆"通道容量"的研究等等。由于记忆的不可名状，在研究中也表现出"不可解释"的特性。20世纪20年代法国社会心理学家莫里斯·哈布瓦赫在《记忆的社会框架》与《论集体记忆》等著作中，从社会背景视角下系统阐述了"集体记忆"，指出记忆是一个能动的社会化过程，所有个体记忆只有在社会环境中加以定位才能进行识别和回忆，如果"没有了这些，记忆就会蒸发，成为了纯粹的流动"[9]，由此开启了关于"记忆"研究的历史转向，即从生理学和心理学转向社会学和文化学，从个体视角转向集体视角[10]。然而，这种转向在当时并没有引起当时学术界的广泛关注。

　　到了20世纪80年代有关记忆的研究开始在人文学科中再次升温，涌现出以皮埃尔·诺拉、保罗·康纳顿以及阿斯曼夫妇为代表的研究者，"社会记忆""文化记忆""记忆之场"等概念也相继被提出，不断推动新文化记忆研究迈向纵深发展阶段。美国学者保罗·康纳顿在《社会如何记忆》一书中创新发展了哈布瓦赫提出的"集体记忆"概念，提出了"社会记忆"的概念,认为社会记忆是社会重构的一部分,是不同权力斗争与妥协相融合的结果,强调记忆与权力、与身体实践、纪念仪式之间的关系[11]。在德国,文化记忆理论大家阿斯曼夫妇则转向文化学视域下的记忆研究,提出了"文化记忆"理论,探讨记忆的空间向度,强调回忆空间在建构身份认同、延续存在意义、持续文化传承中所发挥的重要作用。在法国,历史学家皮埃尔·诺拉在莫里斯·哈布瓦赫"集体记忆"概念的基础上,重新审视了记忆与历史的区别,延伸发展了集体记忆的"时空"载体并将其"场所化",将记忆研究与"场域"联系起来,提出"记忆之场"的概念,他认为"记忆之场"是保留和繁衍集体记忆的地方[12],是由事件发生的场、见证事件的物以及事件结束后的集体记忆所共同建构出来的,并主张通过对记忆场所的研究来更好地拯救残存的集体记忆,找回群体的认同感与归属感[13]。任何理论的建构都暗示了它的目标是如何被识别的。如今关于记忆的研究已成为文化遗产保护的新趋势,这是工业化和城市化发展的必然结果。面对当前城市"失忆""无根""趋同"和当代人寻找身份认同的心理需求,迫切需要通过构建新的社会记忆,完成三线记忆的延续,满足现代人对精神寄托与身份认同的寻找。

从本质上来看,记忆之场和工业遗产是意义相关联的两个词汇,两者都是对过去能动的社会建构的结果,具有强烈的历史性、当下性和可操作性。但具体来看两者又有着本质的区别。一方面,工业遗产是以集体记忆为基础的一个有/无意识的选择记忆和意义创造的过程,所代表的是一种官方的话语实践与记忆的强光,本质上是一种经过包装了的工厂遗址,是被现实所选择、接受、传承与重构的历史文化传承系统。另一方面,记忆之场作为人们对过去的知识与情感的集合体,其本身是要比历史或遗产更加个性化与日常化的事物,其所呈现出来的内容也更加温暖,是当下的、具象的、活着的、情感化的东西。作为一种可见又不可见的事物,记忆之场既存在于人们的心中,又可外化为具体的物质实体,但要想实现记忆的永续发展就必须要借助一定的记忆载体。总之,记忆构成了记忆场所的精神与灵魂,其不仅能够弥补传统遗产观中被宏大叙事所遮蔽的那部分对普通人的记忆微光,关注当下的"历史",同时也能够为三线建设历史记忆的延续提供一种全新的阐释框架。

二、二汽三线建设记忆之场的形成与存在维度

记忆之场是一个在物质与精神层面具有重大意义的统一体[14],包含了基于时间的"记忆研究"和基于空间的"场所研究"两个维度[15]。作为处在历史与记忆之间的"场所"(lieux),记忆之场是保留和繁衍集体记忆的地方,并经过长期的发展演进,是由事件发生的场、见证事件的物以及事件结束后的集体记忆所共同建构出来的,蕴涵了"物、场、事"三个要素。遗产地通常又被称为记忆之地,具体来看,三线建设记忆之场的生命轨迹是伴随着三线建设的全面展开、三线企业的"关、停、并、转、迁"以及三线记忆的遗忘与再造而逐渐形成的,凝聚了各个时间节点上的场所精神,并通过人的感知与联想得以表达。

(一)二汽三线建设记忆之场的生命轨迹

20世纪60年代因三线建设需要,国家将第二汽车制造厂选址十堰,由此也给十堰的经济社会发展带来了翻天覆地的变化,并使其迅速从一个贫穷落后的小镇发展成为现代化的汽车工业城,当地人常言道"若没有东风公司的进入,就没有如今的十堰市"。由此可知,十堰已成为二汽的记忆之场和十堰人的一片记忆空间。

回顾二汽的筹建过程发现,早在1953年国家就开始了第二汽车制造厂的筹建工作,但直到1966年第二汽车制造厂仍迟迟不见动工建设,期间由于财政困难、选址问题等还先后经历了三上二下、三移其址的艰难抉择。1964年,党中央出台了以备战为中心的三线建设方案,二汽建设再次提起,并被列入"三五"计划时期的重点工程。1965年第二汽车制造厂筹备处在今武当山下设立。次年10月,二汽选址筹建会在老营(今武当山下)召开,经过现场考察和与会专家讨论最终确定了建厂范围。1968年11月,周总理再次批示:"二汽厂址可以确定在湖北郧县十堰地区进行建设。"1969年,二汽建设热潮正式拉开。在"好人好马上三线"的时代精神感召下,全国各路建设大军近四万余人齐聚十堰,如火如荼地开始了大规模的施工建设。按照"大分散、小集中""进山、分散、隐蔽"的建设方针,结合十堰独特的山地特质,27个专业厂区在十堰的山间谷地拔地而起,并通过蜿蜒的铁路紧密相连。同年,国务院批准撤销郧阳十堰办事处,设立十堰市。1975年,两吨半越野车(EQ240)生产能力建成顺利投产,标志着第一辆"东风"牌汽车诞生。同年,二汽和十堰完成政企合一。到了20世纪80年代,受计划亏损和"停缓建"的影响,二汽经历了起死回生般的转轨续建,并开始尝试从计划走向市场。1982年,十堰与二汽实现政企分离。进入20世纪90年代,为顺应国有企业现代化改制工作,第二汽车制造厂正式更名为东风汽车公司,由此开始迈入快速发展阶段。为了寻求更进一步的发展,2003年东风汽车公司总部整体搬迁至武汉,而十堰则被作为东风汽车公司辅业主体的所在地。据了解,当时有7万多名职工随资产进入新的合资公司,另有一万多名职工进入新组建的东风汽车股份有限公司十堰管理部进行过渡(见表1)。

表1 十堰二汽的发展沿革

阶段	年份	重要事件
选厂筹建期	1953—1964	1953 年,毛主席提出"要建设第二汽车厂";1964 年,以备战为中心的三线建设方案出台,二汽被列入"三五"计划时期的重点工程
厂区建设期	1965—1977	1965 年,第二汽车制造厂筹备处设立;1969 年,国务院批准设立十堰市;1975 年,第一辆"东风"牌汽车诞生
转轨续建期	1978—1990	遭遇"停缓建"的关卡;自筹资金,开辟"军转民"的发展道路,实现二汽续建
快速发展期	1991—2002	开始国有企业现代化改制工作;1992 年,第二汽车制造厂正式更名为东风汽车公司
调整搬迁期	2003—至今	2003 年,东风汽车公司总部整体搬迁至武汉

作为"二汽或东风"的诞生地,十堰市留存有大量关于二汽三线建设时期的工业遗产,它们见证了二汽的发展壮大,也见证了二汽人在这片土地上的艰苦创业,是二汽人集体记忆的重要表征。近年来,随着十堰市"退二进三""退城进园"战略的实施,东风公司在十堰市的原有部分厂区也开始了大规模的布局调整,遗存的30多处老厂区、近6000栋工业厂房或选择退出、或选择搬迁、或被拆除。东风作为转型较为成功的三线企业,目前,在十堰市与东风汽车公司配套的地方工业企业多达200余家,汽车产业工人也多达20万,汽车产业占到全市规模以上工业总产值近七成。而在十堰人们的日常生活中也随处可见东风汽车文化的影子,打开电视有东风电视台,翻开报纸有专门的东风新闻版面,街上则有车城路、车城商场、车城宾馆、东风大道、车城新村等众多与东风汽车有关的记忆元素……可以说东风汽车文化已成为十堰人抹不掉的"城市记忆",蕴含着十堰人深深的乡愁和无限的记忆。

(二)二汽三线建设记忆之场的存在维度

作为记忆的媒介,记忆之场包含的内容十分广泛、形态多样。历史学家皮埃尔·诺拉曾将记忆之场划分为实在性的记忆场所(如档案馆、博物馆、纪念馆等)、象征性的记忆场所(如遗迹地、纪念广场、纪念碑、纪念雕塑、一枚纪念徽章、一棵具有独特意义的树、一本回忆录等)和功能性的记忆场所(如纪念活动、一分钟的默哀、历史教科书等)三大类。学者陆邵明在文中阐释了本土化语境下的"记忆场所"内涵与要素模型,并将其大致归纳为七类:聚居类场所、文化类场所、生产服务类场所、宗教仪式性场所、特色景观、特殊意义场址、跨地区的亚文化路线[15]。朱蓉则在文中探讨了城市记忆的要素构成,指出城市记忆系统主要是由城市记忆客体、城市记忆主体、城市记忆载体构成[16]。此外,按照记忆之场存在形态不同还可以将其划分为有形记忆之场和无形记忆之场,或者,硬性记忆之场与软性记忆之场;按照属性不同又可将其划分为生产性记忆之场与生活性记忆之场两类。综上,本文将结合三线建设遗产和十堰二汽工业遗产的实际状况,从生产性记忆之场和生活性记忆之场两方面具体阐释二汽三线建设记忆之场的存在维度。其中,生产性记忆之场主要包括了工业厂房、大型构筑物、生产设备、厂区周边环境与特色景观等物质性记忆要素和工业生产过程中产生的工业文化,如工艺流程、技术创新、企业故事等非物质性记忆要素;生活性记忆之场则主要包括工人社区、食堂、附属医院、子弟学校、文化娱乐活动等物质性记忆要素和社区文化、情感记忆、身份认同、生活习俗等非物质性记忆要素。

目前,十堰有关二汽在三线建设时期的记忆之场是较为丰富的,但整体分布比较分散,碎片化、离散化问题较为严重。加上这些记忆之场长期被废置且没有得到有效地保护利用,导致场所活性弱化、集体性记忆疏远,这也为我们重塑记忆之场提出了新的要求,即除了要关注那些生产性的记忆之场外,要更多地关注那些生活性的记忆之场。在那个火红的年代,国家一声令下,老一辈"二汽人"撇家舍业、义无反顾地来到十堰,投身到第二汽车制造厂的建设工作中，在这个过程中他们既收获了许多喜悦与荣誉，也蕴藏了许多辛酸和汗水。曾任二汽发动机厂党委书记的李英权在《到十堰参加三线建设》一文中回忆到："真要走了，远离北京，每个人都有一个小家啊，生活上总有些牵肠挂肚的事情。"[17]是啊，正是这些怀有满腔热血的二汽人，以舍小家为大家的奉献精神，秉承"先生产、后生活"的理念，凭借一盏盏马灯、一双双草鞋、一根根扁担、一座座席棚，克服重重困难在荒无人烟的鄂西北创造出一个又一个人间奇迹，奠定了我国现代汽车工业的基础，而今天我们应该如何传承并发扬好这种以"艰苦创业、无私奉献、团结协作、勇于创新"为主要内容的三线精神正是实现三线建设遗产保护利用的关键所在。

三、二汽三线建设记忆之场的空间重塑的路径选择

记忆的存储离不开空间。空间作为承载人类历史活动关系的场域，是唤醒记忆的先天容器，既是一种可见的物理场所，也是一种不可见的心理再现，具有强烈的符号与价值意义，蕴涵了一种生产性的过程。当前，三线建设记忆空间转化的过程是在集体记忆框架下的形塑，存在过分地寄托于实在性的记忆之场，而忽视了对功能性与象征性记忆之场的构建以及三线建设精神和三线人的情感记忆等非物质性记忆之场的关注，因此，本文尝试从点、线、面多角度入手构建更具文化记忆的空间语境，强化对记忆内容的搜集整理、创新对记忆之场的空间叙事、综合数字媒介打造数字记忆之场，让沉睡的三线工业遗产开口说话，努力唤醒人们内心深处的乡愁记忆。

（一）重拾记忆，强化对记忆内容的搜集整合

摸清家底是开展二汽三线建设记忆之场空间重塑的前提与基础。近年来，十堰市针对汽车工业文化遗产保护与利用采取了一系列行动计划，开展了调查摸底，划定了一批保护对象，出台了有关的保护办法。但总的来看，针对二汽三线建设记忆之场的资料搜集与整合工作还存在较多问题。目前，搜集整理的有关资料主要是官方档案、企业档案，具体包含了文字档案资料、历史老照片、音像带、构筑物等内容，涵盖了二汽厂史、生产活动、技术创新、名人事迹等生产性记忆内容，但对二汽建设老职工的口述访谈、回忆录、工作日记、书信、小说、歌曲等民间记忆资料相对缺乏。为此可以通过举办"寻找共同的三线记忆"活动，通过资料查阅、现场踏勘等多种方式呼吁公众自发参与搜集整理那些珍贵的口述史与通俗作品，其中，美国Story Corps口述史项目可以给我们一些启发，发挥普通人共享书写历史的话语权[18]，实现人人一起来做口述史。

搜集研究资料集的未来在于建置"专题数据库"。早在2016年十堰市政府审议通过的《十堰市汽车工业文化遗产保护和利用办法》中就曾提出要加强汽车工业文化遗产档案的收集征集工作，建立汽车工业文化遗产档案数据库。如今这一计划实施状况如何呢？从查找到的资料来看，目前这一工作并未得到很好的落实。三线建设工业遗产数据库的建设是

近年来的学术热点问题,也是协调城市治理与工业遗产管理关系的重要方式,对于有效解决文献资源碎片化、三线建设主体边缘化、空间的唯一性等问题具有重要意义。为此可以在对文字档案、老照片、音像制品等多类型文献资料收集基础上,加快二汽三线建设工业遗产数据基础设施建设,推动文献资料向数字化转变,并通过编码引入计算机进行储存、计算、分析,实现三线建设遗产虚拟可视化记忆空间构建,从时空双重维度再现三线人的集体记忆。

(二)再现记忆,创新记忆之场空间叙事方式

三线建设早已远离当时语境,如今有关二汽三线建设记忆之场的原始空间要素所剩无几,有关记忆也变得支离破碎,甚至是无处安放,这就迫切需要通过多种形式来建构语境,激活人、场所及其隐含的故事之间的关联。当前,不少工业遗产地在转型升级改造过程中,或从消费文化视域出发把空间生产当作商品来生产,选择了住宅开发模式和文化创意产业园区模式,满足人们的消费欲望。或通过修建主题文化休闲公园、主题博物馆、遗址公园的方式,提升公共文化服务水平,满足群众精神文化需求。但从具体实践情况来看,这种只重视空间产品的交换价值或沦为纯粹的工业视觉文化景观的方式,都在一定程度上忽略了它的工业遗产的文化内涵,保护运作有待深入、细化。

三线记忆的再现需要借助外部的存储媒介和文化实践场景来组织。利用博物馆进行三线工业遗产保护在国内外有着广泛的共识和实践基础。三线建设博物馆作为重要的历史展演空间,目前在我国已修建有多座以三线建设为主题的专题性博物馆,如攀枝花的中国三线建设博物馆、六盘水的贵州三线建设博物馆、重庆三线建设博物馆等,这是一种实现对三线建设工业文化进行集中陈列、展示和传播的重要模式。但在实际的建设与运营过程中其依旧存在着对藏品阐释的故事性不强,展览难以激发公众的探究乐趣等问题[19]。首先,要重视场所环境意象的营造,紧抓三线建设精神内核,从展陈的内容、形式等多方面入手,不断创新展陈的空间叙事方式,营造场景真实感,其中,重庆三线建设博物馆在这方面就发挥了很好的典范作用。其次,要改变传统博物馆以文物为主的静态化陈列展览方式,综合运用演艺、影视、动漫、创意设计等多种场景化艺术手法,创新运用VR、AR、数字灯光秀等为代表的现代科技化互动手段,实现三线建设记忆之场的有机展演,对隐藏在回忆空间中的象征意义进行阐释,调动人们的视觉、听觉、触觉、嗅觉等多感官通感体验。最后,借助各种文化活动或项目来充实功能的多元化,通过广泛的公众参与完成个体意识与历史事件或者历史场景的"共振"与二次创作。比如,可以通过设置三线建设纪念日,运用集体记忆中仪式的举行呼吁更多民众了解、学习三线精神,唤醒沉睡的三线记忆。正如保罗·康纳顿对人的自身操演给"社会记忆"传承作用的强调。再比如,也可以借鉴香港口述历史戏剧项目,把搜集到的口述资料写成剧本、搬上舞台,让三线人自己演自己。

表 2 以三线建设为题材的部分文化类节目

节目类型	年份	名称
话剧	2019	《记忆密码》
	2021	《大国重器 · 月上东山》
纪录片	2016	《军工记忆 三线风云》
	2017	《大三线》
	2018	《西部岁月——三线建设篇》
	2021	《时代印记：小三线》
电视剧	2018	《那些年,我们正年轻》
	2019	《最美的青春献给你》
	2020	《正是青春璀璨时》
	2021	《火红年华》

(三)记忆再生,借助数字媒介开展数字叙事

数字时代衍生出了数字记忆这一新型的记忆之场。作为文化记忆在新时代的传承载体,与传统的实体记忆空间相比,数字虚拟记忆空间以其多资源互补、多媒体连通、迭代式生长、开放式构建的特性[20],为多元主体参与共建共享人类记忆提供了更多的可能。当下,以抖音、快手、小红书、微博、B站等为代表的新型数字记忆空间已逐渐占据了主流,给人们带来了全新的认知视角,不断丰富着文化记忆的表达维度,甚至影响整个叙事的发展进程与结果。比如,以李子柒、华农兄弟、张同学为代表的短视频博主的迅速走红,短时间内就圈粉上千万,引发现象级的传播与关注,这对于三线建设遗产开展数字叙事具有重要启发意义。

史学家克罗齐曾提出:"一切历史都是当代史"的著名论断,实际上对于历史的理解本就不应该禁锢在单一的历史语境之中,而是要不断结合当下实际需要赋予其新的理解,因此我们既要做历史记忆的传承者也要做历史记忆的再生产者。同时在这个过程中也要特别注意由多元记忆手段所带来的"记忆黑洞"和"符号过载"的问题。

参考文献:

[1] 吕建昌,杨润萌,李舒桐.三线工业遗产概念初探[J].宁夏社会科学,2020 (04):139-146.

[2] 阿历克斯·哈利·根——一个美国家族的历史[M].陈饶光,等译.上海:三联书店,1979:764.

[3] 丁小珊.三线工业遗产文化记忆的再生路径研究[J].社会科学研究,2021(03):198-206.

[4] 乔治,贾新新.等.集体记忆视角下西安纺织城工业社区适老化空间活化及设施更新研究[J].工业建筑,2020(02).

[5] 吕飞,武海娟.遗存·记忆·再生:哈尔滨"156项工程"物质遗存与更新路径探索[J].城市发展研究,2018(10).

［6］李蕾蕾.乡愁与工业遗产保护[J].中国名城,2015(08).

［7］徐苏斌.关注"记忆"[J].城市建筑,2019,16(19).

［8］Pomian K.De l'histoire,partie de la memoire, a la memoire,objet d'histoire[J].Revue DeMetaphysique Et De Morale,1998,(1):63-110.

［9］埃米里奥·马丁内斯·古铁雷斯.无场所的记忆[J].冯黛梅,译.国际社会科学杂志,2012(3).

［10］邵鹏.媒介记忆理论:人类一切记忆研究的核心与纽带[M].杭州:浙江大学出版社,2016.

［11］保罗·唐纳顿.社会如何记忆[M].纳日碧力戈,译.上海:上海人民出版社,2000.

［12］Pierre Nora.Les lieux de mémoire.dans Jean-Claude Ruano-Borbalan (cordonné),L 'histoire aujourd' hui[M].Paris:Science Humanities Editions,1999.

［13］沈坚.记忆与历史的博弈:法国记忆史的建构[J].中国社会科学,2010(3).

［14］皮埃尔·诺拉,主编.记忆之场:法国国民意识的文化社会史[M].黄艳红,等译.南京:南京大学出版社,2015.

［15］陆邵明.本土视野下的记忆场所保护探索[J].中国名城,2020

［16］朱蓉.城市记忆与城市形态[D].南京:东南大学,2005.

［17］武汉市政协文史学习委员会编.武汉文史资料[M].2017(11).

［18］黄霄羽,卢俊旭.美国 StoryCorps 口述史项目的特色与启示[J].北京档案,2016(01).

［19］吕建昌,李舒桐.工业文物阐释与工业文化传播的思考—— 以工业博物馆为视角[J].东南文化,2021(01).

［20］冯惠玲.数字记忆:文化记忆的数字宫殿[J].中国图书馆学报,2020,46(03).

河南三线建设及遗产保护利用的思考*
——以豫西地区军工项目为中心

1.吕建昌　2.杨润萌
（1.2.上海大学）

三线建设是我国为应对面临外敌入侵的严峻局势，以备战为指导思想，平衡国内东西部工业布局，在西部地区建设一个战略后方基地而展开的一场重大国防经济建设运动。河南三线建设是国家三线建设的重要组成部分。1964年至1983年间，河南在京广铁路以西的豫西山脉的纵深地区展开了轰轰烈烈的三线建设。作为三线建设历史文化的重要载体，三线工业遗产是三线建设直观的物质见证，具有重要历史价值。但在三线建设"调整改造"阶段，河南三线企业搬出山区后留下的工厂遗址及其工业建筑物、构筑物等遗迹，并未受到重视和保护。至今，有的依然被闲置，有的则已被废弃和破坏。随着我国工业遗产保护利用研究的逐步深入，三线建设工业遗产的保护利用研究已引起遗产界的重视，陆续有一些成果面世。但与老工业城市中的工业遗产研究相比，三线工业遗产所受的关注度依然明显偏低，河南三线工业遗产也不例外。如何保护与开发利用这份遗产资源，亟待我们探讨。

一、河南的三线建设

河南三线建设是同时围绕大三线与小三线展开的[①]，时间上可以1968年为界分为前、后两个时期。前期以地方政府计划与投资的小三线建设为主，后期以中央政府直接计划与投资的大三线建设为主。截至三线建设调整结束，河南形成了以鲁山、宜阳等地为中心的小三线军工体系和以南召——济源（火炮、高炮基地中心）、洛阳（科研、机械加工基地中心）、焦作（军工协作中心）为中心的大三线军工体系。

* 本文系国家社科基金重大项目（编号17ZDA207）阶段性成果。
① "大三线"指由中央政府直接计划与投资建设的项目，主要分布在云贵川、陕甘宁及青海等被划为"三线"的大西南、大西北地区；"小三线"指由省级地方政府计划与投资的地方军工建设项目，主要分布在介于东南沿海一线与三线之间的"二线"地区。小三线的军工产品主要是用以装备团级以下军队的轻型武器，大三线军工产业主要是航天航空工业、船舶工业、核工业、兵器工业和电子工业等。

(一)河南小三线建设

1964年底,根据中央部署,河南拉开三线建设的序幕。河南省委、省军区组织人员到豫西地区的南阳、平顶山等地开展选址定点工作,考察确定在豫西伏牛山东麓的宜阳、汝阳、临汝、鲁山、南召等县域内布局和建设。小三线建设重点是军工项目,包括相应的配套交通、通信建设。与国内其他地区的小三线一样,河南小三线建设军工项目的生产产品以步枪、冲锋枪、轻重机枪、子弹、炸药等轻型武器为主,用以装备团级以下部队与民兵[1]。省政府规划共建设12个军工企业、1个战时专用医院,以及包括交通、电力、无线电通信、战备储备库等若干个配套工程,在豫西伏牛山脉东麓的纵深地带建立起一套战时军工体系。

1.地方军工项目

河南12个地方军工企业中共有8个轻武器和弹药工厂,1个战时医院,以"靠山、分散、隐蔽"为选址方针,"依山傍水扎大营",借助山体、森林等天然屏障做到对空隐蔽。同时,工厂内部建筑布局也力求紧促,要求工厂生产做到"小而精"而不求"大而全"。工厂建设多依山就势,呈"瓜蔓式""羊拉屎式"分布,不搞方块形和大型集聚,以降低空中侦察被发现的可能性。工厂与城市保持有适当距离,为同时兼顾工厂建设的便捷性与保密性,保密性较强的轻武器厂和弹药厂建在较为隐秘的山区,而其他服务性工厂定址在半山或浅山地带,部分还直接放置在交通方便的县城附近。大多数地方军工生产项目从1965—1966年开始建设(8家),基本于1969年建设完成(9家),1970年全部建成投产。

2.战略储备库和空军指挥所项目

战略储备库是国家为应对可能突发的战争,为保障战时需要,储藏战略物资的仓库。为保证战时战略物资的供应,小三线建设将战略储备仓库也作为建设重点之一[2]。河南分别在鲁山县及洛阳市等地陆续建设医药、油库等各类储备仓库9个。

在伏牛山腹地建设空军预备指挥所工程,内有飞机场、地下指挥中心、医院和油库、军械库等。工程于1968年开建,1971年8月竣工,共动用了两个师的工程兵,历时3年半,耗资4亿元[3]。地下指挥中心分为指挥洞、作战洞、通讯洞3个部分,各洞两端均装有防原子弹的大门,以防备敌人核武器的袭击。鲁山军用飞机场是空军预备基地的重要组成部分,于1968年兴建,1970年建成。总投资1亿元,占地面积约达100万平方米,其中建筑和使用面积约达70万平方米[4]。

3.通讯配套建设项目

与河南小三线军工配套的通讯建设项目主要集中在平顶山市鲁山县和洛阳市汝阳县,建立起了以鲁山县为中心的通信设备生产基地和以汝阳县为中心的通讯枢纽基地。鲁山县的通信设备生产基地包括704厂与703厂两个项目。1976年两厂合并,统一为703厂[5]。汝阳通讯项目共计安排7项。

(二)河南大三线建设

大三线建设规划之初,国家建设的重点地区主要集中在以云南、贵州、四川为中心的西南地区,以及以陕西、宁夏、甘肃为中心的西北地区,对兵器工业基地建设做出的实施步骤是:首先建设以重庆为中心的常规兵器工业基地,随后建设"三西"(即豫西、湘西、鄂西)生产基地,以及高射武器和光学仪器的专项项目[6]。1967年底,重庆兵器工业基地的第一批项目基本建成,豫西兵器工业基地建设随之被提上日程。

1.豫西兵器工业基地

豫西兵器工业基地共规划20余个建设项目,由4个部分组成:一是以南召为中心的大口径炮弹基地,主要生产火箭弹、反坦克弹、火炮弹头、引信和瞄准镜、方向盘等光学仪器;二是以济源为中心的强大高炮生产基地[7],主要进行高炮生产、总装、坦克炮水压锻件加工、高射炮弹生产和各种军事雷达、指挥仪等电子仪器生产;三是建立以洛阳为中心的军工科研生产中心;四是建设以焦作为中心的军工协作基地。

(1)南召大口径炮弹基地

自1967年开始,五机部先后在豫西伏牛山区的镇平、南召两地部署建设358厂、378厂、508厂、548厂4个光学仪器工程,主要生产高炮瞄准镜、指挥镜等军用光学仪器产品。四个光学仪器厂之间有着较为密切的生产协作关系,故厂址均相距不远,都在20千米内,且有公路相通。1970年,四个厂基本建成投产,形成了以镇平为中心的军工地瞄(即地面光学瞄准仪器)[8]生产基地。

豫西炮弹工业基地以南召为中心、沿拟建的焦枝铁路分散分布,共规划有5143厂(总装厂)、5104厂(引信厂)、5113厂(弹药筒厂)、5103厂(弹体制造厂)、5123厂(特种弹药装配厂)5个总装和协作工厂。5143厂、5104厂、5113厂、5103厂等,于1968—1969年开始筹建或全线动工开建。原生产纲领变动,建设过程几经变更,整个建设时期长达八到十年,直到1978—1979年才基本竣工,完成验收。[9]5153厂和5114厂于1971年开始建设。1972年,5153厂在厂址地下发现铀矿,因此缓建。5114厂也因建设资金不足,于1977年被迫停建。[10]1979年,5153厂、5114厂两厂合并,在5114厂址建豫西特种弹药装配厂,定代号为5123。新合并的5123厂于1981年8月正式开始施工,1985年通过国家基建验收[11]。

(2)济源531高炮基地和1060工程

1970年,代号为"531"工程的防空高炮基地,选址在河南省济源县以西地区开工建设[12]。配套的大大小小十几个工厂延绵"分散"在数百千米的山脉之中。531工程规模庞大,设计为13个项目,分为高炮厂、高炮弹厂以及雷达、指挥仪、电机厂等部分,并设立531指挥部进行统一领导与管理。531工程1970年开工建设,后缓建,1972年下马,历经近3年时间,其建设规模也随着国际形势变化和国防工业战略布局调整而大幅调整,13个分厂削减为2个,厂名分别改为国营5127厂和5147厂。国营5147厂是531工程的第一指挥分部,由包头高炮厂(447厂)包建,生产高炮毛坯铸件。在建设过程中,5147厂的生产纲领多次发生变更,迟迟未能投入生产。直到1984年,火炮毛坯"一条龙"生产线基本建设完成,基建工作才算基本结束。

1060工程,即海军航空兵济源飞机场场站,是20世纪60年代末建设的一项重要的国防建设工程[13]。1969年,以海军工程兵为主体、外加部分当地民工参加的施工队伍开工建设,1972年7月在机场附近东口洞库扩挖山洞,用于隐藏战机。[14]

(3)洛阳军工科研生产基地

洛阳位于"京广线"以西的豫西地区,是河南大、小三线建设的重点。该地区拥有着较大数量的三线军工企业。洛阳大三线建设项目主要包括兵器工业、航空工业、船舰工业、军用电子4个方面,共计8个项目。除5111厂为常规兵器工业外,其他均为高科技军工科研企业。

(4)焦作军工协作基地

与河南其他地区的三线建设方式不同(如南召、济源等地的三线建设企业以迁建和新建为主,洛阳地区的三线建设企业以新建和扩建为主),焦作地区的三线建设企业多以原地企业改建的方式参与三线军工建设。

二、河南三线工业遗产(遗址)现状

(一)三线工业遗产的形成

20世纪70年代末80年代初,随着国际局势的缓和,三线建设投资开始"刹车"。随着党的十一届三中全会后将国家工作重心转移到经济建设上来,并对国内经济建设做出了重要调整,三线建设调整也随之提上日程。1983年11月,国务院成立三线建设调整改造规划办公室,决定通过"关""停""并""转""迁"等方案,对缺少发展前途的三线企业进行调整改造[15]。国家从"七五"计划(1986年)开始实施"脱险搬迁"为主的三线布局调整,到"九五"计划(2000年)完成的15年时间里,全国列入调整计划的三线企事业单位中,有245个进行了整体或部分实施了搬迁[16]。这些企业搬迁之后,基本都产生了遗址。河南在这一时期同样也实施了三线企业的搬迁,留下的遗址成为河南三线建设的重要遗产。

1.地方军工企业的调整改造

早在1979年11月五机部的"长沙计划会议"上,河南地方军工生产任务基本上被全部撤销,军工生产停止。从次年开始,地方军工企业除少数还有军品生产任务外,大部分都面临停产。河南省委认真贯彻长沙会议的精神,根据河南地方军工企业实际情况进行积极调整,制定了"少关停、多并转"的方针。1981年6月,河南地方军工企业正式拉开"军转民"的序幕。856厂、9679厂、9689厂被撤销,转为民用企业。次年,9659厂也转为民用企业。

2.河南大三线军工企业的调整改造

1984年3月20日,河南成立由主管副省长亲自挂帅的三线调整改革规划领导小组,针对河南大三线建设的具体情况，提出三线军工企业调整改造工作主要实行"转""迁"两种方法。"迁"，即把企业从原厂址搬迁到新的地方建厂。从1984年三线企业调整工作开始，至2004年三线调整工作基本结束，河南共搬迁大三线军工单位16个，这些单位留下的遗址及其建筑物等，成为今天的三线工业遗产。

（二）三线工业遗产的现状分析

对于老工业城市中工厂搬迁后的遗址，国内对其开发与利用中，不乏一些较为成功的案例。不仅较好地保存和利用这些城市文脉，而且也为城市焕发了新机，成为城市的文化地标和旅游经济增长点，实现了社会效益和经济效益的双效统一。

对于分布于西部山区的三线工业遗产的保护与利用，则相对较差。总体而言，河南三线工业遗产整体被保护利用的情况并不多，多数的保护利用都属于局部的保护利用一类，即三线企业搬迁后留下的生产区建筑和生活区建筑等，被物主分成小块分别利用。不同的产权所有者根据不同的需求，将工业建筑遗产改造成不同用途的新建筑空间，如生产用房、培训基地、旅馆酒店等。[17]

图片1 被改造为老兵工酒店的济源531工程锅炉房遗址

我们通过实地考察洛阳、济源、鲁山等地的三线遗址发现，河南三线工业遗产的利用情况与全国西部地区的三线遗址类似，保护与利用程度并不高，除鲁山空军基地、531锅炉房、5127厂等遗址得到保护与开发利用外，其他三线工业遗产多被拆毁或闲置，其现状主要有以下几种：

　　一是整体利用型。代表遗址有鲁山空军基地、531锅炉房、5127厂。鲁山空军基地在驻守部队撤离后,作为旅游景点被开发利用。531锅炉房是531基地规划中的一个项目,1973年因国民经济调整而半途下马停建。后经济源文旅集团牵头,改造为"老兵工酒店",遗址的工业建筑遗产原貌都得到了较好保存,保留了浓厚的军工风格,其中还收藏了许多三线时期的老物件。老兵工酒店自开张之日起便吸引了大量的游客,经济效益明显,同时也取得了良好的社会反响,成为济源的特色旅游项目。5127厂是531工程仅保留的两个项目之一,后因经营不善,2006年宣布破产,被中原特钢厂(原5147厂)兼并收购。近年来随着生产设备的搬迁,厂房基本闲置,济源市政府根据当地的历史文化特色,将其改建为"愚公移山干部学院"(济源市委党校),至2021年5月已完成改造并使用。

　　二是整体正常使用,延续原始功能,且厂房保存较为完整。如1060基地、5111厂等,未进行大规模的拆迁,仍在原址进行生产活动,厂区三线建设时期的厂房保存较好,部分价值较高、具有保护意义的建筑已被空置。如5111厂兴建于20世纪60年代的大礼堂,具有明显的苏式建筑风格,至今仍保持完好,具有较高的保护、利用价值。但有企业在发展过程中也产生了部分闲置的工业建筑遗产,需要保护与利用起来。

图片2 5111厂苏式建筑风格大礼堂

　　三是搬离原址,厂区整体闲置。如158厂、632厂、358厂、378厂、508厂、548厂等(镇平-南召四家厂组成光学仪器基地),这些工厂多已搬至邻近市区,厂房被整体闲置,但保存完好,开发与利用空间较大,是难得的三线工业遗产,只要加以改造与设计,便可重新发挥作用,创造经济与社会效益。

图片3、4 被空置的洛阳158厂区旧建筑

四是翻建、关闭或转制，厂房建筑荡然无存。其中包括9645厂、9654厂、9689厂、725研究所与856厂等。

9645厂与9654厂主要生产炸药、导火索等产品，产品性质特殊，不适宜建厂在人口密集处，三线建设时期选址较为合理，交通也方便，因此企业未搬迁，但因发展需要，厂房与生活区的建筑改造升级，三线时期建筑已全部拆除，并无保留，三线建设的历史痕迹被抹去。

9689厂破产后，厂房遗址被废弃，破败不堪。后被乡镇民企收购，用来作为储物场所或简易生产车间，因几经易手，多次改造，已面目全非，原址面貌不复存在。725研究所原址与856厂原址则因城市建设发展，原址上开发新建为商务住宅楼，历史遗迹消失。

表1：豫西部分三线企业调整搬迁后遗址现状

序号	企业名称	企业现状	三线工业遗址利用现状	地址
1	9689厂	破产	80年代并入洛阳钢厂，整体搬迁至洛阳，原址建筑已完全拆除	洛阳市汝阳县
2	158厂	搬迁	主厂房部分被当地村委会利用，部分被用作木料加工厂	洛阳市宜阳县
3	856厂	破产	原址上已建成商品房	洛阳市宜阳县
4	9645厂	未搬迁	在原址继续生产，翻建新厂房，三线建设时期旧厂房全拆除	洛阳市宜阳县
5	9654厂	未搬迁	在原址继续生产，翻建新厂房，三线建设时期旧厂房全拆除	洛阳市宜阳县
6	5111厂	未搬迁军转民品	在原厂址上继续生产，部分三线时期厂房保存良好	洛阳市涧西区
7	613研究所	未搬迁军民结合	部分三线建设时期建筑仍保存十分良好	洛阳市西工区
8	725研究所	搬迁	原址被开发为新建居民住宅区，仍有小部分厂房保存良好	洛阳市涧西区
9	704厂	厂房转让	与703厂合并，现为民企天瑞水泥厂收购，用作生产厂房	平顶山市汝州市

续表

序号	企业名称	企业现状	三线工业遗址利用现状	地址
10	9641 厂	搬迁	遗址保存较为完整,现闲置	平顶山市鲁山县
11	空军指挥部	旅游景区	已开发为"鲁山秘洞"旅游点	平顶山市鲁山县
12	9659 厂	搬迁	遗址保存良好,现为闲置状态	平顶山市鲁山县
13	5147 厂	搬迁	生产线基本搬迁,大量厂房闲置,三线时期部分厂房留存不多	济源市
14	5137 厂	倒闭	现已改造为愚公移山干部学院,并已建成投入使用	济源市
15	531 锅炉房	闲置	改造为老兵工酒店,效益良好	济源市
16	1060 基地	继续使用	—	济源市
17	744 厂	搬迁	原厂搬入洛阳,遗址为民企收购,改造利用为水泥加工厂	三门峡渑池县
18	632 厂	搬迁	原厂搬入洛阳,遗址厂房均保存相对完整且良好,现为闲置状态	三门峡渑池县
	378 厂	搬迁	遗址厂房均保存相对完整且良好,现为闲置状态	镇平县
	508 厂	搬迁	遗址厂房均保存相对完整且良好,现为闲置状态	镇平县
	548 厂	搬迁	遗址厂房均保存相对完整且良好,现为闲置状态	南召县
	358 厂	搬迁	遗址厂房均保存相对完整且良好,现为闲置状态	镇平县

图片 5 被开发为商业化住宅小区的 856 厂原址

三、河南三线工业遗产保护与利用的思考

三线建设不仅是一场国防军工建设，也是一次规模巨大的工业布局调整，改善了中西部工业落后的面貌。但三线建设企业毕竟不是当地经济内生作用下的产物，对于落后地区的经济带动作用也十分有限，在改革开放的浪潮下，便很快又与东部沿海地区拉开了差距，落入相对贫困地区行列。在产生三线工业遗产的地区，三线企业的搬离，使当地（指企业所在的乡村或山区）经济并未过多地享受到工业发展带来的红利，其经济情况依然落后。三线企业遗址的分布地区，相对应的正好多是经济贫困的山区，有的还处于国家曾经划定的集中连片的特困地区，在曾经的全国四大贫困地区中，陕西、四川交界的秦巴山区，四川的大小凉山山区，贵州的乌蒙山区，都曾经是原来的三线建设的重点地区[18]。

河南三线工业遗址的分布同样存在这样的特点，多数遗址位于山区，属于原河南贫困地区，如531基地分布于王屋山脉地带，9679厂、9617厂等小三线企业分布于伏牛山区。这些地方基础设施差，产业经济不甚发达，人均纯收入较低，尽管已经脱贫，但经济基础并不稳固，依然面临"返贫"的可能，迫切希望寻求地区经济发展的良方。为此，我们认为要充分利用三线工业遗产作为开发的资源，为地方经济发展做出贡献，以下三点值得讨论：

（一）政府要发挥主导作用

三线工业遗产的保护与利用，首先要发挥政府的主导作用，政府是三线工业遗产保护利用的第一责任人。三线工业遗产保护利用可以说是一个"历史遗留问题"（尽管它的历史并不悠久）。当年三线企业搬离后，留下的工厂遗址连同其上的工业建筑遗产都作为国有资产转交给了地方政府（除了少数整体转让给了别的国有企业或出售给民企之外），地方政府仅仅利用了一部分旧建筑，大多数都闲置，没有花精力将三线工业遗产保护利用起来，结果部分工业生产建筑和职工住宅及生活服务等建筑设施在地方农民（村民）的破坏下，毁损破败。政府部分售出给民企或私人的三线遗址及建筑等，几经倒手，产权与使用权也发生变化，现在要求这些民企或私人保护利用三线工业遗产，会直接影响到他们的利益。保护利用三线工业遗产，就不能完全依靠他们。当地政府是三线工业遗产保护利用的主体责任者，应该出面将需要保护利用的三线企业遗址的土地收储，回购遗址上的工业建筑遗产等。

今天，在三线建设亲历者的呼吁下，在社会舆论的传播中，部分地方政府已认识到三线工业遗产的价值，开始了保护利用的实践，设计招商引资项目，吸引社会各界力量开发三线工业遗产的利用。不少地方的三线工业遗产开发利用的成功案例背后，都有地方政府在积极地推动、支持，如果地方政府不作为，那么该地区的三线工业遗产保护利用就很难以有起色。对三线工业遗产保护利用，我们寄希望于地方政府，尤其是乡镇地方的直接管理者。为此，我们建议可以学习国家"精准扶贫"的经验，将三线工业遗产

保护利用落实到区县、乡镇政府一级,采取属地政府负责制,由地方政府组织专家学者(不一定全是来自高校、科研机构,退休的三线建设者中也有不少内行)在辖区内调查摸清三线遗址家底,开展价值评估,确定价值高低。在此基础上,制定具体的开发利用计划,设计开发项目进行招投标,设定建设完成的时间、预期建设目标等。只有将三线工业遗产开发利用做到实处,才能达到预期设计的社会效益与经济效益指标,成为推动地方经济发展的亮点。

(二)积极引导社会力量参与投资

三线工业遗产不是"包袱",而是"宝藏",深入挖掘三线工业遗产的内涵,阐释其当代的社会文化价值和意义,可以"化腐朽为神奇",成为西部经济增长的独特资源。我们要积极引导社会力量参与开发三线工业遗产的投资,调动多方资源,拓宽融资渠道,呈现三线工业遗产的经济价值潜力。同时,要借鉴西方发达国家在推动社会力量参与工业遗产保护利用中推出优惠政策的经验,灵活调整我们现行的不合理政策。

这里讲的引导社会力量参与投资,是指包含国有企业和民营企业参与的投资。20世纪80年代后期,河南三线企业经过"调整改造",有相当部分走出了生产经营困境,取得"第二次创业"的成功,企业生产仍在原址进行,生产建筑正常使用,延续原始功能,且厂房保存较为完整。但也有一些企业在生产技术迭代更新的发展过程中,部分保存尚好的三线建设时期的厂房建筑被闲置了,未很好地保护利用起来。

国企对三线工业遗产保护利用,持有两种不同的态度:一种是有三线工业遗产保护利用的愿望,但企业经营不景气,心有余而力不足,无足够资金用于三线工业遗产保护利用;另一种是企业生产经营状况不错,但企业领导对厂内的三线工业遗产的保护利用并不重视,认为投资大,收益低,见效慢,保护利用开发是赔本的买卖。其厂内拥有三线工业遗产,因其他单位或民企无使用权而不能介入保护利用的开发。对于以上两种不同态度的国企,政府可"因企而异",给予灵活的政策支持。对第一种态度的企业,政府可出面协调,在双方同意的前提下,把企业拥有的三线工业遗产转售或出租给有实力的开发单位,进行合作,在保护的前提下进行适度利用开发。对第二种态度的企业,政府要大力宣传三线工业遗产的社会价值,鼓励企业自觉承担三线工业遗产保护利用、弘扬三线精神的社会责任。制定出台三线工业遗产保护利用的优惠政策,如企业用于三线工业遗产保护利用的费用,可按一定比例抵消企业所得税等,让企业得到实惠而激发其干劲。

民企的投资往往投机性较强,热衷于短期效应。政府应积极引导民企从投资的长远利益出发,树立长期投资的理念,鼓励民企对体量规模较小的三线工业遗产进行保护利用项目的开发。必要时,可以采用PPP模式,政府与企业合作,也可引入国资背景企业共同开发,共担开发成本,共享开发收益。在市场培育期,政府给予优惠政策,减免税收若干年;到项目进入发展期后,政府资金就可逐步撤出。这种产业生态链模式,同样也适用于支持国企的三线工业遗产保护利用项目。

（三）创造有可持续发展潜力的三线军工遗产保护利用品牌

三线工业遗产是共和国史上重大历史事件的物质遗存，是弘扬优秀中国工业文化精神、增强民族凝聚力、坚定文化自信的直观载体。做好三线工业遗产的保护利用工作，具有重要的现实意义：一方面可以宣传三线建设历史，让更多的人了解这段激情燃烧的岁月，三线建设者为国家做出的巨大贡献，激励后人，铭记历史，砥砺前行；另一方面，科学合理地开发利用这些闲置的遗产，将促进当地旅游业的发展，助力贫困乡村的产业振兴。

乡村振兴上升为国家的战略以后，三线工业遗产成为乡村中的重要发展资源。如何善加利用，实现经济文化产业的持续发展，是值得我们探讨的问题。三线工业遗产中自带的军工企业符号、"村落式"的厂房布局、充满时代感的标语和口号、与青山绿水相伴的自然环境，对于人们有着天然的吸引力，非常适合打造成集农业文明、工业文明与自然风光于一体的复合型旅游目的地。可借鉴的案例，如山东蒙阴利用小三线军工遗址打造的"三线军工文化园"旅游基地，结合岱崮地貌的自然景观特色，将沂蒙革命老区的红色文化、三线军工文化与自然景观有机融为一体，突出了三线军工的遗产文化特色，传播与弘扬三线精神，避开了与其他遗址旅游的雷同化。由小说改编的影视片《崮上情天》在现场拍摄，伴随着影片的上映，把蒙阴"三线军工文化园"推向旅游打卡的"网红"点。

河南现已开发的三线工业遗产保护利用项目仅有"531"老兵工酒店、"愚公移山学院"和"秘洞"景区等为数不多的几个，有不少保存较好的三线建筑遗产还被闲置着，未来的开发空间还很大。就作为旅游景区的"秘洞"而言，向社会开放以来，经济效益与社会效益并不十分理想。这里涉及三线工业遗产利用项目开发以后的可持续发展潜力问题。

"秘洞"是三线建设时期，位于豫西伏牛山东麓鲁山县四棵树乡车场村的深山里建造的一座秘密地下国防战备工程，是我军"战争及紧急状态指挥中心"（也称"鲁山地下军事指挥中心"）。周边共有10家军工企业布局于此，另建有地下飞机场、国营259储备库、军械库等战备工程。该工程主要有地面建筑房屋16栋（167间）、作战洞（共有112个房间，里边有首长办公室和休息室，由航空兵指挥室、技术情报室、水库、发电机室等73个部分组成。作战洞入口处装有密闭铅防大门，重达5吨，可防化学、防辐射、防原子弹袭击），指挥洞可遥控指挥全国战局，作战洞与指挥洞之间有一条秘密通道相连，指挥洞里车库内有一条秘密通道与山上的暗堡相连。

1989年10月，驻守在鲁山地下军事指挥中心的部队撤走，将其移交鲁山县政府。2002年，县政府将其开发为"秘洞"景区，由当地一家旅游服务公司经营管理。"秘洞"内，除了部分被拆除的机要设施及电梯等之外，基本都保留着洞室原状，对外开放。虽"秘洞"现已成为平顶山市爱国主义教育示范基地，但从网上反馈的信息，多数游客对"秘洞"的感觉并不满意，内容单一，有些服务不到位，因而游客口碑平平，"秘洞"的社会影响小，游客人数未达预期目标，经济效益与社会效益不够显著。其实以"秘洞"为平台，大有文章可做，可扩展许多内容，可开展许多军工相关的活动。"秘洞"地面和地下有足够的空间可利用,怎样利用这一特有的空间创造更多的吸引游客的旅游产品,产生自我造血机制,形成良性循环,获得经济与社会效益的双丰收,并将"秘洞"打造成著名旅游品牌? 这是"秘洞"运营管理者要思考的问题。

"秘洞"在经营方面需要积极创新,不断开拓发展新局面,如打造文创产业与旅游结合,在"秘洞"开展"洞穴密码""洞穴寻宝"之类有故事情节的活动,将国防军工、爱国主义、三线建设历史等内容融合,将青少年喜闻乐见的网络游戏或沉浸式体验活动方式移植到"秘洞",一定能够给游客深刻的体验,丰富旅游内容。有条件的,甚至可以考虑把"剧本杀"之类的活动放到"秘洞"进行,玩家完全进入身心感受的沉浸式体验,一定会玩得惊心动魄,流连忘返。

四、结语

河南的三线建设主要分布在豫西地区,前期以小三线建设为主,后期以大三线建设为主要任务。开始于1965年的小三线13个军工项目以及各类战略储备库、配套通讯项目等,基本于1970年全部建成。大三线建设始于1968年,主要目标是建设生产常规兵器的豫西兵器工业基地,大部分项目于80年代初完工,形成了以南召为中心的大口径炮生产加工基地、以济源为中心高炮生产基地,以及以洛阳为中心的军工科研生产中心和焦作为中心的军工协作基地。

进入三线建设调整改造时期,河南大多三线企业进行了"军转民"的转型,并从原山里的厂址搬迁至附近市区。三线企业搬迁后留下的遗址等,具有开发再利用价值,成为不可多得的三线工业遗产资源。三线工业遗产蕴含的三线精神对当前社会主义核心价值观的培育和爱国主义教育,实现中华民族的伟大复兴,都具有极高的现实意义和社会价值。我们寄希望于地方政府高度重视辖区内的三线工业遗产,深刻认识三线工业遗产的潜在价值,把目前还闲置着的三线工业遗产充分利用起来,把已经开发的利用项目做成精品,形成品牌,使之在助力乡村振兴和美丽新城镇建设中发挥重要作用。

参考文献:

[1] 国家计委,国务院国防工办.关于小三线地方军工建设几个问题的请示报告[R].陈东林.中国共产党与三线建设[M].北京:中共党史出版社,2014:236,238.

[2] 川、贵、云三省1970年计划执行情况和"四五"规划几个问题汇报提纲.陈东林.中国共产党与三线建设[M].北京:中共党史出版社,2014:254.

[3] 孙春明.走出"深山"的林彪秘洞[J].中国商界,2005.

[4] 中国人民政治协商会议鲁山县委员会文史资料研究委员会.纪念鲁山县政协成立二十周年.鲁山文史资料:第18辑[M].2001:269.

[5] 中国人民政治协商会议鲁山县委员会文史资料研究委员会.纪念鲁山县政协成立二十周年.鲁山文

史资料.第18辑.2001[M]:266.

[6] 何郝炬,等主编.三线建设与西部大开发[M].北京:当代中国出版社,2003:303.

[7] 中华人民共和国第五机械工业部.关于豫北高炮生产基地(代号五三一工程)的建设方案有关事项通知(1970年9月15日)[Z].国营第五一四七厂志编纂委员会.国营第五一四七厂志[M].424.

[8] 杨越.努力打造国际一流的光电产品——河南中光学集团有限公司依靠科技创新发展光电产业纪实[J].国防科技工业,2007,3.

[9] 《国营第五一四三厂志》编纂委员会.国营第五一四三厂志(1968-1987)[M].497.《国营第五一〇四厂志》编纂委员会.国营第五一〇四厂志.(1968-1987)[M]10.《国营第五一一三厂志》编纂委员会.国营第五一一三厂志(1968-1985)[M]:62.

[10] 《国营第五一二三厂志》编纂委员会.国营第五一二三厂厂志[M].7-8.

[11] 兵器工业部关于河南五一二三厂基本建设竣工验收的批复[Z].国营第五一二三厂志编纂委员会.国营第五一 二三厂厂志[M].南召:内部资料,1988:330.

[12] 中央军委办事组.复大口径炮厂选定厂址问题(1970年5月3日)[Z].国营第五一四七厂志编纂委员会.国营 第五一四七厂志[M].424.

[13] 关于影响工程施工进度、工程质量的事故通报[Z].1060工程档案,济源档案馆。

[14] 关于东口洞库扩挖、被复初步施工方案[Z].1060工程档案,济源档案馆。

[15] 国务院三线调整办公室关于三线企业调整方案的报告[R].陈东林,等主编.中国共产党与三线建设》,311。

[16] 国防科技委员会.三线建设调整的有关政策问题研究(内部报告)[R]//彭南生,严鹏,主编.工业文化研究:第1辑.北京:社会科学文献出版社,105.

[17] 吕建昌.现状与研究对策:聚焦于三线建设工业遗产的保护与利用[J].东南文化,2019,3.

[18] 陈东林.三线建设工业遗产的历史、现状及研究展望[M].彭南生、严鹏.工业文化研究:第1辑.北京:社会科学文献出版社,116.

江西小三线工业遗址的开发与利用*

1.张志军　2.徐有威

（1.江西科技师范大学、上海大学；2.上海大学）

三线建设是1964—1980年，党和国家面对严峻的战争威胁，在我国中西部地区开展的一场以军事战备为目标、能源交通为基础、国防科技为核心和重工业建设为重点的空前绝后的建设运动。它对巩固我国国防安全和推动中西部地区社会经济发展产生了重大影响。因此，三线建设是百年党史的绚丽华章，充分展现了中华人民共和国成立后中国共产党带领中国人民在社会主义建设中的自力更生、艰苦创业精神和取得的辉煌成就。

江西小三线建设从规划设计的角度来看，应属于当时正在全国一、二线区域内的28个省、直辖市及自治区创设的小三线建设的一个有机组成部分；而整个小三线建设工程从战略布局的角度来看，可视为三线建设工程的一个具有战略补充意义的区域外分支。

一、江西小三线建设的概况

1964年7月20日，江西成立了由省委书记白栋材、副省长黄先、省军区司令员吴瑞山、政委林忠照等7人组成的省委国防工业领导小组，具体领导全省地方军工建设。1965年2月的全国小三线规划会议把江西列为全国小三线建设的重点，建设项目之多，投资规模之大，均占全国各省市之首。1965年至1967年三年，全国小三线计划投资21亿元，江西为3.6亿元，约占全国总投资的六分之一，建设项目除军工外（主要生产团以下步兵武器和中小口径炮弹，年产量可装备一个步兵师），尚有为军工配套及战备需要的冶金、机械、化工、医药、煤炭、电力、通讯、交通等项目，目标就是要把江西建设成为华东的后方。

江西小三线全面开工之后，大致经历过两个建设阶段。第一阶段的建设在1967年底结束，其时完成建设并归属于地方军事工业系统的江西小三线军工厂一共有19家，另有1967年划入的9个配套厂。此后，根据国家关于"围绕战备需要和完善各大行政区轻武器成套生

＊　本文为2019年度江西社科基金项目"江西小三线建设单位的社会文化变迁研究"（项目批准号19LS05）。

产体系"的要求,江西小三线又进行了第二阶段的小规模补充建设与归属调整,在补充建设完成后,归属于江西省国防工业办公室管辖的江西小三线军工企业共有28家(见表1)。

表1 江西省国防工办下属江西地方军工企业(1979)

序号	第一厂名	第二厂名	原坐落地点	现属地市	现属县域	产品分类	原建设单位
1	943	江西电工厂	江西省吉安县敖城公社		吉安县	枪弹厂	江西基本建设第一指挥部
2	9345	江西吉安化工厂	江西省吉安县天河公社			火炸药厂	江西基本建设第二指挥部
3	993	江西机械化工厂	江西省吉安县官田公社			火炸药厂	江西基本建设第一指挥部
4	9394	江西钢丝厂	江西省安福县彭坊公社	吉安市	安福县	火工品厂	江西基本建设第一指挥部
5	9469	江西量具刃具厂	江西省安福县彭坊公社			量具刃具厂	江西基本建设第一指挥部
6	9349	江西立新机修厂	江西省安福县彭坊公社			机修厂	江西基本建设第一指挥部
7	9396	江西连胜机械厂	江西省安福县彭坊公社			枪厂(班用机枪厂)	江西基本建设第二指挥部
8	9339	江西锻压厂	江西省安福县彭坊公社			铸锻件厂	江西基本建设第一指挥部
9	9355	江西庆江化工厂	江西省泰和县苏溪公社		泰和县	火炸药厂	江西基本建设第二指挥部
10	974	江西第二机床厂	江西省永新县建设街		永新县	枪厂	江西基本建设第一指挥部
11	9342	江西惠民机械厂	江西省宜黄县凤岗公社		宜黄县	手榴弹厂	江西基本建设第一指挥部
12	9327	江西利群机械厂	江西省宜黄县凤岗公社			炮厂	江西基本建设第一指挥部
13	9353	江西永胜机械厂	江西省崇仁县城	抚州市	崇仁县	炮弹厂(迫击炮弹厂)	江西基本建设第二指挥部
14	9344	江西星火机械厂	江西省崇仁县礼陂公社			引信厂	江西基本建设第二指挥部
15	9509	江西第一木材加工厂	江西省崇仁县红旗镇公社			木制件厂	江西基本建设第一指挥部
16	9323	江西爱民机械厂	江西省德安县宝塔公社		德安县	炮弹厂	江西基本建设第二指挥部
17	9333	江西人民机械厂	江西省瑞昌县宝塔公社	九江市	瑞昌县	炮弹厂	江西基本建设第二指挥部
18	9304	江西新民机械厂	江西省瑞昌县横港公社			引信厂	江西基本建设第二指挥部

续表

序号	第一厂名	第二厂名	原坐落地点	现属地市	现属县域	产品分类	原建设单位
19	9529	江西第三木材加工厂	江西省永修县虬津公社		永修县	木制件厂	江西基本建设第一指挥部
20	9343	江西先锋机械厂	江西省宜丰县芳溪公社			炮弹厂	江西基本建设第二指挥部
21	9334	江西光明机械厂	江西省宜丰县黄岗公社		宜丰县	引信厂	江西基本建设第二指挥部
22	9519	江西第二木材加工厂	江西省宜丰县芳溪公社			木制件厂	江西基本建设第一指挥部
23	9446	宜春第一机械厂	江西省万载县罗城公社	宜春市		枪厂（高射机枪）	江西基本建设第二指挥部
24	9329	江西工具厂	江西省万载县城		万载县	工模具厂	江西基本建设第二指挥部
25	9309	江西东华计量管理所	江西省万载县			理化中心	江西基本建设第二指挥部
26	9399	江西标准件厂	江西省上高县上甘山公社		上高县	标准件厂	江西基本建设第一指挥部
27	9389	江西专用设备厂	江西省上高县城			专用设备厂	江西基本建设第一指挥部
28	9319	江西五七机械厂	江西省新建县蛟桥公社	南昌市	新建区	综合靶厂	江西基本建设第一指挥部

二、安福陈山沟江西小三线工业遗址的开发个案

对于小三线建设单位的选址,除了军工生产单位必须遵守的"靠山、分散、隐蔽"要求外,当时中央的另外一个重要考虑就是小三线厂所在区域的社会环境稳定问题,所选择的坐落地点"大部分是抗日战争时期和历次国内革命战争时期我军的根据地",且"大部分地区粮食可以自给"[1]。

如表1所示,江西小三线28家军工生产企业分布在江西省内的吉安、抚州、九江、宜春及南昌等五个地市,具体坐落则分别在今天的吉安市吉安县、安福县、泰和县、永新县,抚州市宜黄县、崇仁县,九江市德安县、瑞昌县、永修县,宜春市宜丰县、万载县、上高县和南昌市新建区等十三个县区。翻看中国革命史,不难看出这些江西小三线建设单位在选址操作上对前述中央文件关于小三线建设选址建议的落实,"第一,以原湘鄂赣苏区的万载、宜丰、新余、铜鼓县为中心,安排以高射武器为重点的9个项目……第二,以原湘赣苏区的吉安、永新、泰和县为中心,安排以步兵武器为重点的13个项目……第三、以原闽赣苏区的崇仁县为中心安排……等5个项目……第四、以原皖赣苏区的德兴县、景德镇市为中心

安排……等3个项目……第五、以原赣鄂苏区的瑞昌县为中心安排……等3个项目。"[2]

对于小三线厂而言，贯彻"靠山、分散、隐蔽"的选址原则，并充分考虑小三线厂所处区域的社会环境因素，自然有利于企业的备战需要。但一旦转入和平生产环境，这种选址最大的问题在于自然环境对企业发展的约束。以吉安市安福县彭坊乡(原彭坊公社)的陈山沟为例，在江西小三线选址建设过程中，这条纵深不足20千米的山沟，被江西军工生产管理部门一次性布设了包括江西钢丝厂在内的五家小三线厂和一个江西104后方医院。从沟口的江西钢丝厂开始，这五家厂依次是江西钢丝厂(9394)、江西量具刃具厂(9469)、江西连胜机械厂(9396)、江西立新机修厂(9349)和江西锻压厂(9339)。但即使是在这个陈山沟里位处地理环境最好的江西钢丝厂，对于企业所处地域与环境也啧有烦言，"工厂搬迁前地处江西省安福县边远的陈山沟，距安福县城有60多公里……与工厂相连的唯一一条乡村泥土公路也经常塌方，严重影响了工厂的货物、人员进出。因为工厂地处偏僻，交通极为不便，外单位人员不愿前来洽谈业务，造成工厂产品销售困难，与同类生产厂家竞争困难"，并最终于1984年开始谋划易地搬迁。到1990年，江西钢丝厂完成迁建时，曾聚集了上万小三线工人与家属，如今热热闹闹的陈山沟已经再没有任何一家小三线厂的踪影。曾经深处沟底的江西锻压厂早在70年代末就已经以"环境湿度大、不利于保证产品质量"为理由，第一个外迁到新余市分宜县、择址另建新厂了。其后，江西连胜机械厂于1979年底迁往弋阳县肥塘岗，江西立新机修厂于1981年迁往南昌市新建县的石岗镇，而江西量具刃具厂则于1986年迁往了南昌市的罗家集。

三线企业驻扎期间，彭坊乡政府驻地所在的洋陂村"新建街道两条……设有贸易公司，银行营业所，粮管所，邮电所，公安，派出所，汽车站，以及国营经济个体工商业饭店饮食业等数十家，曾经一度市场繁荣，购销两旺"[3]。但随着三线企业的迁离，市场逐渐冷落。

近年来，随着旅游事业的持续兴盛，尤其是红色旅游的火热，三线建设遗址所蕴含的有形与无形价值，尤其是其在精神文明建设方面的作用逐渐引起了重视。安福县政府有关部门，尤其是陈山沟小三线建设单位遗址群落所在的彭坊乡政府以旅游开发为契机，利用彭坊乡陈山沟所拥有的三线工业遗产资源，在江西钢丝厂原有房舍的基础上，组织场馆与展陈建设，"展厅内布置了大量上世纪六十至八十年代，三线建设时期的图片，通过这些图片，讴歌军工人不忘初心、一心报国的火热情怀，弘扬'艰苦创业、团结协作、无私奉献、不怕牺牲'的'三线精神'"[4]。推动了"彭坊乡三线记忆小镇"项目的上马，并成功在2019年度被江西省认定为当年度全省工业旅游示范基地。

三、江西小三线工业遗址开发利用的优势

(一)独具鲜明地域特色的精神财富积淀

江西小三线上马伊始，鉴于当时江西的工业基础比较薄弱，三年时间全部建成比较困

难,原中共中央华东局决定由上海市帮助江西包建20个建设规模大、技术难度高的项目,在江西基建、上海试制,成建制内迁。在上海包建江西小三线各项目规划明确后,上海方面很快形成了人员和对口负责单位的分配方案。"在人员配备方面,干部抽调按上海提供三分之二,江西出三分之一,共同组成干部队伍,工人队伍组建,按照政治条件过关,技术水平略高于原厂,工种配套齐全,身体素质好,能在山区生产生活的原则来保证内迁新厂能正常生产"[5]。

分配方案形成后,上海方面进行"政治挂帅"的动员工作。面对内迁江西山区,绝大部分职工政治素质较高,积极响应党的号召(见表2),"他们根据毛主席的'备战、备荒、为人民'的英明指示和伟大号召,怀着到山区闹革命的热情。不少人携家带眷,把所有家具都搬到厂里,有的连几只老母鸡都舍不得吃掉,一心一意到山区安家落户,在山区扎根。进厂以后,连胜厂职工第三天就进入到各自的生产岗位熟悉情况。做好上班的准备,他们大多数人对与上海差距甚大的山区生活条件,也都从革命利益出发感到十分满意,总之,从他们搬迁至直进厂后头几天的情况来看,情绪饱满,精神焕发,充满革命激情"[6]。

表2:建设初期对口江西小三线的上海包建厂及拟调工人数[7]

序号	江西小三线厂	上海包建厂	拟调往江西工人数(人)
1	江西钢厂	上海第三钢铁厂	4378
2	江西省吉安化工厂	高桥化工厂	788
3	江西省庆江化肥厂	吴泾化工厂	1400
4	江西省安江化肥厂	天原化工厂	1400
5	江西省东风制药厂	上海制药三厂	637
6	江西省黎明制药厂	上海制药二厂	700
7	江西省前卫油漆厂	上海市涂料公司	470
8	江西省宜春第一机械厂	彭浦机器厂、大隆机器厂、新建机器厂	1200
9	江西省永胜机械厂	彭浦机器厂	1164
10	江西省先锋机械厂	东风机器厂	800
11	江西省光明机械厂	上海电动工具厂	855
12	江西省人民农具厂	上海重型机器厂	1204
13	江西省爱民翻砂厂	上海锅炉厂	775
14	江西工具厂	上海量具刃具厂	635
15	江西省为民机械厂	上海第一汽车附件厂	300
16	江西省新民机械厂	上海无线电三厂	772
17	江西省连胜机械厂	上海自行车三厂	798
18	江西省东华工具厂	上海计量局	96
19	江西省星火机械厂	上海第七纺织机械厂	901
20	江西省永新修造厂	上海求新造船厂	420
总计			18838

根据华东局"包建包产、负责到底"的要求,最终超过两万名的原上海各包建厂的技术工人及更多的家属离开了大都市的上海,迁到江西的山沟里面,"到厂里来一看,跟我们想象的反差太大,一下子就一脸茫然,这里山高林密,沟里头就是杂草丛生的灌木丛。工人基本上都住在干打垒的房子(茅草盖起来的),或者是(住在)老表家里头,生活条件不是一般的艰苦"[8]。在这里,他们不但要克服离开生活多年的大城市所带来的不便,还必须直面南方山区生活带来的潮湿环境及必然相伴的蛇虫鼠蚁为患问题,"去江西山沟有四怕,即一怕蛇,二怕蚊子多,三怕苍蝇多,四怕虫子多"[9]。

客观地说,相对于工人们原来生活的环境而言,江西的山区生活无疑是比较艰苦的。但这批来自上海及国内其他城市的江西小三线建设者最终克服了种种困难与不适,不但在江西的山区扎下根来,更以"献了青春献终身,献了终生献子孙"的奉献精神为指引,为江西的国防军工生产事业发展做出了自己的贡献。这些具体的贡献及无形却宝贵的精神无疑是进行江西小三线工业遗产开发利用的重要前提,也是着手江西小三线建设工业遗址开发不应忽略的宝贵资源。

(二)便利资源开发的明晰产权关系

1980年前后,随着中央领导层对国际国内形势判断的进一步明晰,各地的小三线军工企业都面临来自中央的"军转民"的明确要求。作为小三线军工生产体系重要一环的江西小三线虽然在"军转民"初期动作较慢,但随着形势的进一步明确,无论是江西省国防工办领导、还是江西小三线军工生产体系内各厂员工,都清晰地认识到了民品生产的必要性,并纷纷提出要将僻处山区的小三线厂迁离交通运输不便、不利于民品生产及参与市场竞争的原址,靠近城市选址重建新厂区的安排。到20世纪90年代末,绝大部分江西小三线厂都完成了迁址重建并对山区原厂址进行处置的工作。

根据1992年1月,国务院办公厅转发国家国有资产管理局、国务院三线办《关于三线搬迁单位处置国有资产有关问题的意见》,"搬迁单位根据处置方案处置原址国有资产时应首先向全民所有制单位转让,如果全民所有制单位无法使用搬迁单位可以向集体所有制单位或个人有偿转让……实施有偿转让的国有资产,原则上接收方应一次付清价款。一次付清确有困难的,经双方协商可采取延期付款分期付款等方多种方式,但延期分期付款期限一般不得超过三年"[10]。

江西小三线企业在搬迁的时候,基本上都按要求及时进行了资产移交。部分单位的厂房甚至按照国有资产管理局、国务院三线办在《关于三线搬迁单位处置原址国有资产的实施办法》中进一步明确的"那些位于深山峡谷,人烟稀少,交通条件较差等不具备有偿转让条件的资产,可以实行无偿划转"的规定[11],无偿赠送给了原驻在地的地方政府。安福彭坊乡在进行三线军工小镇项目建设、打造以军工文化为主题的爱国主义培训基地时,用来进行展品陈列的就是江西钢丝厂移交的办公用房,"就是我们的办公室、行政办公室,……我还到我办公室看了一下"[12]。

江西小三线企业旧址与原小三线建设单位顺利完成产权剥离对于后续地方政府进行开发显然是有利的,而前述《实施办法》中"不得向非全民所有制单位无偿划转"的规定也进一步避免了大量江西小三线建设单位内的建筑物产权关系的混淆,也使地方政府围绕小三线建设遗址进行开发规划时,不需要在协调方方面面的关系上浪费太多的资源与注意力。

四、江西小三线工业遗址开发与利用的建议

(一)坚守底色,以情怀感召人

毋庸置疑,作为待开发工业遗址资源的小三线企业旧址,因为"靠山、分散、隐蔽"的择址原则,其地理位置上处于先天短板。而且,高度同质化的建筑样式也很难吸引常态游客。但与通俗意义上的旅游资源最大的差异点也就在于此。

江西小三线从建设之初,就与上海有密切的联系。上海援建江西小三线的第一代工人和他们的子女本身就构成了一个稳定的待开发群体。因为江西小三线建设,他们把青春、把童年留在了江西,虽然其间或多或少都会有一些磕磕绊绊,但他们曾经在江西度过自己人生最美好一段岁月的事实是无法抹杀的。

近年来,很多返沪的江西小三线建设者、小三线企业员工以及他们的子女纷纷用团体聚会、聚餐,故地重游等形式纪念自己的这一段人生岁月。坚守小三线军工建设底色,以情怀感召这个群体,可以让这个群体成为江西小三线工业遗产开发利用过程中重要的参与者与消费者。

(二)丰富特色,以绿水青山吸引人

长期以来,江西的环境保护都做得很好,森林覆盖率高达百分之六十以上,稳居全国前列。

而小三线企业在建设过程中,曾刻意强调的与周围环境的深度结合使江西小三线建设单位周边保持了较好的植被。当代人对于绿色环境的喜好和亲近自然的追求,无疑是一个需要引起每一位开发者重视的痛点。在江西获批的10座国家森林城市中,南昌、吉安、抚州、九江、宜春都曾经是江西小三线建设的重点地域,抓住这个痛点,将丰裕的森林资源与大量被闲置的小三线建设单位建筑资源结合起来,显然会是一个很好的开发利用江西小三线建设工业遗址资源的切入点。

(三)做大红色,以精神育人价值打动人

江西本身就是个红色资源大省,中央苏区、井冈山斗争与南昌起义在中国革命史上都是浓墨重彩的华章。八一精神、井冈山精神及苏区精神更是一脉相承、交相辉映的红

色经典。

从教育人、培养人的角度上来说，江西小三线建设无论从影响力还是重要性来说，与前述的这些红色文化经典意象都很难相提并论。

但是与前述的那些轰轰烈烈的红色文化事项相比，小三线建设亲历者们用他们每一天的辛勤工作、十数年如一日地践行的以"艰苦创业、无私奉献、团结协作、勇于创新"为内核的三线精神同样崇高，同样是新中国红色文化不可或缺的一环。

结合党史学习教育扩展江西小三线工业遗产的开发与利用的深度与广度，正当其时。开发利用好浸润着红色文化基因的江西小三线工业遗址，将其建设成为开展教育研学与革命文化教育的优质资源，可以促进文化与旅游的深度融合，为江西经济社会发展做出独特的贡献。

参考文献：

[1] 罗瑞卿.关于安排一二线省市后方建设的报告[G].陈夕.中国共产党与三线建设.北京：中共党史出版社,2014:142.

[2] 江西省军事工业志编纂委员会.江西省军事工业志[M].南昌：江西省军事工业志编纂委员会,2005：19-20.

[3] 赵从春总纂,王先顺,主编.江西省安福县志编纂委员会编.安福县志[M].北京：中央党校出版,1995:90.

[4] 安福彭坊乡三线记忆小镇入选省工业遗产旅游基地[EB/OL] https://k.sina.com.cn/article_2341087142_8b8a27a602000qzwj.html?from=news&subch=onews&sudaref=www.baidu.com&display=0&retcode=0.

[5] 调干通知[Z].上海：上海市档案馆,档号：A36-1-393-121.

[6] 搬迁情况反映[Z].上海：上海市档案馆,档号：A38-2-789-163.

[7] 上海市革命委员会经济计划组.关于下达江西小三线包建包产计划和搬迁计划的通知[Z].上海：上海市档案馆,档号：B227-2-5-36.

[8] 谢剑平.我在钢丝厂的经历,原江西钢丝厂党委书记,2021年6月10日讲述于江西钢丝厂会议室。

[9] 关于部分职工思想情况的汇报[Z].上海：上海市档案馆,档号：A38-2-789-85.

[10] 国务院办公厅转发国家国有资产管理局,国务院三线办,关于三线搬迁单位处置国有资产有关问题的意见的通知转引自陈夕：中国共产党与三线建设[M].北京：中共党史出版社,2014:333.

[11] 国有资产管理局、国务院三线办关于三线搬迁单位处置原址国有资产的实施办法,转引自陈夕：中国共产党与三线建设[M].北京：中共党史出版社,2014:338.

[12] 刘怀平.我亲历了江西钢丝厂的招工与培训。原江西钢丝厂副厂长,2021年6月10日讲述于江西钢丝厂会议室。

乡村振兴战略视角下皖西小三线工业遗产开发与利用的思考
——以霍山县诸佛庵镇为例

1.黎启国　2.朱林枫

（1.2.合肥工业大学）

　　20世纪60年代中期,三线建设是在当时风云万变的国际局势下,为加强战备,中共中央和毛泽东主席做出的一项重大战略决策[1],将当时工业尤其是国防工业由东向西的战略大调整。按地域划分,将当时经济相对发达且处于国防前线的沿边沿海地区向内地收缩而划分出三道线,其中三线地区主要指长城以南、广东韶关以北、京广铁路以西、甘肃乌鞘岭以东的广大地区[2]。"三线"又分为大三线和小三线,后者主要是指一二线地区的腹地。在"大三线"建设的同时,毛泽东又提出了一个"小三线"建设的思路,即在大三线建设的基础上再建设自成体系的"小三线",使"大三线"与"小三线"形成一个环环相扣的大系统[3]。地方省市根据小三线建设选址要"靠山、分散、隐蔽",所以小三线企业多选择在偏远闭塞的乡村建设,更有"备战备荒为人民""好人好马上三线"的口号号召着人们前往三线地区。许多厂矿单位建设了配套设施,形成了一个个封闭的社区,带动了周围乡村的发展。

　　20世纪80年代以后,随着改革开放以及冷战的缓和,三线建设逐渐见诸报端。由于位置偏僻发展艰难,许多三线企业不断由乡村迁出到邻近城市,使得原三线企业所在地的经济受到影响,同时也在乡村留下了许多工业废弃厂房。这些工业遗存是当地特殊的文化遗产,具有重要的历史文化价值,如何积极开展抢救、保护和开发利用这些文化遗产以促进当地经济和社会发展是一个值得研究的课题[4]。党的十九大报告中,习近平总书记针对农业农村农民的问题提出了乡村振兴战略,这是小三线工业遗存开发与利用的一大机遇。笔者以霍山县为例,从乡村振兴的视角对皖西小三线遗存开发与利用情况进行探讨,并针对现有情况,提出开发利用的对策,以期对类似小三线开发与利用有所借。

一、皖西小三线历史沿革

　　地处华东地区的安徽,是轻武器成套生产基地的重点建设区域之一,小三线的建设任务十分繁重[5]。安徽小三线建设可分为省属的皖西小三线和上海的皖南小三线。由于三线建设的建设方针是"大分散、小集中"，"靠山、分散、隐蔽"，因此在经过多次深入勘察和遴选，在安徽西部大别山区建设安徽省属小三线的思路逐步形成。

20世纪60年代中期到70年代中期，安徽省国防科学技术工业办公室先后在霍山县、舒城县、六安裕安区、六安金安区等地方建设"小三线"军工企业共计17家，医院、学校等军工配套单位有多家[6]。其中集中分布在霍山的就有9家，分别是位于诸佛庵镇的皖西机械厂、江北机械厂、红星机械厂，桃源河镇的皖西化工厂，落儿岭镇的东风机械厂，真龙地村的淮河机械厂、红旗机械厂，东西溪乡的淮海机械厂，凡冲村的江南机械厂（见表1）。

表1 皖西小三线部分统计

序号	名称	位置
1	皖西机械厂	霍山县诸佛庵镇
2	皖西化工厂	霍山县桃源河镇
3	红星机械厂	霍山县诸佛庵镇
4	江北机械厂	霍山县诸佛庵镇
5	东风机械厂	霍山县落儿岭镇
6	淮海机械厂	霍山县东西溪乡
7	淮河机械厂	霍山县真龙地村
8	江南机械厂	霍山县凡冲村
9	红旗木材厂	霍山县真龙地村
10	先锋机械厂	舒城县河棚镇
11	皖中机械厂	舒城县三石寺
12	皖江机械厂	舒城县大河乡
13	通用机械厂	舒城县五显镇
14	江淮机械厂	舒城县燕春乡
15	皖东机械厂	舒城县晓天小河口乡
16	利群机械厂	六安市毛坦厂镇
17	浦信化工厂	六安市龙门冲村
18	皖中医院	舒城县晓天镇
19	皖西医院	霍山县诸佛庵镇

"到1985年，六安地区'三线厂'共有职工9861人。1965年到1967年，建成的三线厂总占地面积已有163.85万平方米，到1985年底，实际建筑面积44.85万平方米。建厂初期的行管、技术干部和关键工种技术工人大都是从南京、合肥、上海、重庆、昆明等城市的有关工厂调配的，一般工种是从本县退伍军人和知识青年中招收。"[7]80年代中期，为促进经济的发展，改善企业生存环境。霍山域内的三线厂还创办了多家民品厂，生产多种民用产品（见表2）。

表2 1985年各三线厂办民品厂简况

企业名称	主管单位	最早开工年份	主要产品	占地面积（平方米）	房屋建筑面积（平方米）	固定资产总投资（万元）	职工人数（人）	利税总额（万元）
皖化纸箱厂	皖西化工厂	1980	纸包装箱	2064	964	6.7	69	2.5
皖红鞭炮厂	红星机械厂	1972	爆竹	1520	1129	3.7	79	3.0
红星容器厂	红星机械厂	1978	爆竹	814	558	3.7	91	3.5
江北塑料制品厂	江北机械厂	1978	塑料制品	2450	1801	35.5	146	−3.6
东风玻璃钢制品厂	东风机械厂	1982	洗衣机皮带轮	3200	2975	20.6	127	3.2
皖西水泥厂	皖西机械厂	1984	矿渣硅酸盐水泥	13387	1391	46.2	241	13.5
江南机械配件厂	江南机械厂	1984	汽车配件、汗渍机	2715	451	17.6	49	7.5
淮河针织机械配件厂	淮河机械厂	1981	铸铁件	5017	948	5.0	74	4.0
淮海综合加工厂	淮海机械厂	1972	千斤顶、汽车配件	10095	3365	79.9	198	23.6

（来源：霍山县志）

二、皖西小三线工业遗存现状

小三线建设的布局靠山、分散且隐蔽，在中共十一届三中全会之后，小三线建设进行调整，虽然企业单纯为国防建设服务转移到为国民经济服务轨道上来[5]，但企业受制于地理条件的限制，使得这些企业在成本、产品销路等方面面临着极大的困难。20世纪80年代末，三线企业陆续从诸佛庵镇迁出。这些企业主要迁至合肥、滁州、蚌埠等地，原有的厂房也随着原有企业的迁出而逐渐荒废。

近几年，由乡村振兴战略引领，以创新、协调、绿色、开放、共享五大发展理念为指导，顺应"大众旅游时代"发展趋势，围绕"旅游兴县"，贯彻"全景霍山、全域旅游、全产业融合"三大理念，发挥自身优势，发展霍山旅游。在县内三线建设上，以"印象三线"为主题，将全域内的"小三线工厂"工业遗存作为文创旅游项目进行保护性开发。其中诸佛庵镇联合社会多家单位，对原军工企业开展联合投资建设，原皖西机械厂、皖西化工厂已被打造成为大别山区第一家画家写生基地——仙人冲画家村，成为诸佛庵镇对外宣传的一张"文化艺术名片"，推动诸佛庵镇旅游产业取得长足发展[8]。

本文调查研究的小三线工业遗存为位于诸佛庵镇的皖西机械厂、皖西化工厂、红星机械厂、江北机械厂四个小三线军工厂旧址。

表3 部分小三线工厂概况表

厂名	初建年月	投产年月	占地面积（平方米）		1985年底实有人数（人）					八五年底累计产值（万元）	累计利润（万元）	累计上缴利税（万元）	坐落地址
			合计	其中：建筑面积	工人	技干	行管	其他	合计				
皖西化工厂	1967年	1970年	140436	19474	186	13	40	81	320	3168.5	368.6	132.7	仙人冲
皖西机械厂	1965年4月	1966年4月	198362	62563	903	63	136	191	1293	16851	1882.1	1828.84	银孔
江北机械厂	1967年	1971年	173000	62528	765	55	114	181	1115	22126	1624.1	2936.5	七里冲
红星机械厂	1966年	1970年	279135	61211	755	67	109	189	1120	8528	−18.4	860.8	诸佛庵

（来源：霍山县志）

（一）皖西机械厂

1967年，皖西机械厂在霍山县诸佛庵镇仙人冲汪家祠堂建设成立，是安徽省国防工业办公室下属的军工厂，于1969年正式投产，占地面积合计为140436平方米，其中建筑面积为19474平方米。截至1985年底工厂内实有人数总计320人，其中工人186人、技干13人、行管40人、其他81人。初期作为火箭弹的生产地，主要产品是530、630、850、910炮弹。军转民之后，皖西机械厂在面对军品生产任务逐年下降的局面之下，通过广开门路，改变生产物品，1980年先后研制和生产了手压泵、烤火炉、礼堂座椅、水泥等多种产品。1981年，该厂坚持两条腿走路、多品种开发，逐步确定锁边机、水泥、预制件为民品发展的重点，组织三条生产线，在"保军转民"的战略中不断通过与上海大隆机器厂合力开发骨干民品，使皖西机械厂发展成为军民结合的新型企业[9]。2003年，皖西机械厂正式更名为安徽神剑科技股份有限公司。

皖西机械厂由生产车间、仓库、职工宿舍等建筑组成，不设围墙和村子融为一体。整个机械厂隐蔽在群山之间，各类建筑分散建设。生产车间具有厂房类建筑明显的特征，一些厂房现已废弃。目前已经建成的是"安徽小三线军工博物馆"，依托原皖西机械厂留置的车库老办公楼改建而成（见图1）。原皖西厂大剧院、仓储车间改造成了综合性民宿。但仍存在多个生产车间以及仓库被废弃（见图2），例如国资024（见图3），整体成L形，围合出的广场在建筑的西北处，连接着主要道路与建筑。短边的建筑是由生产车间、成品区、生产车间、半成品区四个区域组成，建筑均为一层，屋顶为木制桁架结构，墙体为砖混结构，四个车间从南向北依次排列。建筑目前处于废弃状态，保存状态不理想。职工宿舍现存有多栋，部分已在原有的结构基础上进行改造，并仍作为居住建筑使用，其他多被遗弃（见图4）。宿舍是两层的砖木结构的建筑，双坡屋顶、木制门窗、清水砖墙面，建筑整体没有过多的装饰，只在二层走廊砖砌栏杆处稍有装饰。

图1 安徽小三线军工博物馆外部

图2 荒废的生产车间

图3 皖西国资024局部

图4 荒废皖西国资076

（二）皖西化工厂

9375皖西化工厂坐落于霍山县诸佛庵镇仙人冲，该厂于1967年动工建设，1970年正式投产，原为兵器工业部硝铵炸药定点生产厂，也是安徽省硝铵炸药五大生产厂之一。整个企业占地面积140436平方米，建筑面积为19474平方米。截至1985年底企业实有人数合计320人，其中工人186人，技干13人，行管40人，其他81人。年底累计产值3168.5万元。20世纪80年代军转民后逐渐转型生产纸包装箱等包装产品。皖西化工厂1986年进行调整搬迁，并于1994年9月底整体搬迁至合肥市郊区。

皖西化工厂所处位置环境优越，旅游资源丰富。2015年，依托当地得天独厚的生态环境，大力实施"旅游兴镇"战略，深度开发仙人冲村军工企业"三线厂"遗址和部分景点，把仙人冲村打造成写生、度假、观光为一体的旅游项目。原来的"军工村"转变为"画家村"，有效推动了诸佛庵"大别山原创艺术特色乡镇"的建设和发展。

图 5 美术馆

图 6

图 7 农家乐

图 8 画家工作室

（三）江北机械厂（9373）

江北机械厂即 9373 厂，坐落于霍山县诸佛庵镇七里冲，该厂于 1967 年动工建设，1971 年正式投产，整个企业占地 173000 平方米，建筑面积 62528 平方米。1985 年底企业实有人数合计 1191 人，其中包括工人 765 人，技干 55 人，行管 114 人，其他 181 人。企业 1985 年底累计产值为 22126 万元。20 世纪 80 年代中期左右，由于三线厂开始实施"军转民"，江北机械厂在 1984 年更改企业名称为江北塑料制品厂，主要生产塑料制品，最早开工于 1978 年，由江北机械厂单位主管。后江北机械厂搬迁至蚌埠市，现为安徽长城军工有限公司。

目前江北机械厂基本保持当年的布局，机械厂主要有生产车间（见图 9）、仓库、职工宿舍、办公楼等建筑。其中原有的职工宿舍数量居多，有两层砖混结构，坡屋顶形式（见图 10），另有三层红砖砌筑，坡屋顶形式（见图 11）；木制门窗，保存较为完好，沿主路的多栋宿舍建筑已在原有基础上加以修整，仍作为村民居住使用。生产车间以及仓库多为红砖砌筑，一层建筑（见图 12），部分作为竹加工企业工厂所在地。在厂区规划上，江北机械厂布局采取分散布置，生产区、办公区和生活区呈线状分布在狭长的山谷中，东西长度约为

1.5千米。

图9 国资江北 032

图10 原职工宿舍

图11 翻修过的职工宿舍

图12 废弃的生产车间

（四）红星机械厂（9374）

国营红星机械厂筹建于1965年，代号"9374厂"，厂区坐落于诸佛庵镇项家冲，1970年建成投产。整个企业占地面积合计为279135平方米，建筑面积61211平方米。1985年底实有人数合计1120人，其中工人755人，技干67人，行管109人，其他189人。9374厂电影院，是当时霍山县最大的影院，县城的人争相来看。20世纪80年代，9374厂军转民后，曾生产过自行车。1986年，安徽省政府对9374厂等安徽省属三线军工企事业单位进行调整搬迁。1993年，9374厂调整搬迁至合肥新站综合开发实验区。2000年，9374厂加入安徽军工集团，2006年该厂部分厂区搬迁到合肥三元产业园。2009年，机械厂改制为股份制公司，并更名为安徽红星机电科技股份有限公司。

如今，诸佛庵红星机械厂的电影院、职工宿舍（见图13、14）食堂烟囱等建筑仍在，但陈旧破败，早已没有了当年的蓬勃生气。闲置的老厂房被当地人用来办厂加工竹制品（见图15），窄窄的山道两边，有较为开敞的空地处，便被一簇簇竹制品占据。笔者走访红星厂时，看见一群工人正顶着烈日，在一片脏乱的场地内清理废旧垃圾，而周边则是原红星机械厂的遗存(见图16)。9374厂礼堂分为入口大堂和礼堂主体两部分,平面为矩形,外立面是清水混凝土,主要采用柱体外露、有序排列的手法进行装饰,整体风格朴素简洁[6]。

图13 电影院

图14 职工宿舍

图15 老厂房

图16 遗存

三、乡村振兴战略下皖西小三线开发利用情况

(一)工业小镇变艺术小镇——仙人冲画家村

1.项目源起及建设过程

借鉴北京798、宋庄等知名画家村的成功案例,加之皖西机械厂和皖西化工厂所在地有优美的自然环境,并且有着红色历史文化,因此2014年,霍山县美术家协会向诸佛庵镇政府提出建议,镇政府经过实地走访、调研、参观、征集意见、评估,基于项目建设的可行性,仙人冲画家村项目应此而生。

在建成的项目中,安徽三线军工博物馆,整个项目占地面积9250平方米,建筑面积2015平方米。其中原皖西厂生产的炮弹模型是标志性建筑。博物馆内设展示厅,展示原三线厂生产的军工机械和产品,军工博物馆二期主要展示现代生产机械和产品展示。配套布展设施获省军工集团的支持,原军工生产机械展览设备已运送指定场地。山美地民宿,原皖西厂大剧院、仓储车间改造成集艺术交流、拍卖、餐饮为一体的大型民宿[8],设有餐饮、画展大厅、民宿、艺术培训中心等,内有仿古式、仿西式、仿藏式特色民宿套间,形式各异,风格不一。南北美术馆,2015年建设画家村,将建于1965年,用于皖西化工厂职工及家属日常看电影和观看文艺演出使用的皖西化工厂老电影院改造为南北美术馆。

截至目前,画家村景区规划总面积达9.6平方千米,现有房屋建筑5.4万平方米,为签约入住的画家及美术学院提供房屋累计1.8万平方米。

2.画家村目前存在的问题

品牌效应难打造。虽然目前每年都有近3万游客来画家村观赏游玩,但整个景区仍处在起步阶段,且游客普遍反映该景区缺乏可供游玩的项目,未能形成品牌效应。

经营管理难度大。尽管画家村设立画家村管委会、成立了画家村建设管理领导组,但在实际经营管理上难度较大。例如在画室招租操作办法上,规定被批准入驻的艺术工作者缴纳部分保证金,签订入驻协议后,室内加固装修由入住人负责,30年租期满后无偿移交画家村管委会。而目前签约入驻画家村的部分画家未能按照协议装修甚至部分画家长期不入住,工作室无法开放,导致资源浪费。

建设资金不足。从画家村前期建设投入来看,整个项目投入资金巨大,但目前仍然有资金不足的情况,特别是在景区基础设施建设、自然景点的配套设施以及工作室、民宿和学生写生基地建设上仍然缺乏大量资金。

交通不便利。在前期建设过程中,虽然争取到县交通项目资金1300余万元,先后建成画家村内循环通道8公里(其中柏油路4.8公里),但目前皖西机械厂和皖西化工厂的遗址改造的画家村所处位置仍然属于偏僻的农村,前往画家村需要自行驱车或者跟随旅游团前往,其他交通工具的可达性仍不完善。

(二)转变企业运营内容,融入村民生活——江北机械厂

江北机械厂搬迁后,遗留下的生产厂房和职工宿舍,有作为毛竹加工企业和手工作坊的,有被当地群众购买或占用的。从20世纪末开始,诸佛庵镇开展清理回收工作,以加强对原三线遗留资产的管理和利用,其中利用江北厂遗留厂房组织成立了全市第一家以竹加工为主导的特色工业园区,通过内引外联、招商引资等形式,共发展竹制品加工企业86家,其中规模企业9家[8]。

目前江北机械厂仍有竹炭生产企业在几间旧厂房内进行生产,由于厂房破旧,废气处理工艺简单,污染防治设施老化,特别是炭化窑为砖土结构,导致不能有效收集处理烟气,厂区地面有黑色炭灰积尘,在雨季就存在随雨水外流的环境隐患。

(三)废弃或面临拆除——红星机械厂

原有企业的迁出,使得红星机械厂被废弃,而闲置的破旧老厂房却成了许多小企业的理想生产车间,红星厂旧址曾被竹炭厂占用,废气直接排放到空中,车间的窗户沾满厚厚

的灰尘,造成环境的污染。随着国家对环境督察和整治力度加大,严重污染环境的企业会受到严重处分,这些企业对旧址上的建筑遗址造成的破坏是不可逆的。

目前红星厂的工业遗存大部分都处于荒废状态,仅有部分旧工业建筑被企业作为生产车间在使用,而在被利用的这部分建筑中,建筑保护不到位。所以对现有厂内的小三线工业遗产有效的保护以及根据现有的情况,对建筑进行适应性再利用,都是目前亟待解决的问题。

四、皖西小三线工业遗存开发与利用的对策建议

对山区的小三线工业遗产的开发再利用,基本都存在开发资金不足、位置偏僻、交通不便、保护意识不足、配套设施不完善、运营管理不专业等许多问题[11]。从乡村振兴战略视角下,不仅是要让农村从物质上得以满足,同样在文化和生态上得以满足。

(一)工业文化的永续传承

皖西小三线的工业遗产群是特定历史时期所形成的特殊工业建筑类型,具有较高的历史文化价值。在短短20年的三线建设过程中,遗留下的不仅仅是工业建筑遗产,其背后所蕴含的工业文化也值得我们去传承。

1.设置多种形式的红色教育方式

文化的传承过程中,教育是个重要环节。在时代发展过程中,红色教育教学的形式多种多样,利用新科技给现代教育过程中增添趣味,例如利用影片、动画、互动式体验等方式进行课程教学,扩大教育对象的范围,使之能更好地接受、传承三线工业文化,更深刻地体会爱国主义精神。

2.开展适应场地的文化活动

开展适应场地的文化活动是让工业遗产"活起来"的一种重要手段[10]。把握小三线建设的文化和时代热点,依据地理特点、遗产建筑的特征,举办适应场地的文化活动。特别是将小三线工业遗产作为旅游项目开发利用,借助场地的文化氛围以及遗产自身的特征,策划更多游客参与度更高的活动,例如,仙人冲画家村目前多以民宿、工作室、博物馆等方式利用工业遗产,缺乏可供游玩的项目,游客无法置身于其中。利用场地内废弃的工业遗产开发利用成以艺术创作为主题的体验馆,定期举办游客参与性强的大型活动,增强三线工业遗产的场所文化活力的同时,也能增加收益和提升景区的知名度。

3.完善遗产保护和管理制度

目前小三线工业遗产保护和管理不到位仍然是普遍存在的问题,而保护的方式不仅仅是将其看作是静止不变的、被封存的"博物馆",工业遗产与周边环境、市场、政府、社会紧密关联,是乡村发展的一个重要的可持续发展的要素,是一种可共享的文化和资源,对其进行保护再利用能够帮助体现村镇特色,开发利用以及后期的管理都是极其重要,强有力的管控机制对工业遗产的保护和唤起广泛的保护意识都有更好的帮助。对于那些已经

记录在册的工业遗产,可以通过政府的计划进行保护性开发;而那些未记录在册的工业遗产,应以谨慎的态度采取合适的措施进行活化。

(二)当地经济的适时发展

乡村振兴战略,是小三线工业遗产开发与利用的一大机遇。生产军用产品的小三线原为当地的经济发展作出了重要贡献,之后由于政策调整,小三线转变为军民结合的生产结构,但由于各种条件的束缚,使得三线企业发展尤为困难。

1.选择适合当地的产业形式

目前对于小三线工业遗产的开发与利用,多数以第三产业为主,采用"文化+旅游"的开发利用形式。例如目前利用诸佛庵仙人冲的皖西机械厂和皖西化工厂的旧址改造利用成艺术小镇——画家村。同时需要结合地区的经济、社会发展,采取适应于当地的产业形式,在不破坏当地环境以及工业遗产主体的前提下,第一产业、第二产业同样可以考虑。利用小三线工业遗产作为新型的农业、工业产品生产加工车间,不仅可以促进当地的经济收入,同时也能够植入旅游景区中作为参观当地产业文化的项目。

2.推出当地的特色产品

本文所研究的四个小三线工业遗产均在诸佛庵镇,诸佛庵镇素有"金山药岭名茶地,竹海桑园水电乡"之美誉,物产丰富,利用这一资源优势,可以创建当地特色产品的品牌,生产特色物产,增加当地收入同时也可以帮助打响当地品牌。

3.稳定持续的管理运作

在三线建设前期保护再利用建设过程中,建设资金很大一部分来源于政府拨款,后续建设中仍需要大量资金,稳定可持续的管理运作必不可少。通过前期的政府资金的支持,形成初步的产业规模,在后续使用中,通过景点收入以及后续其他企业的赞助可反哺工业遗产的保护和管理运营,使之形成一个良性循环[10]。

(三)乡村生态的可持续

小三线遗留下的工业遗产地处山区,有着丰富的自然资源,生态环境相较于城市有明显优势。乡村振兴的战略要更加注重农村生态的保护,增强自然资源保护意识,促进自然与工业遗产的结合,有效发挥山区自然资源的优势。

增强游客、村民、外来开发建设者以及政府人员的环境保护意识;在小三线工业遗产规划设计时环境保护应作为重点;开发使用中,设立环境保护专项人员进行督察。在乡村,自然资源和小三线工业遗产不是两个独立的个体,工业遗产处在自然之中,优美的自然环境与工业遗产相结合,打造出不一样的美丽风景线。

(四)乡村生活的完善

乡村生活的主体是村民,地处乡村的皖西小三线工业遗产,在开发利用过程中,不可忽视村民的存在，在设计规划过程中，应完善村民活动空间，完善交通以及相关的基础设施，满足村民生活的需求，增强景区可达性。

不同的小三线工业遗产根据所处村镇的发展状况采取不同的开发利用形式。例如江北机械厂不仅采用工业园区的形式，同时利用部分遗留建筑融入村民生活之中，为村民所用。在发展过程中，基于工业遗产保护和满足村民生活活动需求，通过规划设计，不断完善村民活动空间，丰富村民生活。

完善交通路线，增加公交班次，拓宽交通方式，提高景区可达性，同时也能很好地降低企业运输成本，利于小三线工业遗产的开发、可持续利用。基础设施的完善，既能满足村民生活所需，提高乡村生活的便利性和村民生活的幸福感，同时也能够为后期小三线工业遗产开发利用打下基础。

五、结语

从20世纪70年代到80年代中期，短短20年的时间里，小三线企业完成了它的使命。近些年来，对三线工业遗产保护意识的增强，并且在乡村振兴战略的带动下，从文化、经济、生态、生活等方面有效的可持续开发利用工业遗产，对增加农民收入、缩小城乡差距、实现农村现代化具有重要意义。

参考文献：

[1] 张彦，续敏，马国芝.山东三线军工精神的历史渊源与红色基因[J].山东工会论坛，2019，25(05)：70-74.

[2] 张何奕.晋南"541工程"三线建设遗存及其比较研究[D].武汉：华中科技大学，2019.

[3] 中国青年网.三线建设：艰难时期的国家创业[EB/OL].http://kd.youth.cna//akjxmo2YRjXBYJ9.[2021-03-16].

[4] 葛维春，袁小武.乡村振兴战略视角下小三线遗址开发与利用的思考——以江西为例[J].宜春学院学报，2018，40(07)：75-78.

[5] 李云，张胜，徐有威.安徽小三线建设论述[J].安徽史学，2020(05)：159-168.

[6] 石川，刘群，丁杰.皖西"小三线"工业遗产存续及更新[J].工业建筑，2020，50(11)：11-17+45.

[7] 霍山县地方志编纂委员会.霍山县志[M].合肥：黄山书社，1993.

[8] 霍山县人民政府网.[EB/OL].[2020-09-09]http//www.ahhuoshan.gov.cn/public/6619001/28562331.html.

[9] 孙长玉.九九〇厂志(1964-1985)[M].未刊稿.1987.

[10] 汪文，王贝，陈伟，何蕾.澳大利亚工业遗产适应性再利用的经验与启示[J].国际城市规划，2021，36(03)：129-135.

[11] 徐有威，张胜.小三线工业遗产开发与乡村文化旅游产业融合发展——以安徽霍山为例[J].江西社会科学，2020，40(11)：138-145.

乡村振兴视域下乡村工业遗产保护之思考

谢友宁

（河海大学）

一、引言

自20世纪末,我国城市产业转型,城市更新,出现传统工业企业迁离城市中心,原有企业厂房、设施蜕变为一些文创园区、科技园,文创、创意成为城市更新的热词。在信息技术迅速发展、数字化的大环境下,文创让城市更有活力。之后,我们也注意到,这个以"文创"为原点的冲击波,也波及了附近的乡村,且范围越来越广。曾经热捧的乡镇企业,也恢复平静,形式、结构发生了调整,越来越理性化发展,且在城乡融合中发挥着作用。一个利用乡村土地优势,展开的花卉、水果、植物栽培为特色新兴产业、综合田园体崛起,农家乐也升级到了民宿的休闲游,成为新宠。文旅融合成为美丽乡村、乡村振兴建设新的抓手。

我国乡镇企业,可以追溯至20世纪二三十年代,如费孝通先生调研的江村经济中吴江盛泽蚕丝业,甚至更早时期,至八九十年代中期进入高潮,90年代后期趋向并转,又一波调整。乡村工业经历了家庭手工业、社队企业、乡镇企业、产业园区等不同的发展阶段。改革开放后,我国东部,尤其江浙、广东、福建沿海一带,乡镇企业曾如火如荼,十分红火,社会学者分别归纳出:苏南模式、温州模式、晋江模式、东莞模式等多种模式,距今已经有半个世纪之多。另外,也有许多地区形成"一镇一品""一村一品"有影响的产业,或入住产业园区。如今,许多当时十分红火的企业,已经处于关闭、停产,门庭冷荡状态。这其中就有曾经显赫过、作用过或影响过当地发展及地标性的一些工业遗存。从遗产保护的视角看,笔者称之为乡村工业遗产。

2021年春节,笔者去家里阿姨家走走(江宁湖熟街道某社区),想看看乡村变化,亲眼看见一座大桶厂,冷冷清清,孤立地矗立村子一角,不远处还有一个水塔,此时,昔日的乡村企业火红的影子凸现脑海。此情景是现实给我们提出的一个课题,即我国乡村工业遗产是否应该保护? 又如何评估? 如何保护? 笔者以为,乡村工业遗产保护即是保护农民们曾经散发出来的积极性、创造性的证据，保护如今乡村转型前的一些遗存，以留给后人，有利于记忆修复和身份认同，有着十分重要的意义。振兴乡村，保护与利用好有特色、有代表性的乡村工业化厂房、机械、筒仓、门店、道路等，是值得重视和探索之路。2021年4月29日，《乡村振兴促进法》由中华人民共和国第十三届全国人民代表大会常务委员会第二十八次会议通过，自2021年6月1日起施行。在这样的背景下，探究乡村工业遗产保护问题，更有现实意义。

二、概念界定

本文讨论的乡村工业遗产主要是指自20世纪50—60年代逐步出现的，企业主体是乡村集体或村里企业的工业遗存，其规模、基础建设、先进性等都不能与城市工业比较。关于乡村工业遗产，有几个类似的概念，如：农村工业遗产、乡土工业遗产、乡村工业遗产、乡镇工业遗产及乡镇企业遗产等。经过调研，我们也注意到一些区分：一类是工业遗产位于农村，但是，企业主体为国企当时征地所为，选址乡村。如南京栖霞区桦墅村（周村）周边的石膏厂企业（已经搬迁，留存厂区及建筑，再利用为"三鸟仓艺术园"）；二类是20世纪六七十年代，大量小三线企（事）业单位以"靠山、分散、隐蔽"为原则布局山区。随着时代变迁，其主要建筑资产逐渐蜕变为乡村工业遗产[1]。这两者也可以划为乡村工业遗产，但是，此均不在本文讨论范围。本文所关注的是第三类的乡村工业遗产（亦称乡镇企业遗产或遗存），其主要包括两个层次，即：一是指"指农村集体经济组织或者农民投资为主，在乡镇（包括所辖村）举办的承担支援农业义务的各类企业"[2]；二是指乡（镇）、村办的企业，包括乡（镇）、村投入及个人投入的，是具有区域特色、有影响力、产业类别齐全的一些代表性工业遗存。

三、我国乡村工业概况

乡土（村）工业是笼统性称呼，最早称家庭手工业（副业），之后，有一个提法叫"社队工业"。自1984年，人民公社退出后改称"乡镇企业"，自然也有了"乡村工业"之说。中华人民共和国成立后，中央正式提出发展农业工业的政策是1958年，当年的4月5日《中共中央关于发展地方工业问题的意见》正式出台[3]。社会学家费孝通先生对于农村发展，工业下乡，乡镇企业有过很深入的研究，《江村经济》(1939)、《重返江村》(1957)、《三访江村》(1981)就是系列成果之一。乡镇企业的兴起，解决农村剩余劳动力问题，填补忙闲不均的空间鸿沟，提高农民收入，有着历史和现实意义。费先生研究表明，我国工业分散下乡，并长期保存，农工融合，这一点与欧美国家工业集中城市的经济现象，完全不同[4]。这也是中国乡村的一个特色。费先生回忆说："我选择开弦弓村，是接受家姐费达生的建议，她在这村里帮助农民办了一个生丝精制运销合作社，那是我国农民自己办的最早的乡镇企业之一。它引起了我的研究兴趣。那时我住在合作社的工厂里看到农民在机器上缠丝，就想到这不是现代工业进入农村吗？我心里十分激动。我在该村调查了一个多月，便起程赴英国留学，在去伦敦的船上，把开弦弓村调查的资料整理成篇，并为该村提了个学名叫'江村'。"[5]

第三次全国工业普查数据披露[6]：乡镇工业发展规模急剧扩大，在全国工业中的份额显著提高。1995年末，全国共有乡镇工业企业和生产单位651.8万个，比1985年增加190.9万个；从业人员7300.5万人，增加3512.3万人；工业总产值38933.3亿元，比1985年增长12.5倍，平均每年增长29.7%。在乡及乡以上工业企业和年产品销售收入100万元以上的村及村以下工业中，乡镇工业固定资产原价7121.4亿元，占14.9%；流动资产8576.8亿元，占21.8%；产品销售收入21330.5亿元，占33.4%；实现利润991.9亿元，占44.3%；上缴税金846.4亿元，占19.6%。

乡镇工业主要以轻纺和一般加工工业为主。1995年乡镇工业总产值中，非金属矿物制品业占8.2%，纺织业占6.0%，食品加工业占4.2%，金属制品业占4.2%，普通机械制造业占3.8%，化学原料及化学制品制造业占3.5%，电气机械及器材制造业占3.2%，服装及其他纤维制品制造业占2.9%。

1995年乡镇工业年产品销售收入超过500万元的有73369家，达到大中型企业标准的1832家，与港澳台及外国合资的企业18257家。

乡村工业基本作用可以理解为：一是人地矛盾，解决农业人口出路问题。人多地少，尤其是我国东部地区突出矛盾，乡镇企业吸纳了部分剩余人口。二是合理调整农民忙闲时间，从半工半农到全工。三是增加收入渠道，提高乡村农民收入水平，支援农业发展；四是缓解城乡剪刀差扩大，激发出广大农民极大地创造性和生产积极性，等等。

四、乡村工业遗产价值

任何事物都有着生命周期，乡镇企业作为整体可能会长期共存于乡村。但是企业个体情况不一，也存在着"生、老、病、死"。其影响乡村企业发展的因素很多。比如：是否符合产业发展环境要求、企业经营情况、市场竞争能力、财务状况，等等。所以，经过几轮大幅度的乡镇企业调整，有的自动退出，也有的合并转制、重新整合，此时，必然出现原厂房、办公用房、机械、设备、简仓等企业资产的废弃、闲置、更新或迁移，转变成为通俗的"遗产"问题。为了不忘却，为了记忆，为了绿色生态环境，当下，我们有意识地、有计划地选择及保护部分历史上有影响、区域或行业上有代表性乡村工业遗存，是一项迫切的工作，是一份责任，也是一份义务。恰恰，义务是不可推卸的。

那么哪些乡村工业遗存有价值呢？又如何去评估呢？这是一项十分困难的工作，需要有理论支持，技术保障，也需要实践摸索，勇于创新。

第一，映入眼帘的是"感情"问题。身份认同和记忆，可以说是感情表现的方式。

作家梁鸿的《出梁庄记》和《中国在梁庄》是乡愁的流露，雷蒙·威廉斯的《乡村与城市》是西方人（文学）关于乡村情感的争论。其实，有没有价值，是保护与否的理由；保护与不保护，主要还是取决于人，尤其是那些掌握话语权的人。虽然，学者们或相关管理部门及法规，范围上也从国际到国内，各类型遗产价值都或多或少，详尽或框架式的有着不同评价指标，这些指标对于乡村工业遗产保护，都有着指导意义。但是，现实中仍然有许多"遗产"眼睁睁地看着被损坏或灭失，令人遗憾。就在笔者最近关注的一个即将消失的村庄里（解溪村），村里一个粮食加工企业和一个油坊，明显有保留价值，相关部门可以在再开发时，保留再利用一下。然而，谈何容易呀？谷崎润一郎著《阴翳礼赞》一书，赞美日本人对于旧物、简单的喜爱，而我们这方面好像有点欠缺，这是文化深层次的问题。

乡村工业遗产，依据我们的调研，可以说，基本都不是文物（至少说目前为止），没有法律上的硬性要求，也比较难进入一般遗产保护的法眼，很容易被忽略。保护与否影响因素之一是"感情"问题（当然，也有某地需要保护具体目标的排队问题）。现代遗产理论认为，保护本质上是一种"意思"。这里的"意思"既有哲学层面上的，也有现实意义上的。笔者理解，现实的"意思"就是"睹物思人""睹物思景"，日后见到此物，可以引发起一段记忆，构建一个场景，进入一种社会关系网络。所以，乡村工业遗产的价值，第一位是"感情价值"。前面提到影响费先生社会学课题研究的切入点是"生丝精制运销合作社"，这个合作社又与费姐有关联，合作社的工厂又与费老研究的具体生产单元有关系，如此的企业夹杂着这么多的感情成分，所以，这样的企业遗址价值就不一般了。

第二，乡村工业遗产的价值在于有故事。为什么要保护？关键要能够讲出故事，而且是感人的故事。故事的影响力，就是保护衡量的尺度。从历史的维度看，江苏华西村的一些乡镇企业就很有故事，全村的乡镇企业吸引和容纳了那么多的外乡人，促进了南北乡村的流动，自然形成一个枢纽，这"中心"，非常值得关注。华西村如今的变化，都与乡镇企业挖的第一桶金有关系。所以吃水不忘"挖井人"，华西一些乡村工业遗址要在评估之后，应当有选择地保护好。

第三，乡村工业遗产的价值在于品牌。市场上，对于该企业商品的认可和承认，就是对于该企业的肯定。比如，20世纪80年代，无锡港下针织厂（红豆集团的前身），曾经因改革及快速发展成为"苏南模式"的典范，1992年成立江苏省第一家省级乡镇企业集团——红豆集团。这个乡镇企业最初的遗址价值就很高（不知有没有保护？）。

第四，乡村工业遗产的价值在于反映本区域、本村农民的智慧和创造性。人是有智慧的高级动物，不管处于什么位置，处于何方，能动的创造积极性是不可磨灭的，这也是乡村工业"内生性"动因。笔者走过一些乡（镇）、村，感受到许多农民接受的教育程度并不高，但是，对于当地的经济、文化了解得很是独到，有的可以侃侃而谈，有的虽然表达有些欠缺，但是，时常蹦出的一些观点，是教科书里找不到的。"风从民间来"，可能指的就是这些。

乡镇企业从第一个点子,到曲折迈步,再到快速成长,包括期间的低谷或高峰,每经历一个风浪,都有一个智慧与之碰撞,也是中国农民的奋斗史里的篇章。浙江金华村原党委书记汤仁青曾在接受访谈时说"一路走来,分不清脸上是雨水还是汗水",表达了他担任金华喷雾剂厂长的感受[7]。所以,我们要从历史的创造性去评估遗存的价值。

第五,读懂乡村工业遗产的价值,还要熟知乡村工业发展史。广义上的乡镇企业,实际是从家庭工业到社队企业,再到乡镇企业及股份制企业转制等过程。不管乡村工业什么阶段,每一个阶段都在特定的历史条件下,发挥了应有的作用,值得后人记忆与借鉴。这方面,黄仁宇先生的大历史观值得思考,具体说是"长时间,宽视野,远距离"观点值得我们好好思考。

一般遗产保护的价值主要指:历史价值、艺术价值、科学价值、社会价值。本文采用更为具体或通俗的标准来叙事,也算是一种尝试。

五、周边乡村工业遗产观察

为了调研乡村工业遗产状况,笔者利用距离优势,走访了南京市江宁区(县改区)湖熟街道、汤山镇,并随机择取几个观察点。南京市江宁区辖湖熟街道位于江宁区东南部,地处江宁、溧水、句容三区(市、县)交界处,2006年3月,湖熟与龙都、周岗两镇合并成立新的湖熟镇,2007年12月,完成撤镇设街道工作。区域总面积145平方千米,总人口78247人(2010年),辖10个社区、12个村[8]。汤山位于宁镇山脉之中,邻近沪宁高速,以温泉之乡著称,享誉周边。另外,值得注意的是这些区域均距离南京市中心50千米范围内,工业下乡,乡土产业结构均受到这个城市产业的强辐射。

(一)观察点之一:湖熟某村大桶厂

某村大桶厂,亦称拉钢(音:光)厂。据村民仇先生介绍,该厂约成立于20世纪70年代,由本村村民投资,其主要任务是修复大桶,清洗、镀铜或锌一类业务。80年代后期,该厂适应建筑市场需求,逐步改为拉钢丝,提供建材商品。最火时期,厂里有百十号工人,除了解决村里务工外,还吸收了不少周围村民就业。另外,据了解,约在八九十年代,大桶厂还提供一项服务,即:在停电时,厂里为村里发电、送电,方便了孩子们的晚学习和村民生活。现在,大桶厂人走楼空,原有厂区规模,由于周边道路整治,仅留一小块地,一间厂房,破落的房顶,露出了搭建的钢架,中间有一个烟囱矗立,院子还有一幢二层办公小楼,紧闭的大门,仅仅听见一两声犬声(见图1)。我们在门口遇见一位路人,他说:该厂已经歇业了,希望有人投资,再利用。

图1 某村大桶厂

（二）观察点之二：湖熟某镇红木工艺厂

红木工艺厂，位于南京江宁湖熟街道某镇。目前，一个偌大的厂区，仍然还有十来个工人坚守。据红木工艺厂展示中心的一位姓徐的师傅介绍，该厂成立于20世纪70年代，开始是大同被单厂，大概在80年代转给红木工艺厂。红木工艺厂最初的技术力量来源于南京的雕刻工艺厂，主要工人，也有相当部分是南京来的下放知青。显然是"工业下乡"。该厂最火的时候，工人数达百人左右，产品主要外销。乡镇企业一定程度上支持国际贸易，也是我国的一个阶段的历史特色。某镇距离南京约50千米，镇企业依托周边城市技术优势，办起来了一个乡镇企业，在当时的贡献还是很大的。同时，厂里还培养了一些工艺雕刻技术人才，部分人才之后也另立门户，在其他村办起来了红木工艺家具企业。

今天，当我们再来厂区，目睹的是一个十分凋零的景象，空空荡荡的院落，停着两辆车子，门口的一个二层楼的房子，估计已经闲置不用了，面对厂门的一排涂着黄色涂料的一字形厂房，窗户许多玻璃都坏了，布满灰尘，估计也停用了，右侧往前还有几排黄色墙面的厂房。令人欣慰的是厂区对面的一个红木工艺展示中心看起来还不错，进入展示厅，摆满了一些工艺雕刻品及红木桌椅、厨子、衣架等（见图2）。虽然看上去部分家具布满灰尘，有点儿凌乱，但是仍然可以感受到企业艰难地支撑着经营。

图2 某红木工艺厂

（三）观察点之三：湖熟某油米厂

位于湖熟街区湖熟的某油米厂（见图3），从门上残留下来的布告信息分析，该厂于2017年决定歇业。笔者注意到周边还有一个粮库。其实，这样的油米厂每个乡镇至少有一个。这些加工厂及仓库变迁,令人想到乡村的变化,想到乡镇节点的作用。每年3—4月,油菜花盛开,当下已经成为市民下乡观看的一道风景,里下河地区的兴化油菜花(垛田)还作为农业遗产加以保护,但是,花谢了,结籽了,再者加工成油,成为交易的商品,却是农民们最开心的,一年的部分收成在那里,油米厂就是一个见证。油米厂关了,可能是加工技术的普及,加工点增加了,不再需要集中,或者农业生产承包到户,交通方便,农民选择更加自由了? 或者城镇化发展,农村推向边缘,去中心化了? 等等,原因可能是多种多样的。但是,我们关心的是建筑、空间如何变脸(再利用),如何保留昔日的烙印,唤醒未来的记忆。

图3 某油米厂

(四)观察点之四:汤山镇矿坑公园

最近,去了一趟江宁的汤山矿坑公园(见图4)。依据本文定位的乡镇企业,可以说,这个矿坑,以前也是一些乡镇企业的遗存,是"靠山吃山"的写照。据介绍:2002年,汤山镇有各类采石企业75家,2004年,关闭各类采石企业101家,其中,汤山龙泉采石厂(矿坑公园所在地)正式关闭。一个关闭了的采石企业,经过多年努力,打造成了一个旅游场所,尤其是亲子游,这是一种工业遗产的再利用。这里,不仅仅是矿坑公园的打造,事实上,是汤山这一片区的整体文旅开发。汤山矿坑公园引进了先锋书店,称作"先锋汤山矿坑书店",内部布置大气美观,成为网红打卡地,其外部建筑结构,错落有致,直线、弧形变化之美,也让人惊叹! 实际上,它是由原来与采石矿相配套的石膏窑(筒仓)改造而成。所以我们以为,矿坑公园是乡村工业遗存再利用的典型案例,起到了一个很好的示范。关于筒仓活化问题,值得一提的是刘抚英教授的《工业遗产保护筒仓活化与利用》一本专著,出版于2017年。该书的特点在于"以案说法"(利用方法),分别从空间利用、功能转换、表皮层再生进行阐述,具有实用价值。

图4 汤山矿坑公园

六、乡村工业遗产保护之讨论

以上，通过乡村工业遗产的观察，结合乡村振兴、遗产保护理论与实践经验，笔者以为，以下几点值得讨论。

(一)关于遗产的理解

一般认为，只有过去遗留下来的，才称为遗产。按照此约定，前面提到的有些企业，有的可能不宜划入遗产范围。其实，这个观念过于狭窄。笔者在加拿大时注意到，关于"遗产"概念很是宽泛，比如：住宅周边一片完好的树林，也称之为遗产，仔细想想，很有道理的。树林是自然的一部分，城市、乡镇、江河、树林都是我们生存的宇宙空间，与我们的生活密切关联。再者，从他们遗产步道(heritage trail)的连接点设置，也反映了他们对于遗产的独特理解[9]。还有，从时间维度看，遗产也可以分为过去、当代及未来遗产，这已经在保护实践中逐步得到认同。如此，我们的遗产保护计划，便可以更全面、更系统。如此，不会在当代人的手上抹去当下或未来遗产。但恰恰，未来遗产的判断，似乎可能更加困难一些，这需要对于历史系统的了解。

(二)乡村工业的类型

乡村工业的发展，最初，它是从家庭手工业、家庭副业，逐步走向规模型家庭作坊，再发展到乡镇企业和产业园区。笔者发现，乡村工业的类型，不能局限于厂房、机械、简仓等。原材料的采集、初加工场所(如矿坑)，码头、拆船、造船厂、砖窑、石灰窑等也是乡村工业。我们在江宁调研，发现许多村都有大片的茶园，茶是一种经济植物，但是，采摘后的晾晒、杀青、烘抄等(不同的茶，有不同的制作方法)茶叶制作厂，这也可以说是乡村工业范畴。我们看过几个制茶厂，从晾晒场所到滚动式机器，虽然看似有点简陋，但也是一个历史的客观存在。同时,也反映出部分乡村茶场的竞争力水平。如此看来,乡村工业有时表现为混合型的,即:半农半工。乡村工业类型也是多元的,我们应当注意搜集、建档、分析与整理。

(三)乡村工业遗产的土地问题

从乡村工业发展历程考量,企业用地也是值得关心的问题。这里有个人宅基地用地,也有集体划拨用地。尤其,后期政策的改变,集体农转工用地受到了禁止。1998年,《土地管理法》明确取消乡村利用集体土地进行工业生产权限[10]。那么,历史的情况如何处理呢? 这也可能会影响到用地上的建筑物存在或灭失。

(四)乡镇企业挂牌"国营"属于乡村工业吗?

本文开始定位的乡村工业是指乡土的集体或个人投资的工业企业,在调研中,我们注意到还有服务乡村的一些国营企业,主要以农产品加工为主(油米厂、农机维修厂)。笔者以为,这样的企业,可能是一个例外,也应当纳入乡村工业来考察。这些企业与其他国有企业选址乡村,其产品也与农业无直接关联,性质上是完全不一样的。

(五)乡村工业遗存能否成为一道景观?

漫步乡村,突然,眼前的乡村企业,让人止步。因为面对村舍,面对广袤的农田,它太不一般,在地平线上勾画的线条,太惹眼了。然后,当你绕场一周,从各种角度观察,加上脑子里仅有的几个片段回忆,此时,你会有点激动,得出一个判断:这边风景好美!

工业下乡,工业与农业融合,这里以乡镇企业为集中,绘出了一幅立体画。面向自然的农业,突现一个规模不大的院落,目睹周围的柏油马路,才知道昔日这个院子更大,红砖砌筑的烟囱,气势不凡,今日,仍然直冲云霄……这是人工所为,蕴藏着生活在这里人的智慧。此时,你会感觉到自然与人的融合,田园之美的和谐。保护乡村工业遗产,可以说是保护乡村一道独特的景观。

(六)乡村工业遗产与乡村振兴

一定意义上说,乡村工业遗产是一种文化资源。它不仅仅是本土地上的农民智慧的存照,也是曾造福一方村民、反映一个时期当地人的生活状况。试想,村民们随季节变化,农忙后,也可以离土不离乡(或村),换一种方式进厂打一份工,那是什么样的感觉(今天的人是不容易体会到的)。对乡村工业遗产合理的保护,就是增加历史文化存量,乡村振兴需要这样的文化资源。美丽乡村,不仅仅有青山绿水,乡村民俗,也有与时俱进的乡村里的工业文明。乡村不再是闭塞、落后、脏乱差的代名词。以乡村工业遗产为代表的一类文化符号,也可以为乡村振兴赋能,且还是稀缺的资源。

七、乡村工业遗产保护之策略

(一)摸清家底

首先，我们以为还是要摸清家底。2007—2009年，第三次不可移动文物普查，乡村工业遗产是空白，没有作为具体普查的要求。当然，也不排除个别地、市有前卫意识，采集了个别数据。但是，我们注意到工业普查时，有些数据可以参考，然而，这些数据不在文旅部门，给保护和监管带来不便。这里便提出两个问题，即：一是数据要共建共享，二是监管、保护要多方参与。

(二)试点保护

虽然，文化遗产保护包括工业遗产，已经出台了许多标准、指南，但是，乡村工业遗产有其特殊性，要注意个性化保护。所以，要划区、划块试点，广泛吸收经验和教训。试点保护要解决什么样的乡村工业遗产值得保护？且如何保护？当下，我们要在普查的基础上，选择好试点保护地区及名录，予以公示。选择要注意差异性与平衡性相统一。优先考虑脆弱性、危险性大的乡村工业遗产对象，落实"抢救第一"的原则。

(三)政策的支持

政策层面要为乡村工业遗产正名，解决"乡村工业遗产"从边缘到中心的问题。调研中，笔者也注意到对于"乡村工业遗产"的不理解，尤其本文特指的集体或个人投资的乡镇企业。笔者也曾专门向某地文旅局电话咨询过乡村工业遗存及保护问题，得到的回答是"没有政策"。笔者理解，这里政策所指是"可操作性"的文件。前面提到的"土地性质"问题，也可能影响乡村工业遗存的保护，这也需要政策支持。政策不仅仅是原则性指导意见，也是把握方向性的问题。同时，政策也为下一步法律法规制定提供依据。所以，政策是对于问题的调控与解决的第一关，很是重要。

(四)凸显乡村工业遗产地标性作用

乡村工业，有些地方做成"一镇一品""一村一品"，我们应当借势推进，把乡村工业遗产品牌化、符号化，着力打造IP。如今，一些位于乡村的大型国企，名声很响，很容易吸引眼球。但是，乡村自己的工业遗产，符号化做的就很不够，这方面进取空间很大。江宁区有个黄龙岘，又称"金陵大茶园"，实际上，这是一个乡村生态农业。遗憾的是，村里没有在制茶工艺方面多挖掘一些工业遗产价值，让人们从参与采茶递进到杀青、烘焙等制茶工艺阶段，体验DIY制茶的乐趣。一个卖点，在忽视中无形地消失了。

(五)重视乡村工业遗产再利用的设计

乡村设计已经成为一门新兴学科。调研中,我们走过一些美丽乡村,发现有些地区的乡村,村村在道路、公共空间、村标识、池塘、院落安排得井井有条,有设计的痕迹。但是我们也注意到有工业企业的村里,并没有把这个工业企业作为遗产很好地融合到村子里的美景中。换句话说,村里的工业贡献,工业之美,没有被发现。所以,要通过再设计,把它呈现出来。

设计包含政治、经济、文化、艺术、环境及生态的理念,考虑环境与居住、教育与工作、健康与运动等,强调:地域特色,多样性并存,当下与未来可持续性发展[11]。

乡村工业遗产的再利用,嫁接文创,可以作为公共空间,成为村民互动的枢纽;也可以作为艺术空间,作为田野美育基地或重构为美术馆,通过展览邀请,提高影响力[12]。记得国内的艺术家为逃避人口密度,规避城市运作成本高,而把工作室安置边缘乡村的案例很多。最近,书商把书店移到乡村的,也被看好。先锋书店老板钱晓华先生说:"书店的未来在乡村。"[13]这些都是乡村工业遗产空间再利用设计的目标对象。

八、结语

乡村工业遗产保护与利用是乡村振兴背景下,后乡土时代具有挑战性的课题。这个课题不是本文几千字可以完成的,笔者仅仅是抛砖引玉。乡村工业当下、未来遗产是什么? 互联互通,淘宝村、智慧农业会留下什么? 后工业社会,新型的乡村工业,也会层出不穷,希望有兴趣者多加关注。另外,此文行将终稿时,南京禄口突发Delta病毒传播,这也殃及笔者曾考察过的江宁湖熟街道个别自然村,令人担忧。乡村的疫情防控始终应该是重中之重,尤其是在城乡融合的进程中,不可松懈。病毒传播及扩散的事件,也告诫我们:承担社会责任,细心做好职责范围的事情,不留遗憾,这是当代复杂环境下,对于每一个人素养和品质的新考量。2021年,又被称之为"元宇宙"元年,这里面传出什么样的信息? 难道仅仅局限于网络业吗? 这也是我们在乡村工业遗产保护设计中值得关注的话题。

以上,不当之处,欢迎指正。

参考文献:

[1] 徐有威,张胜.小三线工业遗产开发与乡村文化旅游产业融合发展——以安徽霍山为例[J].江西社会科学,2020,40(11):138-145.

[2]《中华人民共和国乡镇企业法》.

[3] 王曙光.中国农村:北大"燕京学堂"课堂讲录[M].北京:北京大学出版社,2017:284.

[4] 付伟著.乡村融合进程中的乡村产业——历史、实践与思考[M].北京:社会科学文献出版社,2021:37-42.

［5］费孝通.中国城乡发展的道路——我一生的研究课题［J］.中国社会科学,1993,（01）:3-13.

［6］［2021-06-26］https://www.taodocs.com/p-288722.html.

［7］陈勇,武黎嵩,主编.好日子:我们的小康路［M］.江苏凤凰出版社,2020:5-8.

［8］中华人民共和国民政部编,黄树贤总主编,侯学元本卷主编.中华人民共和国政区大典.江苏省卷［M］.北京:中国社会出版社,2014:178-180.

［9］谢友宁.由加拿大遗产步道建设引发的思考——以奥克维尔为例［M］《他山之石——国际文物保护利用理论与实践》.文物出版社,2019:229-237.

［10］付伟著.城乡融合进程中的乡村产业——历史、实践与思考［M］.社会科学文献出版社,2021:141-144.

［11］杜威.索尔贝克.奚雪松,黄仕伟,汤敏,译.乡村设计——一门新兴的设计学科［M］.电子工业出版社,2018.

［12］杨海平,谢友宁,牛睿敏.文创助力精准扶贫问题研究［J］.中国编辑.2020.12.

［13］长三角·人物志［N］.解放日报,.2021-6-23.

重庆夏坝三线遗址综合开发的思考

吴学辉

（中国国史学会三线建设研究会）

重庆是全国三线建设的重点地区。独特而厚重、不可复制的三线工业遗产，是重庆老工业基地的一张特殊名片，也是我国工业化过程中一个极其特殊时期的历史性实物见证。改革开放后，随着国家战略重点的转移，中央提出"军民结合、平战结合、军品优先、以民养军"的方针，对三线企业采取"调整改造，发挥作用"的一系列措施，大多数三线企业迁离或转型后，后续产业发展情况不尽如人意，有些甚至破产，厂房处于废弃、闲置状态，生活区破落陈旧。

回想当年"好人好马上三线"，能够参加三线建设的都是来自祖国四面八方、经过挑选的骨干，三线企业记录下他们人生中最富有激情的奋斗时光和人生梦想，也镌刻着昔日火红年代"艰苦创业、无私奉献、团结协作、勇于创新"的精神品质。

三线工业遗产具有很大的潜在价值。本文结合重庆市江津区夏坝镇原兵器部国营晋江机械厂三线工业遗产的保护、开发、利用的现状，谈谈成渝地区双城经济圈建设国家战略中，如何变三线工业遗产资源优势为经济优势，实现社会效益与经济效益的统一，以期对成渝双城经济圈建设、重塑三线文化影响力、乡村振兴、文旅融合，打造自身优势的三线特色小镇，推动城乡结合文旅事业，助力地方经济的发展有所裨益。

一、重庆江津夏坝镇的基本概况

三线建设的1965年前后，重庆市江津夏坝地区先后有军民用三线工业企业"四厂一站"，即：国营晋江机械厂（代号5057，简称"晋江厂"）、国营青江机械厂（代号507，简称"青江厂"）、重钢铁业公司（原江津钢铁厂，简称"江钢厂"）、四川省江津造纸厂（简称"纸厂"）、江津车滩水电站（简称"车滩电站"）在此落户建厂。随后与之伴生了夏强水泥厂、杜市水泥厂等大小30余家民营企业。全镇工业总产值占江津区的半壁江山，为重庆市著名的工业50强镇之一。为更好地服务三线建设，重庆市于1982年划转江津杜市、广兴、贾嗣三个区镇部分村社设立为夏坝镇。这是三线建设时期重庆市专门设立的唯一的工业建制镇。

该镇位于江津区东南部，与重庆市綦江区、巴南区邻界。幅员面积39.4平方千米，域内多山地浅坵，农耕林业地占比约70%，工商用地占比约11.5%。现有人口2.3万余人，下辖五村三社区。2000年后，除车滩水电站继续发电生产外，晋江、青江两厂因三线调整搬迁出夏坝镇，纸厂破产停业变卖、江钢厂"去产能化"停业转卖。夏坝镇由此留下大量较为完整、特色突出的工业建构筑物群落。

这里距离重庆主城区60千米、距江津城区28千米、距綦江县城22千米；距210国道6千米、距渝黔高速路28千米，与重庆绕城三环高速公路无缝衔接，处于重庆主城一小时经济圈范围内，半个小时可辐射江津、綦江城区；津綦省级公路、渝黔铁路穿域而过并设有夏坝火车站；现有公路通过乡村公路连接，在夏坝境内已形成椭圆形环线，便捷的交通兼具綦江水运之利，夏坝镇具备良好的区域优势条件。

二、夏坝镇三线工业遗存析评

（一）三线工业"四厂一站"情况

1. 国营晋江机械厂

国营晋江机械厂是1966年8月4日经西南建委、重庆市委、五机部批准，四川省国防工办以216号电文通知，由山西机床厂（247厂）主包、重庆嘉陵机器厂（451厂）副包，在江津夏坝投建的重庆地区三线建设中第二批重点项目之一。为重庆常规兵器大口径火炮铸造件专业生产厂，国有大型二类企业。工厂占地总面积834亩。主要军品为59式100mm高射炮、54式122mm榴弹炮、66式152mm加榴炮、130mm加农炮，以及WZ551轮式步兵战车等铸造件。同时工厂也承当着西南地区众多兵器铸造件的生产任务。

1969年，刚从越南战场回国休整的解放军314团（即0091部队）就分别进入夏坝镇的晋江、青江和万盛的平山（100毫米高炮机加与总装）三厂现场，加紧了施工。毛主席专门批示一个三线建设项目，在全国还是少见的。可见当时中共对"两基一线"重庆常规兵器基地的建设是何等重视。

三线调迁时期，晋江厂纳入全国最大的"国防三线合并搬迁项目"——重庆大江工业集团中，2000年完成搬迁，在夏坝留下基本完整的各类建构筑物，成为国内少见的极具特色的群落型"三线建设工业遗址"，引起国内外有识之士的高度关注。

2018年10月，英国工业遗产研究和铁桥文化专委会的专家学者们，在参加上海大学中英"当代工业遗产保护与利用"国际高端工作坊研讨会前夕，在上海大学吕建昌教授陪同下，专程到重庆，选定了涪陵白涛816核军工洞和晋江厂为主夏坝镇工业遗址两个地方来参观考察。

英方专家迈克尔、罗宾逊等一行在相关人员陪同下参观江津区夏坝镇原国营 5057 厂旧址
（图片提供：吕建昌）

在上海大学研讨会后，笔者与上海大学吕建昌教授曾与英国专家组组长迈克尔交谈。迈克尔说"夏坝晋江厂和江钢厂留存的这些工业遗址，在这么小范围内，群落型的保存相当完好，非常好！""这些工业遗存除没有天上飞的以外，门类比较齐全，我们走过许多国家，像夏坝这种二次工业革命以来的机器设备、建构筑物还有这么好、这么集中和完整的保留，是少见的！要保护好、开发利用起来，一定能成为你们中国最好的工业文化历史公园。"迈克尔还表示，如果重庆市政府出面开发打造，他们也愿意参与协助。因为国外像晋江厂和夏坝在并不大的范围内有这么集中的工业遗址群落基本没有了。

笔者认为，晋江厂曾是夏坝镇最大的工业企业，其遗址位于夏坝镇工业群落遗存的中心地带，各类型建筑物齐全，体量大，占地面积1200亩（含嵌入厂区的农民柴山地）以上，为本项目综合利用、重点打造的核心区域。适宜建设"三线历史文化博物馆""军事主题公园（本部）""兵器装备展陈场""三线生产设备展陈场""影视拍摄基地（本部）""三线工业遗址观光""三线文化一条街""三线生活一条街（含商业与饮食）""文创基地""产学研基地""休闲康养基地""中医农业基地""艺术与科研培训"等等多板块分项目。

2.国营青江机械厂

国营青江机械厂是1966年6月投建的重庆常规兵器基地大口径火炮锻造件配套生产厂。担负59式100mm高射炮、54式122mm榴弹炮、66式152mm加榴炮、130加农炮等大口径火炮锻造件的配套生产。"军转民"以来，工厂相继开发生产了以2030载重汽车、轻型汽车、摩托车系列等为主的民品锻造件。

2000年，该厂合并搬迁到重庆巴南区重庆大江工业集团公司后，江津区夏坝镇党政机关即搬迁到青江厂家属区。通过招商引资，引进重庆渝兴鞋业公司、重庆飞扬活性炭制造有限公司等民营企业入驻生产区进行工业生产至今。目前三线旧工业建筑等已为现入驻工厂所用，不存在改造利用问题。

3.重钢铁业公司

重钢铁业公司(原江津钢铁厂，习惯简称"江钢厂")始建于1966年5月，属重庆市中型一类国有企业。该厂占地面积(含矿山)64公顷，厂区濒临綦江河畔，有与渝黔铁路接轨的自备铁路通往厂区。该厂距三线军工遗址晋江厂2千米、距夏坝镇5千米、距渝黔铁路夏坝火车站仅1.5千米。

该厂现有主要生产设施：$210m^3$和$116m^3$高炉各一座，$30m^2$烧结机2台，$5m^2$竖炉球团生产线1条，66-4型焦炉4座，利用高炉、焦化煤气作燃料的锅炉4座，发电机组3套，总装机容量9000KW。原主要产品有为炼钢生铁、铸造生铁(部分供晋江厂生产用)、焦炭，副产品有煤焦油、粗苯和炉渣。

笔者认为，江钢厂因"去产能化"停业至今，产权现转为中钢集团所有。其现有生产生活各种设施设备、厂区铁路、内燃机车、矿山坑洞等近现代工业设施设备，是新中国建立以来钢铁工业发展史的典型遗存，具有很高历史价值和文化价值，是工业遗址旅游观光、影视拍摄之最佳取景所在地之一。其800余亩矿山有转让或共同开发的余地。此处地上森林繁茂、竹木苍翠；地下矿坑矿洞密布、纵横交错，适宜打造森林公园、山地冶游等游乐项目；同时可开辟"军事主题公园"的战车试驾场、实弹射击场、模拟山地丛林战、地道战、洞穴探险等等军体项目。

4.车滩水电站

夏坝车滩水电站于1964年成立基建委员会；1965年10月1日第一台机组运行；1966年并入川东电网；1983年被国家水电部命名为"全国小水电先进单位"。其所在的綦江河车滩水坝、江畔离岛、铁桥、船闸、水轮机发电等齐备并在正常运转中。

笔者认为，该水电站是现代大型水利工程之缩影，风景与特色均突出，綦河水面有航运货船及过江小船往来，是水上运动、水体游乐竞技项目、旅游观光休闲、影视拍摄之优良景地。江畔离岛上建筑物原为车滩电站办公大楼，现产权为江津某公司所有，可通过区政府协调解决，建筑物内部可按滨江高档宾馆或别墅式改造，作为本项目重要客户休闲住宿地和影视拍摄基地分部。

5.四川省江津造纸厂

重庆江津造纸厂(原四川省江津造纸厂，简称"纸厂")是国家第一轻工业部四川轻工业厅(后为重庆第一轻工业局)直属民用三线配套企业。主要生产油毡原纸、包装纸、卫生用纸等产品。是四川省经委、统计局确定的中型一档企业。1999年，纸厂在国家对中小型企业"去产能化"要求中停产关闭。目前，该厂已处理给重庆警备区，现已有警犬训练基地入驻。

笔者认为，该厂濒临綦江河畔，紧邻夏坝镇与重庆绕城三环公路匝道口旁，具有一定的区位优势。产权关系虽已转移,尚有少量工房、办公大楼、职工宿舍闲置不用,若能协商下来,可改造为本项目綦河画廊观光、书画艺术文创、亲水与农耕旅游,以及周边景点游客休闲食住的中继站使用。

(二)多彩多姿的山水风光与文农旅游资源

1.人文与自然风光厚重

(1)华侨二中遗址

抗日战争时期,东南亚出现排华事件,使广大侨胞痛苦不堪,纷纷要求送子女回国求学,1939年,教育部和侨委会向民国政府建议成立华侨学校,经行政院440次会议决议,1941年在五福厂小渔梁程家祠堂成立国立第二中学。该遗址的价值在于铭记了抗战时期旅外华侨的爱国之心,见证了世界华人对民族根脉的重视与传承保护。

(2)綦江惨案历史遗址

1939年冬至1940年初春,国民党因怀疑其"军事委员会战时工作干部训练团"所属"忠诚剧团"的剧目影射攻击蒋介石,宣传共产主义,在全团中清查"异党",残酷镇压杀害学员,制造了震惊中外、惨绝人寰的"綦江惨案"。其中在江津广兴、五岔(现夏坝五福老街)第三总队驻地附近,残杀、活埋学员124人。

广兴镇与夏坝毗邻,为临綦江河老街古镇,公路、步道5千米左右可到达。老渝黔铁路、渝黔公路从镇边通过;过河即为綦江升平老街和永新镇,具有乡村怀旧游和进行红色革命史教育的丰富资源。

(3)五福老街

五福老街是濒綦江河畔风光优美的乡村民居地,民俗风情浓厚,宁静悠闲舒适,过河即为龙登山风景区,适宜度假休闲。此处有上重庆三环高速匝道口,交通方便,可深度挖掘本地家风民俗文化、打造乡村风情特色小街。

(4)夏坝燕窝寺与五福寺

燕窝寺始建于明代,距今500多年历史,1985年经江津县政府和重庆市宗教事务处批准,"燕窝寺佛教社"正式成立,1998年江津市人民政府民族宗教事务处批准,对外开放,占地3000多平方米。五福寺始建于明朝初年,2006年经上级批准挂牌开展活动。两寺庙具有一定的宗教色彩与民俗文化融合特色,可丰富文旅内容和门类。

(5)优美的自然风光

夏坝镇域内多为山地丘陵,虽农业没有形成核心龙头规模,但果蔬等农作物品类繁多,尤以花生、芝麻、油菜、柑橘、枳壳、桃李、枇杷、樱桃、桑葚、香蕉较多著称。各处森林资源丰茂、林中菌类丛生;斑鸠、画眉、黄鹂、白鹭等雀鸟应时群聚;各种野花逢春盛开。加上綦江流经夏坝有13千米长的河段,两岸修竹茂密婆娑,自然风光优美迷人,为休闲康养项目的开发提供了良好的外部自然环境;为度假旅游的宾客休憩提供了安闲静谧的河岸观光、山地冶游别具一格的场所。

（6）中医农业

中医农业为本项目与重庆库庚尔奇农业科技有限公司达成的意向性引进项目。库庚尔奇公司示范应用推广的"乙峰99植宝"系列中医药肥料，可在各种农业环境条件下，应用到各种农作物上，效果非常好，尤其是防控病虫害作用更为明显，增产幅度在10%~80%。该产品施用后，能大幅度减少化学肥料的使用量30%~100%，起到替代农药的作用；如全程使用"乙峰99植宝"系列中医药肥料，种出的农产品经农业农村部农产品质量安全监督检验测试中心检测，可以达到绿色有机标准，助力乡村振兴战略和健康中国行动，引领世界有机生态农业发展的潮流。

2020年12月16日，由重庆中瀚中医农业科技集团有限公司自主研发和生产的中医农业投入品"乙峰99植宝"暨"微量元素水溶肥料"通过了中华人民共和国农业农村部种植业管理司的备案登记。标志着这一产品已经纳入规范化的法治管理，获得了市场的"准入证"和"通行证"，打开了走向绿色生态农业发展、助力健康中国行动的大门。这对解决食品安全有重大作用和意义，已在全国各地区取得显著成效。

笔者认为，夏坝综合开发项目落地后，在此设立一所中医农业研究院，进一步研发创新"乙峰99植宝"系列中医药肥料，并打造"产学研结合"的示范和培训学习基地，为"乙峰99植宝"系列中医药肥料"立足重庆、面向全国、驶入'一带一路'，服务沿线国家，从而走向世界"创造更好的条件。

2.周边游风景名胜景点繁多

（1）至江津方向：聂帅纪念馆、江公享堂相国府、江津魁星楼、滨江路风光、陈独秀故居纪念馆、聚奎中学等。

（2）至綦江方向：广兴镇老街、广兴历史文化陈列馆；綦江烈士陵园、古剑山风景区、桥溪口綦河风光（含有名的"綦江北渡鱼"传统美食地）、升平老街、东溪古镇等。

（3）至仁沱镇方向：江津区五福老街、华侨二中遗址、贾嗣老街、西湖段綦河风光、黄泥乡老街、骆来山茶林风景区、真武老街广东会馆等。

（4）至四面山方向：贾嗣镇龙登山风景区；綦江区桃花山风景区、永新古镇；江津中山古镇、爱情天梯、四面山风景区等。

（5）至巴南鱼洞方向：江津杜市镇生态农业观光带、太公山风景区；巴南区桥口坝温泉度假区、龙泸峡漂流公园、圣灯山AAA级森林公园、五洲红枫园等。

以上内容均为可资利用的资源条件，它是本项目规划设计中和运营管理时，不可或缺的应当纳入的相关旅游元素。

三、夏坝地区三线工业遗址开发的总体思考

从《成渝地区双城经济圈建设规划纲要》强调"注重区域优势和特色"的要求来看，不仅晋江厂遗址自身就有这个条件，整个夏坝区域因是专门为三线建设成立的工业小镇，所

以完全具备上述项目所需的各种物质实体基础条件。

如果能在"巴蜀文化旅游走廊"建设中,把夏坝以晋江厂为中心点的20世纪留下的三线工业文明遗址,结合当地丰富的人文历史、自然生态资源,打造影视基地、水上运动基地、休闲康养基地、产学研培训基地、中医农业基地、各类文创基地等,加上森林产业开发、观光农业建设、民俗风情与人文历史、自然风光旅游等多项目多板块综合规划,一二三产全景式综合开发利用,其核心和突出的亮点是对三线建设工业遗址的开发,建立三线历史文化博物馆、开辟"国防军事主题公园"等国防建设和军事文化、军体项目的建设,必将成为重庆或西南地区乃至全国一流的具有品牌效应的闪亮名片。

但是,夏坝三线遗址中,仅晋江厂遗址就占地1000余亩,生产区、家属区等区域遗留的建构筑物体量太大;工厂搬迁后,几经转让,目前产权属于重庆农投集团公司所有。几年来,区、镇和笔者联系过无数有投资意愿的企业和商家前往考察,都看上了这块"风水宝地",但都因重庆农投集团要求投资方必须全部购买过去,一律不分零分块出售,结果全部"铩羽而归"。江津区也曾多次出面协调暂未谈成。2020年12月,笔者又找了一家公司前往考察,回到渝中主城后,他们多次找农投集团协商分块分期陆续开发,至今仍在协商之中。

如果没有资金实力相当雄厚的投资商或地方政府出面,上升到重庆市级项目规划来开发打造,那么晋江厂和整个夏坝尚未开发利用的三线遗产,即使资源再宝贵、再有多么大的潜在价值,也只能在风雨飘摇中逐渐消亡!庆幸的是,从国家有关部门和机构到重庆市、江津区党政领导和有关部门,对夏坝地区的三线工业遗址都给予了高度关注。2021年1月29日,笔者有幸参加重庆市文旅委召开的三线文化如何融入"巴蜀文化旅游走廊"建设的专题会议,会议听取了笔者对夏坝三线遗址状况的介绍和综合开发打造的建议意见,说明重庆市文旅委在实施《成渝地区双城经济圈建设规划纲要》这项国家战略中,对整个重庆三线建设形成的这笔宝贵的物质与精神财富,给予了极大关注,深感欣慰。

为利用和盘活夏坝镇的三线工业遗产,夏坝镇把党政机关2000年就搬迁到青江厂遗址办公;同时,该镇多次组织笔者及夏坝三线"四厂一站"有关人员共同商议夏坝三线工业遗产的综合开发打造相关事项。本文探讨和思考的方向,就是笔者提议并取得大家认可的共识性意见:

了解、掌握"三线建设"时期夏坝国防军工和民用企业有关生产状况、产品门类,各种文献、实物、图片、资料等文物遗存有关信息,为"中国重庆·夏坝三线历史文化博物馆"建立的基础条件。

通过江津区党政部门以及重庆巴南大江工业集团的协调支持,征集三线建设时期各国防军工企业和部队军需工业企业的武器装备及文物资料入馆展陈收藏,以确保"中国重庆夏坝三线建设历史文化博物馆"展/藏品门类丰富,提升展品档次和展陈水平,打造国内独具特色的重庆三线建设文化名片。

以重庆地区国防军工产品为主体,面向全国咨询、收集各类军工产品,在丰富博物馆展/藏品基础上，为"军事主题公园"的装备和展陈品做好先期准备。

利用江津夏坝镇的三线建设工业遗址群硬核条件，创建以近现代工业类影视拍摄基地，吸引相关题材的影视剧组前来夏坝取景拍摄，以此提升夏坝"三线建设历史文化名镇"的社会知名度，不断扩展其品牌效应。

从《成渝地区双城经济圈建设规划纲要》强调"注重区域优势和特色"的要求来看，不仅晋江厂遗址自身就有这个条件，整个夏坝区域因是专门为三线建设成立的工业小镇，所以完全具备上述项目所需的各种物质实体基础条件。

目前，夏坝镇已将以晋江厂工业遗址为重点的开发打造"全域旅游"规划纳入镇"十三五"计划中。该镇确定的国民经济发展基本目标是：以三线工业文明与历史文化为重点，文旅和农业与自然风光旅游观赏为核心，在空间和产业层面合理高效优化配置生产要素，以旅游产业来统筹引领全镇经济发展，持续增强区域竞争能力和创新模式；按照"板块突出特色，集群整合资源"的原则，坚持"三个突出"采用"一轴三环一带"点面线串珠式开发方式，打造农旅文旅融合发展的三线历史文化特色小镇。

这些项目的综合开发、逐步落地，是保证这个新型特色小镇鲜活生命力，又可持续发展下去的最佳途径。项目的实施，就是要通过社会效益与经济效益相统一，以此体现出它应有的经济价值和政治文化意义。

我们期盼得到重庆市政府的高度重视和大力支持，希望市文旅委把以晋江厂三线工业遗址为重点的夏坝三线历史文化小镇综合改造项目纳入"巴蜀文化旅游走廊"建设中，使其早日落地，得到一个新的重大的突破，为建设经济圈、唱好"双城戏"搭好又一个有显著地域特点与三线建设"常规兵器基地"特色的永久性平台。

我们要把握时代的馈赠，抓住历史的机遇，同心协力，在重庆市、江津区以及夏坝镇党政的坚强领导和社会力量的大力支持下，夏坝已规划的高端设计、深度开发目标一定能扎实推进下去，一个蕴含和承袭丰厚历史底蕴与文化内涵的新型特色小镇一定能在中国西部重放异彩；夏坝这座曾经的三线工业小镇，一定能凤凰涅槃、华丽转身，再展昔日雄风！

专题四　　多视角研究

红色工业遗产论纲
——基于中国共产党领导国家现代化建设的视角

韩　晗

（武汉大学）

一、导言

红色工业遗产是党领导国家现代化的历史物证，其核心文化资源是红色文化。红色文化是广大人民群众在中国共产党的领导下把马克思主义与中国实际相结合而共同奋斗所创造的民族文化、大众文化[1]。不言而喻，红色工业遗产在党史当中具有不可忽视的文化地位，属于重要的革命文物[2]，理应受到社会各界广泛关注。

但由于我国工业遗产长期在"保"与"拆"之间挣扎，再加上工业遗产管理工作所遵循的是年代价值或经济价值优先，兼顾审美价值、技术史价值、区位价值等多重复合价值标准，反而党史价值在一定程度上被冷落。这导致本应受到重视的红色工业遗产却成了最容易被闲置、毁坏的工业遗产门类，造成了红色文化资源的极大浪费。

学界对于相关问题已有一定研究，主要体现在如下几个方面。一是红色文化遗产的活化利用研究，如"红色文化遗产"的分期、分类与形态[3]或对于与"红色文化遗产"有关系的概念进行探讨，如"红色文化经典"[4]与"红色文化资源"[5]等等。二是与"红色工业遗产"有关的研究，如"红色工业文化"研究[6]、三线工业遗产的价值研究[7]与安源矿区红色工业遗产价值研究[8]等等。但"红色工业遗产"的系统研究尚处于空白阶段。

本研究基于中国共产党领导国家现代化建设的视角，结合现有相关理论，立足目前红色工业遗产的现状，对其现状、概念予以初步系统研究，并就其保护利用路径机制进行学理探索。

二、"红色工业遗产"概念的价值、时间与内涵

衡量某个工业遗存是否是工业遗产，目前已经有了较为成熟且公认的评判标准，但界定某个工业遗产是否属于红色工业遗产，至今还没有相对健全的指标。"红色工业遗产"作

为一个客观存在但却未被明确定义的概念，判定其价值、限定其时间并勘定其内涵是对它进行系统研究的基础。

（一）红色工业遗产的价值判定

遗产指有价值的遗留物。任何遗产都有价值，但不同的遗产价值各异，从价值维度、价值目标与价值标准进行价值判定是定义某一种遗产类型的重要基础。对某种工业遗产是否是红色工业遗产进行价值判定，主要在于如下几个方面：

一是红色工业遗产的价值维度判定。从价值维度上看，红色工业遗产是红色文化资源的重要载体。近年来，工业遗产的价值广受重视，很大程度上在于其再利用所带来的经济效益而非社会效益。没有经济价值的工业遗产，除非有特别重要的年代价值，否则其命运多半是拆除。

红色工业遗产的核心是红色文化资源，因此应侧重于社会效益，即并非只是具备一般意义上的年代或经济价值，更涵盖了在党领导国家现代化建设进程中居于何种地位这一党史价值。这是任何工业遗产乃至一般意义上的文化遗产都无法取代的价值。尤其是一些具有重大党史价值的红色工业遗产，决不能采取年代或经济价值优先的维度来评判。

二是红色工业遗产的价值目标判定。价值目标指的是文化遗产的首选价值，不同类型的文化遗产有着不同的价值目标，如社会和谐价值是少数民族非物质文化遗产价值体系的价值目标[9]。就红色工业遗产而言，它作为党领导国家现代化建设的历史见证，是革命文物的重要组成，在党史有重要地位并传承党史中的红色精神是其价值目标。

三是红色工业遗产的价值标准判定。价值标准主要是判定核心价值为何，一般从遗产本体的历史、文化与审美等多重标准来判定，但红色工业遗产的特殊性在于它是党领导国家现代化建设的重要见证，其首选价值须以党史价值为中心。当然，我们在进行遗产价值评估时，也会考虑到其他的价值标准，如审美价值、经济价值与区位价值等等，但都不可能凌驾于党史价值这一标准之上。

（二）红色工业遗产的时间限定

一部中国共产党百年党史是一部党领导国家现代化建设的历史，现代化建设既包括工业化建设，也包括城市化建设、制度建设与科技建设等不同范畴。"红色"既指涉内涵范畴，更有关时间限定，即意味着党领导之下国家现代化建设。

红色工业遗产在时间限定上应是一个有始无止的开放性概念。正如哈贝马斯所言"现代性是一个未完成的方案"，党领导国家现代化建设显然是长期并时刻处于进行时而非完成时，红色工业遗产包括建党之初党领导工人运动、在红色政权内部进行工业特别是军工生产，以及中华人民共和国成立之初的工业现代化与改革开放时期经济建设等一系列现代化进程中的重要工业遗存，由一个射线时间轴所体现。

这里似有一个矛盾之处，就是改革开放以来的重要工业遗存因时间较短而不应算作

"工业遗产"，而这正是红色工业遗产的特殊之处。强调"红色工业遗产"除了保护革命文物、传承红色文化之外，更是为后世留下具有所处时代标志性的工业遗产，从而建构党领导国家现代化建设的完整文物体系，这也是年代价值标准并不完全适用于红色工业遗产的原因。

红色工业遗产的时间限定还体现在它的时空交错上，其射线时间轴具有跨空间特征。就世界社会主义运动而言，中国与世界其他社会主义国家保持密切的技术交流关系，是社会主义阵营当中技术转移的重要主体，形成了以"一五六"工程为代表的工业遗产[10]。立足全球史与社会主义运动史来看，俄罗斯、捷克、塞尔维亚等前社会主义国家都拥有极大数量的社会主义运动工业遗产，因此我国的红色工业遗产当中相当一部分也是世界社会主义运动工业遗产的重要组成。

(三)红色工业遗产的内涵勘定

价值判定与时间限定只是在概念上界定"红色工业遗产"的两个方面。从党领导国家现代化的建设来看，红色工业遗产的核心主体是中国共产党。要评判某个工业遗产是否属于红色工业遗产，必须要将其置于中共党史视域下勘定其内涵。即它是否见证了党史的重大转折或重要事件，并在党领导国家现代化建设当中有着关键意义，这是红色工业遗产的基本内涵。

职是之故，"红色"可以视作某些具体工业遗产的一个侧面，故而红色工业遗产可以与其他工业遗产分类形成交集。例如在工人运动史中有着重要地位的敌伪、外资或官僚资本兴办的企业厂矿亦可以视作红色工业遗产。以晚清洋务运动兴办的公司"汉冶萍"为例，虽然该公司在辛亥革命之后被官僚与外资收购，但在1922年，汉冶萍下属五家公司先后成立党领导的工会团体，而且发生于萍乡煤矿的安源路矿工人运动，在党史中有着重要的地位，汉冶萍公司无疑应被视作红色工业遗产。

不言而喻，红色工业遗产是红色文化资源的重要载体，它除了其他类型工业遗产具有的多重价值之外，它还具有一切红色文化遗产"存史、资政、育人"的党史意义，它是近代以来所形成的中国工业遗产体系的精华。

三、红色工业遗产现状：从双重盲区到渐受重视

结合上文所述，本研究拟如是定义"红色工业遗产"：自1921年中国共产党成立至今、因中国共产党领导国家现代化建设而形成的现代工业遗产体系，是革命文物的重要组成部分，具有无可取代的红色文化资源，其核心价值由党史价值所体现，在我国工业遗产乃至文化遗产体系当中有着不可忽视的地位。

近二十年来，相关部门的积极作为与有关法律、政策的有效落实，相当一批有价值的工业遗产得到了妥善的保护利用，但与此同时，大量红色工业遗产旁落也是客观事实。即

使当中部分得以保护者，也多强调其年代价值或区位价值，而对其红色文化资源价值关注、开发不够。

(一)双重关注盲区导致应保未保

就目前红色工业遗产的现状而言，当中大部分因未达到文物保护的年限，难以处于被保护的状态，再加上其建筑风格单一，历史风貌审美感较低，其利用价值也未得到应有关注，处于文物保护与工业遗产再利用的双重关注盲区。尤其许多诞生于改革开放初期的车间、码头与办公楼等工业建筑，它们本是改革开放的重要见证，但这些建筑多半未到文物保护的年限，而且不少建筑处于城市中心，不得不因为城市发展而让步，湮灭在城市发展进程中。

改革开放时期的工业遗产本是红色工业遗产重要组成，但其命运并不乐观，属于关注盲区中的重灾区。以改革开放的重镇深圳特区为例，近十年来已经拆毁、爆破改革开放时期工业建筑多达数百处(栋)。蛇口区诸多工业建筑基本被拆除殆尽，只剩下极少部分改造为"南海意库"得以保留。2017年，见证深圳特区城市化的最大天然气库"东角头油气库"正式进入拆平阶段，深圳多位政协委员提案，建议改建为"深圳改革开放纪念公园"[11]。蛇口街道办也希望可以建设为"一座有温度的工业遗址生态公园"[12]。但至今上述方案仍未有效落实，"东角头油气库"却早已灰飞烟灭。

不独改革开放时期工业遗产命运如此，即使中华人民共和国建设初期的一些重要工业遗产，因未达到保护年代，亦难逃厄运。武汉市拥有大量中华人民共和国建设初期工业遗产。笔者通过实地调研了解到，武汉全市范围内共有1949年之后的工业遗产点231个，当中有157个处于"几乎或完全拆毁(破坏)"的状态，当中包括"156"重点工程项目武汉重型机械厂旧址(仅剩厂门)等等。但邦可面包房、宗关水厂、汉口英商电灯公司等晚清、民国工业遗产却得到了妥善的保护利用。

上述问题当然非武汉所独有，就全国范围而言，"双重盲区"确实造成了红色工业遗产"处处不受待见"的境遇，忽视了红色工业遗产作为党领导国家现代化建设的文物价值，造成大量红色文化资源的浪费，丧失了应有的社会教育意义，这是今后工业遗产管理中尤其应当警惕的问题。

(二)忽视党史意义造成红色文化符号缺失

调研发现，部分已经得到保护的红色工业遗产，其落脚点是"遗产"而非"红色"，多强调其多元价值，党史价值却被忽视，使得在再利用过程中造成红色文化符号的缺失。

与其他历史遗产不同，因工业遗产多属于近代建筑或设施，又位于城市中心地段，有着较大的再利用价值。因此一般朝着工业博物馆、文创园、特色小镇或商业综合体等具有公共属性的改造目标进行空间更新与场景再造[13]。即使得到保护利用的红色工业遗产，也主要多以中华人民共和国成立之前与之初的工业遗存为主，且当中不少还因盲目照搬照抄国外工业遗产改造模式,仅仅只关注其审美与年代价值,使改造路径出现了偏移。

例如1954年成立的武汉锅炉厂本是"武字头四大厂"之一。作为新中国最大的成套锅炉生产基地,不但是国防工业与重工业的重要见证,而且朱德、周恩来等老一辈革命家都曾亲临视察,是重要的红色工业遗产。2014年,武汉锅炉厂搬迁时,原址作为地产项目进行开发并入驻了餐饮、剧院、书店等文旅业态,形成了有一定规模的文创街区,但对原厂的红色文化资源挖掘仍有待提升,红色文化符号依然彰显不足。

我国工业遗产的再利用方向主要是文旅产业介入的城市公共空间改造,这是一个文化符号解码-编码的过程,即日常所说的从"老旧厂房"转为"网红园区"。一般来说,文化符号解码-编码有两种方式,一种是完全去掉先前的工业符号,重建具有"怀旧/商业"复合符号的历史建筑景观;另一种是保留先前的工业符号,通过梳理城市的工业文脉来建构具有社会教育意义的公共空间,大部分红色工业遗产保护利用多以前者为路径。

在调研中发现,因党史兹事体大,常常涉及领袖人物或重大历史事件,导致红色文化符号开发难度较大。部分具有重要社会教育意义的红色工业建筑,都无一例外地被改造为大众品牌入驻的酒吧街、小微企业创业园或民宿旅馆等千城一面的商业空间,使之丧失了红色工业遗产应有的价值。改造难度大并不意味着放弃改造,而是应当遵循党史价值,以实事求是的原则,在通过工业遗产的改造更新过程中,进行红色文化符号的再编码,实现"红色+"的工业遗产再利用。

(三)"四史"教育之下渐受重视

立足于中国共产党百年华诞之际,在全面推进"四史"教育的时代背景下,全社会开始主动学习"四史"特别是中共党史,革命文物前所未有地得到广泛关注与爱护,这为红色工业遗产渐受重视起到了重要的促进作用。具体而言,主要体现在如下两个方面。

一是全社会开始积极关注红色工业遗产的命运,形成群策群力保护红色工业遗产的社会舆论,红色工业遗产的党史价值、文旅意义均引起社会重视。仅2019年以来,不少红色工业遗产通过媒体宣传成为社会关注的焦点,如山东机车车辆有限公司的"厂史馆"本身影响有限,但经过《齐鲁晚报》等媒体以《创造了俩山东"红色"第一的"济南铁路大厂"》报道之后,受到社会多方关注;新疆独山子炼油厂入选第四批工业遗产名录后,被多家媒体报道,当地政府适时打造"新疆第一口油井"红色主题研学项目等等。

与国内红色工业遗产的总体量相比,受到关注的红色工业遗产虽是冰山一角,但已逐渐积累了一定社会舆论基础。譬如四川省梓潼县的"两弹城"本是"两弹一星"重要红色工业遗产,但一直未纳入文物保护范围。2000年,被当地政府卖给一家民营企业后,只将邓稼先故居等少数建筑纳入文物保护单位,而将办公楼、情报中心等重要建筑排除在外,导致疏于管理而面目全非,相关媒体介入之后,其命运始得各方关注,引发全社会建言献策。

二是相关部门逐渐出台政策落实红色工业遗产的保护。2020年7月,国家发展改革委、工业和信息化部等五部门联合印发《推动老工业城市工业遗产保护利用实施方案》,当中明确对"特别是新中国成立之后的不同历史时期"的工业遗产予以保护利用。同年,国家文物局发布"全国革命文物保护利用十佳案例",代表航天工业遗产的中国酒泉卫星发射中心历史展览馆、代表国防工业遗产的青海原子城纪念馆与代表水利工程遗产的河南林州红旗渠等三个红色工业遗产点上榜。

"四史"教育之下红色工业遗产渐受重视,推动了红色工业遗产的社会价值回归。但遗产保护向来是一个时不我待的系统工程,应本着科学决策、保护优先、有效利用的原则,趁势而为,推动红色工业遗产保护利用水平有质的突破。

四、保护利用路径前提 :理顺两种关系

之所以目前红色工业遗产命运堪忧,除了政策、观念之外,还有一个现实原因:许多城市因工而建、以厂而兴,不少大型企业位于城市中心,一俟搬迁,所遗留下来的工业遗存成为了城市发展的"拦路虎",这与其他历史遗址有着较大的差异。而当中绝大多数国有企业之前又都曾承担着"企业办社会"职责,与企业有关的住宅、学校、医院等都附属于生产单元周围,逐渐形成了从小到大、由无到有的企业街区。企业生产单元可以退出,但形成的社区却无法短期内腾退。保护利用现实之难,多在于此[14]。

本研究认为,妥善保护利用红色工业遗产并非与空间改造、土地归集、规划建设等城市发展势不两立,而是应积极调和与城市发展之间的矛盾。事实上,国内外学术界早已开始关注这一问题,但目前所见基本上将这一问题定位于空间的争夺[15]。就红色工业遗产而言,其保护利用路径前提下除了空间争夺之外,收益分配亦值得重视。

(一)空间争夺

空间争夺是工业遗产管理与城市发展之间长期的矛盾,但在红色工业遗产当中尤为突出,当中一个很重要的原因在于红色工业遗产保护利用包括了企业改制、居民安置、土地征用、住房还建等一系列与城市规划、社会治理相关的议题,导致常因各执"保"与"拆"一词而缺乏标准性共识。

因此,红色工业遗产保护利用所面临的问题复杂而多元,需要制定更加精细的遗产保护方案。即将红色工业遗产与城市发展之间的关系具体化,认识到并非只有拆除才是唯一方案,毕竟仍有许多红色工业遗产得到了妥善保护利用。而从实际情况来看,基于党史价值将红色工业遗产分类定级是具有行动价值的最佳策略。即按照其党史价值,与所处空间的关系进行分类,可以分为"重要红色工业遗产""区域红色工业遗产"与"一般红色工业遗产"三类。

工业遗产虽然与城市关系紧密,但从党史的维度看,党领导国家现代化建设本质是在全国范围内以工业化促进城镇化、以城镇化引领现代化的历史进程。因此,红色工业遗产的党史价值与城市本身规模也并非呈完全的正相关性,北京、上海等核心城市的红色工业

遗产也非都普遍重要,而一些普通城市(如东北或"三线"地区城镇)也会有一些重要的红色工业遗产存在。借此,按照红色工业遗产所处的城市可以分为"核心/重要(核心城市当中的重要红色工业遗产)"(如首钢旧址)、"核心/区域(核心城市当中的区域性红色工业遗产)"(如上棉三十五厂旧址)、"核心/一般(核心城市当中的一般红色工业遗产)"(如广州电视机厂旧址)、"普通/重要(普通城市当中的重要红色工业遗产)"(如洛阳拖拉机厂旧址)、"普通/区域(普通城市当中的区域红色工业遗产)"(如宜昌809厂旧址)与"普通/一般(普通城市当中的一般红色工业遗产)"(如苏州电扇厂旧址)等上述6类。

在此基础上,我们可以为具体的红色工业遗产确定所属的分类级别,并根据遗产本体的区位因素、现存状况、保护难度、再利用意义、周边环境等5个客观指标以均分百分制进行综合评估,建构"保护优先""保护利用并举(部分保护)""再利用优先""部分再利用"与"拆除"五种策略,为具体的红色工业遗产确定保护利用路径。

以宜昌809厂为例,该厂位于宜昌市小溪塔南津关姜家庙,始建于1966年,对外称强华机械厂(军工代号809),隶属于兵器工业部,是因"三线"工程而诞生的兵工厂,属于"普通/区域"型工业遗产,现存厂房、宿舍与其他公共设施属于军工建筑,水泥强度与施工要求超过同时代民用建筑,且长期属于保密单位,总体状况良好。在区位上又毗邻下牢溪度假风景区,有着稳定的客流量与文旅消费的集聚效应,具有较大的保护利用价值。全国地质资料馆水文地质资料显示,此地属于喀斯特岩石地貌,地质结构稳定,河道早在第三纪晚期已经定型,历史上没有爆发强地震的记录,四季分明且周边处于山岩峭壁,钢混建筑可使用较长年限[16]。最大的问题是交通环境略有不便,进出只有008乡道,在完善好交通基础设施的前提下,综合评分85分,虽然"周边环境"为短板,但其他条件较好,可考虑"再利用优先"(见图1)。

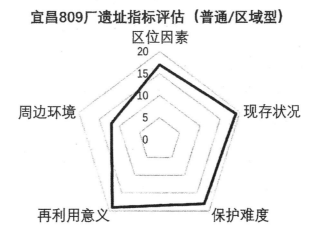

图1 红色工业遗产分类级别及保护利用指标评估例图

建构科学合理的指标评估体系是处理红色工业遗产与城市发展空间争夺的关键，当然还可以借助大数据等技术将其工作精细化、合理化[17]，这对于空间争夺矛盾有着正向的缓解作用。

(二)收益分配

一般而言，我国工业遗产的保护利用主要方式是公益介入与文旅产业介入，两者既可分而行之，亦可同步共存，红色工业遗产亦不例外。前者主要是政府部门主导改造为博物馆、图书馆或党群中心等等，而文旅产业介入，则关系相对复杂，也是矛盾主要的集中点。

毕竟以文旅产业介入再利用的企业不少是以追求利润为目的的民营企业甚至外资企业，并不太重视红色文化符号，多半是看中了其区位价值或审美价值等。在保护利用过程当中，往往因"乱作为"而改造得不伦不类，但若地方政府明确要求改造方向，即保护传播红色文化符号为导向，这又或会束缚企业利润的最大化，许多企业对相关议题不感兴趣，造成改造项目搁浅的"不作为"。

红色工业遗产保护利用应以保护红色文化符号为核心，意在弘扬、传承党领导国家现代化建设的奋斗精神，而不仅仅只是保护遗产物质本体，具有公益属性与长线投资兼具的特征。因此，在保护利用工作中，国有文旅企业不但应主动担当，各级政府也可通过发放文化产业专项债券等渠道，以政府担保的形式为红色工业遗产保护利用筹集必要的资金。

笔者调研了10家红色工业遗产改造项目，当中有4家是省市两级国有企业主导介入，6家为民营企业主导介入。前者4家都经历了一个相对较长的资金回笼的过程，当中还有2家(各分别投资4年与3年)至今未收回投资，共同原因在于大量资金用于遗产本体内有重要红色记忆建筑的修缮与维护。而民营企业主导介入的6家项目，虽均已经收回投资，但当中没有一家标出红色文化符号，有的项目多次易主，当中一些建筑本体受到不同程度的毁坏，当中有1家表示，计划全部重新规划，重新招标改造运营。

在未被确认为文物但却具有文物价值的前提下，红色工业遗产确实很难通过法律手段得到有效保护，故而只能由国有企业承担主要责任，但常有资金不足之困。尤其是许多"三线"红色工业遗产，它们多地处中西部山林(戈壁)区甚至曾为连片贫困地区，当地国有文旅企业长期效益堪忧，资金捉襟见肘，显然无力主导介入红色工业遗产保护利用，文旅产业专项债券就应当在当中积极发挥优势。

我国专项债券自2015年首次发行至今，在基础设施建设、公共服务等领域起到了积极的作用，体现了政府担保、企业作为，"集中力量办大事"的政策优势，尤其是文旅产业专项债券取得了较大的成绩，红色工业遗产保护再利用应与之紧密挂钩。调研发现，被誉为"红色官窑遗址"的景德镇近现代陶瓷工业遗产综合保护开发续建项目，正是在2020年4月通过市属企业景德镇陶瓷文化旅游发展有限责任公司(今景德镇陶文旅控股集团有限公司)的8亿元社会领域产业专项债券在银行间市场发行的[18]。根据所掌握的情况来看，该项目运转状况超过预期，部分项目在专项债券支持下抵御了"后疫情"造成的风险与资金压力,这说明"国有企业+专项债券"的形式对于红色工业遗产的保护利用有着积极的作用。

五、结语

不言而喻,红色工业遗产内涵丰富,体系完整,是党领导国家现代化建设的见证,其保护利用兹事体大,立足中国共产党百年历史征程,应当将红色工业遗产保护利用视作功在当代、利在千秋的历史使命,而不只是单纯的文化遗产改造更新工作,因此,在实际工作中更需积极作为,将红色工业遗产作为先进文化的载体,有序地传承下去。

参考文献:

[1] 汪勇.红色文化与马克思主义中国化、时代化、大众化[J].贵州师范大学学报(社会科学版),2011,(05):77-81.

[2] 韩晗.工业遗产保护更新应与"四史"教育相结合[N].中国社会科学报,2021-07-05(5).

[3] 刘建平,刘向阳.区域红色文化遗产资源整合开发探析[J].湘潭大学学报(哲学社会科学版),2006(05):73-76.

[4] 刘康.在全球化时代"再造红色经典"[J].中国比较文学,2003(01):41-55.

[5] 张泰城.论红色文化资源[J].红色文化资源研究,2015,1(01):1-11.

[6] 范彬,况志华,徐耀东,冯毅.文旅融合视域下的红色工业文化传播研究[J].南京理工大学学报(社会科学版),2020,33(05):33-38.

[7] 左琰.西部"三线"工业遗产的再生契机与模式探索——以青海大通为例[J].城市建筑,2017(22):35-38.

[8] 黄检文,文侃.安源样本:中国工运红色遗产传承、保护和利用的研究设计[J].苏区研究,2018(02):112-119.

[9] 谭东丽.少数民族非物质文化遗产的法律保护研究[M].长春:吉林大学出版社,2018:34.

[10] 张柏春,张久春,姚芳.中苏科学技术合作中的技术转移[J].当代中国史研究,2005(02):76-87+127-128.

[11] 政协深圳市委员会.关于在蛇口山建设"深圳改革开放纪念公园"的提案[DB/OL].http://www1.szzx.gov.cn/content/2017-05/19/content_16264574.htm.

[12] 丁侃.南山蛇口山将建成工业遗址生态公园[N].南方日报,2017-03-21(2).

[13] 梁晖昌.以保存之名:上海工业遗产再利用的初期观察[J].台湾大学建筑与城乡研究学报,2015(21):69-92.人民城市人民建,人民城市为人民[DB/OL].http://politics.people.com.cn/n1/2019/1103/c1024-31434666.html.在党史学习教育动员大会上的讲话[J].求是,2021(7):4-17.

[14] 王建国,蒋楠.后工业时代中国产业类历史建筑遗产保护性再利用[J].建筑学报,2006,8(8):12.

[15] 王晶,王辉.工业遗产坦佩雷——2010国际工业遗产联合会议及坦佩雷城市工业遗产简述[J].建筑学报,2010,12:21-24.

[16] 佚名.(湖北宜昌)三三〇南津关以下库段几个工程地质问题[R].湖北省第2水文地质队,1971.

[17] 韩晗.城市治理与工业遗产管理关系平衡机制研究——基于全国工业遗产数据库建设路径的思考 [J].城市发展研究,2021,28(02):103–109.

[18] 江西省人民政府.景德镇陶瓷文旅发行 8 亿元社会领域产业专项债券[DB/OL].http://www.jiangxi. gov.cn/art/2020/4/26/art_5493_1761201.html.

基于"社会—工程"的福建云霄县向东引水渠与高架石拱渡槽营造*

1.朱晓明　2.姬晨宇

（1.2.同济大学）

一、既有研究及问题的提出

我国在人民公社时期（1958—1983）大兴农田水利设施，渡槽是输水的架空构筑物，它翻山越岭用于灌溉，还可以助力水力发电、排洪和交通。40多年前严重缺乏"三材"（钢材、木材、水泥等国家统一分配的三项主要材料），乡村水利工程无法采用倒虹吸式的下埋管道，渡槽因地制宜，可以通过高架的方式减少缩短流程，并能广泛地利用地方材料和营造技艺以应对"三材"短缺，它塑造出建造意图清晰的乡村景观。2019年四川省泸县的奇峰渡槽、广东省罗定市长岗坡渡槽在第八批全国重点文物保护单位中上榜，忠实地记录了新中国的水利工程奇迹[1]。

既有研究包括华揽洪先生的《重建中国：城市规划三十年（1949—1979）》，今天依然是黄钟大吕之音，它剖析了人民公社时期的乡村工业化，为本文提供了重要的时代背景。立足于福建向东渠中的渡槽模板设计，福建省水利科学研究所综合"三结合"的经验，有专著出版，这份文献是辅助现场调研的宝贵资料[2]。各地方文史汇编和技术资料丰富[3]；历史照片可为挖掘建筑技术特征提供一定的佐证，云霄县向东渠保留了一些珍贵的建设过程图片。

在新中国成立后的30年里，建设实践多发生在偏远的乡村，从工程实施的时代背景出发，整体地看待社会主义建设早期的技术成果，目前有拓展的讨论空间。落实大型工程需要严密的组织建构，村民是参与修建的主要劳动力，工程又离不开知识分子所开展的技术指导，县委部署是国家信用的重要体现。乡村水利是一定历史阶段我国乡土环境与社会关系的集中载体，是观察工程技术实施的特殊窗口。节约"三材"作为长期的国策曾广泛存在于各个实践领域，过分强调节约"三材"造成的报废是庞大的数字，必须在不违反科

*　本文为国家社科重大项目（17ZDA207），国家自然科学基金 51978471。

学规律的前提下，坚持独立的探索和创新路径。福建云霄县向东渠引水工程1973年竣工（以下简称"向东渠"），它是历时3年谱写的一部乡村水利史诗，铸就了可贵的向东精神。现址保存基本完整，但2021年八尺门跨海渡槽被拆除，抢救性挖掘尤显迫切。本研究通过文献梳理、现场勘察和历史地图的叠合分析，将这一工程放置在"社会—工程"的视野下，以点带面讨论我国工程技术体系在乡村的独特发展路径，鉴往开来对水利遗产的应用进行展望。

二、福建云霄县向东引水渠的工程组织

（一）"社会—工程"的诠释

人民公社是"社会主义组织的、工农兵学商相结合的国家基层政府"，执行的是公社—生产大队—生产队的三级管理体系。生产大队既是人民公社的中间一级经济管理机构，大体负责行政村范围内生产活动的组织运营，又是公社下设的一级行政管理机构。生产队主要由自然村构成，因此"公社—大队"的二级机构更为关键，它构筑了面向乡村的基层社会。半个多世纪前，我国的城乡流动不强，乡里乡亲的互动反而异常频繁，城乡的高度差异催生了乡村的可识别性。特别是缺水的乡村，崎岖破碎的地形使农业区和城镇并未连成一片，大规模的水利建设是将农民、农业和农村拧成一股绳的纽带。

大兴农田水利设施属于顶层设计，所开展的工程是以国家为主体的信用活动，"国家—地方政府—灌溉渠系"体现了重要的国家信用，逐渐在全国范围内达成了具有普遍性的共识，如政策制定、工程组织和筹资策略。与指令性的国家任务下派不同，那些覆盖上万亩的中型、大型灌区往往对应的是县域乃至跨县的空间范围，公社在主持大型水利项目的时候没有条件。工程建设通常由县委、县政府牵头，积极向上争取支持，向下组织公社参与施工，水利工程是特殊时间和空间的合力产物。[4]因此，本文所指的"社会—工程"是工程组织架构和农田水利设施的内在勾连关系，是社会空间视野中的工程建设轨迹，它关注设计的技术体系以及所产生的经济效益和社会文化效益。社会指为顺利实现工程而搭建的组织架构，基于众人拾柴火焰高的理念，为整个渠系工程带来了凝聚力，赋予工程构筑物以幸福之水万年长的象征性。

（二）云霄县盼水与治水的基础条件

云霄县位于福建省漳州市南部沿海，东北与漳浦交界，东南与东山岛相连，将近一半占49%的土地为丘陵地区。由于缺乏水利设施，虽然有清澈如镜的漳河流过全域，但河床低于农田无法取水，反而造成了地势易涝易旱。云霄有民谣"三天无雨火烧埔，一场大雨变成湖"，说的是干旱无雨村落犹如被火烧了一样的灼热，一旦大雨又能将四里八乡变成汪洋，人民期盼解除水患。

人民公社时期的治水取得了一定成效,漳州漳浦县朝阳渠1969年动工、次年通水,解决了长期耕地缺水的问题,哗哗的清流对向东渠而言具有强烈的示范作用。云霄县的能工巧匠也是一大人力优势,多数庙宇祠堂、桥梁堤坝均由本地工匠修筑。20世纪50年代,生产合作社中就组建了打石小组,1960年对台形势紧张,工匠参与了东山岛的海军军事基地建设,诞生了一批土专家,杨镜坤等革新能手曾赴京参加全国水利建设革新成果交流会[5]。

华揽洪先生曾论述:"有人说兴建水利是人民公社的起点,这是有一定道理的……这种新的组织形式,有助于发挥基层群众的创造积极性,监督国家大政方针的实施,减轻国家行政机器的负担。"[6]从云霄县的农村社会基层和政治地理版图可见,人民公社制度是大兴农田水利设施的基础,集体有一定的自主权,它已经在工程组织、工匠技艺等方面积累了治水的经验。摆脱贫困乃至死亡的威胁就必须防灾、抗灾和减灾,仅靠家族、村落、公社的力量是不够的。国家在水利工程的建设上搭台唱戏,人民公社在云霄县和东山县的地域范围内形成了共同体,未来的取水经验又会反馈到全国的学术交流之中。

(三)成立向东渠引水工程指挥部

向东渠属于县级的水利工程,由云霄县委书记李文庆主持①。1970年8月30日成立"福建省云霄县向东引水工程指挥部",9月13日工程开工,1973年3月12日在瓦埔乡举行了竣工仪式[7]。总长50.5千米、灌溉云霄县和东山县2万多亩良田的向东渠通水,为龙海、漳浦、云霄、东山县城提供了水源。1969年省、地、县干部下放,随带粮食关系到地方接受劳动锻炼,下放龙溪专区的水利干部大多集中在云霄县。一些技术员被纳入了施工组,包括施工组组长吴禹门②、龙溪地区水电设计院王梓才等十余位骨干,他们主持了引水工程的勘测选线,提出了初步的施工方案③。器材组与施工组有交叉,主要是与云霄县铁器社等合作,对独轮车、吊车等设备进行革新,提供特殊工具

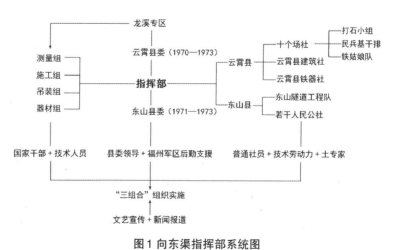

图1 向东渠指挥部系统图

---

① 云霄县委书记李文亮军人出身,作为项目的发起人和亲历者,晚年留下了有关工程过程的回忆录。

② 吴禹门1970—1973年任向东渠工程指挥部施工组组长,1973—1978年任云霄县水利电力局副局长。

③ 施工组包括陈洪亮、陈维勤、张意平、苏昌良、杨福成、林振枢等。

的支持。原本以为乡土建筑是没有建筑师的建筑，乡村渡槽是工匠所为，但事实上，举国上下大型渡槽的设计均有技术员参与，知识分子向农民开展技术指导，又将土专家的经验上升为科学方法。

与人民公社同期发展的是全民皆兵、大办民兵师的群众运动。云霄县10个社场（9个公社和1个农场）166个大队上工，向东渠成立了10个民工团。上场3000人以上的公社三个，其中有2个超过了6000人[8]，3000人是部队一个独立团的建制规模，实力雄厚的公社中的青壮年可以组成一个独立团。团长由公社书记担任，大队成立施工小组，施工采用了军事化的措施，按照班排连营编制投入施工与生产。1971年向东渠改线，东山县东山岛与云霄县跨海相望，域内没有一条溪流，海岛严重干旱，通过建设八尺门渡槽向东山岛送水。东山县的隧道工程队承担过军事工程开凿，东山岛的人民公社和东山县隧道工程队也参与了向东渠的施工（见图1）。

"三结合"是多年前科研工作的纲领性要求[9]。土洋结合，通过技术人员和干部、工人的结合，组成攻关小组，进行工艺、施工、节约"三材"等方面的革新。只要不违反科学规律，知识分子向基层和干部取经，在现场向工人农民传授技术要领，并将来自民间的宝贵经验提升到可普及的工程标准、管理方法，那么"三结合"就是独立自主、自力更生的有效途径。民兵的最大作用是维持并强化了集体秩序，民兵制度特别有效地管理了青壮年人口，工地犹如战场，展开劳动竞赛并刊发"向东战地报"[8]。集体化提供了社员对生产队事务的深度参与机会，是今日中国农村所缺乏的。

三、向东渠及节约"三材"的渡槽设计

(一)复杂的渠系工程

灌区是由水库、渠道、田地、作物等组成的一个施行农田灌溉的综合体[10]。水利生产设施从蓄水、提水到渡槽设计、施工建造、水流输送、用水分配和日常维护管理，各个要素缺一不可。常青先生曾概括："（风土建筑）嵌入环境地貌的构成方式，反映着自然条件和文化风习的双重作用，地理、地貌中因循了各自的相似构成规则。"[11]向东渠引水工程穿山铺路、改变了地貌的特征，引、输、配水渠道包括引水渠、滚水坝、渡槽、倒虹吸、隧洞、排水闸、溢洪堰，最具标志性的是高架石拱渡槽。工程选线考虑了丘陵地理条件、施工难度，在丘陵地段有时可以少建渡槽柱墩，以减少土方量，如目前位于云霄县城中心区的风吹岭渡槽妥善地运用了地形。由于水源得到了显著改善，如花在野，两个县的甘蔗、杨梅等经济作物和水稻等农作物丰收，水利工程的硕果在人民公社期间常被传颂为变荒山为花果山。

水源是自北向东 南横穿云霄全县的漳 河，需要先建设漳河上游的拦水截流坝，再开挖石字、下墩、水尾三条支渠将水引入向东渠总干渠，进水支渠长达10.48千米[7]。云霄县在1985年之前分为三大灌区（见表1），向东引水渠属于I区，灌溉2.31万亩，获益

公社达6个。分别在漳江、三合溪和水尾河上游修建车墩坝、马铺下墩滚水坝和水尾滚水坝逼水上山，经马铺、下河、城关、莆关、常山、陈岱6个乡镇场，跨八尺门渡槽进入东山县。纵横三个灌区的11处渡槽闻名遐迩，渠系自北向南横切了云霄县，堪称人与自然互动的巍巍景观。向东渠获益的公社中不包括东夏和莆美2个公社，它们地处漳河附近，属于灌区Ⅱ，未在向东渠中直接获益。但经济实力雄厚的东夏公社顾全大局，先后派出3000人参战向东渠。传统社会有互帮互助建新房的传统，种种习俗在人民公社中凝聚成因水脉而生的社会共同体，其兴衰也将影响着渠系工程的命运。

表1 云霄县1985年之前千亩以上引水工程汇总表

分区名称	工程地点	工程名称	引水方式	实际灌溉面积（万亩）	受益单位			干渠长度（km）
					公社（个）	大队（个）	生产队（个）	
Ⅰ区	下河：水尾、马铺	向东引水渠	水尾、下墩、漳江滚水坝	2.3105	6	38		50.3
	下河：世坂	世坂引水渠	西溪滚水坝	0.02	2	2		5
Ⅱ区	东夏	漳江水闸	漳江水闸	2.405	2	25		18
Ⅲ区	岗屿	山前水闸	山前溪水闸	0.06	1	2	27	左：3.2 右：1.4
合计				4.7955				77.9

根据1985年云霄县《水资源调查评价与水利化区划报告》统计整理

向东渠的配套工程峰头水库因耗资大，直到1974年向东渠竣工后一年才开始筹建，国家投入了大量资金，因此尽管基本解除了干旱对两县农业生产和饮水的威胁，但最初灌区的输水效果一般。1993年1.77亿立方米的峰头水库通过验收，关键性的配套工程才全面使用。向东渠引水干渠总长85千米，长距离输水对管理和维护的要求极高，水资源的蒸发渗漏及各种浪费随之增加，这些对工程技术落

图2 向东渠的配套工程峰头水库

实、建设规模和持续运营提出了要求。1985年向东渠实际灌溉2.31万亩，仅为设计灌溉量的1/8，科学规划的能力受到了时代局限[12]。但是向东渠的管理一直是漳州市乃至福建省的楷模，1973年向东渠竣工后成立了向东渠管理处，到1993年完成了水库的配套工程。峰头水库建成后，水尾滚水坝仍发挥蓄水作用，车墩和下墩两个滚水坝被峰头水库替代，通过日常不间断地精心维护、除险、增补，水库不仅泽被一方乡土，而且形成了旖旎的生态景观（见图2）。

(二)节约"三材"下的高架石拱渡槽

1.我国石拱渡槽的宠儿

我国从1984年起才改变了主管部门下达"三材"指标的做法，允许"三材"采购向市场化过渡[13]。节约"三材"的国策施行长达30年，对国民经济和建筑设计的影响非常广泛，"三材"匮乏是乡村渡槽设计的时代底色。乡村渡槽是高架输水道，由进出口段、槽身、支撑结构和基础四部分组成，是灌区水工建筑物中应用最广的交叉建筑物之一。它是基于"节约三材"，为生产生活服务的乡土工业建筑——我国当代工业建筑遗产谱系中的特殊类型。

表2 东渠11座渡槽列表

渡槽名字	长（米）	流速（立方米/秒）	所属灌区
双溪	150	14.5	Ⅰ
车头	120	14.5	Ⅰ
石牌	200	14	Ⅰ
后坑洞	85	14	Ⅰ
大埔	255	12	Ⅰ
世坂	840	12	Ⅰ
风吹岭	195	12	Ⅱ
宝树	55	12	Ⅱ
杜塘	75	11	Ⅲ
赤岭	30	5	Ⅲ
八尺门	1080	5	Ⅲ

根据《漳州水利志》及现场调研整理

向东渠标志性的渡槽有11座（见表2），全线采用了梁式渡槽和高架石拱渡槽两个类型，合计约2600米。八尺门跨海渡槽采用了梁式渡槽①，其余10座均为高架石拱渡槽，大兴农田水利，遍地开花的石拱渡槽诉说着和政治导向、经济条件相关的丰富信息。决定渡槽输水能力的是水流流速，充满度和坡度都相同的渡槽，管径越大流速越大。参考1958年我国制定的石拱渡槽标准图及1973年韶山

图3 技术革新的先行者——风吹岭渡槽

灌区的标志性工程"三江分流"渡槽，渡槽水流流速大约在1.5立方米/秒～29立方米/秒。向东渠渡槽的流速5立方米/秒～14.5立方米/秒，平均8立方米/秒，过水深1.8米[7]，设计的输水能力中等，这是由于地形复杂、长途取水造成的。高架石拱渡槽调用了拱的跨度和地方石材的特征，展现了技术水平向高墩、大跨度、预制构件吊装发展的趋势，具有重要的建筑技

---

① 八尺门跨海渡槽1973年竣工，施工难度极大，当年闻名全国，2021年因生态修复的整治工程被拆除。

术发展实证价值,1978年向东渠大型石拱渡槽设计荣获全国科学大会成果奖(见图3)[7]。

2.工程创新的技术美学

图4 减轻壁厚的混凝土肋

向东渠渡槽围绕"节约三材"进行了技术攻关,减轻结构自重是我国建筑结构设计避免肥梁胖柱的创新点。施工组组长吴禹门和龙溪地区水电设计院王梓才从水车车腹板中深受启发,通过设计混凝土的槽壁肋,将风吹岭渡槽的石砌槽壁截面减少至20厘米,在立面呈现出一排"壁箍"的韵律(见图4)。高架渡槽需要大量模板,全线展开拱架才能加快施工进度,当时缺乏足够的木料。满堂脚手架安全、传统却费工费力,木拱架不用下体排架,不仅节

图5 风吹岭渡槽的三角桁式木拱架和施工吊装
来源:(上)参考文献[2],(下)参考文献[8]

约木料、自重轻、运输卸落方便,而且拱上结构施工期间水陆仍能正常通航、行车,对于地处高墩、水流状况复杂的要道更显现出优越性,在江南水网地区曾被用作修建机耕路桥[14]。木拱架遇到的问题是丘陵地区地形复杂,由于缺乏下部支撑,高架石拱渡槽容易结构失稳、刚度不够。向东渠三结合小组研发了针对不同跨度的"三铰桁式木拱架"和"双铰合木拱架"(见图5),"文革"时期的很多著述针对的是基层专业技术人员或群众,编撰多采用了通俗易懂的简图、施工照片,起到了普及推广的作用,在福建渡槽的专著中记录了木拱架的营造程序。标准化规定了可复制的技术路径,从而减少了设计步骤、各类成本和施工时间。木拱架在风吹岭渡槽试验成功后,应用在向东渠的其他渡槽,形成了一系列富有节奏的大跨结构,提供了建筑技术史研究的证据,有历史和审美意义的天际线、构造细部展现出整体的力度。

向东渠渡槽代表了基于地域特征的工程技术与普适规律,工程产品的品质包括大跨度、减轻结构自重、受力均衡、功能紧凑,是按照美的规律创造的,具有普遍性。不同地区存在不同的建造活动,就地取材的深层内涵是不同地区的自然差异和社会习俗差异,认同地方性的建造模式是对地域文化价值的认同,技艺蕴含着当地文化特征的美。渡槽从漳州漳浦、平和取材,要从采石场运输到几十公里外的工地。各个公社或生产大队设有各类专业小组,打石小组在向东渠工程的建设中合计加工石料74.86万立方米[7],相当于在很

低的机械化施工条件下，打凿石料近200万吨，渡槽营造承载了地方匠人的心血和手艺。

3.无意为之的纪念碑

李格尔(Alois Riegl, 1858—1905)认为现代以来人们着重保护的主要是无意为之的纪念碑[15]。输水构筑物本没有纪念意义，向东渠高架石拱渡槽无过多的标语、口号等附加内容，黄灰色砂石的朴素韵味浓郁。它的独特性在于槽身上镌刻着承建公社、大队、青年队的名字，是当年分段施工、保质保量的铭牌(见图6)。工匠的实名制

图6 东夏公社"白塔大队"，八尺门渡 槽上镌刻的文字

高度再现了"社会—工程"的关系，以饱含感情的方式赋予水利工程有关"根"的联想，满足了渴求身份的集体认同。1949—1982年云霄县农田水利建设总投资约7045万元，国家补助经费2236万元，其余为地方社队自筹及社员的劳动积累[12]。28村庄的传统家庭关系与生产队的建制有所契合，从而可以降低管理成本，占总投资70%的经费来自人民公社，充分表明农村基层的积极性在振兴乡村中具有无可替代的作用。

四、小结

大兴农田水利是基于国情的一种现实选择，随着1983年人民公社解体，包产到户在全国兴起，好不容易修好的乡村渡槽大量遭到废弃。根据实地调研，向东渠车头渡槽的部分地段漏水明显，令人忧虑；东山岛缺乏淡水资源，夏季少雨缺水状态严峻。尽管如此，向东渠基本发挥了预想的综合效益，它的土地使用权在城乡巨变中没有发生大的变化，原来公社和农场后来的行政边界没变，只是公社被改成镇。不存在完全城市化、不从事农业的原公社(现乡镇)，在云霄县域内向东渠发挥的灌溉作用是最值得保护、利用的功能。发生变化的是城乡面貌，如今世坂渡槽所在的下河乡世坂村正在大兴土木，建设向东精神教育实践基地，向"建党百年"献礼(见图7)。

渡槽建造的技术价值是在其形成期奠定的，"变化"和"积淀"可能涉及应用价值的下降以及认识价值的上升。乡村渡槽修凿技术的应用价值随着时代的发展在降低，甚至不再被使用。与之对比，乡村渡槽是新中国工业遗产谱系的独特类型，给人以精神振跃之感。乡土工业建筑兼具乡土的自然属性和工业的速度体验，构筑了渡

图7 世坂渡槽与正在修建的教育基地

jana Smith)的《遗产的应用》(Uses of Heritage)中进行了全面的论述和解释。劳拉·简·史密斯对于遗产概念的理解是从"记忆行为的文化与社会过程"[3]这个层面进行遗产诠释，并试图解释在不同文化语境下，如何运用遗产理念来建构、重构、协调所存在的各种认同、社会文化价值以及其内在意义。同时遗产的建构过程又受到话语权力的影响和左右，但是劳拉·简·史密斯指出其无意否定福柯对于话语建构的实用性分析，而旨在明确在批判遗产研究以及话语建构中的边界[4]。这种权威化的话语有涉及到对于遗产历史的重新书写和记忆的梳理，特别是对于记忆的理解可以更准确地认识遗产化过程中的情感诉求与话语权之间的关系[5]。

记忆理论研究的不断深入也能够帮助我们更好地理解遗产的文化建构过程和其内在叙事性。在德国，记忆理论的不断发展是来自二战后对于战争记忆的和解以及对欧盟作为一个整体的重新定义。欧盟成立后欧盟各国试图通过记忆理论的重新梳理来弥合两次世界大战对于欧洲国家所带来的创伤性的记忆。斯蒂芬·贝格尔教授试图通过战争记忆的理论的研究范式引入到工业遗产的研究框架内，并诠释出三种关于记忆的运行机制，工业遗产作为对抗的、国际化的、克服对抗性的记忆[6]。首先，在对抗性记忆争论的框架中，政治主体试图区分了积极的"我们"和消极的"他们"。对抗性的记忆试图明确一个清晰的"英雄属于我们"和"恶棍属于他们"的画面。它通过一种带有激情的"我们"身份来塑造认同感[7]。第二个记忆系统，国际化的记忆最初被运用到对二战大屠杀的反思，其也通过二元论的论述来进行叙述，通过识别"他们"和"我们"区别，通常是"我们"致力于自由形式的人道主义工作，并树立起一个强大的人权话语，并对20世纪的极权主义进行批判[8]。第三个记忆系统，克服对抗记忆，是旨在克服记忆框架的二元设置的记忆框架。不是单纯地划定"我们"和"他们"，并阐述一种激进的历史叙事。克服对抗记忆的目标是通过记忆来理解彼此的想法。在过去拥有不同立场行为者中，关系到过去冲突的受害者，也关系到旁观者。这种记忆模型是一种自我反省的尝试，更重要的是这种记忆没有试图达到某种道德良知的高度[9]。

通过比较不同去工业化的路径，即工业遗产化的不同路径，这种记忆理论对实际发生的事情具有重要作用。特别是我们如何构建这些叙事的，记忆理论可以判断哪些行为者在去工业化过程中具有哪些叙事来促进哪些记忆政治。工业遗产作为经济结构转型的结果，在不同的地区和国家的政治经济文化语境中，对工业遗产概念的解读和书写也不尽相同。这种工业遗产话语的建构是在国家和地区的去工业化和遗产化的过程中被不同的角色所影响。因此，通过全球视角和比较视角来观察去工业化和遗产化的就变得尤为重要。本文试图通过全球视角来观察不同国家和地区在去工业化和遗产化过程中的相关性和差异性，它也围绕着劳拉·简·史密斯的批判遗产研究来展开，遗产建构过程中各方面的权力在其中所起到的作用，特别是不同工业化模式所引发的不同去工业化的进程并导致的其自身历史路径的工业遗产化的过程。

二、去工业化与遗产化的全球视角解读

去工业化作为一种全球现象出现，这种现象不仅仅出现在发达国家，同时去工业化的现象也在发展中国家出现。但是现在的研究更加注重于对于发达国家去工业化的研究和忽视发展中国家在全球资本转移的过程中如何面对和处理发展中国家自身的去工业化问题。

去工业化与结构变化是相互关联的。虽然结构变化具有积极内涵，但是去工业化则具有消极内涵。其理念是将区域从去工业化过渡到积极的经济社会和文化未来的可持续发展。显然，去工业化或结构变化是一个经济过程，它导致某些行业不再盈利。发达国家通过这种变化进行向发展中国家的资本转移，这些行业在发展中国家生产的产品比在发达国生产的要便宜得多，劳动力成本也更低。还需要审视正在实现去工业化的社会结构，理解去工业化是一个文化过程，随着工人身份在去工业化中的变化，工人阶级的特殊文化在去工业化的影响下发生了巨大的改变，以及与去工业化相关的政治后果。例如，一些国家在去工业化过程中走向右翼民粹主义。

我们同时也可以从自上而下和自下而上的视角来理解去工业化的过程，从管理层面的视角看去工业化的推动和发展战略，其影响着社会文化的发展与权力转换。同时，从下面的视角看那些受去工业化影响最大的工人阶层，在去工业化和社会文化巨大变化过程中试图寻求某种自我保护，无论是工人运动还是通过工会实现自身权益的维护，这些方式都体现工人阶层在去工业化过程中为适应新的经济过程所做出的挣扎与努力。在遗产化和去工业化的过程中更应该关注从上到下的去工业化管理与下层的利益相关方之间的互动关系。为此，需要把去工业化研究与遗产研究，也与记忆研究进行对话，因为许多地区的去工业化是一个文化过程，并且这个过程都与记忆有关，因为记忆是工业化的过去。这也是为什么许多去工业化研究作为遗产研究，与口述历史项目相关，以保护在去工业化过程中不断被消解的记忆。

(一)盎格鲁萨克森模式——美国,加拿大,英国,澳大利亚

撒切尔和里根政府20世纪80年代新自由主义运动，其中最主要的是撒切尔试图通过限制地方服务支出来改革城市治理，以及里根政府扭转"新政"的住房和城市重建计划。这种极端的新自由主义改革运动下使得美国、加拿大、英国面对了大规模的去工业化。美国的锈带城市逐渐被人们形容为鬼城，例如，底特律是这方面最具代表性的城市。1948年至1967年间，底特律失去了大约13万个制造业工作岗位，因为三大汽车公司(通用汽车、克莱斯勒和福特)减少了在该市的就业，用新的自动化技术逐步取代了工人[14]。这里的自由市场理念是如果公司破产，人们可以搬到别的地方去寻找新的就业机会，并且在"看不见的手"的调解下，城市将找到摆脱危机的新的经济再生途径[15]。

与美国类似的情况在英国也出现过，在20世纪80年代撒切尔政府时期。在激进自由

主义改革的过程中撒切尔政府试图消除英国的强大工会作为其改革的政治阻碍,在去工业化的过程中撒切尔政府并不愿意从政府层面保留这些工业遗产。因此,我们观察撒切尔时期产生的工业遗产很少是由国家政府层面进行保护的,因为这些工业遗产与许多政治和经济利益的意识形态背道而驰[16]。尽管如此,英国在20世纪50年代就已是第一个提出工业遗产理念的国家,铁桥是联合国经济产业组织世界遗产名录上最著名的和第一个工业遗产地。20世纪50年代的想法是英国从国家主义角度向国民塑造其作为工业革命发源地的地位,工业遗产的建构作为记忆政治的形式。工业化、去工业化的历史与民族主义有关,因为英国被认为是工业革命的发源地。这种政治记忆的建构试图为作为工业化中心的地区提供某种自豪感。但是在20世纪80年代,一切都发生了变化,受到撒切尔自由市场激进主义的巨大影响。以南威尔地区为例,围绕着采矿业有着浓厚的工人阶级文化。80年代改革开始后,大部分矿井在一年内关闭,政府没有试图从国家层面保护该地区的任何工业遗产。因为政府不想保留这一部分的记忆,而记忆可能是围绕煤炭工业终结的激烈冲突的记忆[17]。例如,在1984—1985年,英国约克郡煤矿的关闭以及矿工的罢工运动,导致了撒切尔政府对于矿工联盟的打击,这不仅仅导致了煤矿的最后的关闭,同时造成了严重的社区分裂,破坏了社区认同和工人自豪感[18]。正如口述史对于矿工内心感受的呈现:

> 矿工们,矿工的女儿们……曾经创造并保持了活跃、繁荣、自给自足的当地经济景象。当他们都被赶离工作岗位时,我们繁华的小镇中心就成了许多慈善商店和建筑协会分支机构的聚集地。小镇至今依然如此。更不用说,千方百计地密谋使数千人失去工作,扼杀亲密的家庭式的社区关系,击碎社区自尊,这种下令关闭矿井并从国外购买煤矿的经济破坏主义完全是不可原谅的。用一种策略去除掉那些运行良好的东西,却没有任何东西来替代它,这是一种疯狂的犯罪行为[19]。

直到今天,英国唯一的努力就是来自民间的工业遗产保护。例如由前矿工、精英、劳工政治家和历史学家改造的工业遗产公园。

同时,也有一些新自由主义思想遭到了来自底层的反抗。例如,在加拿大,我们确实发现了不同的故事,Steven High对加拿大和美国的去工业化的比较指出了加拿大的不同。在这里,工人阶级运动和城市运动的行为通过自下而上的反抗争取工人阶级的话语权,这种话语权的争夺又与左翼民族主义联系在一起[20]。同时,加拿大政府相对于美国采取了相对缓和的政策,例如,1965年的汽车协定及其随之而来的关于加拿大的协定和生产协议赋予了加拿大政府在汽车业的监督作用。因此,政府在三大汽车制造商的投资决策中拥有发言权。当克莱斯勒来呼救时,联邦政府自然将其财政支持与就业和新投资联系在一起。相反,美国政府则坚持公司不需要对工会进行妥协,在工资和福利上不用做出让步。迪米特里·阿纳斯塔基斯(Dimitry Anastakis)指出由于相对缓和的政策,加拿大并没有出现典型的"锈带",进而避免了加拿大部分地区的分歧的不断加剧[21]。

澳大利亚也是一个非常典型的例子,就像在英国一样,澳大利亚的劳工运动非常强大,澳大利亚是19世纪末20世纪初世界福利国家的先驱之一。但同时也看到,在1980年代末和1990年代的澳大利亚,新自由主义化运动对于社会民主中的左派的冲击要远远大于右派。这也是澳大利亚工业化和去工业化道路的特殊性造成的。它严重依赖煤炭、铁矿等采掘业,并且这些采矿行业多位于远离城市的地区,与其他城市社区并没有形成一定的互动关系,这是一种非常典型的工业设置方式,同样也可以在北美或欧洲其他地方找到类似的案例[22]。另一方面,一些位于城市周边地区的工业遗产在面对城市不断扩张的资本需求下,面临着市场对于土地对于资本溢价的巨大需求,比如澳大利亚的核心城市悉尼、墨尔本,这是从比较角度讨论土地资本时需要特别关注的另一个现象。

在新自由主义的影响下,这些工人在去工业化的过程中受到了的极大的冲击,这些工人阶层试图保留对于那个时代的反抗记忆和叙事。并通过工业遗产的重新建构向社会传达出这种自由市场激进主义对这个社会的巨大影响和工人生活的冲击。

(二)欧洲大陆——德国,法国,意大利,西班牙

如果观察欧洲大陆,就会发现一个完全不同的故事。在欧洲大陆有更强的社团主义(corporativism)传统。自由社团主义与民主框架体制和非自由主义密切相关。欧洲的社团主义力量意味着可以找到了更多的去工业化的管理和转型途径。在这个管理和转型的过程中,拥有更强大的雇工和工会并与国家在转型中进行有效性的合作或者一定程度的妥协。所以在去工业化的过程中,能够让相当一部分工业过去的记忆成为工业遗产的重要部分。

最好的例子是德国的莱茵资本主义模式,它可以被描述为"鲁尔的工业权力"。这种记忆的框架是在国际化记忆(cosmopolitan)的框架内产生的。例如,德国鲁尔最大的钢铁厂——克虏伯钢铁公司,在过去半个世纪里正在进行大规模的去工业化。去工业化的过程不是一夜间发生的,往往有一个复杂的不同角色的互动过程。虽然去工业化有可能造成许多受害者,但是通过社团主义结构中的雇主、工会和国家政府的共同努力,使得这些受害者有机会相对安然无恙地经历去工业化转型所带来的影响。因此,在鲁尔工业区形成了一种值得骄傲的叙述方式,并与去工业化故事联系在一起,这对于德国工业化,特别是鲁尔区来说是非常重要的。这个理念避免大量失业和大规模人口错位,并证明鲁尔区的有效转型。曾经完全依赖于煤炭和钢铁的地区,转型成为更加多样化的经济结构,并仍然为生活在该区域的人的未来提供一定积极的设想[23]。鲁尔区不仅仅对德国工业化具有重要的意义,同时鲁尔区的工业遗产也代表着战后"煤钢联营"的建立作为欧盟的雏形,是欧洲统一的最初标志。例如,位于鲁尔区艾森市的"关税同盟"煤矿在2001年被联合国教科文组织认定为世界文化遗产,一方面代表着鲁尔区工业化的进程。另一方面,也代表着"煤钢联营"作为欧洲二战后从经济和解到政治和解的

共同国家记忆。

同时，欧洲其他国家也有类似的经济转型进程，其程度与这些经济过渡进程的成败有很大不同。法国的国家主义是一个自上而下的保护过程，如帕斯-德-加莱。另外，在意大利热那亚和米兰形成了一个工业三角地带并受到地方主义的影响。因此，意大利在面对工业遗产转型的处理方式上更加强调城市空间为核心的再生性，而不是像鲁尔区那样强调作为工业整体区域的协同发展。这又和城市空间的历史形成方式有着密切的关系。

在西班牙，地区政府和自治区在包括文化领域在内的一系列领域享有高度自治。因此，工业遗产的管理主要依靠区域政府。西班牙的工业化始于17世纪末的加泰罗尼亚，其次是巴斯克地区、瓦伦西亚以及阿斯图里亚斯和加利西亚等北部地区。在这些领域，工业总是与民族特性的叙述有关[24]，并在一定程度上产生了某种拒绝工业遗产的现象，因为工业遗产带回了阶级和权力斗争的负面记忆，特别是，底层穷人的生活状态，恶略的劳动条件，以及劳动力、机构和企业家之间在去工业化过程中相互斗争的画面。另外，西班牙根深蒂固的浪漫思想将工业视为现代腐败和对西班牙曾经辉煌历史的破坏。同时西班牙还存在古代遗产和工业遗产之间的竞争关系，例如在阿斯图里亚斯就存在自然遗产和工业遗产之间的竞争关系，然而鲁尔区的形成过程就是工业化的过程，早期的中世纪遗产并不能和工业遗产构成强有力的竞争。

(三)后社会主义国家的东欧

在东欧国家中能够发现强烈的对抗工业遗产和社会主义时期的集体记忆，这种记忆的话语会选择与之相关联的工业记忆进行遗忘，这些工业遗产在去工业化的过程中形成了一种荒凉的景观。例如今天的乌克兰、罗马尼亚、捷克斯洛伐克等国家。罗马尼亚也是一个非常典型的案例，在东欧剧变，罗马尼亚拥有189个工业城市，其中49个为单一的工业城市。在这一时期，工人们从国家获得了许多特权，也成为民族自豪感的象征。他们认为自己和公众被视为国家经济稳定的重要贡献者。在1990年初，罗马尼亚从事工业的人数达到380万，但是到了2014年只剩下136万工人。城市的不断收缩和工作岗位的减少使得大量的工人不得不返回乡村，或者移民到其他国家[27]。

苏联解体后东欧国家所产生的工业遗产不能用单纯的资本主义去工业化的方式来分析，更应该关注在苏联解体后各国对于工业遗产和工人阶级历史的书写和判断。同时，东欧各国工人在这个转型过程中所面临着不同的历史感受和记忆的认知属性。所以，更加应该通过克服对抗的记忆模式对于后苏联时期东欧国家的记忆进行书写。

(四)南半球国家及发展中国家

20世纪60年代全球经历了发达国家资本向发展中国家资本转移的过程，但是到了21世纪初期的时候，南半球国家和发展中国家也不同程度出现了去工业化的现象。这其中包括了印度的孟买和阿门达巴德地区、南非的约翰内斯堡、巴西的圣保罗、阿根廷的布宜诺斯艾利斯、赞比亚的铜带。通过对南半球国家和发展中国家去工业化和遗产化过程和运作方式的分析，有利于理解后殖民化国家对于工业化和去工业化的书写，以及发达国家工业化话语权对南半球以及发展中国家工业遗产话语建构的影响。后殖民学者迪佩什·查克拉巴蒂（Dipesh Chakrabarty）认为，后殖民国家发现自己被称为"历史等待室"，绝不允许进入主房间。因为它总是处于追赶发达国家工业化话语的位置[29]。

我们也在发展中国家的工业遗产的话语构件中发现类似的现象。发展中国家在处理工业遗产的书写时，面临着对于后殖民地话语和现代化书写的矛盾性。在1947年印度独立之前英国政府没有给印度工会任何有可能发展的空间，更多的是压制印度工人长期存在的不满和抵抗情绪，警察也对各种罢工行动进行镇压。另一方面，印度在工业化时期和殖民化时期阶级内部和阶级间的冲突因种族、语言和社会差异而加剧。欧洲的经理和主管对于印度工人的语言和文化缺乏最基本的认知，从而造成阶级间的极端对抗，同时种族间的分歧也加剧了对抗性的分裂。欧洲殖民者的特权引发了印度工人阶层极大地不满，这些不满往往是罢工的根源。但是当印度试图选择对这段工业化记忆进行重新书写时，把国家的发展融入到西方支配语境的全球化发展中，不得不面临某些殖民记忆的选择性遗忘。[30]例如，孟买在17世纪70年代到20世纪70年代都是印度纺织业的中心城市，但是从1990年代开始受到新自由主义的影响，印度政府试图把孟买转型为国际化的金融大都市，开始对城市进行大都市化的转型，并将其发展为像纽约和伦敦那样的全球化的城市，并摆脱人们对于孟买旧工业城市的记忆和印象[31]。

三、对于黑暗工业遗产的再思考

黑暗工业遗产作为遗产研究的一种特殊形态，呈现更多的是对于人类行为的反思。从批判遗产的角度讲，一些地区和国家为了发展遗产产业、经济旅游或者政治目的而选择性地忽视工业遗产历史进程中的黑暗面，甚至是掩盖这些罪行。这其中的案例包括德国对于纳粹时期工业遗产的选择性回避，日本对于二战时期工业遗产黑暗面的选择性回避，这其中最著名的案例是位于日本西南部的军舰岛。另外，除了这些纳粹时期的工业遗产，同时还包括苏联时期的切尔诺贝利核工业遗迹、福岛核工业遗迹以及印度的博帕尔化工厂工业遗迹。这些工业遗产和遗迹都应该被纳入工业遗产话语体系的讨论范畴，并不是单纯地通过《下塔吉尔宪章》的定义能够理解和诠释的。因此，对于工业遗产理解的拓展和话语体系的全球重构讨论是研究黑暗工业遗产的前提条件。

正如海登·怀特（Hayden White）所述的那样，可以通过工业遗产来建构一个实用的过去[28]。通过全球史视角对工业遗产的分析能够更有效地分析发达国家和发展中国家在工业遗产话语建构的不同记忆书写的不同路径。特别是通过批判遗产的思考方式，在去西方中心化的语境内对工业遗产进行思考和论述。发展中国家在工业遗产重构和记忆的重新书写过程中不得不面临后殖民时期遗产的影响,这些因素影响着南半球和发展中国家关于工业遗产话语的重新建构。另外,对于受到苏联影响的后社会主义的东欧国家也受到苏联时期工业化记忆的影响。这些矛盾都成为不同国家在处理工业遗产和记忆书写过程中所面临的核心困境。本文希望从理论框架结构出发,通过全球视角下记忆的书写为工业遗产的研究提供一个不同的宏观视角。

参考文献:

[1] 塞巴斯蒂安·康拉德.全球史是什么[M].北京:中信出版集团,2018.

[2] Stefan Berger. Constructing Industrial Pasts:Heritage, Historical Culture and Identity in Regions Undergo-ing Structural Economic Transformation[C]. Preconditionsfor the Makingofan Industrial Past: Comparative Perspectives.Essen.Berghahn Books, 2020:1–26.

[3] 劳拉·简·史密斯.遗产利用[M].北京:科学出版社,2020.

[4] 劳拉·简·史密斯.遗产利用[M].北京:科学出版社,2020.

[5] 劳拉·简·史密斯.遗产利用[M].北京:科学出版社,2020.

[6] Anna Cento Bull & Hans Lauge Hansen. On agonistic memory[J]. Memory Studies, 2015,9(4):390–404.

[7] Bull A C , Clarke D . Agonistic interventions into public commemorative art: An innovative form of counter memorial practice?[J]. Constellations, 2021, 28(2):192–206.

[8] Shauna Robertson. Agonistic memory: a brief introduction.[EB/OL]. https://www.disterrmem.eu/blog/ago-nistic–memory–a–brief–introduction.2020-5-8.

[9] Anna Cento Bull & Hans Lauge Hansen.On Agonistic Memory[J]. Memory Studies,2016, 9(4): 390–404.

[10] Anna Cento Bull & Hans Lauge Hansen. On agonistic memory[J]. Memory Studies, 2015,9 (4):390–404.

[11] Bull A C , Clarke D . Agonistic interventions into public commemorative art: An innovative form of counter memorial practice?[J]. Constellations, 2021, 28(2):192–206.

[12] Shauna Robertson. Agonistic memory:a brief introduction. [EB/OL]. https://www.disterrmem.eu/blog/agonistic–memory–a–brief–introduction.2020-5-8.

[13] Anna Cento Bull & Hans Lauge Hansen.On Agonistic Memory[J].Memory Studies,2016,9(4):390–404.

[14] Kaeleigh Herstad. "Reclaiming" Detroit[J]. The Public Historian , 2017, 39(4): 85–113.

[15] Nathan Young.Neoliberalism in British Columbia: Remaking Rural Geographies[J]. The Canadian Journal of Sociology / Cahiers canadiens de sociologie,2008,33(1):1-36.

[16] 劳拉·简·史密斯.遗产利用[M].北京:科学出版社,2020.

[17] Stefan Berger, Paul Pickering. Industria Heritage and Regional Identities[C]. Regions of heavy industry-andtheirheritage–betwen identitypoliticsand ' touristication'.London.Routledge,2018: 215–235.

[18] 劳拉·简·史密斯.遗产利用[M].北京:科学出版社,2020.

[19] 劳拉·简·史密斯.遗产利用[M].北京:科学出版社,2020.

[20] Steven High. Visibility and Invisibility in the Aftermath of Deindustrialization, International Labor and Working–Class History[J].Crumbling Cultures:Deindustrilization, Class and Memory.2013,84 (Special):

140–153.

[21] Dimitry Anastakis. Special Issue on the Automobile and its Industry in Canada[J].Canadian Public Poli-cy.2010, 36(1):3–5

[22] Erik Eklund.Negotiating Industrial Heritage and Regional Identity in Three Australian Regions[J].The Public Historian,2017, 39（4）:44– 64.

[23] Stefan Berger, Christian Wicke ,and Jana Golombek. Burdens of Eternity? Heritage,Identity,and 'Great Transition'in the Ruhr[J]. The public history,2017,39（4）:21–43.

[24] Paz Benito Del Pozo, Pablo Alonso Gonzalez.Industrial Heritage and Place Identity in Spain: from Monu-ments to Landscapes[J].Geographical Review,2012, 102(4):446–464.

[25] Jeremy Morris.Working–Class Resilience in Russia[J]. Current History,2016,115(783):264–269.

[26] Miguel Vázquez–Liñán. Historical memory and political propaganda in the Russian Federation[J]. Com-munist and Post–Communist Studies,2017,50（2）: 77–86.

[27] Ilinca Păun Constantinescu, Dragoş Dascălu and Cristina Sucală.An Activist Perspective on Industrial Heritage in Petrila, a Romanian Mining City[J].The Public Historian, 2017,39（4）:114–141.

[28] Christopher Garbowski.Historical Memory and Debate in Poland and East Central Europe: A Review Essay [J].The Polish Review. 2015.60（1）: 97–110.

[29] Dipesh Chakrabarty. Legacies of Bandung: Decolonisation and the Politics of Culture[J]. Economic and Political Weekly,2005,40（46）: 4812–4818.

[30] David Arnold.Industrial Violence in Colonial India[J].Comparative Studies in Society and History,1980, 22（2）:234–255.

[31] Manish Chalana.Of Mills and Malls: The Future of Urban Industrial Heritage in Neoliberal Mumbai[J]. Journal of Historic Preservation, History, Theory, and Criticism.2012, 9（1）:1–15.

[32] Hayden White.The Question of Narrative in Contemporary Historical Theory[J].History and Theory,1984, 23（1）:1–33.

城市转型语境下英国工业遗产的
多层次实践及价值研究*

曹福然

（武汉纺织大学外国语学院；教育部中外人文交流中心
与武汉纺织大学共建纺织行业中外人文交流研究院）

工业化是城市化最主要的推动因素之一，城市化是工业化最重要的载体之一，因此工业化进程与城市转型有着天然紧密的关联性。一方面，在工业革命初期，工业化不仅解构了原有的社会形态并赋予城市新的功能与使命，并且显著促进了人口增长、经济发展、城市社会形成（urban society）和生态系统完善（Gardiner & Matthews，2000）[1]，由此推进城市以前所未有的方式和速率步入持续性转型过程中；另一方面，城市发展阶段、风貌与形态的转型也直接干预了工业化的兴衰历程，而城市社会文化生活的变迁更直接引发工业模式、布局与周期的协同演化，并在其推进过程中吸引各类新兴资本的涌入与分流，由此促成各国国民经济的持续增长和工业资本主义的应时演化（Tim，2001:7）[2]。宏观上看，全球每个城市均有其相对独特的文化经济发展脉络、社会发展形态、主导产业类别、工业化进程等，并基于此发展演化出了不同的产业形态及城市风貌（Tallon，2010）[3]。然而在经济全球化、城市化及社会生活现代化浪潮席卷下，尤其是随着文化系统间交流融合的不断深化及互联网平民化程度的不断提高，很多国家的工业化与城市化呈现出一定的趋同性与关联性：即大多经历工业化、城郊化、去工业化及逆工业化、城市离散化及后现代城市等阶段。其中，在进入由全球产业结构调整和国际价值链转移所致的工业衰退期后，部分国家如英国等国的传统工业城市及地区在二十世纪中后期面临各类严峻的城市问题：产业凋敝、城市经济活力下降、就业率下降及青年劳动力大量流失、社会隔阂加剧及社会不稳定风险增加等。与此同时，工业衰退直接导致大量工业建筑、构件及区域等工业遗产的闲置、废弃与拆除，而城市形象恶化、环境污染、城市记忆与文脉断裂等问题也随之产生[4]。在此背景下，英国等国开始积极寻求城市转型，并演化为聚焦经济、文化与生态复苏的城市复兴运动，而城市中的工业遗产也由此开启和达成多层次实践及价值。

---

* 本文为2021年度湖北省社科基金一般项目（2021257）的阶段性成果。

一、城市转型语境的形塑

18世纪末19世纪初，英国很多城市逐步转变了以往对商业的过度倚重，在发展阶段上相继启动产业革命并先后迈入工业化进程中，而作为有机体和复杂系统的城市便自此进入持续性转型过程中。世界权威城市问题学者彼得·霍尔（Peter Hall）将其分为5个阶段，即绝对集中、相对集中、相对分散、绝对分散及流失性分散，而推进其演化的最核心内驱力之一正是工业勃兴及衰退引发的城市中心区域人口增减[5]。除此之外，随着工业资本主义的深化发展，英国以资源为基础并倚重传统制造业的相关工业城市普遍出现市政腐败、贫民区、废弃区、贫富阶层分化等问题[6]，加上科学技术发展、交通出行手段升级、社会文化生活变迁及非经济单位关闭等因素，很多城市从初期的人口居住郊区化和工商业郊区化阶段过渡到了尚不甚成熟的服务业和办公场所郊区化阶段①，由此造成城市中心区经济崩溃、失业人口剧增、大量土地废弃、种族矛盾等城市问题。为此，英国等国城市开始期冀在物质上寻求转型，采取的措施包括但不限于通过投资酒店业、零售业、休闲产业及会议中心等推进城市转型与"复兴"。然而在其具体概念及政策话语形成之前，"城市复兴"的提出绝非一蹴而就，而是自20世纪50年代伊始经历城市重建、城市重振、城市更新、城市再开发之后，"城市复兴"方才以相对较为固定的形式在国际学界和公共政策内容中得以强调和凸显。彼时一些具有顶层设计意义的研究成果也得以相应形成，如复杂性和连续性范式下城市转型与复兴"十大原则"的建构与提出（Lichitleld, 1992）[7]、观照文艺复兴以阐释和挖掘城市转型的文化导向（Rogers, 1999）[8]、城市转型与复兴开放政策框架的建构及其涵盖机构与空间尺度等在内的六大构成（Hall,1997）[9]。由此，英国城市转型的语境得以形塑并渐趋成熟，而针对性更强、效度更高、适应面更全面的理论和实践则呼之欲出。

二、城市复兴运动的勃兴与工业遗产研究的深化

作为一种文化经济性运动，城市复兴在启动伊始便基于工业遗产的文化特质及系统性内涵以挖掘、阐释和开发其作用于城市经济、文化及大众生活等方面的多维价值和重要功能。在该背景下，一方面，城市复兴运动在英国等国中心城区得以勃兴，以致20世纪90年代的城市规划多为基于工业遗产的"城市复兴要求"（Bell, 1997）[10]；另一方面，随着更多的个体及组织意识到工业遗产利用是城市转型及景观建设的核心支撑力之一（Hall, 2006:100）[11]，并指出作为可持续资源的文化遗产具有使城市更繁荣、更安全、更可持续的重要力量（UNESCO,2016）[12]，城市复兴勃兴与工业遗产研究深化间的关联性也由此得以日益紧密。

以英国为例，率先开启工业革命的英国也同样率先启动城市转型进程，同时在二战后

---

① M4走廊是很多世界知名科技公司总部（如微软、惠普等）的所在地，因其毗邻着英国连接伦敦到西威尔士的高速公路"M4高速公路"而得名，同时也有英国的"硅谷"之称。

城市战略视角原则、公共/私人合作关系、可持续及城市遗产增强等因素的互动作用下（Massimo Preite,2012:101）[13]，英国在研究和实践层面最早提出并践行"依托工业遗产以实现城市复兴"[14]。具体地说，工业化衰退后，英国城市管理理念开始逐步发生改变：即从最初对工业遗留物的弃置不管及拆除到随后将其视为文化资源并吸引学界和产业界关注。该过程构成了工业遗产转型的重要组成部分，而《国家遗产法》和英格兰遗产委员会的强调与成立则充分表明工业遗产与英国城市管理的有机融合。由此，通过实施一系列强化和凸显工业遗产的举措，城市复兴运动不仅缓解改善了城市的环境污染及生态破坏问题，同时还推进城市产业结构调整和促成其产业升级，并在为城市供给大片建设用地以实现土地集约利用的同时，有效推进城市的文化复兴与社会复兴。而整个工业社会历经的这般快速演化，并不比人类由农业社会转变为工业社会所发生的改变小，因此该问题的重要性、复杂性与系统性也促成工业遗产研究的深化发展。早在1987年Hewison便通过比较与过程性描述，实证工业遗产在地区及城市更新中的经济价值[15]。以此为基础，城市复兴政策体系中工业遗产的角色与定位得以明晰（Martin,1988）[16]、（Hassink,1992）[17]，闲置工业建筑作用于城市可持续性发展的增益性（Ball,1999）[18]及其对城市规划及城市设计等方面所产生的价值也得到了阐释（Swensen,2013）[19]。其中，工业遗产实践六大关键属性：潜能、利益相关者、适应性再利用等（Xie,2006:1323–1324）[20]及其复杂博弈关系体（Landorf,2009:496）[21]这两大关键性理论问题的突破促成工业遗产与城市复兴紧密关系的论证和强化（Jasna,2012）[22]、（Massimo,2014）[23]。

三、城市转型语境下的多层次工业遗产实践

随着英国城市转型语境日渐成熟化、程式化和复杂化，其策略可归结为三点：第一，多部门、多组织形成合力以共同推进转型；第二，秉持以文化为核心的可持续战略导向；第三，适时调整细分及节点策略[24]，以较好地激发城市经济活力，吸引不同资源投入，改善城市形象并优化城市投融资环境。在该背景下，欧盟委员会区域政策总局（1993:7）在针对欧洲城市转型与工业遗产转化关系的报告中指出：工业衰退产生的各类工业遗产再利用问题已日益成为实现城市转型与复兴的关键所在[25]，而英方实践通常以多层次方式展开而指涉工业考古、工业遗产景观、工业遗产档案、工业遗产博物馆、工业遗产旅游及工业遗产教育这六大层次（Booth,1973）[26]、（Falconer,1980）[27]、（Alfrey,1992）[28]、（Neaverson、1995）[29]。

（一）发轫：工业考古在城市中的渐进开展

工业遗产实践发轫于英国城市中工业考古的发生与开展。20世纪中后期工业考古学逐渐兴起（Rix,1995），并在相当长的一段时间内被西方考古学家认为其仅是少数热心志愿者对本地重要蒸汽泵引擎、铁路等工业遗留物保存与维护的情感热衷。然而，随着国际大遗产语境对工业革命及其工业历史重要性认可的迅速提高，和政府部门、社会机构及

国际间组织记录维护工业遗产项目或工程数量的增多,工业考古学最终成为考古学的重要分支之一并在全球越来越多的城市中得以兴起。实践中,除工业考古协会等相关组织开展了包括资助相关研究项目、制定记录标准、资助相关出版、扶持相关遗产保护并资助相关社团外[30],英国政府还建立、完善并实施了工业考古在相关工业城市的实践,如位于康沃尔郡的巴斯特矿区及地处希罗普的铁桥区等,表明工业考古不仅包括物质性的工业遗迹、构件及遗物等,还涵盖包括工业文化活动、工业精神等在内的非物质性工业遗产,这些均为工业遗产景观的建立奠定较好的技术、理念和管理基础。

(二)推进:工业遗产景观在城市中的建立与保护

传统认知中的景观通常被解读为自然属性的集合,然而现实中的城市景观却通常被打上人类社会性活动烙印。就工业化进程而言,其不仅为英国等国创造出雄厚的资本与激增的人口,同时也引发城市及区域景观的显著变迁,而指涉人类工业活动改造后以工业为主导文化过程的城市景观——"工业遗产景观"也随之应运而生。一方面,彼时的城市问题学者如凯文·林奇(Kevin Lynch)等开始改变以往"经验主义与理性主义趋于对立的"研究视角,通过灵活运用心理学与现象学等研究方法将城市景观梳理为道路、边界、区域、节点和地标等重要组成部分[31],由此促成人类行动轨迹与空间、结构、主导性、连续性、可见性、渗透性等要素的归纳和统筹,并使之在整体上增强了城市的"可读性""可意象性"和富有创新性的设计理论与方法(见图1)。另一方面,由于实践中的工业遗产认定通常关乎一系列相关联的建筑群及元素,并将其置于共通性景观中以集中呈现生产因素和组织方式的系统性证据。因此,工业遗产景观的占地面积往往远大于某单个或若干工业建筑体,但在空间尺度上要小于一个地区的涵盖面积,而英方通过建立与保护其工业遗产景观也进一步推进了工业遗产在城市复兴运动中的形象建构。此后,在不同个体与组织以不同方式对工业遗产景观的参与和介入过程中,工业遗产档案的重要性开始凸显。

图1 英国布林德利地区成为依托工业遗产实现城市转型和城市工业遗产景观的典型案例之一

(三)拓展:工业遗产档案在城市中的存留与专业化

工业遗产档案在城市中的存留最初源于德国的一些大型工业企业,如1905年德国埃森市克虏伯公司首次依凭科学严谨的手段对其工业遗产档案进行了保护与阐释,次年首个企业档案馆研究中心得以在德国科隆成立。同时,位于慕尼黑的西门子和勒沃库森的拜耳也同步开始了对工业遗产档案的保存与维护工作,并在后期为很多大型企业所效仿,而其他小型企业则将各自的记录集中于共享档案中,由此工业遗产档案的保护与研究工作开始日益勃兴。实践中,工业遗产档案主要包括工业作业过程记录、工业案卷、企业档案、工业相关图片及影音资料等。而随着"数字化接入"在文化遗产领域的广泛应用,工业遗产档案的记录手段得以跃迁和专业化,其关联的高科技工具包括但不限于CAD、GPS、GIS、VR等。受德国影响,英国在20世纪中期成立工业企业档案委员会,并从3个方面进一步提升工业遗产档案存留、呈现和阐释工作的专业化水平:第一,鼓励、指导具有历史重要性的工业企业开展档案保护工作;第二,对于档案及现代化记录在管理等方面提供建议及信息;第三,增强国民对国家工业生产历史的审美志趣等[32]。从某种程度上说,工业遗产档案指涉城市工业历史的最核心环节,并成为其工业遗产最富有选择性的阐释方式之一。由此,在甄选、解读和记录城市工业遗产及其所代表的"工业化过往"进程中,工业遗产档案本身即演化为城市工业历史的重要组成部分和城市文化的重要表现形式,并为工业遗产博物馆的建立奠定较好的物质基础与文化支撑。

(四)核心:工业遗产博物馆在城市中的多样化建立

相较于饱含较高审美价值的古董、字画、王宫建筑等传统文化遗产而言,工业遗产大多基于生产系统以传递和演绎其核心价值,主要凸显的是工人群体及工业化全过程中的工业精神及作业情境,这与通过具有记录属性的实物以集中阐释并呈现人类过去历史的博物馆在功能、价值及文化系统上相契合。由此,自20世纪末"工业遗产博物馆"以独立的学术概念在英国被提出和建构以来,其不仅显性地更新和拓宽了文化遗产的谱系、禀赋及事件场,并直接促成越来越多的工业遗产博物馆得以在城市中建立。实践中,不同于艺术类作品、文玩、器具等博展品对自身价值"不言自明"的阐释方式,工业遗产在作为公共文化空间的博物馆中更多的是提供一种综合性新奇体验。而对于现代人尤其是脱离生产环节的青年、学生及从业者群体而言,这种基于公共文化空间的体验过程无疑是必要且及时的。例如英国曼彻斯特科学与工业博物馆就完好保存着地方首条铁路轨道,并在旅游旺季将蒸汽火车驶入其中以原真性地复现工业化初期的生产作业场景,这不仅可带给观者以新奇感、历史感和参与感,并能显著地延伸和增强其获得感与体验性以实现对昔日工业文明的追溯与教化。而基于这种规范性流程和专业性管理,工业遗产博物馆也成为城市中最富有传承价值和地标意义的实践方式之一,并在实操中成为城市文化旅游的关键节点和重要内容。

(五)泛在化：工业遗产旅游在城市中的勃兴

工业遗产旅游起源于英国(Hospers2002:398)[33]，并在实践中因体现出较好的市场适应性及较强的社会基础而呈现出明显的泛在化趋势，其作用与价值主要有3点：第一，有助于延续地域及国家文脉(徐柯健，2013)[34]；第二，充当国家及地区经济转型的关键性文化标注(刘伯英，2016)[35]；第三，有助于推动城市经济发展及产业结构调整(吴相利，2002)[36]、(杨宏伟，2006)[37]。一言以蔽之，发展工业遗产旅游是英国推进城市复兴的最有效方式之一，其不仅优化重组二战后英国较为紊乱的社会资源，同时还产生了良好的经济效益与社会效益。不仅如此，作为英国工业化历史阶段的一种演绎方式与产业化开发模式，其不仅有效加强民众对当今社会的理解与认知并促进民众对过去人类社会演进形态与生存、生产方式的尊重与认同，同时还可引导人们对未来社会的发展产生具有前瞻性的认知与理性预判，从而实现现代社会生活方式和未来旅游产品体系的可持续性发展。同时，对于英国绝大多数工业城市而言，工业遗产旅游的开发与发展还可发挥文化"缓冲区"功能，以为当今人类在农业及后工业社会间构建"文化空间"意义上的分水岭或过渡区，由此既能进一步传承并完善集体记忆，还能进一步延续和具化城市文化脉络，并强化普通民众的身份认同感与归属感。在该过程中，工业遗产的公共教育属性在不同主体的经年实践得以提出、剥离和强化。

(六)延伸：工业遗产教育在城市中的倡议与发展

工业文化教育最早出现于20世纪末英国一些具有私人性质的提案及倡议中，同时在工业遗产博物馆或遗产地设立的一些培训中心亦有提供针对工业文化的教育培训课程。在其实践过程中，相较于一些工业遗产在欧美迅速得到认定与保护相比，围绕工业遗产的工业文化被纳入学校教学大纲与教学课程却着实经历了一些时日。同时，由于工业遗产的自身特点，针对工业遗产开展的文化教育往往囊括历史学、管理学、经济学等多学科理论知识，并因其更加强调实践教育与劳动而较难被吸纳到彼时的课程体系中，如法国最初在一年级课程中设立工业遗产课程的尝试便以失败告终。事实上，尽管英国等国较早便认可了工业遗产的重要价值，然而将其真正纳入课程教育却因国而异。以世界顶尖研究型高校英国伯明翰大学下设的铁桥峡谷文化遗产研究中心为例，其强调英国首个世界遗产(工业遗产类)——铁桥峡谷中"铁桥"的重要价值，并设置国际遗产管理和世界遗产研究的硕士/远程课程及文化遗产硕士/博士研究课程[38]，同时还包括铁桥等代表性工业遗产及其他文化遗产地的实地研学课程。由此，通过该理论结合实践的研习过程，年轻一代在思想及感官上均可真切感受到城市工业文化的冲击并形成可及性记忆，由此能够实现城市工业文化核心的代际传承及可持续传播。值得一提的是，工业遗产的特性直接导致了其课程的特殊性，而从实操性的变迁过程上来看，其大致经历了从具体的直接观察式教育法(例如实地考察及调研等)逐步过渡到了宏观抽象的各国案例解读中。此外，工业遗产教育不仅强调了科学性与理论性,并且还凸显了人类在相关过程中的影响与行为,因此对未来世界城市与人类社会的演化能够提供信度较高、内容较为多样化的启示及反思。

四、城市转型语境下的工业遗产价值

基于前文所述的多层次实践,英国城市转型语境下的工业遗产也相应达成多维价值,并在持续性的城市社会文化生活变迁中日益成为必要且关键的文化要素与公共资源。

(一)工业考古提升城市工业社区福祉

工业考古对于记录工业文化、传承不同群体对于工业化进程的集体记忆、增强社会融合度等方面具有重要作用。在英国经历衰落的工业城市中,广泛分布的工业社区天然有着较强的转型需求,人们普遍迫切地希望政府改善日益窘迫的生存环境并提高社区的福祉水平。而围绕不同类型城市工业社区的工业考古不仅可唤起不同群体对于城市辉煌"工业化过去"的集体记忆与心理印证,还能对工业社区所处工业城市的文化变迁与城市文脉增加生动而翔实的物证体系,并在帮助人们理解过去的同时以更好地预判未来(Loures,2008)[39],由此可较为明显地从多方面提升城市工业社区的福祉。同时,工业考古学家及从业者们通过为不同群体呈现彼时工业生产时期相关城市工业社区的旧时风貌,还可增强民众自豪感、归属感并为地区城市发展脉络贡献强有力的佐证。简言之,针对工业社区开展的工业考古不仅为当地城市的发展注入新的文化活力及元素,同时还可在地区经济发展、城市形象及竞争力等方面产生具有增益性的多维社会效益及价值。

(二)工业遗产景观优化城市环境布局

人类工业活动对城市环境造成重大而深远的影响,其不仅显著地解构了城市原有的环境布局与形态设计,同时还引发城市人文环境漫长而深远、微妙且精细的动态变迁。因此,依此构成的工业遗产景观增进了英国民众对工业活动及其演变历程的深入了解,并帮助人们更好地理解工业化对城市景观的干预方式与塑造过程。不仅如此,其还能够更为具化地演绎和阐释工业活动及工业遗产的核心价值,并在城市寻求生态环境改善的背景下优化城市环境的布局与配置。从核心价值上看,工业遗产景观是城市景观与地区文化的"历史佐证"(Alfrey&Clark,1993);从过程性上看,工业遗产景观集中表现为工业遗产在自然环境中的阐释与演绎,并构成城市形象的重要特色及城市生态的重要组成部分。通过对以往工业污染的清除、重要工业痕迹的保留及自然生态系统的恢复,一众具有标志性意义的工业遗产与自然生态环境得以实现有机融合。因此在环保诉求日益强烈的时代需求下,工业遗产景观可优化城市环境在整体有形城市形态上的布局。同时,作为文化景观的一种,工业遗产景观多强调人类工业活动和自然环境在一系列文化过程中发生关联后形成的人文景观总和,主要凸显人类工业活动施加在环境中的影响与引起的改变,并契合于三类UNESCO文化景观类别：设计文化景观、演化文化景观、关联文化景观[40]。总之，工业化进程对城市的环境介质产生诸多甚为深远的生态影响，由此在相当长时间中形成的工业遗产景观不仅标注了城市发展过程的"经济实况"与产业剖面，同时还构成了较为具有地方特色的城市文化风貌与文化脉络。

（三）工业遗产档案丰富城市工业历史阐释

记录、档案及信息管理是遗产保护管理的中心活动（Letellier, 2011）[41]，是解读并实现英国工业遗产核心价值的最基本手段之一，更是工业遗产价值及文化内涵实现代际流动的重要方式之一。就工业遗产的保护与利用而言，对其进行档案管理与记录可充实工业遗产的保护与演绎方式，并由此丰富城市文化重要组成部分——城市工业历史的阐释与承续。同时，在面对体积、占地过大或耗资繁重的工业遗产时，对其进行档案化编制不失为一种较为妥善的处理方式：既可实现抽象工业文化与工业历史的客观化与物质化，也便于其核心理念与脉络的发扬与传承。在价值上，工业遗产档案在城市中的存留不仅可在增强人们对城市重要工业活动的理解与感知等方面起到关键性作用，同时还能对工业的技术演进与城市的文化变迁提供更为具体的佐证，并且还能够对相应区域的文化发展、经济历史、社会变迁及政治格局演进等提供较为独特的阐释视角。简言之，工业遗产档案的记录与留存尽管在表面上看是某个或某类工业企业自身文化遗产的保存与维护，然而背后却更多地蕴含着城市发展的脉络与文化变迁的痕迹及历程，并大多指涉三个方面的保护价值与研究价值：首先，其从科技变迁的角度阐释城市文化生活的变迁，并涵盖城市及地区经济、贸易、政治的发展演化；其次，工业遗产档案的存留在提供城市工业文化发展关键性佐证的同时，还可成为工业遗产再利用的重要参考与实践例证；最后，有别于政治活动或经济活动会面临中止或停滞的情况，工业生产往往会持续作业并由此提供价值较高的多维信息。

（四）工业遗产博物馆延展城市形象维度

作为"物化"演绎和阐释人类过去生活与时间的首选方式，博物馆也被当作工业遗产最有效和最出色的演绎工具之一，同时由于工业遗产自身体积与占地面积过大等特点，很多工业遗产博物馆选择依托工业遗产的原址而建。自20世纪70年代以来，随着英国城市中越来越多的"工业环境被转化成博物馆或文化遗产景点"[42]，枯燥、呆板、甚至多与环境污染联系在一起的工业遗产们被妥善地安置在了城市公共文化空间中，并由此为大众们所渐进地认知、理解与传播。实践中，工业遗产或以之为主题的博物馆进一步延展了城市形象所能呈现的维度与方式，并使得城市文化变得更加生动、具体且富有特色（见图2）。除此之外，相较于其他博物馆多展览古代、近现代文物古迹而言，工业遗产不仅在时间距离上要相对"亲近"许多，同时工业遗产对于经历工业生产时代的群体而言更是不可或缺且真切完整的情感慰藉。因此，对于任何一处经历建造、壮大、衰落及拆除命运的各类工业遗产而言,以其为主题的博物馆可直接、丰富、完满地与各类工业群体产生情感连接。得益于此,城市人文风貌得以更加完整,而城市形象也得以更加丰满。简言之,相较于传统博物馆而言,在近一百年的发展过程中,工业遗产博物馆逐渐成为一种全新的人类工业化时代生活及社会制度的演绎方式。同时,越来越多的工业遗产博物馆出现在了衰落后寻求复兴的工业城市中,不仅成为城市不同年龄层间情感交流的文化中介,也丰富了城市工业历史的有效注解手段与城市综合形象的多样化呈现方式。

图2 大英铁路博物馆中由废弃火车车厢内部改造成的特色主题餐厅局部

(五)工业遗产旅游促进城市经济发展

工业遗产旅游属工业遗产开发的有效方式之一,对于促进英国衰落工业城市经济的复苏与发展有着较大作用:其不仅可促进城市经济及文化的可持续发展,同时还能够实现历史街区中传统城市体验的回归与延续(郭湘闽,2006)[43]。在城市经济发展的商业实践中,基于工业遗产的现代旅游业在欧美等国家取得较大的成功,并促成工业遗产的保护与利用不再局限于文化范式的研究,而成为一种具有良好经济收益的资源开发方式[44]。实践中,由于工业遗产旅游开发所需资金量大且筹集渠道相对十分有限,因此对其后期经济收益的首要来源——工业遗产旅游产品的打造往往成为最关键的问题之一。同时,从工业遗产旅游产品对旅游者的核心吸引力上判断,精神上及视觉上"新奇"工业文化体验的供给无疑是工业遗产旅游产品的重要核心价值。因此,其对于旅游产品形态及其体系的确立大多更侧重于突出工业文化的"非物质性",并强调旅游者在获取新奇体验及工业知识学习后多次消费的产生。这不仅是工业遗产旅游产品打造的重要目标与准则之一,同时也是工业遗产旅游实现可持续发展的有力支撑点,并大多相应形成囊括核心产品、中介产品、外围产品这三个层级的工业遗产旅游产品范畴[45]。

（六）工业遗产文化教育传承城市工业文化核心

自工业遗产被纳入英国教育体系中后，民众对城市的理解得以深化和拓展，而传统文化秩序更是由此得以更新和延伸。具体地说，传统式文化遗产的审美价值多源自古代遗物，尤其是代表王公贵族等中上阶层生活的各类文化遗产在相当长的一段时间内构成民众对遗产价值的核心认知。然而，当废弃工厂、设备、构件等工业元素被纳入文化遗产范畴后，国际文化遗产语境的知识范畴、研究谱系和核心对象得以迅速拓展。发展至今，形式上，当前针对工业遗产及其所彰显的工业文化所展开的教育形式主要包括中小学等初中级教育、大学等高等教育、远程教育及在线教育等数字化教育方式。而在内容上，工业遗产教育不仅强调科学利用和人文融通，并且多强调其与城市文化的密切关联。因此，当各年龄层学生群体面对象征城市昔日工业社会的工业遗产、构件及活动时，不仅能掌握工业遗产的保护、复原及再利用等相关专业知识，还可从人文精神的角度体悟工业精神以实现对城市宝贵工业文化的有序承续、高质传播及可持续建构。

五、结语

工业遗产的内涵和外延承载了半个多世纪以来全球人类社会文化转型的重要内容、方式及趋势，而城市转型语境也是工业遗产演化的作用空间、发生情境与历史背景。同时，城市形态、阶段与风貌的转型与工业化进程的兴衰关系紧密，而工业衰退后引发的各类城市问题更是进一步促成城市转型语境的深化与细化。

参考文献：

［1］ Gardiner, V., & Matthews, M. H.（2000）. The changing geography of the United Kingdom electronic resource（3rd ed. ed.）. London; New York: Routledge.

［2］ Hall, T（2001）.Urban Geography,London: Routledge. 2nd edition.

［3］ Tallon, A.（2010）. Urban regeneration in the UK（2nd ed）London［M］.New York: Routledge（12）.

［4］ 曹福然. 工业遗产话语变迁的模式、成因及演化分析——以英国世界遗产铁桥峡谷为例［J］.东南文化,2021（01）:181- 190.

［5］ Hall, P. G.（1974）. Urban and Regional Planning / Peter hall. Harmondsworth: Penguin.

［6］ B.罗柏森, 赵小兵. 城市衰落与城市政策［J］. 地理科学进展,1987,6（1）:18-24（18）.

［7］ LICHFIELD, D. 1992. Urban Regeneration for the 1990s, London, Dalia Lichfield Associates.

［8］ Great Britain Department of the Environment, Transport and, the Regions, & Urban, T. F.（1999）. Towards an urban renaissance: Final report of the urban task force / chaired by lord rogers of riverside. London: Department of the Environment, Transport and the Regions.

［9］ Hall, P. G.（1974）. Urban and Regional Planning / Peter hall. Harmondsworth: Penguin（126）.

［10］ Bell, Daniel（Daniel A）.（1976）. The coming of post-industrial society: A venture in social forecasting /

daniel bell. Harmondsworth: Penguin.

［11］ Hall, T.(2006). Urban Geography, London: Routledge. 3rd edition（100）.

［12］ UNESCO. (2016). Global Report on Culture and Sustainable Urban Development: Culture, Urban, Future.Paris: UNESCO.

［13］ 引用自 Industrial Heritage Re-tooled: The TICCIH Guide to Industrial Heritage Conservation《重组工业遗产：TIICIH 工业遗产保护指南》第三部分第 13 小节.

［14］ Parkinson, M., 1944–, & Great Britain Department for Communities and, Local Government. (2009). The credit crunch and regeneration: Impact and implications: An independent report to the department for communities and local government / michael parkinson ... et al.］. London: Dept. for Communities and Local Government.

［15］ Hewison, R, 1987, The Heritage Industry, Methuen, London.

［16］ Martin, R, 1988, "Industrial capitalism in transition: The contemporary reorganization of the British space economy", in Uneven Re-development: Cities and Regions in Transition Eds Massey, D, Allen, J, (Hodder and Stoughton, London) 202 – 231.

［17］ Hassink, R, 1992, Regional Innovation Policy: Case Studies from the Ruhr Area, Baden-Wurttemburg and the North East ofEngland, The Netherlands Geographical Studies, No. 145, Den Haag.

［18］ Rick Ball（1999）Developers, regeneration and sustainability issues in the reuse of vacant industrial buildings, Building Research & Information, 27:3, 140– 148, DOI: 10. 1080/096132199369480.

［19］ Grete Swensen, Rikke Stenbro, (2013) "Urban planning and industrial heritage – a Norwegian case study", Journal of Cultural Heritage Management and Sustainable Development, Vol. 3 Issue: 2, pp.175– 190, https://doi.org/10.1108/JCHMSD–10–2012–0060.

［20］ Xie, P.F. (2006). Developing industrial heritage tourism: A case study of the proposed jeep museum in Toledo, Ohio. In: Tourism Management, Vol. 27(6), pp. 1321 – 1330(1323– 1324).

［21］ Landorf, C. (2009). A framework for sustainable heritage management: A study of UK industrial heritage sites. International Journal of Heritage Studies, 15 (6), 494–510.

［22］ Cizler, Jasna. (2012). Urban regeneration effects on industrial heritage and local community – Case study: Leeds, UK. Sociologija sela. 50. 223–236. 10.5673/sip.50.2.5.

［23］ Preite, M. (2014). Industrial Heritage and Urban Regeneration in Italy: Emergence of New Urban Landscapes, no 192, (2), 91– 112. https://www.cairn.info/revue–l–homme–et–la–societe–2014–2–page–91.htm.

［24］ Fan, Y. (2018). Design research on the regeneration of the urban industrial waterfront to a livable one（Order No. 10992800）. Available from ProQuest Dissertations & Theses Global. (2109757690). Retrieved from https://search–proquest–com.ezproxye.bham.ac.uk/docview/2109757690?accountid=8630

［25］ Urban Regeneration and Industrial Change: an Exchange of Urban Redevelopment Experiences from Industrial Regions in Decline in the European Community.

［26］ Booth, G. (1973). Industrial archaeology / geoffrey booth. London: Wayland.

［27］ Falconer, K. (1980). Guide to england's industrial heritage / introduction by neil cossons. London: Batsford.

［28］ Alfrey, J. (1992). In Putnam T. (Ed.), The industrial heritage: Managing resources and uses / judith alfrey and tim putnam. London: Routledge.

［29］ Neaverson, P, & Palmer, M. (1995). Managing the industrial heritage: Its identification，recording and management / edited by marilyn palmer and peter neaverson. Leicester: School of Archaeological Studies, University of Leicester.

［30］［2017-11-27］http://industrial-archaeology.org/about-us/.

［31］ Lynch, K. (1973). The image of the city / kevin lynch. Cambridge (Mass.); London: Technology Press : Harvard University Press.

［32］［2017-11-29］https://www.businessarchivescouncil.org.uk/about/aboutintro/.

［33］ Hospers, G. Industrial Heritage Tourism and Regional Restructuring in the European Union. European Planning Studies, 2002(10): 397-405(398).

［34］ 徐柯健, Horst Brezinski. 从工业废弃地到旅游目的地：工业遗产的保护和再利用[J], 旅游学刊, 2013(08):14-16.

［35］ 刘伯英.再接再厉：谱写中国工业遗产新篇章[J].南方建筑,2016(02):4-5.

［36］ 吴相利.英国工业旅游发展的基本特征与经验启示[J]. 世界地理研究,2002(04):73-79.

［37］ 杨宏伟.中国老工业基地工业旅游现状、问题与发展方向[J]. 经济问题,2006(01):72-74.

［38］ https://www.birmingham.ac.uk/schools/historycultures/departments/ironbridge/postgraduate/index.aspx, ［2021-5-14］.

［39］ Loures L(2008). Industrial Heritage: the past in the future of the city. WSEAS Transactions on Environment and Development, 4(8), 687-696.

［40］ United Nations Educational，Scientific and Cultural Organization World Heritage Center (2016:88). Operational Guidelines for the Implementation of the World Heritage Convention. France: Paris.

［41］ LETELLIER, R (2011). Recording, Documentation and Information Management for the Conservation of Heritage Places: guiding principles. (First published by The Getty Conservation Institute, Los Angeles 2007. Republished with revisions. Vol. 1. Shaftesbury: Donhead Publishing.

［42］ O'Dell, T, & Billing, P. (2005). Experiencescapes: Tourism, culture and economy (1st ed. ed.) ［electronic resource］. Copenhagen: Copenhagen Business School Press (39).

［43］ 郭湘闽.以旅游为动力的历史街区复兴[J].新建筑,2006(03):30-33.

［44］［2021-5-21］https://www.erih.net/about-erih/erihs-history-and-goals/.

［45］ 詹一虹,曹福然.英国工业遗产开发的经验及启示[J].学习与实践,2018(08):134- 140(138).

发展中国旅游工业刍议

李　玉

（南京大学）

一、旅游工业概论

得益于国家政策导向与经济转型的需求,工业旅游目前正在日新月异地发展着,参与人数逐年递增,2017年接待游客约为1.4亿人次,旅游收入达213亿元。另据国家旅游局制定的工业旅游"三年行动方案"显示,工业旅游年接待游客至2020年将达到2.4亿人次,旅游收入将达到300亿元[1]。上海2017年工业旅游接待人次超过1300万,预计到2020年将突破1500万[2]。说明,工业旅游方兴未艾,前景广阔。但目前的工业旅游,基本上仍是传统旅游方式在工业企业或工业博物馆中的延伸,消费带动能力有限。为了进一步拉动需求,促进消费,推动产业转型,有必要从产业形态上进行设计。故此,笔者提出构建旅游工业的设想。

旅游工业是在工业旅游基础之上的发展,但与工业旅游有一定区别。

其一,业态不一样。工业旅游虽然以工业场景、设施、工艺以及工业文化为参观考察对象,但业态偏重于旅游,其流程较短,以批量接待为主。而旅游工业则是打造一种工业与旅游之间的跨界产业,即为实现旅游目的而进行的工业布局与生产。虽然同样以工业生产为基础,但其消费形式不同。即前者偏重旅游,后者重心在工业,只不过是一种新兴工业。

其二,组织形式不同。工业旅游一般以团队形式为主,游客沿设定的线路,进行参观游览,看到的一般是过程,是景观,是表现,是工业形式。而旅游工业则以游客的参与及操作为主,游客的角色与身份发生较大转换。换言之,工业旅游的参与者只是"旁观者",而旅游工业的参与者则有比较多的主动性、能动性,其"进入性"与体验感大为提升。

其三,环境设施不同。工业旅游以不影响工业生产,或保证工业生产安全与游客安全为前提,而规划旅游项目与路线,比如只能参观某个工序,或某个车间、厂房;虽然为适应接待需要,也会增加一些旅游标识、开辟旅游专线、提供旅游安保设施,但工业生产主体流程与基础设施不变。而旅游工业则从工艺流程、空间布局、设备配置到产品包装、发售方式、售后服务等都需进行全新设计。

应当提及的是，我国台湾等地目前兴起的"体验游"，与此有点相似。但这种体验游只是在旅游过程中增加了一些诸如制作冰激凌、巧克力之类的简单工作，游客的参与度有限，其业态仍是"旅游"，而非"工业"。

二、旅游工业的特点

旅游工业是一种新的业态，其与工业的区别在于不以制造传统产品为目的，其与旅游的区别在于"旅"与"游"的方式不同。具体而言，旅游工业的产出以接待游客，满足其某种工业体验为主，而这种体验过程，以实态的工业生产为依托，伴随着工艺技术与工业流程，以及工业制成品。换言之，旅游工业就是要建立适应旅游深度需求，融工业生产、行业体验与文化娱乐于一体的生产车间、厂房、博物馆或其他专门空间，使游客身份发生改变，直接或间接地充当"生产者"，增加其"进入感"与"在场感"。由此决定旅游工业的特点如下：

（一）生产性

旅游工业虽不同于传统工业，但仍具有工业的部分属性，即生产、制造产品，只不过其侧重点不一样。也就是说，旅游工业的工业属性不可丢掉，旅游工业是一类特殊的"工业"，工业生产工艺、工业生产设施、工业生产流程、工业生产环境，都不可或缺。

申言之，旅游工业的基础是工业，方式是旅游。但旅游工业不以批量生产为目标，而以个别生产为导向。所谓个别生产，就是游客本人亲自参与生产的产品，这个产品也可能算不上按技术标准检验的精品，甚至可能算不上成品，但对于游客而言，其价值与意义可能远高于市场上同类产品中的精品，甚至珍品。例如某游客在自己订婚之日，亲自到某酒厂调制了几坛酒，当即封存，永远收藏，号称无价。故此可以说，旅游工业的生产效应已不能用普通的产品输出进行衡量，而应以服务输出为主。也就是说，旅游工业卖的不是普通产品，而是服务，是一种工业服务。

（二）观赏性

旅游工业是为旅游而兴办的工业，所以，像常规旅游一样，当具有一定的观赏性，否则一般民众兴趣不大，业务难以开展或持续发展。工业观赏性在一般的工业旅游方面也有所体现，旅游工业的观赏性与之有一致的地方，也有不同的表现。一致的地方表现在景观设施须娱人耳目，工艺知识须适应于大众理解，工业流程环节不能太复杂；区别之处在于旅游工业观赏性的可感知维度与可参与深度，要比工业旅游大得多。

旅游工业的可观赏性既包括景观的外在美、生产过程的动态美，还包括生产操作的可体验性，以及阶段产品与终端产品的可鉴赏性。也就是说，旅游工业除了在特定的空间布局设计与生产流程配置方面给人良好的印象之外,还在于游客置身其间的艺术感受凝结着自己的审美情趣。所以旅游工业的观赏性一方面体现在通用性的景观、设施、服饰、器具以及操作规范上,另一方面也体现在游客的"工作"过程及其个人"产品"上。也就是说,旅游工业的观赏性包括集体的与个体的、常规的与特殊的两个层次。

(三)参与性

旅游就是某一特定空间区域内的个体或集体观览,但游客与游览对象之间具有一定距离,只能进行一种表象的"近观"或"远观"。但旅游工业则需要具有实质性的参与性,最为根本的一点就是游客进入生产一线,参与工艺操作、产品制造。现在某些机构开展的工业体验游,使游客有一定参与度,但多为一种静态的产品消费,游客基本不参与工业生产活动,这是其与旅游工业的差别。

进一步讲,旅游工业的参与性是指其生产空间、工艺流程与产品制作向全社会开放,游客通过一定的环节和程序,都可以到企业当一次"工人",能够亲手"生产"出自己的产品。

(四)文艺性

旅游工业旨在让游客改变一种旅游方式,让工业改变一种生产方式,其旅游特质决定其生产过程不能没有文艺性。旅游工业的文艺性包括旅游过程中的文化效益、艺术魅力与娱乐属性。文化价值是指体现工业的社会性意义或某种特定含义,包含记录工业进步的深厚历史、体现奋斗意志的先进事迹、彰显精湛技艺的工匠精神;艺术魅力是指从空间、景观、流程,乃至色香味、声光电等不同维度,都能体现不同风格的工业美;娱乐属性,是指能使人在学习技艺、试验操作、制造产品过程中,不仅耳目娱乐,而且兴致勃发,甚至激发其情感,促动其心智,使其在参与过程中附着更多的心理活动。

文艺性包括通用型与特殊型,前者是指普通意义上的工业传奇、工业文化、工业故事,是指游客对于行业历史、行业风貌与行业特质的感受;而后者则是满足一些特殊人群的特定情感表达,例如男女朋友在陶瓷厂一起烧造一款情侣杯、一起到服装厂制作几套情侣服,其他人有需要特别纪念的时候,都可以借助旅游工业,亲手制作自己的纪念产品。

三、旅游工业的分类

众所周知,中国是目前世界上工业体系最为完整的国家,工业大类有40余个,中类200余个,小类超过500余个。但并非所有工业都可以创办旅游工业,一些高精尖行业因为涉及技术安全,或受工艺生产条件限制,不便开展工业旅游,更不便将之纳入旅游工业建设范围;另外一些需要专业安保设施与特定上岗资格的工业,例如矿业冶炼、大型机械制造、精密仪器、航空航天、化工生产、医药研制等行业,可以开展以观摩为主的工业旅游,但不便进行旅游工业项目开发。如此看来，只有剩下的轻工行业的纺织、服装、食品、酿造、陶瓷、玻璃、造纸、印刷等产业适于开发旅游工业项目。当然，具体到各个工序，其生产流程与上岗条件与安全要求不尽一致，又决定了在开发旅游工业项目的具体路径与办法方面，要分别对待，因业制宜，因地制宜。

大致而言，适应于开发旅游工业的产业可以分为：食品加工类，包括酿酒、制醋、酱菜、糕点与饮料制作、茶叶生产等；烧造器物类，包括制陶与制瓷、玻璃器皿、珐琅琉璃等；工艺制作类，包括服装加工、纸张生产、书报印刷等。

从工艺上来讲，旅游工业的生产项目可以是现代产业，一切依照通行的行业标准与生产流程、产品标准进行，也可以是传统产业的复兴，例如一些民间手工艺、特别是一些濒临失传的或者已经失传的古旧工艺，可以借机重新复原，并按照古法要求进行生产。比如酿造类，可以采用现代的工艺流程与技术设备生产普通白酒与酱醋等，也可以采用某个区域的传统制作工艺，进行古法生产，至少可以让各种"非物质文化遗产"得到活态化保护与传承发展。

以上是从"工业"的角度进行分类，若从"旅游"的角度进行考虑，则有两种划分办法。

首先，依据生产流程的长短，可将旅游工业分为两大类，其一为全程开发，其二为局部开发。所谓全程开发，基本上就是将一个产品的全流程都对游客开放，游客基本上可以体验一个产品生产的全过程。比如制陶，可以让游客从原料破碎、制泥、成坯，到彩绘、烧制等各个环节都亲自操作。所谓局部开发，就是将某个生产环节，设计成游客可以"进入"的状态，让其对于产品生产的局部环节有所体验。比如酿酒企业专门拿出调酒环节，让游客自己进行勾兑、品验等。

其次，依据旅游者的知识与情感摄取效果，旅游工业可以分为"工艺游"与"文艺游"。所谓"工艺游"主要是指游客通过参与工业生产的全部或局部流程，获得工业生产中的身心体验，从而对于产品加工制作的各方面知识有一个实践性学习过程。实际上就是让游客充当短期的"工人"或"操作员"，完成相应的生产流程，并让工人收获自己的"劳动成果"。所谓"文艺游"主要是指将生产工艺穿插在通过艺术形式建构的一个或几个实景故事之中，增加生产现场的情景效果。在此环节中，游客可以全程或部分参与生产，也可以不参与生产，充当"故事"中的"看客"。也就是说，这是一种生产性表演，或表演性生产，游客直接或间接地充当"演员"角色，从而通过特定的环境讲述行业故事，或演绎行业活剧。可见，这是关于旅游工业的两种经营理念。

四、旅游工业的设计

旅游工业可以算作是一种较好的业态，其设计理念、经营方式与传统的工业生产不太一样，其基本的业务方式是由企业提供生产设施与专业人员保障，然后将游客纳入进生产流程，使其通过身份转换，获得一种全新的身心体验。对于旅游工业的建构而言，设计环节需要在流程、情景与情节等方面加以注意。

(一)流程设计

所谓流程设计,就是针对旅游的特点进行工艺安排与设备配置。旅游工业的主体特点是旅游性生产,使游客充当一部分"工人",由于其成分复杂,流动性很快,生产周期不可能太长,所以在进行工艺设计之时,或全程或局部,都要以压缩生产周期为原则,一般让游客在半天之内结束"生产",最多不超过一天。如果时间太长,则会等同于生产实习,会偏离旅游的轨道,降低游客的接受度。在此情况下,无论是全程还是半程,实际上只能是让游客完成其中的一小部分"工作",所以生产流程需要的基础材料、半成品、辅料都需先由企业准备好,供游客随时使用。而且大部分工艺环节还须由企业员工操作完成,尤其是一些高温、高湿,以及危险性较高的工序还须专业人员操作。

(二)情景设计

情景在旅游设计中占有重要地位,对于旅游工业而言同样如此。所谓情景设计,就是营造一种能够调动游客情绪的氛围。这种情景是通过多重元素体现的,首先是景观,包括空间色彩、专题壁画、工业布景、工业雕塑。

研究专家指出,色彩会对人的情绪产生重要影响,所以旅游工业从厂区到车间、工房,在色彩配置方面要根据不同的行业特点与设计主题进行相应选择,但一般来说色调不能太杂,一般以一个主色调,佐以几种辅助色调。专题壁画一般以本行业的素材为主,配合生产流程、行业特色、地域文化与企业历史,选取一些有故事的人物或设施进行呈现,使游客产生敬重、钦羡之感。配合工业壁画的工业雕塑则可以增加厂区景观的形象性与立体感,而利用现代技术制作的大型屏幕背景,则更可以展现企业生产的常规流程与宏大场面,增加对于游客的吸引力。

(三)情节设计

对于游客进一步加大吸引力的另一个途径,还在于情节设计,这是旅游工业的特色之一。此处的情节设计包括两类,最基础者是将工艺流程与工业环节的专业描述换成文艺描述,以比较形象的文字,最好是带有人文色彩的文字表述生产全貌,以及各个工序与生产环节,而且彼此之间还有一定关联性。也就是说,尽量打造工业流程的文学化、故事性。以陶瓷为例,整个生产流程可以称作"烈火真情",其原料加工工序可命之为"青涩初遇",成型阶段称之为"相守相成",烧成工序以"生命考验"为题,最后产品产出命之为"涅槃如玉",整个流程以伴侣人生相比喻,以期增加工业生产的拟人化效果。

更上一个层次的情节设计,则是打造工业生产的故事性演出,使游客参与其中,或担当主角,或担当配角,或仅为"剧中"的"观众",通过一个大型的工业生产故事,借助工业生产流程的实景演出,使人们产生某些情感波动,或怀旧或钦羡,或共鸣或合辙,从而达到一般艺术形式的"移情"效果。例如在酒企，可以借助"文君当垆"的故事，通过卓文君与司马相如两位家喻户晓的历史"名人"，设计相关情节，结合酒的生产工艺进行讲述，使生产活动的故事性、人文性与艺术性得到集中呈现，以增加对游客，尤其是年轻人的吸引力。

情节是旅游工业设计的重要环节，这是一种艺术构想，其难度在于既要有艺术性，又不能太夸张；既能调动游客情感，又要遵依工业生产的相关规程与规范。同时，情节与情景密不可分，需相得益彰，不能顾此失彼。

（四）安全设计

旅游工业本质上是以工业生产形式开展的旅游项目，工业生产的一些常规要素与旅游活动的一些基本特征都不可或缺，所以无论是工业生产，还是旅游活动，其安全性要求都须加以重点考虑。

就工业安全而言，要确保生产过程安全、产品质量安全、操作人员安全，所以在旅游工业的设计环节，首先应对工艺流程的简洁实用性予以考量；其次工艺稳定性要高，操作者上手标准要低。每个环节都要有企业的熟练工人作为基本的操作工，一方面为游客操作进行示范与引导，另一方面保障生产的安全与有序进行。在此过程中，企业除了为游客提供必要的操作工具、工作平台与相应的原材料之外，一些涉密环节或危险环节，直接向游客提供半成品，一方面方便游客进行"生产"，另一方面增加企业信息安全与游客人身安全的保障。

就游客而言，凡参加旅游工业的人员，除了必要的旅游安全宣传之外，还要针对行业与企业安全生产要求，进行必要的"岗前培训"（其流程不一定太长），使其明了工艺操作需知与安全生产注意事项。游客"上岗"之前，佩戴企业所提供的工作服、手套、鞋套以及其他安全生产服饰，"在岗"过程中，要严格执行企业的工艺要求与操作规范。由于游客成分复杂、流动性大，所以各种安全事故的防范难度较大，这给旅游工业安全设计提出了较高的要求。

五、旅游酒业试点建设

酒是人类常用高档饮品之一，酿酒是大众比较了解的行业，旅游酒业比较容易开展。酒的分类标准不一，但不外白酒、红酒、黄酒与啤酒等，实际上，后三者其实是一个大类，所以酒的大类可分为两类，一类是蒸馏酒，一类是非蒸馏酒，前者就是白酒，后者包括葡萄酒、黄酒、米酒、啤酒等。

虽然啤酒、黄酒、葡萄酒在中国的产量与销量日增，但综合影响难敌白酒，中国是世界白酒产销大国，中国白酒是一项带有鲜明特点的民族经济，白酒的庞大受众与巨大影响，以及近年来民众对于白酒消费日益上升的个性化与体验感需求，决定了开展旅游酒业建设是一个具有前瞻性的项目，对于酒业创新探索不无益处。

白酒生产虽然有不同的工艺,由此决定了十余种白酒香型,但其基本工序大致相同,不外乎配料、蒸煮、加曲、拌醅、发酵、蒸馏、摘酒、勾兑等过程,由于酒的发酵与蒸馏需要一定的时间,所以游客对于大多数工艺过程只能进行短暂体验,其亲自"生产"产品的环节可放在勾兑工序。

为了加深游客对于酿酒的体验,旅游酒业可分为观摩与参与两大版块。在观摩环节,可以借助目前流行的大型室内情景剧表演,以故事情节为线索,将酿酒工业各个过程进行实景展示,游客可以借助"群众演员"的身份,"参与"到演出之中。例如以卓文君与司马相如作酒的故事为例,可以从企业职员中选择或向社会招募几组面容与身材相似的特型演员,扮演成卓文君与司马相如,分别在各个环节进行操作,让观众在移步换景之间,通过"剧情"学习酿酒的历史与工艺过程,增加对于酿酒的喜好,调动参与酿酒的积极性。

然后进入体验区。在这个环节,游客在企业员工的协助下,完成从配料、上甑、踩曲到摘酒、勾兑的各个环节,前四个环节用时不宜过长,以有一定体验为度,勾兑环节可以从容一些,因为要品其味、闻其香、观其色,实际上,是一个鉴赏过程。最后是游客完成产品的包装,以及后续递送过程。到游客拿到自己的"产品",方为旅游工业的终端。

六、江苏开展旅游工业建设的条件与优势

开展旅游工业建设的基础条件比较重要,就这方面而言,江苏的优势非常明显。首先江苏是经济大省,具备资金优势。无论是政府投资,还是民间融资,相对容易,有利于旅游工业基础设施与大型场馆建设;其次,江苏是文化大省,文化消费市场广阔,潜力巨大。全省有各类博物馆、纪念馆180余家,年接待游客640余万人次;全省城镇每20万人就有一座博物馆,而全国的平均值则为62万人[3]。像南京云锦博物馆、苏绣博物馆等均为展示传统工业特色的主题馆所。江苏是全国知名的旅游大省,2019年全省博物馆接待观众人数超过1亿人次,连续多年位居全国首位[4]。截至今年10月8日,25个省份陆续公布了国庆假期旅游经济数据,在旅游收入中,江苏省以512.55亿元位居第一,是目前国庆假期旅游收入唯一突破500亿的省份[5]。

江苏是中国近代工业文明与工匠文化建设较为领先的地区,工业遗产丰富,南通、无锡、常州、苏州、南京均是中国近代工业建设的重要基地,也是中国工业发展的见证地;以张謇、荣氏兄弟、刘国钧为代表的苏籍企业家(第一代"苏商"),依托江苏优越的资源禀赋和区域条件,从轻纺工业开始,逐步向其他行业拓展,取得了令人惊叹的创业成就。他们的故事与业绩虽然已多被研究与传播,但理应以体现新时代艺术风格的形式再加展示,以适应社会需求。例如张謇、刘国钧、荣氏兄弟的故事,完成可以依托于某一工业遗址,通过沉浸式表演进行再现。

在工业遗址方面,江苏的优势更为明显,2018年在由中国科协创新战略研究院与中国城市规划学会经过多年调查、整理后发布的中国100个具有较强代表性和突出价值的

工业遗产中，江苏共有14家上榜，分别是南京的金陵机器制造局、南京下关火车渡口、南京长江大桥、中国水泥厂、江南水泥厂、浦镇机厂、永利硫酸铔厂、和记洋行、民国首都水厂、民国首都电厂和国民政府中央广播电台；无锡的永泰缫丝厂、茂新面粉厂和南通的大生纱厂。南京是此次工业遗产入选最多的城市。

金陵机器局、南京长江大桥、浦镇机厂、永利硫酸铔厂等不仅具有丰富的内涵，而且延续至今，是活态化的工业遗存，可以利用的文化资源尤其丰富，拥有开展旅游工业得天独厚的条件。

江苏工业体系完整，轻工行业较为发展，具有较多的可以发展旅游工业的企业，例如洋河、双沟酒厂本已成为国家4A景区，镇江恒顺醋厂正在打造醋业旅游小镇；常州建设的中华纺织博览园，也是很有潜力的旅游工业建设基地。

江苏旅游工业建设启动较早，基地众多，2018年共评出省级工业旅游区25家，包括南京的可口可乐观光工厂、禄口皮草小镇工业旅游区，宜兴的阳羡贡茶院、谈青窑艺工业旅游区，无锡魅力厨房工业旅游区，徐州的髓养生工业旅游区、黑牡丹科技园工业旅游区、光大常高新环保工业旅游区，苏州的金剪刀文旅创意园、东纺城丝绸文旅园、凯灵箱包文旅创意园、盛风苏扇文旅创意馆、东南e馆工业旅游区，南通的米歌酒庄工业旅游区、元鸿木雕博物馆、鑫缘大健康园，连云港的桃林酒工业旅游区，淮安的今世缘工业旅游区、福标蜂蜜工业旅游区，盐城射阳港石材工业旅游区，扬州的江苏汇金酿酒工业旅游区，镇江的北汽镇江新能源汽车工业旅游区，以及泰州的安爵理德咖啡观光工厂、蜂奥工业旅游区、凤栖湖工业旅游区[6]。依托于这些工业旅游区开展旅游工业建设，其难度更小，收益更大。

旅游工业是一种新型业态，具有一家的前瞻性。作为经济大省、文化大省和旅游大省的江苏，如果继续秉持"创业、创新、创优"的发展思路，主动探索，积极实践，一定会在旅游工业建设方面走出一条新路，助推"强富美高"新江苏建设。

参考文献：

[1] 国家旅游局办公室关于印发《全国工业旅游创新发展三年行动方案（2018—2020年）》的通知[Z].2018-2-7.

[2] 陈爱平.上海发布三年行动方案发展工业旅游[EB/OL]新华社，(2018-09-20)新华网，[2018-09-20].22:04:05.

[3] 江苏省博物馆[DB/OL].http://www.zhuna.cn/zhishi/2956066.html.

[4] 江苏全省博物馆接待游客人次破亿连续多年位居全国首位[N].经济日报，2020-8-17.

[5] 25省发布国庆旅游数据，为何江苏省旅游收入独占鳌头？[DB/OL].https://baijiahao.baidu.com/s?id=1680307264260051493&wfr=spider&for=pc.

[6] 关于2018年省级工业旅游区评定结果的公示[DB/OL].江苏省文化和旅游厅（省文物局），(2018-12-18).http://wlt.jiangsu.gov.cn/art/2018/12/18/art_48959_8273258.html.

文旅融合视域下三线工业遗产
开发模式探析*

1. 金　卓　2. 石　泽
（1.2. 泰国国立马哈沙拉堪大学）

　　工业遗产与历史文化遗产一样都有着丰富的历史价值和艺术价值，而与一般的历史文化遗产相比，工业遗产中还具有一定的科技研究价值。工业遗产不仅能够体现其所处时代的工业特点，还能够通过研究科技的发展轨迹来为现阶段工业以及科技的发展提供有价值的资料和思路。现阶段，我国对工业遗产的保护和开发主要以博物馆和遗址纪念馆的形式来发展旅游业，文旅融合能够为工业遗产的保护和开发起到重要的促进作用。

一、工业遗产

（一）工业遗产的具体含义

　　工业遗产是包含所有与工业相关领域的各种建筑以及社会活动场所的总称，在现代社会的发展过程中，随着工业遗产的旅游价值被应用和开发，越来越多的历史工业建筑被纳入工业遗产的范围当中。现阶段工业遗产的内容不仅包括各种作坊、车间、仓库等传统的工业企业生产经营场所，还将各种记录工业发展和技术的档案资料、工艺流程以及当时的交通系统等都纳入工业遗产的范围当中。在我国的社会历史发展过程中，工业遗产的保护和开发工作以上海、北京、无锡、乐山等地的开展情况最为合理。这些地区不仅拥有历史发展过程中大型的工业生产和制造基地，还能够以现代社会的经济发展条件来对工业遗产进行更好的开发和保护。

（二）工业遗产的主要价值

　　工业遗产的价值构成是体现在多方面的（见图1）。

　　*　本文为河南省高校人文社会科学研究一般项目"互联网+背景下中原民俗文化的视觉艺术资源的开发与应用——以魏家坡为例"（2022–ZZJH–484）。

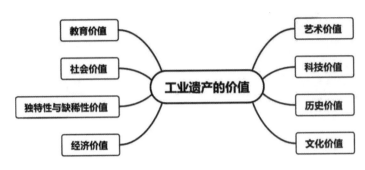

图1 工业遗产的主要价值构成

第一，历史价值：工业的产生和发展本身就是历史的重要组成部分，因而对其进行保护和开发具有一定的历史价值。

第二，科技价值：科技价值是工业遗产区别于其他历史文化遗产的最主要价值，无论是工业生产的技艺还是流程，都会对现阶段工业的生产以及工业产品的多样性呈现起到重要的促进作用。

第三，文化价值：工业的产生和发展对社会历史的变革产生了巨大的影响，因而工业遗产对人们研究历史文化的发展脉络也具有重要的作用，有着丰富的文化价值。

第四，独特性与稀缺性价值：在整体规划与布局和留给人们的记忆与习俗方面，都是当时当地客观条件的综合统一体，具有其内在的独特性，同时，在愈发紧缺土地资源的条件下，工业遗产不断遭到损毁，成为稀缺性资源。

第五，艺术价值：工业遗产也具有重要的艺术价值，它们是整个城市的工业景观所无法替代的城市特色，个性鲜明，改变了"千城一面"的面貌，保持着浓郁的地方特色。

第六，教育价值：工业遗产凝聚了大量的科学技术信息和知识，在不同程度上记载了当地的各方面信息，可以使人们进一步了解和感知工业社会进步与发展的知识。

第七，经济价值：除此之外，由于工业在生产和发展的过程中还会通过创造经济效益来促进社会经济的发展，因而其也具有一定的经济价值。

第八，社会价值：从社会的角度来说，工业遗产是世界范围内人们共同的物质财富和精神财富，对其进行保护和开发还具有一定的社会价值。

(三)三线工业遗产的发展概况

我国的三线城市有着丰富的工业遗产资源，这是由我国的国情和实际发展情况决定的。在中华人民共和国建立初期，我国以农业和工业为重要的发展目标，一些城市依靠丰富的工业生产资源成为我国发展工业的重要基地，这些城市的经济发展状况也在当时处于领先的地位。而随着经济社会的发展和改革开放政策的实施，越来越多的沿海城市成为我国经济发展的主力军，以服务业为代表的第三产业正在迅速崛起，以工业为主要发展模式的城市逐渐失去了优势地位并开始衰落。现阶段我国的三线城市大多数有着丰富的工业遗产,许多城市也越来越注重工业遗产的保护和发展。

二、文旅融合对促进工业遗产开发的主要作用

(一)有效保护当地城市的工业遗产

工业遗产本身有着丰富的研究价值,对其进行保护和开发不仅能够帮助人们更好地了解历史,还能够为现代工业的发展提供一定的思路。文旅融合是现阶段能够促进我国旅游资源以及各个地区的文化资源有效整合的重要发展理念[1],在工业遗产的保护和开发过程中融入这种理念,能够让工业遗产在发展的过程中更好地体现历史文化价值和内涵,让人们在参观过程中了解到工业遗产的发展情况以及遗产保护的重要性,进而更好地保护当地城市的工业遗产。

(二)通过形成特色的旅游资源来促进旅游业的发展

遗产本身就具有不可复制性,不同的城市由于地理位置、历史发展情况的不同会形成具有独特风格和形式的工业遗产。而在将工业遗产作为旅游资源进行保护和开发的过程中,这种独有的工业遗产能够以其独具特色的风格呈现来形成特色的旅游资源,当地城市能够在文旅融合的过程中将当地的特有文化与工业遗产进行融合形成特定的旅游品牌形象,进而在促进旅游业发展的同时,也能够对工业遗产的保护和开发起到一定的促进作用。

(三)促进当地城市经济的发展

旅游业是第三产业的重要组成部分,其在发展的过程中不需要投入大量的资金成本,仅仅依靠城市本身独有的自然和人文景观就能够实现产业的发展[2]。将文旅融合的发展理念融入工业遗产的保护和开发过程中,能够通过工业遗产景观的独特性来吸引游客的注意,在提高城市工业遗产景观的市场价值和竞争力、促进当地城市旅游业发展的同时,也能够促进城市整体经济的发展。而在促进当地城市旅游业的发展过程中,为了能够达到对工业遗产的有效保护和开发的目的,还要注意工业遗产资源的合理开发和利用情况。

三、文旅融合视域下洛阳工业遗产开发的SWOT分析

(一)优势

1.政府的政策支持与推动

2019年,首次全国文化和旅游厅局长会议在京召开,着重讨论了如何推动文旅融合,提出"尊重规律、因地制宜、稳中求进、鼓励创新"四点意见。一方面通过文化升华旅游内容的

深度,另一方面通过旅游体验作为文化传播发展和输出的载体,从而实现两者的协同发展。这为洛阳工业遗产资源的文旅融合提供了强大的精神动力和政策支持,近年来,洛阳工业文化遗产园区取得了良好的发展成果,尤其是在产业化与特色型道路上发展迅速,如在洛阳首个工业遗产园——第一拖拉机制造厂举办的"追梦音乐嘉年华""新型农机博览嘉年华",此为国内首个由老旧废弃工厂改造而成的音乐节场地,且在现场展出了众多新款农用机械,大量的工业元素充满着现代的艺术气息,为众多乐迷带来了前所未有的体验。

2.城市工业遗产资源丰富

在中国工业的历年发展中,洛阳市都占着举足轻重的位置,目前洛阳市入选国家工业遗产共有四家企业,其中最具特色的当属以一拖为代表的苏式建筑等。洛阳市的主要工业遗产资源十分丰富,且各有特色(见表1)。

表1 洛阳市现有的部分工业遗产资源

成立时间	现代工业遗产资源	成立时间	当代工业遗产资源
1955年	第一拖拉机制造厂	1994年	小浪底水利枢纽工程
1956年	洛阳矿山机械厂	2015年	八里唐艺术文化公园
1958年	洛阳耐火材料厂	2012年	东方红农耕博物馆
1955年	洛阳铜加工厂	2015年	里外文化创意产业园

(二)劣势

1.对工业遗产和文旅融合的认识不充足

洛阳市工业遗产资源丰富,但长期受"重古代,轻近现代"的影响,再者,工业遗产的建筑外形多以简练风格为主,观赏价值及艺术研究价值不及古代建筑[3],导致人们对于工业遗产缺乏认知与开发,洛阳市众多地方对于发展工业文化遗产旅游的意识不强,没有能够将工业遗产作为文化遗产的一部分进行开发和利用,导致旅游效果较差。

2.工业遗产园开发不完善

洛阳现有的工业遗产景区,大多都开发不完善,管理上也缺乏系统化。各景区开发力度不够,大致表现为(见表2):基础设施建设不完善(见图2、图3),景点外观和文化内涵不符,当地工业特色不鲜明,众多厂房尚未改造且日常营业的店面较少,管理模式混乱,工作人员专业化程度低,导致游客在直观上认为所见非所闻,造成社会反响不好的影响。

表2 洛阳市工业遗产园对比

时间	2015年	2012年
遗产园	八里唐艺术文化公园 里外文化创意产业园	东方红农耕博物馆
优缺点	1.整体主题不够统一,较为杂乱。 2.基础设施档次较低,不完善。 3.众多工厂厂房尚未改造,空置待建。整体开发率不高,不够完整。 4.营业店面少,管理素质不高	1.文化特色鲜明,整体开发情况较为完整。 2.管理及服务人员有较高的职业素质。 3.采用市场化运作,但商业化运营不够成熟

图2 八里唐文化公园未改造厂房[4]　　　　图3 八里唐文化公园未改造厂房[5]

(三)机会

在日益发展的今天,旅游已逐渐发展为一个大众化、世界化的活动,消费者从最初的简单观光旅游转变为体验式旅游,工业遗产方向的旅游就兴起于人们对于怀旧情结及怀旧事物的体验[6]。工业遗产旅游既拥有着丰富的文化内涵和底蕴,又能够带给人们充足的心理及实际的体验与感受,让消费者既能感受到怀旧事物带给他们的丰富情感,又能满足人们追求新鲜事物的兴奋。通过富有特色的工业遗产旅游,形成全新的旅游模式,将文化传播和旅游二者充分结合,实现二者协同发展,推动洛阳城市文化交流和扩大文化价值,增强文化软实力和影响力。

1.政府的大力支持

2021年,河南省文旅融合发展基金正式设立,首期规模达15.5亿元,用于支持文旅相关等产业融合发展,这对于洛阳市工业遗产资源开发是一个非常好的发展契机,能够全方位地赋能洛阳市文旅企业及文化。

2.鼓励组建文旅投资集团企业,完善旅游业发展

以洛阳一拖工业园开发建设为代表,鼓励大型企业在洛阳设立投资基金,积极拓展投融资渠道,为更多创业者及中小型企业提供更加具有活力的经济生态。强化文旅融合,将品牌推广出去,加大宣传力度,创新宣传手段。

3.以人为本,符合消费者需求[7]

在工业遗产的创新打造方面,要以人为本,从消费者出发,符合当前消费者的需求,改变传统的旅游、商业空间,建设更有创意的、更加富有独特工业特色的创意街区、文化展览等,不仅能够增加消费者的知识储备,还能够宣扬当地特色旅游文化,增强文化的传播和吸引力。

(四)竞争

近年来,国内众多城市也紧锣密鼓地开始进行工业遗产旅游项目的开发,其中不乏有些工业强市,如济南市、郑州市、哈尔滨市。这给洛阳市旅游业带来了巨大的竞争压力。这些

城市的工业遗产项目起步较早,发展也较为完善,定会将洛阳的一部分客流量分流出去,郑州市的智能终端(手机)产业园工业旅游示范基地,新乡市的大信"魔数屋"工业旅游景区、娃哈哈工业旅游示范基地等等,正迅速发展,也会对洛阳开发工业遗产资源具有相当的威胁。要根据当地工业遗产资源的特色,结合洛阳当地文化,创新方法,拓宽视野打造开发新模式。

随着国家的不断发展,我国愈发鼓励建设省域副中心城市,在激发文旅消费潜力的方向上加大力度,对各地旅游业加大资金投入,旨在打造高品质、特色旅游目的地。同样,2018年河南全省布局郑州、焦作、济源三个市和修武等23个县作为全域旅游示范区创建单位,加大推动旅游业发展力度,并创建了15家河南省工业旅游示范基地。这对洛阳市工业遗产旅游的开发有着很大的竞争力和发展压力。

四、文旅融合视域下三线工业遗产开发模式的具体分析

三线城市本身拥有着大量的工业遗产资源,将工业遗产的保护与开发与旅游业的经营发展相结合,是能够有效利用工业遗产资源帮助城市形成特色的产业发展模式的重要渠道。而文旅融合发展理念的提出,又为三线城市工业遗产的开发和保护提供了强有力的思想支持和行动指导原则[8]。在文旅融合视域下,要想对三线工业遗产开发模式进行分析,主要可以从以下几个方面来着手:

(一)结合三线建设城市当地的工业遗产文化旅游资源

现阶段我国三线城市的工业遗产以工业遗址为主要呈现形式,在城市的发展建设过程中,这些废弃的工业遗址大多会采用两种方式进行处理,一种是直接对工业遗址进行推倒重建,在旧的工业遗址上建设能够符合现代化城市发展特点的现代建筑,另一种则是对工业遗址进行一定程度的保护和改造利用,让其能够在现代化城市的发展过程中重新焕发新的生机和活力。而工业遗址作为承载着城市历史以及工业发展脉络的重要载体,对其进行推倒重建虽然能够节省一定的处理成本,但却会毁灭一种需要长时间的历史演变才能够形成的工业文化财富。对工业遗产进行保护是能够有效促进工业历史文化以及工业精神的传承和弘扬的重要措施。文旅融合的发展观念为三线城市保护和开发工业遗址提供了一条更加明确的发展道路,在文旅融合的视域下,要想促进三线城市工业遗产的保护和开发,首先就要与三线建设城市当地的文化旅游资源相结合。具体来说,一些城市在对自身拥有的工业遗址进行保护和改造利用的过程中,首先可以将其与周边的自然环境相结合,让游客在观赏工业遗产的过程中也能够通过环境氛围来感受到工业遗产与自然景观之间的和谐统一。其次,三线城市所拥有的工业遗址大多具有代表性,但游客对于许多三线城市的工业遗产内涵以及发展历程不甚了解。针对这种情况,三线城市在对工业遗产进行保护和开发利用的过程中可以通过举办一些工业遗产的主题活动,并在工业遗产中设置专门的展览厅以及陈列厅来向游客呈现工业遗产的发展历程。第三,工业遗

在历史的发展过程中通常会存在特定的工业生产流程和技艺,在当时的历史时期也会因工人的衣着服饰、住宿条件、美食小吃等形成独具特色的旅游资源。三线城市在对工业遗产进行保护和开发的过程中,还要注重对这些特色的旅游资源进行重点开发,在开展工业遗产相关的主题活动时将这些特色的旅游资源融入进去。

(二)形成三线建设旅游资源的专属艺术符号

工业遗产所拥有的特色工业景观以及特色工业文化是三线城市能够区别于其他城市的重要文化差异,同时也是工业遗产的艺术价值所在[9]。旅游业本身就需要依靠特色的旅游资源来支持其发展,因而打造特色的旅游资源和旅游形象是一座城市的旅游业能够在旅游市场中占据一定地位、参与竞争的主要依据和优势。对于三线城市而言,工业遗产作为城市旅游业发展的主要资源,要想在文旅融合的发展理念下促进工业遗产的保护和开发,并让三线城市的旅游资源能够在市场竞争中占据更大的优势,进而吸引更多的客源来促进城市的经济发展,还要形成三线建设旅游资源的专属艺术符号。而从这一方面来说,工业遗产的艺术价值是其能够形成专属艺术符号的重要基础[10]。

工业遗产在历史的发展过程中通常会有着较大的生产经营和发展优势,这与工业生产的流程技艺以及企业文化是分不开的,尽管现阶段这些工业企业已经不复存在,但仍能够通过对工业遗产的保护和研究了解到该工业企业能够在当时的社会盛极一时的主要原因。以工业遗产为主体来进行专属艺术符号的创作,以法国南特城市的"岛屿机械"最为典型。这种专属艺术符号的创作灵感主要来自儒勒的小说《机械岛》,在以工业遗产和南特城市的文化资源为主体打造"岛屿机械"艺术符号之后,大批游客慕名而来,为城市旅游业和经济的发展起到了重要的作用。我国的三线城市在保护和开发工业遗产的过程中也可以借鉴该城市工业遗产开发的相关经验,通过与一定的文学艺术作品的结合来打造独一无二的工业遗产旅游资源。

(三)以工业遗产为主建设旅游业的营销模式

营销是为了能够让产品或服务扩大知名度、加大市场购买力,进而提高经济效益和社会效益的重要方式。旅游业在发展的过程中也要对城市的旅游资源进行营销和宣传才能够吸引更多的游客,在促进旅游业发展的同时也能够提高城市整体的经济效益和社会效益。在文旅融合发展理念的影响下,具有特色工业遗产旅游资源的三线城市要想在保护和开发工业遗产的同时也能够促进旅游业和城市经济的发展,还要做好宣传和营销的工作。

具体来说,三线城市在对工业遗产进行保护和开发的过程中,不仅要注意打造特色的文化旅游资源,还要做好工业遗产旅游资源的宣传工作。而要想扩大宣传效果,单一的宣传渠道必定是不可取的。以工业遗产为主建设旅游业的营销模式不仅要借助现代化的科学技术宣传渠道和手段,还要在宣传工作的开展过程中形成具有一定特色的宣传方式和特色活动。举例来说,我国三线城市拥有的工业遗产无论是在类型上还是工业文化的传承上都有很大的不同,在宣传这些工业遗产的特色旅游资源时,可以通过举办节日庆典和竞赛活动的形式来打造宣传活动的主题,进而吸引游客的目光,让工业遗产的开发能够为城市经济的发展起到更大的促进作用。

(四)实行"艺术+旅游"的发展模式

一些工业遗产在历史的发展过程中由于受到科学技术条件的限制,通常会就近选择工业产品的生产场地,而这些工业遗产在现代社会的发展过程中通常会存在于村落等远离现代化城市的地区。对于这些工业遗产而言,在对其进行保护与开发的过程中可以充分借助工业遗产附近的自然资源来对工业遗产进行设计和改造。而在这个设计和改造的过程中,要让工业遗产与自然环境的结合体现一定的艺术美感,这种艺术美感不仅体现在自然环境能够融入工业遗产中,还主要体现在对工业遗产进行改造的过程中能够将现代的科技元素融入工业遗产的艺术效果呈现当中,这种发展模式就被称为"艺术+旅游"。而在应用这种发展模式的过程中不仅能够有效体现工业遗产的各种价值和深刻内涵,还能够为艺术创作提供更好的灵感,在促进三线城市旅游业和经济发展的同时也能够促进艺术事业的不断发展。

综上所述,文旅融合的理念对促进三线工业遗产的保护和开发具有重要的作用。在对文旅融合视域下三线工业遗产的开发模式进行分析之后可以得知,要想让工业遗产的保护与开发切实促进三线城市的建设发展,不仅要与当地城市的特色文化相结合,还要注意打造自己独有的品牌,让城市的工业遗产旅游业能够在市场中形成较大的竞争优势。

参考文献：

[1] 鹿磊.中国非物质工业遗产保护性旅游开发[J].特区经济,2011,(11):166-168.

[2] 杨磊.用28项遗产串起一部中国工业发展史[J].出版人,2020,(07):83.

[3] 刘歆,王昳昀,邵燕妮.河北省工业遗产旅游开发初探[J].建筑与文化,2017,(05):208-209.

[4] 洛阳八里唐文化艺术公园掠影[EB/OL].2015-02-28[2021-11-15].http://blog.sina.com.cn/s/blog_562175d60102vnn5.html.

[5] 八里唐文化艺术公园.[EB/OL].2015-02-28[2021-11-15].https://www.meipian.cn/1k0zxt7h.

[6] 于党政.工业遗产旅游文献综述[J].环球人文地理,2014,(16):108-109.

[7] 武晓鑫.工业遗产保护与"活化"再利用——阜新海州煤矿[J].旅游纵览(下半月),2017,(14):200-201.

[8] 吕建昌.中西部地区工业遗产旅游开发的思考——以三线工业遗产为例[J].贵州社会科学,2021,(04):153-160.

[9] 袁方.浅议工业遗产的保护与旅游开发[J].时代经贸(中旬刊),2007,(SB):30-31.

[10] 王琪琪,赵江丽,刘文渊.文化创意产业视域下的工业遗产旅游开发研究——以洛阳市为例[J].创新科技,2018,18(01):20-22.

权威遗产话语体系下中国近代工业遗产的困境与机遇*

——以三线建设工业遗产为例

李舒桐

（上海大学）

在人类历史上,利用物质文化来培育民族意识形态是人类生存状况的重要组成部分[1]。

这也暗示着"遗产"并非一成不变的死物——至少它的价值和意义并非一成不变,它可以随时代更迭和立场变动被不断诠释和重构,用以产生和维系身份认同、权力与权威,因而"遗产"可以看作是一种涉及"建构和规范一系列价值与理解"的文化实践[2],各个族群对自己文化的诠释和独特理解是构成世界文化多样性的基础。然而,当今文化遗产保护事业存在着一种"权威话语",它正以一种统一的标准影响着这种多样性。这使我们的遗产很容易陷入两种困境:其一是为了迎合国际评判标准而"削足适履",将遗产中不符合"普遍价值"的因素忽视掉或干脆择出;其二则是"丢车保帅",比照国际主流的标准来判定哪些遗产值得保护而哪些可以舍弃。在这种为世界各国普遍接受的遗产话语体系下,中国近现代工业遗产的地位显得尤为尴尬,这很大程度上是因为工业遗产保护运动发端于后工业革命时代的工业考古,而英国是工业革命的发源地,英美等国家在工业考古领域的研究和实践从20世纪60年代末就已开始,其系统框架已相当成熟。纵览世界遗产名录,入选其中的工业遗产半数以上都来自欧洲(或与欧洲相关),这似乎暗示着:欧美国家在工业遗产研究领域更具权威,欧美国家的工业遗产更符合当前的主流标准和审美。近年来学界对工业遗产的研究日益深入且小有成果,但仅考虑其当代管理、保护和再利用等技术性问题显然是不够的,中国的工业遗产想要在这种困境中找到出路,除了要努力挖掘自己独特的内涵和价值,更要探索出一套适合当代语境的遗产话语。

一、遗产与话语

"遗产"常被理解为古老的、传承的、有价值的。汉语中"遗产"通常指:一是在法律上

---

* 本文系国家社科基金重大项目阶段性成果(编号: 17ZDA207)。

指公民死亡时遗留的个人合法财产，二是历史上遗留下来的精神财富或物质财富。在英语中，"heritage"（或 inheritance）的词源可以追溯到拉丁语"hereditare"，其词根"heres"意为"继承人（heir）"。无论是中文还是拉丁语系，"遗产"都被看作是一种公共的财富，对过去的继承，这种继承不是回头看过去，而是面前未来[3]，它不只是对物质性存在的继承，也是对附着于物质性存在之上的无形之物的继承——它可以是一段历史、一种情感、一些回忆、风俗民俗，人类通过管理、珍视过去之物来构建个体的思想和群体的身份，使这些附着在其上的信息代代传承。但哪些可以被认定为遗产？谁定义了它的意义与价值？入选世界遗产名录的布莱纳文工业景观，其物质存在是无数的矿坑和业已关闭的厂房，但却因"展示了英国19世纪的工业景观""为研究当时的社会和经济结构提供了典型范例"[4]而被赋予了接受保护、展示和观瞻的价值——它成为英国19世纪工业繁荣的表征，时刻提醒着参观者不列颠昔日的荣光。故而一些学者认为遗产本身是一系列价值和意义，而且是基于当下社会需求被赋予的价值和意义[5]。人们通过它回忆与纪念过去，并以此构建地方感、归属感和认知感；通过它记忆文化与社会的进程，以便更好地理解和联系现在；它被国家文化机构和精英借以提升历史共识、规制当前的社会文化张力，又是诸多阶层用以挑战和重新界定公共价值观及身份认同的资源，更是与国家认同、社会认同相关的权力合法化过程[6]。

将遗产看作由话语所建构的符号，实际上是将遗产的非物质性从其物质存在中提炼了出来，它肯定了遗产是"活态的，而非冰封的"[7]，对遗产的保护不应局限于"对物的占有""对相关文化、历史或自然价值的永久固定"。[8]所谓的"价值"和"意义"只存在于特定语境中，并会随话语主体立场的不同而发生变化，本质上，是权力在左右着话语，而话语除了语言表达的功能外更兼具表述社会实践权利和约束规则的功能[9]。权威遗产话语由此诞生：发达国家在遗产研究和实践领域的领先使其在世界范围内的遗产分类和保护活动中成为先导、甚至主导[10]，由它们所倡议组建的专门组织、制定的一系列公约章程会则更代表它们的利益。

无可否认，遗产在培育民族意识形态方面扮演着不可替代的角色——既然我们承认话语掌控着遗产的阐释，那么话语对意识形态的影响便会直观地反映在遗产与意识形态的关系上。如果我们仔细审视西方遗产观就会发现，它的塑造与民族主义和现代化的兴起有着惊人的同调性[11]，遗产成为一种表征——它不仅表征着身份认同，也表征着特定的价值观，它们是构建认同感和凝聚力的基石[12]，扮演着类似社会粘合剂的角色[13]，正因如此，不同民族的文化才得以独特于世界文化之林并延续和发展。而权威遗产话语却正在威胁着这一点：它排除了遗产概念的不同意见——这确实有助于减少有关遗产在价值、意义以及本质方面的社会、文化、历史矛盾[14]，但同时又忽视了其活态性、民族性、地域性的特点。不同国家的遗产概念原本应有着不同的发生与发展轨迹，并本该因语境不同而衍生出不同的遗产话语体系，但在权威遗产话语"一统江湖"后，全世界通用着一套标准，遗产被划分为固定的类型，这套标准、这种划分是否适配于所有文化？谁决定了这一标准的尺度？在这一尺度下,谁有权解读和阐释我们的"过去"——或者说,我们还是自己"过去"的合法代言人吗?

二、权威遗产话语下中国近代工业遗产保护与管理的困境

权威遗产话语体系在促进世界遗产认识与保护方面确实有其积极意义:它确实为世界范围内各国保护遗产提供了系统的指导;将遗产的概念简化为可管理的"物",并将研究视野转移到保护与管理等技术性问题上也有助于减轻遗产保护的难度和任务量,缓解遗产在意义、价值、本质方面的社会、文化和历史矛盾。但同时,强调"普世价值"的权威遗产话语又有其局限性:它忽略了文化的个性,忽视了对遗产阐释主体和视角的多样性,割裂了人与遗产的互动关系,也因此会陷入阻碍不同文化族群深度交流和理解的困境[15]。当我们翻看世界遗产名录时会发现,大多数文化遗产是象征宗教或王权的文物或建筑,而它们中的大多数又来自欧洲(或是在历史上与欧洲存在联系)——"现代就是欧洲,欧洲或欧洲价值就是文化成就和社会进化的顶峰"[16],在此得到了具象的体现。尽管随着遗产研究和实践的发展,一些学者已将目光投向土著社群,权威遗产话语也在不断调整——无论是呼吁保护非物质文化遗产还是鼓励社群参与到有关遗产的实践活动中,它仍无法完全跳出西方中心主义视角。

我国现行的遗产概念和实践也受此遗产话语体系的影响,由官方机构和专家为主导、结合国际标准,形成了一套与自上而下、自内而外的权威遗产话语[17]。在这种语境下,工业遗产保护与利用活动也面临着诸多困境。

首先,权威遗产话语限制了我国工业遗产的价值阐释,使其研究与实践为了适配于权威遗产话语而不得不"削足适履"。西方的遗产话语虽然统一了遗产管理保护的标准,但也同时使标准之外的遗产陷入被无视的困境。1985年,中国加入《世界文化遗产和自然遗产公约》(以下简称为"世界遗产公约")被一些专家视为中国文化与世界正式接轨的标志[18],但同时也意味着中国接受了"遗产保护世界体系"的标准,并愿意以此来重新定义、评判本国的遗产资源。而中国近代工业遗产能完美适配《世界遗产公约》对"从历史、艺术或科学角度看具有突出的普遍价值的古迹、建筑群"及"从历史、审美、人种学或人类学角度看具有突出的普遍价值的遗址"[19]的偏爱吗? 放眼寰宇,西欧是工业革命的发源地,无论是历史抑或是科学技术角度,其工业遗产都完美符合这个标准——或者说,评判工业遗产的标准正是依据西欧工业遗产量身而定的,而我国的工业遗产为了迎合这一套标准有时需要妥协和取舍。以大运河为例,成功申遗的大运河在一些学者看来是权威遗产话语体系下"被绑架的"产物,其历史和文化符号是"被再造的",其原有的文化灵韵已被损坏[20]。因而我们要思考的不是中国工业遗产如何"国际化",而是中国工业遗产如何走向世界——不是想着如何迎合国际标准,而是坚持走出自己的特色。

其次,权威遗产话语限制了工业遗产阐释主体的多样性。权威遗产话语对"权威"的

侧重使专家学者成为对管理遗产和阐释价值负有直接责任的"过去"的保管者[21]，但术业有专攻，不同"权威"对遗产的阐释问题也会各有偏好和侧重：建筑学家倾向将目光放在遗迹的建筑构造、与周遭环境的联系，并以此规划改造和再利用方案；历史学家和考古学家或许对历史方面的挖掘更感兴趣。不同的知识背景和立场都会影响对遗产的价值判定和信息输出，公众则长期处于被引导、被指示的地位，被动地接受信息。但遗产不只是"权威"的遗产，更是公众的遗产。三线建设的研究者们就已经认识到这一点并逐渐挣脱权威遗产话语的桎梏，将视角放在"人"上——尤其是普罗大众上，他们并不仅是记录与还原三线建设者们的经历，更关注个体、群体与国家和社会的互动[22]。与此同时，三线建设者们也在坚持不懈地为自己发声，"兰尖故事"微型博物馆就是个很好的例子。兰尖人拿出自己建设兰尖铁矿时的照片、书籍、生活用品和各种证书、奖状[23]，这些平凡之物在强调"具有普遍价值"的权威遗产话语中或许不值一文，但却能勾起三线建设者们"抓晴天抢阴天，刮风下雨当好天"[24]的光荣回忆，也能感染公众、使公众对三线建设有具象的了解、并升腾起一股对先辈们的敬意和对民族的自豪。三线建设遗产的实践活动是官方与民间良性互动的成功案例——三线人持续发声、官方回应与支持，二者互为补充、相互成就，这是"一家言"式的权威遗产话语所不能及的。遗产阐释是公众参与历史、认识本民族文化的重要方式，那些看似平平无奇的普通符号、日常活动和习惯能不断地"标记"或提醒着人们国家认同的内涵[25]，阐释什么、怎么阐释、谁来阐释，不同主体对过去有不同的理解和评价，他们对过去的理解方式某种程度上反映着社会的意识形态，也影响着民族认同感和自信心的构建。

除此之外，权威遗产话语所强调的"物质性"固化了工业遗产，割裂了人与遗产的互动关系。遗产阐释会随着实践、社会变迁和阐释主体的价值取向而转移，但权威遗产话语僵化了这种动态性，这对中国近代工业遗产几乎是毁灭性的打击。因为工业遗产的特殊性正在于其"动态"——废弃的工厂、生锈的机械设备自然比不上精雕细琢的金银器贵重，也不及米芾等文人骚客的笔墨赏心悦目，但它的价值正在于它承载的信息——生产技术、工人精神、时代背景、社会面貌等，这些总会随着时代变迁、人立场的转换而改变。以三线建设为例：20世纪60年代，国内工业布局严重失衡、国际又风云诡谲，中央由此提出三线建设，这一时期的知情者们普遍认为这一战略是重要且必要的，参与者也以此为荣；到了80年代，一些学者提出了异议，认为三线建设"要求过急、规模过大、战线过长、脱离国情，给国民经济造成了不利的影响"，是"对战争威胁的错误估计"[26]；而近年来，随着《1959年原子弹需求研究》等相关文献档案的不断解封，公众渐渐意识到当时中国面临的形势远比今日史书上的只言片语更为恶劣险峻，也因此对当时的决策者和参与者愈发理解和认同。对三线建设遗产的价值阐释也是如此——从无人问津的废弃物到弘扬民族精神、宣传党史教育的重要载体，三线遗产的意义与内涵也随着时代和人们认识的发展而发生着变化。这种变化体现了中国近代工业遗产的活态性重要特征，也动摇着权威遗产话语中遗产物质性的主导地位[27]。

它迫使我们不得不重新审视遗产的本质、反复思考我们保护遗产的目的与动机、追问遗产的价值。权威遗产话语对遗产物质性的偏爱其实不难理解：物质性是最易保存管理的部分，并且只有先考虑到遗产的物质依据，才能保障其形象能传承下去并被人类意识所接收。但这里值得推敲的是：什么样的形象值得传承下去？一架设备、一座工厂哪怕经受了时光的摧残被废置、被损毁，它仍是设备、工厂，但当它活在某些人的个体化体验中时，它才实际上成为"遗产"。能让布莱纳文成为工业遗产的并不是其物质性的存在（即工厂、设备），而是其非物质性的存续（即工业革命的表征、欧洲现代化的表征、民族认同的表征），其价值不会随物质载体的损毁、修复、改造而陨灭，而会伴随人与遗产的互动关系不断更新，它根植于生产生活、语言等事物的展演中，口述史、传统、知识、民俗的传承中，经历者的回忆中[28]。割裂了人与遗产互动关系的权威遗产话语实际上使遗产保护成了对"物"的占有、对"相关文化、历史或自然价值的永久固定"[29]，并不利于遗产事业的可持续发展。

三、权威遗产话语下对三线工业遗产未来的一些思考

（一）构建全新遗产话语体系的必要性

权威遗产话语影响下的遗产实践由于参与主体较为单一、参与形式相对被动、话语表达权利不平等[30]，不利于促进不同文化间的相互理解、平等交流。为规范社会，话语构建出各式各样的人文学科，并将其与单一民族国家的兴起相联系[31]。现行的文化遗产学正是如此诞生：它发源于欧洲人历史意识和民族主义的觉醒——以宗教为主的知识观念被颠覆、以种族而起的争端和殖民扩张肆意蔓延，欧洲人迫切需要从其民族遗产和文化中寻求认同，他们通过遗产话语规范着欧洲乃至全球的遗产实践活动，其内核始终是欧洲（乃至美国）至上。以"科曼彻"为例，它原本意指卡斯特最后抵抗战，并延伸为"失败的愤怒""对死去骑兵的悲伤""对印第安人的报复"；后来又被解读为"文明世界对野蛮世界的征服"，而这些解读在印第安人看来则是对本民族的否定，充满了白人历史叙述的偏见[32]。然而随着各国民族意识的觉醒、民族自尊与自信的建立以及中西方文明的力量转移[33]，西方的主导地位开始受到质疑和挑战。无法跳出西方中心主义的权威遗产话语能否能满足遗产实践可持续发展的长期目标？这种近乎"霸权式"[34]的遗产话语是会激化矛盾还是推动不同文化的深度交流、促进各个民族相互包容理解？答案显而易见。

此外，话语还关乎意识形态安全问题——意识形态能黏合社会[35]，亦有"足以使整个时代覆灭"[36]的力量，而话语正是塑造它的主要阵地[37]。20世纪30年代起斯大林便开始利用"苏联人民兄弟般的友谊"等术语巩固联邦内各民族团结[38]；到了60年代，自上而下的"非斯大林化"运动开始冲击马克思主义的正当性和科学性，社会主义意识形态的凝聚力也出现了裂痕；后来西方从思想文化领域着手的和平演变政策更是扩大了这种裂痕，并

最终导致苏联解体[39]。苏联的解体使西方沉浸在自由民主制大获全胜的狂欢中[40]，以美国为首的欧美国家在国际事务上掌握了话语权、成为主导者。话语权的失守无疑是危险的——尤其是在文化阵地，苏联便是我们的前车之鉴。习惯甚至接受由西方所制定的话语会使我们陷入一种险境——以西方的价值观来看待自己民族的历史和文化[41]，当我们不再以艰苦奋斗、自强不息、无私奉献为荣转而推崇享乐主义、自由主义、个人主义时，我们便真正沦为民族自贱、自我殖民。而文化则在如今多极、多文明的世界里回答着人类关于"我是谁"的思考，并以此界定着身份认同[42]。

遗产运动作为国家进行遗产公共资源化整合和政治表述的手段，其价值与内涵的讨论都要服务于国家层面的意识形态建构[43]，因此，我们迫切需要一套适合当代语境的遗产话语，它关系到我们民族文化认同、文化自信的培养，更关乎我们在面对外来文化冲击时的韧性。

（二）从"非物质性"方面挖掘三线工业遗产的特点与价值内涵

霍尔认为，意义与其说是被发现的，毋宁说是被建构的，任何物质存在本身是不具有意义的，它们是承载意义的媒介、是传达意义的符号[44]。遗产本身的物质存在也是如此，它的重要意义为人所建构，而意义又会随语境、用法、历史境遇的变化而改变——德国鲁尔区曾为两次世界大战提供重要的军工基础，是德国工业的心脏，但如今它在两次世界大战中所扮演的角色已被刻意弱化，"改头换面"成为工业园区转型的可能性示范。既然遗产之所以为遗产实质上取决于它的某种表征，那么三线建设遗产表征着什么呢？它不仅是那段历史的物质载体和三线人的精神寄托与归属，笔者认为它非凡的意义在于它是中华人民共和国成立以来第一次不依靠外援、独立自主发展工业的探索与尝试——这是中华民族自强不息、艰苦奋斗、团结协作、勇于奉献的直观展现；而从备战时期的军工企业到中后期向民用企业的转型历程更说明三线建设从来不是为了发动侵略，它最初是出于自保、后来则是为了改善民生。三线建设遗产的存在就是在告诉我们当代、后代乃至全世界，中国的壮大没有殖民、没有掠夺，而是靠无数人的奋斗，从科研、从外贸、从教育等各个关系民生的点点滴滴中积累国力，才走到了今天。

（三）构建有中国特色的遗产话语体系

为了构建一套能彰显中华民族文化观、价值观的遗产话语，一些学者开始回归中国传统文化，从历史文本中寻找依据。例如俞学才认为中国古代的祀典制度与现代西方的遗产登录制度本质上都是遗产保护制度[45]。这种解读诚然为构建有中国特色的遗产话语体系提供了思路，但仍有一定的局限性。正如俞在其文中所提到的"中国文化的灵魂在于圣贤"[46]，"圣贤崇拜"渗透于我们生活的方方面面，进而影响着中国人的遗产观，这种权利本位的价值选择驱使我们推崇大的、宏伟的、古老的、与历史名人相联系的，却不自觉忽视普通的、草根的、和我们生活息息相关的。这种崇拜一方面激励我们努力拼搏、变得强大，另一方面又使我们落入另一种迷信权威的陷阱。但这不是说我们要全然摒弃传统文化，正相反，博大精深、源远流长的中国传统文化永远是中国特色的底色——它是中华民族全部智慧与成就的凝练，体现着一个国家、一个民族的价值取向、道德规范、思想风貌及行为特征[47]，是培育国民文化自信与民族认同的基础。

那么到底什么是中国特色？笔者认为"中国特色"是使中国区别于西方国家的、无可替代的特质，它不仅体现在中国传统文化上，更体现在我国对人民力量的深刻认识上。马克思、恩格斯认为："一切划时代的体系的真正的内容都是由于产生这些体系的那个时期的需要而形成起来的，所有这些体系都是以本国过去的整个发展为基础的。"[48]回顾中国千年的历史文化积淀和近代百年的抗争与奋斗史，每一次胜利无不是依靠人民的力量：1919年的五四运动、长达十四年的抗日战争、新中国成立后的三线建设，每一场都是民众的联合。因为民众永远多于任何权威、强权，因为民众的力量永远最强[49]。建立一套有中国特色的遗产话语体系，就是要把遗产阐释的权利交给人民，因为文化是人的生活方式[50]，历史由人民创造，人民是一切遗产保护与传承活动的基础，人民的力量才是真正的优势[51]。这里的"人民"包括官方组织、专家、地方上的利益相关者，也包括生活在这种文化场域中的每一个个体。只有这样，才能弥补权威遗产话语下非权威群体失声的缺憾，重视不同遗产利益相关者对遗产价值认知的多样性，使每一种阐释都得以表达、每一个声音都能被听到，使公众不再是遗产阐释的被动接受者而成为主动参与者。

中国近代工业遗产的特殊性在于它进入公众视野的时间较晚，而社会发展和当前的国际形势又要求我们有一套话语来解释中国的崛起——中国的现代化建设与西方的现代化有什么不同？中国的发展遵循着什么样的规律？中国依靠什么走到了今天？若要讲明白这些，中国近代工业遗产是一个合适的切入点：工业与科技的创新与崛起、社会的探索与进步全都凝结于此。同时，随着物质水平的提高，人民的精神需求也越发旺盛，公众有深入了解工业遗产的需求，近代工业遗产的亲历者们也有表达的诉求，官方、社群、普通观众等不同群体对于工业遗产的关注点可能存在差别，正如之前所提到的：国家有国家层面的考量，不同专业的学者根据其研究领域也各有侧重，当地社群——特别是与工业遗产有关的亲历者可能更看中与他们相关的、能寄托归属感的细节，普通大众也会有各种各样的需求。这些差异能推动文化理解和阐释的多样性、促进文化的动态发展，因而将遗产价值与意义的阐释权交给人民是建立起有中国特色的遗产话语体系的重要一环，也是时代赋予我们的使命。

四、结语

遗产的本质是话语的建构。发端于欧洲的权威遗产话语随着全球化进程逐步成为控制全球遗产实践的"标准"，其背后的西方中心主义使遗产成为各国话语权和国家实力暗自较量的平台、成为政治博弈的工具[52]。在这种大环境下，我国的工业遗产的意义与价值阐释也多受桎梏：其价值阐释无法嵌套入带有西方中心主义色彩的权威遗产话语的框架内；多元阐释主体被忽视，阻碍了公众的积极参与；对物质性的偏爱割裂了人与遗产的互动，无视了工业遗产的动态性特点。

遗产话语原本是各文化沟通、加强理解的桥梁，但权威遗产话语却因其浓烈的西方中心主义色彩而阻碍着文化间的正常交流，甚至影响着社会意识形态的稳固。因而我们急需一种能与现在主流的权威遗产话语对话的话语体系，一种适合当代语境、有中国特色的遗产话语，它需要考量、尊重话语主体的多样性，使每一个声音都能被听见、每一种解读都能被尊重，从而推动形成公平的文化交流氛围、促进不同遗产观的友好对话与理解，以期促成"各美其美，美美与共"之格局，而依靠人民是中国最鲜明的特色。除此之外，以三线建设遗产为典型的中国近代工业遗产如何在权威遗产话语的束缚中突出重围，关键在于挖掘其个性。三线建设工业遗产的亮点正在于它是中国第一次不靠国外援助、自力更生得来的胜利，它表征着中华民族艰苦奋斗、自强不息、团结一致的民族精神，这种表征不仅感染国人，更是向全世界传递一个信息：中华民族是修筑长城的民族，而非制造杀戮的民族；是落后时能忍辱负重、刻苦钻研，强大时也依旧爱好和平的民族；我们的火药可以用作枪炮，但我们更爱它在天空中绽放成美丽的烟花。这种民族性能使三线建设遗产区别于西方工业遗产，也是帮助我们建立民族认同感、构建大国形象的重要养分。

中国正经历着百年未有之大变局，在这种大背景下，我们需要有一套自己的遗产话语，一套能展现中国风格、有中国特色的遗产话语来与世界对话，来告诉世界中国为了什么、依靠什么从一穷二白发展至今，中国人民何以愿意牺牲小我成就大我。若要讲明白这些，三线建设工业遗产是一个理想的切入点：工业与科技的创新与崛起、社会发展的困难与探索、中华民族的智慧与品格、万万中国人的奉献与担当，全都凝结于此。

参考文献：

［1］ David C. Harvey, "Heritage Pasts and Heritage Presents：Temporality, meaning and the scope of heritage studies", InternationalJournalofHeritage Studies,vol. 7,no.4（Dec 2010）, pp. 333.

［2］ 劳拉·简·史密斯.遗产利用［M］.苏小燕，张朝枝，译.北京：科学出版社，2020：1.

［3］ 冯骥才著.冯骥才文化保护话语［M］.祝昇慧，孙玉芳，摘编.青岛：青岛出版社，2017：148.

［4］ 世界遗产名录——布莱纳文工业遗址［DB/OL］. http://whc.unesco.org/en/list/984/. 2021.4.12.

［5］ 张崇. 文化与遗产内涵及其对我国文化遗产保护实践的启示［J］.浙江科技学院学报，2019，31（4）323-328.

［6］ 劳拉·简·史密斯著.遗产利用［M］.苏小燕，张朝枝，译.北京：科学出版社，2020：6.

［7］ 劳拉·简·史密斯著.遗产利用［M］.苏小燕，张朝枝，译.北京：科学出版社，2020：6.58.

［8］ Peter Davis , Ecomuseum, Leicester University Press, 2011：59

［9］ 王立阳."传统"之合法性的构成：中国非物质文化遗产保护的语言分析［J］.清华大学学报（哲学社会科学版，2016，31-3）.

［10］ 彭兆荣.遗产反思与阐释［M］.云南：云南教育出版社，2008：07.

[11] Barthel 1996:19.

[12] 麻国庆,朱伟.文化人类学与非物质文化遗产[M].上海:三联书店,2018:39-70.

[13] 诺曼·费尔克拉夫.话语与社会变迁[M].北京:华夏出版社,2003:81.

[14] 劳拉·简·史密斯.遗产利用[M].苏小燕,张朝枝,译.北京:科学出版社,2020:16.

[15] 于佳平,张朝枝.遗产与话语研究综述[J].自然与文化遗产研究,2020,5(1):18-26.

[16] Brian Graham, G. J. Ashworth, J. E. Tunbridge, Ageography ofheritage: power, culture andeconomy, Routledge, 2000:17.

[17] 于佳平,张朝枝.遗产与话语研究综述[J].自然与文化遗产研究,2020,5(1):18-26.

[18] 杨正文.文化遗产保护的关联话语意义解析[J].西南民族大学学报(人文社会科学版),2014,35(07):1-6+243.

[19] 联合国教科文组织.保护世界文化和自然遗产公约[Z/OL].1972.11.16.https://www.un.org/zh/docu-ments/treaty/files/whc.shtml. 2021.4.12.

[20] 刘朝晖."被再造的"中国大运河:遗产话语背景下的地方历史、文化符号与国家权力[J].文化遗产,2016(6):67.

[21] 劳拉·简·史密斯.遗产利用[M].苏小燕,张朝枝,译.北京:科学出版社,2020:15.

[22] 张勇,周晓虹,陈超,徐有威,谭刚毅等.多学科视角下三线建设研究的理论与方法笔谈[J].宁夏社会科学,2021(02):151-171.

[23] 攀枝花中国三线博物馆:http://www.sxjsbwg.org.cn/fgjj/dqljgs/index.shtml,2021.6.8.

[24] 纪录片《大三线》:http://www.cndfilm.com/special/dsx/03/index.shtml,2021.5.28.

[25] Billig,M. BanalNationalism, London:Sage,1995.

[26] 李宗植.我国三线建设及其得失浅析[J].兰州大学学报,1988(03):17-23.

[27] Harriet Deacon, Sandra Prosalendis, Luvuyo Dondolo, Mbulelo Mrubata. The Subtle Power of Intangible Heritage: Legal and Financial Instruments for Safeguarding Intangible Heritage, HSRC Publishers,2004.

[28] 劳拉·简·史密斯.遗产利用[M].苏小燕,张朝枝,译.北京:科学出版社,2020:36.

[29] Peter Davis, Ecomuseum, Leicester University Press, 2011:59.

[30] Haiming Yan. "World Heritage as discourse: knowledge, discipline and dissonance in Fujian Tulou sites, "InternationalJournalofHeritage Studies,vol.21, no.1(2015):65-80.

[31] 亨利埃塔·利奇.他者文化展览中的诗学政治学[M].斯图尔特·霍尔,编.徐亮,陆兴华,译.表征[M].北京:商务印书馆,2013:281.

[32] 亨利埃塔·利奇.他者文化展览中的诗学政治学[M].斯图尔特·霍尔,编.徐亮,陆兴华,译.表征[M].北京:商务印书馆,2013:239.

[33] 塞缪尔·亨廷顿.文明的冲突与世界秩序的重建[M].周琪,刘绯,张立平,等译.北京:新华出版社,2010:62.

[34] 劳拉·简·史密斯.遗产利用[M].苏小燕,张朝枝,译.北京:科学出版社,2020:1.

[35] 诺曼·费尔克拉夫.话语与社会变迁[M].北京:华夏出版社,2003:81.

[36] 马克思,恩格斯.马克思恩格斯文集(第8卷)[M].中共中央马克思恩格斯列宁斯大林编译局编译.北京:人民出版社,2009.

[37] 诺曼·费尔克拉夫.话语与社会变迁[M].北京:华夏出版社,2003:80-81.

[38] F. Barghoorn. "Stalinism and the Russian Cultural Heritage.The Review of Politics," Cambridge Univer -
 sity Press forthe University ofNotreDamedulac onbehalfofReview ofPolitics.Vol. 14, No. 2（Apr, 1952）：
 178-179.

[39] 何前方，陈德祥.论意识形态话语权与苏联解体[J].中共南京市委党校学报,2021(01):54-61.

[40] Francis Fukuyama, "The end of History", The NationalInterest, No.16(Summer 1989),4.

[41] Ariel Dorfman, Armand Mattelart, Howto ReadDonaldDuck, trans. David Kunzle, OR Books, 2018, 148,
 150.

[42] 塞缪尔·亨廷顿.文明的冲突与世界秩序的重建[M].周琪,刘绯,张立平,等译.北京:新华出版社,
 2010:5.

[43] 彭兆荣.遗产政治学:现代语境中的表述与被表述关系[J].云南民族大学学报(哲学社会科学版),
 2008(02):5-14.

[44] 斯图尔特·霍尔,编.导言[M].徐亮,陆兴华,译,《表征》.北京:商务印书馆, 2013:5,7.

[45] 喻学才.中国古代遗产保护制度研究[J].东南大学学报(哲学社会科学版),2012,14(01):118.

[46] 喻学才.中国古代遗产保护制度研究[J].东南大学学报(哲学社会科学版),2012,14(01):121.

[47] 李锐.为什么要弘扬中华优秀传统文化——学习习近平总书记关于弘扬中华优秀传统文化重要论
 述[N/OL].光明日报,2019-3-28(06).https://epaper.gmw.cn/gmrb/html/2019-03/28/nw.D110000gmrb_
 20190328_1-06.htm.[2021-7-14].

[48] 马克思恩格斯全集第3卷[N/OL].544.[2021-07-13]. https://www.marxists.org/chinese/pdf/marx-en -
 gels/me03.pdf.

[49] 毛泽东.民众的大联合(一)[N/OL]. 1919-7 -21.[2021-07-13].ttps://www.marxists.org/chinese/
 maozedong/collect/01-006.htm.

[50] 费孝通.中国文化内部变异的研究举例[M].文化与文化自觉.北京:群言出版社,2010:1.

[51] 毛泽东.人民的革命力量才是真正的优势[M].中共中央文献研究室.毛泽东文集第五卷.北京:人
 民出版社,1993:69.

[52] 于佳平,张朝枝.遗产与话语研究综述[J].自然与文化遗产研究,2020,5(01):18-26.

青海221VS.比基尼环礁
——中外核工业遗产保护与再生案例比较研究

1.程 城 2.左 琰

（1.2.同济大学建筑与城市规划学院）

中华人民共和国的历史,是一部艰苦卓绝的社会主义创业史。在建设中国特色社会主义的过程中,核工业建设是一个绕不开的话题,它作为中国特色社会主义的发展标志之一已被永载史册。我国的核工业从1955年至今,经历了60多年的建设历程。在这期间,完成了多达45次核试验[1],实现了第一颗原子弹、第一颗氢弹的成功爆炸,以及核技术的多元应用,让中华民族得以免受霸凌,屹立于世界民族之林。从1996年至今,已经过去了20余年,当年从事核工业生产的企业已经转型,当年一些绝密的核工业生产厂、试验场设施已经部分解密,如重庆816工程、青海221金银滩原子城等。这些凝聚着几代人记忆的物质遗产将来的路该怎么走? 这已经成为当下亟待解决的核心问题。

核工业遗产的保护与再生实践,国外已有先例。美国作为全球范围内第一个拥有核武器的国家,其核工业建设与核工业遗产保护也始终走在世界前列。例如美国"曼哈顿计划"中所建设的核工业项目,及其之前托管的马绍尔群岛共和国(The Republic of Marshall Island)比基尼环礁(Bikini Atoll,亦作 PikinniAtoll)核试验场,这些冷战时期建设的原子能工业项目,奠定了美国"超级大国"的世界地位。

时至今日,比基尼环礁已经归还马绍尔群岛共和国,并被列入《世界遗产名录》,"曼哈顿计划"项目也有原子能遗产基金会(Atomic Heritage Foundation)负责保护与再生实践工作,让这些曾经的废弃地和废弃设施重新鲜活了起来,这些成功的保护再生实践积累了很多值得借鉴的宝贵经验。

我们选取中国"596"原子弹工程的代表青海221厂与美国曼哈顿计划的代表马绍尔群岛比基尼环礁为例,从环境特征、政策制定、保护研究、再生实践以及后期维护等多个方面的措施方法比较中外在核工业遗产方面的差异,以期从中汲取经验,为更好地做好我国的核工业遗产保护与再生工作提供参考。

一、比较一：环境特征

时至今日，221这座曾经的"原子城"已经被列为红色爱国主义教育基地，一年一度的"环青海湖国际公路自行车赛"将这里作为起点和终点。改造完成的展览室和"中国第一个核武器研制基地"纪念碑，承载着它为中国核武器研制、核事业创立所做的千秋功业，也激励着来到这里的每一个人。在开发过程中，总装车间（二分厂）、核武器元件分装车间（三分厂）、火力电厂（四分厂）、原爆轰试验场（六分厂），上星站等承载着重要记忆的建筑和相关设施保留了下来，这里遂成为中国原子弹研制最重要的"纪念场"。而对于221的保护，依然有很多因素的制约，分别来自发展、环境、自然灾害、旅行者、当地居民等诸多方面[2]（见表1）。

这点和比基尼环焦非常类似，比基尼环礁位于马绍尔群岛共和国东北角①，范围包括潟湖，所有岛屿和珊瑚环礁。边界位于环礁向海一侧的领海基线，面积73500公顷，缓冲区由周围海域组成，由领海基线向外延伸5海里，面积130425公顷。虽然其距离美国本土较远，但是同样面临着发展、环境、自然等方面的危害[3]。

表1 对青海 221 厂和比基尼环礁保护工作的影响因素

因素	对 221 厂的具体影响	对比基尼环礁的影响
1）发展压力	对于原国营 221 厂来说，没有制定系统的发展规划成了它最大的压力，除了依托青海湖景区发展小型旅游业的潜力之外，这里一无所有	除了发展小型旅游业外，这里没有其他发展潜质。缺乏系统的发展规划
2）环境压力	其环境压力主要来自青藏高原的寒冷天气，早晚温差较大，常年多风沙，导致建筑结构、外墙等材料会发生热胀冷缩现象，这对结构本身也是一种破坏	气候变化：预测气候变化全球变暖将导致海平面上升，增加遗产暴露在风暴潮和逐渐上升的潮汐中的可能性，再加上由于盐沉积在土壤中，现有的陆地植物群可能发生退化，或荒漠化，遗产面临的自然环境非常严峻。非法捕捞：非法捕捞比基尼鲨鱼会严重威胁这个环礁的富饶和生态平衡。
3）自然灾害与风险预防	首先，因为青海地区处于青藏高原的地震带上，再加上当时的建筑设计并未充分考虑抗震设计，这对于遗产本身是一种潜在的威胁。其次，青海地区属于寒冷气候，再加上 221 厂选址在草原，没有遮挡，所以恶劣天气会成为威胁遗产安全的因素之一	由于马绍尔群岛很少经历台风，因此整个地区地质稳定，没有发生地震。随着气候变化，预计风暴潮的发生率会增加，但这些风暴潮不太可能对比基尼岛背风一侧的居民区产生重大影响

---

① 比基尼环礁的准确位置为北纬 11° 36′0″，东经 165° 22′50″。

4)旅行者的压力	221厂目前和预期未来的旅游水平呈逐渐上升的趋势,主要是因为这个红色旅游景点逐渐被大家所熟知,多半是处于好奇来到这里。随着旅游业的发展,来访人数越来越多,这本身对于环境就是一种压力,再加上旅行者未经许可擅自移走文物,也会构成一定威胁	比基尼环礁的经济水平和未来的旅游水平仍然很低,主要这个环礁相对难以进入。目前常驻工人不到10人,每周的游客不超过12人,历史上每年的游客人数是200~250人,随着旅游业的发展,这个数字将增加到400人。潜水员在沉船上对船只造成损害或未经许可擅自移走文物,也会对环境构成一定威胁
5)当地居民压力	当地居民以牧民为主,有部分厂房已经被他们用于畜牧,这对遗产来说是一个很大的威胁	截至2008年,比基尼环礁的居民为25人,呈逐年增多趋势

(来源:左琰,程城.中国核工业遗产保护与再生实践——以青海221厂为例[J].城市建筑,2019,16(10):20. 左琰,程城.国外核工业遗产保护与利用——以比基尼环礁为例[J].华中建筑,2021,39(05):28.)

二、比较二:政策制定

核工业部经国务院批准,将221厂厂区整体移交青海省海北藏族自治州政府。原子城现已成为第五批全国重点文物保护单位,同时,原子弹纪念馆也于2018年入选了中国工业遗产保护名录。

表2 青海省海北藏族自治州为"221"制定的指导思想

指导思想	具体内容
保护	充分保护好原有的厂房和设施,主要是相继派专人保护。铁路、厂房、住宅、社会文化活动中心等设施至今保护完好,并得以有效利用,为自治州的发展、丰富群众文化生活发挥了重要作用;特别是铁路、上星站、爆轰试验厂等一批文物价值较高设施得到了保护和利用
开发	主要是充分利用厂房、设备进行招商引资,并取得可喜成绩。三分厂,现利用改扩建为年产13000吨铝锭的海北铝业有限公司和枣庄、济宁两个年产5000吨碳化硅厂;一分厂,原为无线电、铀部件加工车间,正在进行招商引资;二分厂,原为火工、核武器组装厂,现为良种牲畜繁育基地;四分厂即热电厂,通过技术改造后,现为年发电量为1亿度的西海热电厂,承担着海北铝厂、西海镇的供电供热;退役工程竣工纪念碑(核废料处理坑)、基地纪念碑、基地展馆已开辟成为原子城纪念馆
建设	随着州府迁址工作的结束和西海镇政府的成立,自治州政府充分利用西部大开发、小城镇建设的有利时机,狠抓基础设施建设,取得了可喜成绩。现有330千伏输电线路与西宁大电网相连,横穿自治州的315国道现被提级改造为二级公路,移动通信覆盖全州90%的乡镇,湖东旅游公路、西柳公路、茶默公路的建成通车,使西海镇的公路网络初步形成;以城镇道路改造、办公、住宿楼平改坡工程的实施、中心广场、居民小区建设的启动,使西海镇面貌焕然一新成为新型的草原新镇。旅游业异军突起

(来源:笔者依据青海省海北藏族自治州官网相关信息整理绘制)

随着对原子城一系列遗产身份的认定,对其的保护也日益被重视起来。一些用于文物保护的法律法规开始对原子城生效,其管理部门青海省海北藏族自治州州府还专门为这里制定了"保护、开发、建设"并重的使用指导思想(见表2),以保存好这段物质、精神、文化财富。反观比基尼环礁,其首先要明确的就是所有权的问题,并通过法律法规的形式,对该遗产的权属,及其历史文化资源、游客行为、生物资源进行了距离法保护(见表3)。

表3 比基尼环礁的立法保护

保护资源	法条	具体内容
历史文化资源	基里–比基尼–埃吉特政府(Kili–Bikini–Ejit)法例及严管方法《历史和文化保护法》第45篇,第2章《关于接受和出口文物的条例》(1991年);关于获得史前和历史性水下资源的条例》(1991年)和《关于修改土地活动的条例》(1991年)	1991年,《历史文化保护法》及其附属条例发布,旨在保护历史文化资源,包括管理水下资源的使用、历史文化文物的出口和对土地改造活动的控制。
游客行为	1988年,基里–比基尼–埃吉特(KBE)地方政府颁布法令	游客行为约束及责任
生物资源	KBE地方政府的一项法令(1997年7月30日)	设置禁渔措施,保护生物多样性

(来源:左琰,程城.国外核工业遗产保护与利用——以比基尼环礁为例[J].华中建筑,2021,39(05):29.)

三、比较三:运营管理

对于遗产的保护与再利用,既需要前期的法条约束,更需要后期的运营管理。在这方面,221厂和比基尼环礁都制定了相关管理制度(见表4,表5)。

表4 221原子城的运营管理模式

运营管理条线	具体内容
管理线	由青海省海北藏族自治州府、海晏县政府以及西海镇政府共同管理,负责原子城景点发展规划的审批
运营线	由青海省旅游局和海北藏族自治州旅游局共同负责221景点的运营、策划等工作,同时负责景点发展规划的起草
监督线	由于原子城特殊的文物身份,国家文物局和青海省文物局也对原子城的保护发挥了监督作用,中国建筑学会工业遗产学术委员会、中国历史文化名城委员会工业遗产学部等社会团体的相关研究学者也已经开始研究对221厂的保护与再生研究

表5 比基尼环礁的运营管理模式

参与主体	人员构成	具体职责
Kili-Bikini-Ejit 当地政府	比基尼社区选举产生	对比基尼环礁由进行系统管理和运营,协调各方资源、意见,以达到对比基尼环礁更好地保护与利用
比基尼环境保护管理委员会	地方政府委员会的市长、参议员和执行委员会、联络官、旅游代表、保护与管理委员会官员、旅游业度假村经理、传统领袖代表、青年代表、女性代表和由 RMI 历史保护办公室委任的其他成员	执行管理计划;建议规章制度和程序;确保比基尼环礁保育管理计划的有效推行
遗产专家顾问	征聘海洋考古学或冷战遗产及其保护方面的国际专家	就文物的保护工作提供意见,协助研拟建议书及拨款申请,进行有关场地的研究及解释工作;参与评估并协助制作口译材料;并就拟议发展项目对比基尼遗产价值的影响提供意见
保护项目经理	与 KBE 当地政府的现有职位相结合的兼职	与当地、国家和国际上的利益相关者合作,实施比基尼环礁保护管理计划;发展伙伴关系和维护资金来源,实施比基尼环礁保护管理计划;监察自然保护区的日常管理工作,主要包括制订月度工作计划,确保员工保质保量完成工作计划;定期进行教育及宣传、社区咨询工作;确定工作人员的培训和能力培养需要,并确保工作人员接受这种培训;提供报告以满足捐助者和赠款合同的要求以及监督计划的执行情况,并根据需要调整现场管理。
潜水游戏管理员	KBE 当地政府主办的潜水公司派遣	在潜水地点的日常管理、监测和监督中发挥积极作用,还将接受定期培训,以便对沉船和建筑物的保存情况进行监测

(来源:左琰,程城.国外核工业遗产保护与利用——以比基尼环礁为例[J].华中建筑,2021,39(05):29.)

四、比较四:再生流程

通过以上221厂和比基尼环礁对于各自核工业遗产的保护与再生实践的策略及其机制的介绍,不难发现,我国对于核工业遗产的保护策略与外国仍然存在一定的差距。这不仅体现在政策制定,落实实施与运营机制,还体现在改造前的身份、特征认定与价值分析,同时也体现在改造过程中的应急机制及其实施方式,以及改造后的后期运营维护等诸多方面(见表6)[4]。

表6 中外核工业遗产保护与再生策略比较①

保护阶段	措施内容	221厂	比基尼环礁
改造前	身份认定	未认定	已认定
	所有权划分	中国政府所有	马绍尔群岛共和国当地居民所有
	现状普查	已普查，但未建立数据库	已普查，已建立数据库
	特征与价值分析	针对单体进行了特征价值分析，未对整个核工业遗产聚集地进行价值与特征分析	既有单体特征价值分析，又有对核工业遗产聚集地的特征分析
	法律法规措施	改造前尚未实施，而是在改造后随着身份的	改造前已经实施专项法律法规，

保护阶段	措施内容	221厂	比基尼环礁
		认定而实施，且缺乏专项法律法规	并在改造后不断完善
	系统保护规划	改造前未制定保护及发展规划，边改造边制定边完善	改造前已成立专门机构制定相关保护规划，但发展规划缺乏
改造中	改造方案	缺少详细的改造方案	已有严格的改造实施方案
	保护专家介入	未有介入	全程介入
	承担主体	政府	政府+当地居民
	资金来源	政府行政拨款	政府行政拨款+民间投资
	改造方法	政府主导，核工业相关企业参与	政府与当地民众共同参与主导
改造后	改造目标	旅游景点、公众爱国主义教育基地	
	参与各方角色与责任划分	责任到单位	责任到个人
	游客源头控制	未控制	限制进入
	游客监督	未监督	全程监督
	未来影响评估	未评估	已评估
	公众教育	已建设博物馆、体验馆，开展即时讲解、实景体验等服务，但没有专门网站与传播媒介	除建设博物馆、体验馆等传统教育项目外，还开展了青年戏剧、专业网站及培训等特殊教育项目
	环境监测与研究	已开展相关监测与研究，但尚处于起步阶段	相关监测与研究已相对完善，同时进行遗产基线评估及自然环境生物多样性保护与研究
	周期汇报与公约执行	已建立周期汇报制度，汇报对象是政府部门，未有相关公约执行	已进入《世界遗产公约》的体系，并定期向世界遗产中心汇报

从上表的对比不难看出，221厂作为我国核工业遗产保护相对成熟的代表，与比基尼环礁这一世界遗产在保护法律法规、系统规划、改造方案、责任划分、影响评估、公众教育等诸多方面都存在着一定的差距。而比基尼环礁在很多方面的保护经验更加系统化、细致化，深入到遗产保护与再生工作的全流程，这是非常值得我们借鉴的地方。

① 程城.中国核工业遗产保护与再生研究初探[D].上海:同济大学,2019.

五、总结

　　总体而言,国外有核国家都已经开始了对于核工业遗产的保护与再生研究及实践工作。其中,美国作为世界上一个具有核工业系统的超级大国,其对于核工业遗产的保护已经走在前列。国外的核工业遗产在价值特征分析、身份权属确定、保护参与机制、保护措施计划、保护措施实施等诸多方面都做得比较超前,并且真正实现了核工业遗存的遗产化。再加上其严格的责任落实与监督机制,让核工业遗产的保护与再生工作落到实处,营造了一种参与者人人有责,参与者人人奉献的良好氛围。

　　综上所述,我国核工业遗产的保护与再生虽然刚刚起步,困难重重,但是依然在不断地探索中向前发展,再加上国外可借鉴的相关成功经验,相信我国的核工业遗产保护与再生必将像中华人民共和国成立初期建设核工业那样迎难而上,不断进取,最终取得辉煌的成绩。

参考文献:

[1] 李觉,雷荣天,等主编.当代中国的核工业[M].北京:中国社会科学出版社,1987.

[2] 左琰,程城.中国核工业遗产保护与再生实践—— 以青海221厂为例[J].城市建筑,2019,16(10):15-20.

[3] 左琰,程城.国外核工业遗产保护与利用—— 以比基尼环礁为例[J].华中建筑,2021,39(05):26-30.

[4] 程城.中国核工业遗产保护与再生研究初探[D].上海:同济大学,2019.

复杂制造、技术奠基与转子发动机
——共和国前三十年汽车工业的自主探索*

崔龙浩

（华东师范大学）

作为第二次工业革命的重要成果，汽车不仅大大扩展了人类的运输能力和行动范围，更是科技与工业的完美结合。它不仅集合了内燃机、冶炼、金属加工等一系列同时代的先进技术，还是人类最早开始规模化生产的大型工业品之一。福特汽车公司的流水线生产不仅开创了制造业的新纪元，也奠定了现代汽车工业高资本投入、高技术门槛的特点，形成了极高的行业壁垒。二次大战后，汽车已经是拥有一万余个零件的复杂工业品，汽车工业也成为先进复杂制造业的代表，在很大程度上代表了一个国家的工业发展水平。如著名跨界物理学家、经济学家塞萨尔·伊达尔戈在代表作《增长的本质：秩序的进化，从原子到经济》中，从"信息论"的视角提出复杂工业品背后隐藏着丰富信息、网络，比单纯的GDP更能衡量一个国家的经济发展水平与增长潜力[1]。除了原有一定产业基础并接受了美欧资本、技术外溢的日本、韩国等少数几个国家，绝大多数后发工业化国家都没能发展出成规模的自主汽车工业。

但中华人民共和国在成立之后的三十余年间，不仅拥有了自己的第一个大型汽车制造厂——一汽，还开枝散叶建设了南京汽车厂、北京汽车厂、上海汽车厂、济南汽车厂、第二汽车厂、大足汽车厂、陕西汽车厂等，其中后三个更是在"三线建设"时期由我国汽车工业人自主设计建成投产的。新中国的汽车工业是如何迅速起步并拥有了一定的自我复制、升级能力的呢？这是值得所有后发工业化国家学习的发展汽车等先进复杂制造业的宝贵经验。

对于共和国前期汽车工业的研究，已有一些优秀成果。除了一些行业史著作如《中国汽车工业（1901—1990）》，企业志书如《第一汽车制造厂厂志（1950—1986）》《第二汽车制造厂厂志（1969—1983）》外，也有一些优秀研究性著作问世。如关云平在《中国汽车工业

---

* 本论文为教育部哲学社会科学研究重大攻关项目《三线建设历史资料收集整理与研究》（项目编号18JZD027）成果。

的早期发展（1920—1978年）》中，系统梳理了中国汽车工业的早期发展，并提出1949年之后中国汽车工业发展中逐渐形成了"本土渐进演化模式"[2]。而许多探讨中国当代经济史、工业史的研究著作中，也都涉及汽车等重化工业的重要作用[3]。这提示我们需要从工业史角度，进一步总结共和国前期中国汽车工业的自主探索历程、经验，挖掘中国汽车工业文化遗产。

一、起步中的自主性底色

早在1920年，孙中山先生在《建国方略》中就提出要建立中国自己的"自动车工业"①，这是最早从国家战略的角度提出建立自主汽车工业的构想之一。其后，政治界、工程界等众多人士，都曾强调过发展自主汽车工业的重要性。但整个民国时期中国汽车工业的发展却非常有限，一直到1949年国民党败退台湾，中国仍没有自己的汽车制造产业。南京国民政府也曾计划建设成规模的汽车工业，在1936年成立了中国汽车制造公司，准备引进西方公司的技术，从装配汽车发展到自制汽车。当时与中国政府磋商的对象，先后有美国福特公司、美国通用公司、捷克代表以及意大利的菲亚特，但都未成功，"惟争恃之点有二：其一为建造问题，盖外商多主先办配合厂，而我则主办制造厂。其二则为地点问题，外商多主在上海，而我则坚持在内地"[4]。也就是说，外资企业只想在中国创设装配厂，这其实只是一种变相的进口，对于中国发展自主汽车制造能力帮助不大。

这背后深层次的原因，则在于在资本主义自由贸易下，工业先进国家会利用资本、技术优势等种种手段，遏制落后国家的工业发展。后发工业化国家在发展初期，只有拥有独立的政治、经济主权，设立一定的关税壁垒，才能够保护本国的幼稚产业免受先进工业国家成熟产品的冲击，这就是德国著名经济学家李斯特提出的"幼稚工业保护理论"。而英国在崛起之初实际也是奉行了多年的"重商主义"，用高关税保护本国产业。对此，一批民国的实业家、学者，也有着清醒的认识。如著名汽车专家，后来成为新中国汽车工业重要奠基人之一的孟少农，在民国时期以原名孟庆基发表过一篇系统阐述中国汽车工业应如何发展的论文，其中论及建立汽车工业的前提条件时，便强调了政府扶植、保护对汽车工业初期发展的重要作用[5]。这些条件，显然是依托于欧美产业资本主义和国内买办资产阶级的国民党政权无法做到的。而不能把握基础重化工业等产业链上游，中国就无法建设自主工业体系，就无法摆脱先进工业国的经济剥削与政治控制。

可以说，新中国的建立与这种追求自主工业化的社会共识密不可分。新中国成立后，不仅迅速收回了关税自主权，断绝了西方工业品的冲击，其强大的社会组织能力，也使得政府能够筹集发展工业所需的资金、资源与人力，迅速恢复了经济与工业秩序。但要建设自主工业体系、实现工业化，却并非易事。按照一般经济规律，建国初期国家资金匮乏、技

---

① 当时仍普遍沿用日本人对汽车的翻译，将其称为"自动车"。

术积累薄弱、消费市场极小，并不具备发展重化工业的条件。经过长年战争破坏，1949年中国的经济、工业发展水平，与抗战前并无实质进步，甚至在某些方面还更加困难。

这说明中国要快速推进工业化，既要保障基本的经济主权独立，也需要先进工业国的帮助。这样特殊的起步条件，只有赶走了产业资本主义帝国，在社会主义阵营中才可能实现。中国人民志愿军在朝鲜战争中体现出的巨大力量，为新中国赢得了作为冷战前线可靠屏障的资格，获得社会主义阵营的大量工业转移。这些工业转移自然有帮助中国增强国防能力、减缓苏联阵营冷战压力的考虑，但并不影响我们建设"工业国"的规划，这也是现代工业体系整体性、系统性的特点所决定的，在汽车工业上就可以看出。据后任一汽总工程师的陈祖涛回忆，当时的一机部副部长沈鸿曾告诉他，建立汽车厂的构想是抗美援朝爆发前、毛泽东访苏期间，斯大林亲自向毛泽东提出来的。斯大林称，汽车厂代表现代机械工业的最高水平，你们建一个汽车厂，就可以带动整个机械工业和钢铁、化工、建筑等其他行业向前发展，毛泽东因此接受了斯大林的提议[6]。这种以汽车等先进制造业带动工业全局的整体性思维，一直贯穿整个计划经济时期，并在三线时期二汽等汽车厂的建设中得到充分体现。

当然，对于汽车工业在国民经济和工业体系中的重要性，新中国的领导层是非常了解的。早在1950年3月，重工业部就成立了汽车筹备组，由重工业部专家办公室主任郭力任组长，孟少农、胡亮两位汽车专家任副组长。对此，长怀造车梦想的孟少农深有感触地说："国民党统治中国几十年，没出一辆车，新中国成立不到五个月，就着手创建汽车工业！"[7]

虽然即将迎来苏联方面全方位的援助，但中国的汽车工业人深知掌握、发掘自主产业能力的重要性。1950年8月2日至7日，在筹备组成立不久后，重工业部就牵头召开了汽车工业会议，交流情况、酝酿汽车工业发展的方针，确定"先恢复后建设，先前方后后方，先关外后关内"的原则，并开展了两项重要工作：第一，调查研究，搜集过去有关汽车和汽车工业的情况，作为制定汽车工业规划的基础。筹备组还赴北京、石家庄、太原、太谷、西安、宝鸡、湘潭、株洲等地选择厂址。第二，集结和培训技术骨干，将国内许多技术人员和国外归来的留学生调来筹备组，并推动和联合京、津几所大学的汽车和机械专业的高年级学生下厂实习[8]。这些措施，保证了中国汽车产业以最大的自主性来承接外来援助。

在生产准备方面，筹备组也体现出了强烈的自主性。大规模制造中，如何找到符合资源禀赋和工业水平的生产材料，是实现低成本、高质量产的一项重要内容。筹备组汽车实验室材料部在未接触苏联所作一汽设计资料之前，便从新华书店进口的俄文书籍中了解吉斯-150载货车的易损零部件用材牌号。由此得知，苏联富产铬，虽也生产镍但产量并不多，因此尽管外国汽车主要应用镍铬合金钢和镍铬合金铸铁，苏联却只沿用一小部分镍铬件，并已开发了更多的铬系合金钢。但我国既缺镍也缺铬，在1951年实验室尚缺试验研究仪器时，便向北京的钢铁研究所提出，要求寻找苏联钢号40铬的代用合金钢。到一汽兴建时，钢铁所已研究开发出可用的锰钼合金。后来一汽大量以40锰硼钢代40铬，用20锰钛硼钢代18铬锰钛[9]。对此,曾长期主持一汽、二汽材料工作的支德瑜指出,材料方面的突破在一汽逐渐实现设计产量中起到了重要作用,走出了典型的中国特色汽车合金钢道路①。

与156项目中许多工厂类似,苏联在援建第一汽车制造厂的过程中,可以说毫不吝惜地给予了帮助。包括提供了吉斯–150载货汽车的产品设计图纸和整套技术资料、派遣180多名行业专家到国内进行指导,以及接纳我国的518名实习生到苏联学习等。经过中苏双方的共同努力,1956年7月14日,距离一汽建设奠基仪式正好三年整,第一批12辆解放CA10型卡车下线,正式结束了"中国造不出汽车"的历史。今天经历过"技术换市场"曲折历程的我们,再回顾这段历史,会深深感慨于不同于西方投资或合资办厂中严格的技术保密,苏联方面从一开始就是希望中国能够拥有一定自主改进汽车的能力。如一汽设计处在1955—1956年苏联专家工作总结中提道,"在自行设计方面,亲自指导我们作出了解放牌汽车的改进,改进型汽车的总布置和技术设计",并具体指导了双轴拖车、发动机、后桥、传动轴、变速箱、离合器等一系列汽车关键部件的改进设计[10]。这一完全不同于资本主义模式的技术转移,使得中国汽车产业自主创新的种子得到极大滋养。

当然,出于原样照搬更能节省建设时间与成本,也出于意识形态等方面的考虑,当时对于苏联经验很大程度上采取了简单"盲从"的方式。但中国汽车工业人对于苏联汽车工业的技术、产品一直持有比较理性的态度,特别是一些对国际先进经验比较了解的专家、领导。如孟少农作为在麻省理工取得汽车专业硕士学位,并在福特、斯蒂贝克等多家汽车行业企业实习过的汽车专家,对于世界汽车工业的情况与苏联汽车工业的水平,是比较清楚的。他曾多次和别人分析过苏联汽车工业的来龙去脉,包括20世纪30年代大量引入欧美技术设备,整条引进福特卢吉工厂生产线,其后虽有所改进,但目前仍大体处在国际三四十年代水平。这当然也给孟少农带来不小的麻烦,使他在50年代末的政治整风中因为这些言论受到了政治冲击[11]。但这种尊重科学、不简单盲从的思路,也通过孟少农等人的言传身教得以流传,极大影响了中国汽车产业的发展,使得中国汽车工业人从一开始就非常重视对原理、方法等基础知识的学习、掌握,寻求对苏联体系的改善、超越。如在选派赴苏实习生的过程中,孟少农为了从基础原理、数据上更加了解苏联产品,坚持提出至少应有一名产品设计的实习生,最终派出刘经传作为人选。这些从生产源头就深度参与的技术人员,在后面消化吸收苏联技术方面起到了良好的作用[12]。专业人才的培养更是获得自主创新能力的基础。除了扩大原有的几所大学的汽车、机械等专业外,重工业部还专门建立了长春汽车学校和长春汽车拖拉机学院(后发展为吉林工业大学),培养汽车制造的专门人才,快速形成了产学研体系。这些都为下一步中国汽车工业的自主探索奠定了基础。

---

① 对原二汽副总工程师、总冶金师支德瑜的访谈,访谈人:冯筱才、吕红运,受访人:支德瑜,时间:2016年1月17日,地点:湖北省十堰市张湾区支德瑜家中,整理人:崔龙浩。

但在一个落后农业国建设先进复杂制造业，虽然具有重大的战略意义，却也是与一般社会生产力水平和普通民众的近期需求脱节，需要长期的巨量投入，十分考验整个国家与社会的决心、能力。如一汽CA140卡车改型问题，早在20世纪50年代和60年代初就有过多次改型尝试，终因技术基础不足、资金耗费大等原因而流产，到80年代才得以实施，被人戏称为"三十年一贯制"。特别是这套工业体系基本来自苏联社会主义阵营的技术、资金支持，在中苏关系分裂后，面临着彻底解体、瘫痪的危险（如苏联解体后众多东欧、朝鲜等社会主义阵营国家）。其仍然得以维持，得益于国家的大力投入、人民的巨大牺牲，这是需要时刻铭记的。

从这一视角而言，20世纪50年代末开始的一系列群众性的技术革新、技术革命和管理改革活动，便不应被简单视作盲目的群众运动，而是起到了一定的实际作用，这在汽车行业中有着比较明显的体现。如在1960年初，一汽开展了以"一新三化"为主要内容的技术革新和技术革命新高潮，的确提出了很多在不增加生产成本、不提高技术难度的情况下，达成增产增效、节约人才的建议。"一新三化"是指采用新技术，向机械化、自动化、生产组织合理化进军。在施行"一新三化"两个月后，全厂手工操作就从43%下降到37%，自动化半自动化程度从10.9%提高到17.5%[13]。无论是尽量降低成本，还是不提高技术难度，都是在当时外部条件不利、内部条件有限情况下的无奈选择。

同时，中国汽车工业人不仅仅是简单维持现有苏式体系，对于国际先进技术、产品的探索并未停止。1960年6月，毛泽东参观在上海举办的"双革"成果展览会，当他看到我国汽车工人试制的结构简单的转子发动机时，十分感兴趣[14]。此时，距离转子发动机发明人菲加士·汪克尔与德国NSU公司合作研制成功第一台转子发动机，也不过仅仅6年。虽然中国工人试制的转子发动机距离实用相距甚远，但这种探索精神、对国际新技术的关注仍令人瞩目。

在后来建设二汽期间的1971年底，二汽总厂真的曾试图研制转子发动机。据当时由饶斌点名担任研制组专用设备设计人员的李仰堂回忆，他第一次来到转子发动机研制组时，办公室里有20多人，可以说全部是二汽各专业厂的精英，都是专家和工程师。此后，在没有任何技术资料的情况下，李仰堂进行了三角活塞饱槽机整机、旋轮线磨缸机、旋轮线镗缸机等一系列专用设备的设计。但最终，二汽转子发动机项目研制历时6年，因技术瓶颈难以突破等原因，被"一机部"下文叫停[15]。这些在今天看起来有些"冒进"的尝试，在当时却有其合理性。从1964年首次装车试用，到1967年日本东洋工业公司将转子发动机装在马自达轿车上，开始成批生产，当时许多业内人士认为这种发动机的结构紧凑轻巧，运转宁静畅顺，也许会取替传统的活塞反复式发动机。中国汽车工业人的这些尝试，显然有着在外部信息不足的情况下，担心错过一次产业升级的成分，是探索中的成本。从后面的实际情况来看，正是这种关注国际最新进展的态度，使得二汽等自主建设汽车厂采取了多项国际先进技术、产品，如同样是20世纪60年代开始兴起的"挤压造型""铝锡合金钢瓦背"等[16]，保障了中国汽车产业的整体水平。

二、有准备的"被动自主"：三线建设时期汽车工业的自我突围

虽然"三线建设"主要是应对外部战争威胁而进行的一场备战运动，但无论是中央高层还是各级干部，都在实际建设中考虑到了经济的长远、平衡发展。如湖北十堰的第二汽车制造厂，就不能说完全是备战的产物，实际上早在50年代初期，中央领导层就开始考虑建设第二个汽车厂，但因为种种原因，前两次筹建都没有成功[17]。"三线建设"中，相关领导提出建设二汽，得到了大多数汽车工业领导、专家的强烈赞同，因为中国汽车工业人数年的理论钻研、思考与生产实践积累，特别是对苏联汽车工业的反思成果，终于有了一个可以施展的平台。

如再次得以主持建设大型汽车厂的饶斌，在接到负责筹建二汽的任务后非常兴奋，迅速与相关领导干部、专家对二汽的建设绘制了蓝图。在1965年12月20日的一次二汽建厂骨干会上，饶斌提出二汽建厂四大问题，即产品系列化、分厂专业化、建厂采用聚宝和包建方针，基本囊括了中国汽车工业人多年的探索成果[18]。

首先是建设一个什么样的工厂的问题。基于对一汽和世界汽车工业经验的总结，二汽决定采用专业化协作的方式，分散建设23个专业厂和总装厂。各专业厂独立生产，以生产总成为主，辅以小配套厂，既是生产基地，又是设计、试制、实验基地，还是培养人才的学校，可以不断进行技术总结、发展技术，直接为用户服务，直接对整车负责。虽然专业协作式建厂也有利于山区分散建设的备战考虑，但更主要的是对一汽"大而全"的集中式工厂的反思。后者虽然可以迅速建成、投产，也比较节约建设与生产成本，但无论是扩大生产，还是进行换型或开发生产新车型，都非常麻烦，如一汽为了生产红旗轿车，只能在其他地方另建厂房生产。而分散协作式生产更加灵活，当时国际上公认发展较好的日本丰田汽车厂、西德奔驰公司所属各厂，都是"分散型"的布局结构。更重要的是，从国际上工业发达国家的发展趋势来看，随着科学技术的发展，分工越来越细，专业化程度越来越高，汽车业先进国家已经实现零部件高度专业化协作。日、美、西欧各汽车公司的零部件外购率最高达到95%左右，一般平均达到60%～70%，公司本身只制造技术要求高的零部件、精密件和大件，其余都靠外厂供应[19]。而我国汽车厂还停留在大而全、小而全的万能厂阶段，二汽的专业协作化生产显然是带有追求自主产业升级考虑的长远安排。

其次是产品问题，要走产品系列化多品种的道路。这也是对苏联汽车业一个工厂单一品种生产的重大改革。要解决大量生产和多品种的矛盾，汽车的各种总成、每一种结构和工艺方法就要做到基本上相同，只是大小规格要求不同。如驾驶室、车桥、发动机等，分成几个品种，不同组合就可以装出多种车，这也是国际先进汽车企业的共同经验[20]。在后来的"产品设计"中，还进一步强调了"产品必须从我国的实际情况和方便用户出发，总结我国汽车工业的经验，自行设计并建立自己的汽车系列，是适合我国的自然条件（特别是亚热带、高原、多山、多雨等），产品要好用、好造、好修、省油，做到技术进步，材料立足于国内，坚固耐用，成本低廉"[21]。

为了实现材料方面的要求，二汽材料口在之前一汽材料开发的基础上，又结合国家最新采矿冶金技术情况，调查并确认了二汽可应用的新资源。有代表性的主要新资源是攀枝花铁矿中的共生元素钒和钛，和新发现开发的内蒙古白云鄂博铁矿中的共生元素稀土。在这些资源技术的基础上，二汽的钢铁合金系统构想最终获得丰富成果，在基体铁元素之外，采用地球储量最丰富的硅元素，相对较丰的锰，微量添加的主要元素钒，辅以微量的可用元素钛、磷、镁和稀土。二汽所用结构钢中既有较早应用的锰钒硼齿轮钢、锰硼调质钢、硅锰钒硼弹簧钢，又有后来应用的锰钒非调质钢和锰钒贝氏体钢等。尤其在铸铁中开发了稀土镁球墨铸铁，既有珠光体型，可替代结构钢件生产曲轴、凸轮轴类零件和其他抗磨零件，又有韧性铁素体型，可替代可锻铸铁，还开发了稀土镁蠕墨铸铁。这些有二汽特色的新材料，不仅推广到我国汽车业，后来也部分推广于合资轿车产品[22]。

1965年3月，二汽产品工作正式开始。饶斌提出，产品工作要全面规划、分期开发。他首先以长春汽研为主体，从一汽、南汽抽调骨干补充，成立了二汽产品设计队伍。又决定以南汽和上海一些汽车零部件厂为依托，开展产品试制、试验工作，并亲自落实从加拿大进口"万国"和"道奇"卡车系列做参考样品。在发动机采用V型8缸和直列6缸的争论时，饶斌亲自主持不下十次的专题讨论会，请每个人发言，互相质疑，互相补充，做到言无不尽。两年内，基本定下两个车型，即2吨越野车和3.5吨载重车，并进行了第二轮和第三轮试制试验。通过两种车型的设计和试制，计划从仿造为主到自己设计，从军用车、民用车分别设计到结合成一个系列设计，从一个系列汽车设计将达到整个系列化多品种设计[23]。这些设想虽然在后来并未完全实现，但说明我国汽车工业的自主产品设计能力已经基本形成。

在作为二汽建设纲领性文件的《第二汽车制造厂建设方针十四条》中，二汽建设者们系统提出"进行生产组织革命，创中国式的汽车工业发展新道路"，"进行产品设计革命，生产出世界上第一流的中国式汽车产品"，"进行工厂设计、土建设计和工艺设计革命，赶超世界先进技术水平"，"进行设备革命，走自己武装自己的道路"等[24]。这也就是后来的"四新"建厂方针，即新技术、新工艺、新材料、新设备。

那么，如何实现这些目标？饶斌等领导专家结合实际情况，给出了具体的方案——"包建"与"聚宝"。"包建"是延续了斯大林汽车厂援建一汽的做法，由一汽、北汽、南汽以及上海、武汉等地共30多个工厂，分别包建对应的专业厂，做到包设计（工艺设计、工厂设计）、包生产设备、包人员培训、包生产调试，保证建设质量，尽快建成投产。"聚宝"则是饶斌等人的独特创新，顾名思义，就是把汽车行业以及机械行业新工艺、新技术等有计划地集中移植到二汽来。后来统计，全国有140多家工厂、设计、科研、教学单位向二汽提供新技术、新工艺、新设备、新材料和新的科研成果，使其吸收了全国汽车、机电工业的精华，在技术、设备、产品等方面都达到了全国第一流水平[25]。如由济南第二机床厂设计制造的我国第一台大型平面拉削机床，由上海试验机厂、上海第五机床厂、上海机床电器厂和华中工学院"三结合"队伍研制的我国第一台电子控制的动平衡自动线——QDX曲轴动平衡自动线等等[26]。据不完全统计,二汽先后共采用新工艺53项,新材料14项,新设备4000多台[27],特别是之前"双革"中的很多成果,也在这一时期被利用起来[28]。这种自主创新中的连续性、叠加性,说明中国汽车、机械工业已经逐渐系统化,整个行业的水平已经有了一定基础。

三、"三线建设"第二轮高潮中的汽车工业

"文革"开始后,虽然二汽建设在备战重压和政治运动冲击下,受到了诸多冲击、干扰,如出"政治车""政治炮",搞"设计革命",抓"厂址造反"等,但大部分二汽建设者仍然在很大程度上保持了清醒头脑,以建设、生产为重。中国的汽车工业不仅得以延续,还在不停寻求升级与发展。

这其中的核心,就在于中国的汽车工业人,对于中国汽车产业的总体战略、产品路线、技术瓶颈等等,都是有比较深入、清晰的认识。这得益于一汽建设、投产期间对苏联体系的消化吸收,对相关理论知识、生产实践的探索反思,是中国汽车工业人长期坚持把握产业自主性的结果。

在1975年形成2.5吨卡车生产能力的过程中,这种自主性就得到了很好的体现。经过"文革"初期的极度混乱,1969年二汽开始了新一轮的建设高潮。可是由于种种原因,直到1975年,还没有形成任何车型的量产能力。这首先在于国家计划的变动,将最初的2吨越野车改为2.5吨,3吨卡车改为5吨卡车。在初期的产品设计中,也饱受"文革"冲击,大量技术人员不能发挥作用。1973年后,政治形势稍微平稳,二汽干部职工就抓紧集中解决了2.5吨越野车104项关键质量问题,修改了全车1/4的零件,计900多种。并经过大量的室内试验和道路试验,产品质量与可靠性显著提高。2吨半越野车从1968年开始设计至1975年投产共7年,试制5轮样车,道路试验里程达40万千米。这样从设计、工艺到试验全流程的经验积累,使二汽在1975年投产攻关开始之初,就分期分批,把每一个会战项目的内容、进度、要求和责任者,都逐一落实清楚。如27个特种工艺项目的工程质量返修和配套,3684根天车梁的返修工程,104项产品攻关项目等[29]。生产蓝图的清晰自主,保证了2.5吨越野车的顺利投产,在产品、工艺等方面的具体经验积累也极为珍贵。

在其后1977年建成5吨卡车生产能力的过程中,同样体现了自主性对于产业能力提升的重要作用。"文革"结束后,由于军队订货不足,为了扭转企业亏损的局面,饶斌将在陕西汽车厂的孟少农请到二汽,组织民用5吨卡车的投产。为此,孟少农与相关技术人员,系统总结了在产品、设备、工艺质量上的64项重大问题。同样经过分期分批、落实到人的办法,二汽很快克服了其中绝大部分难题,保证了5吨民用车的及时投产,终于在1978年扭亏为盈[30]。其中积累的丰富经验,在其后二汽不断产品、技术升级中,都得到了很好的体现。如参与5吨卡车发动机工程的郭其祥,在1985年继续领导了发动机清洁度的攻关,解决了二汽发动机生产的一大顽疾[31]。

到20世纪80年代，这些以自主创新为本、建立在自有产品平台上的长期经验积累、产业基础，在二汽彻底脱困的过程中发挥了更明显的作用。比如在对外设备、技术引进中，因为已经有了一定的设备、技术基础，也有着丰富的实际生产经验，对于要引进哪些设备、要解决哪些技术难题，二汽相关人员都是非常清楚的，这节约了大量外汇和时间。其中比较有代表性的是引进澳大利亚ACL公司瓦带生产线的过程。因为苏联的巴氏合金钢背轴瓦不能满足二汽改进的EQ6100发动机的要求，决定改用铝锡合金钢瓦背，由英国格拉西亚金属公司供应。铝锡合金钢瓦背是60年代新开发的高科技产品，世界上能制造的工厂不多。中方曾与格拉西亚公司洽谈引进设备、技术自主生产，但对方索价1500万英镑，过于昂贵，只得长期忍受采购垄断价格的格拉西亚瓦带。到80年代中期，每年采购瓦带所需花费已经高达100万美元。1985年11月，一个偶然的机会二汽相关人员了解到澳大利亚ACL轴瓦厂也能生产铝锡瓦带。经过了解后，得知其是早年从格拉西亚购买的工艺技术，稍有落后，产量较小，但质量可达标准。经过接触，澳方开价约180万美元，可转让全套技术和设备。但是，澳方生产线的金属熔化铸锭技术已经落后于中方，当时国内铝业已经实现大炉熔化和连铸得坯等先进技术，中方提出这部分不从澳方引进。另外，二汽人员又发现大量通用设备可想办法在国内采购，一些辅助机、专用设备，凭借二汽的制造能力，澳方提供图纸、数据等后，也能自己制造。最后，澳方仅需向二汽出口一台主机即可，其他则提供制造图、帮助测绘等，经过几轮谈判，合同总价一下子降到约78万美元[32]。

二汽在铸造方面的生产升级，更体现了其在建设初期打下的良好基础。在60年代引进了一些法国设备后，长年通过自主摸索生产，只有一些技术问题没有完全攻克。二汽相关技术人员辗转联系上了英国铸铁研究协会，这种研究会实际是一种营业性工业科研机构，为中小企业收费服务，如承接咨询、设计、化验分析和科研课题服务等，由行业内专家组成。通过努力，二汽仅交纳了每年几千英镑的会员费，就解决了大量技术问题。与进口外国设备、技术相比，所节约外汇难以计数[33]。

这些在对外开放中的"省钱"往事，一方面体现了老一辈汽车人艰苦创业、处处节省的精神，另一方面也表明经过不断的自主探索、建设，中国的汽车工业已经有了一定的设备、技术和生产经验基础，才能够在少花钱、少费力的情况下得到较好的产业升级效果。法国汽车界元老贝利埃的一段话，颇能说明问题："中国连原子弹都能自己开发成功，来找法国引进技术，无非可以节省时间，早得技术罢了，法国应当合作。"[34]如果没有共和国前三十年对两弹一星、机床、汽车、飞机等高精尖技术和复杂制造业的艰难探索，改革开放前后的一系列对外开放和技术引进，所遇到的情况将是完全不同的，不仅可能发展更为艰难，大量重化工业、制造业领域也将面临被先进工业国控制垄断的境地。

四、结语：自主探索中的突破与启示

现代复杂制造业不是一朝一夕就能够建立起来的，需要长时间的积累与探索，特别是要不断地自主探索、创新、升级。由于特殊的国情,中国汽车工业的起步就带有强烈的独立自主追求。在后来的建设过程中,虽然得到了苏联的大力援助,但中国早期的汽车工业人也始终坚持加强产业自主能力,在产业规划、生产组织、生产工艺和技术材料等方面,结合自身国情与国际先进经验进行了广泛的积累与探索。到"三线建设"时期,在内外部客观条件非常不利的情况下,依靠长期自主探索建设了二汽等大型汽车制造厂,不仅维持了原有的机械和汽车工业体系,还进行了一定的产业升级。回顾这段历史,我们看到在共和国初期的工业化历程中,建设者们不仅仅是被动地接收外部工业转移,更主动在有限的条件下,尽量消化吸收、提升产业自主性,为改革开放后汽车工业的崛起与参与国际竞争奠定了基础。

今天中国早已成为世界第一大汽车生产国和消费国,自主品牌汽车也在新能源转型中蓬勃发展。与许多其他民用复杂制造业相比,中国自主汽车产业发展是取得了一定成绩的,这和中国汽车工业人不断寻求创建自主产品平台、提升产业自主能力不无关系。2000年底,已改名为东风集团的二汽与法国标致进行合资,在法方要求下计划撤销技术中心。对此,中心多位长年致力于研发自主乘用汽车的工程师有意出走,因为即便安排其他岗位,在外方主导下他们发挥能力的地方也将非常有限。此时,恰逢奇瑞汽车创业维艰,尹同跃等一批同样希望造出自主轿车而从一汽大众等合资车企走的公司高管,正在四处寻找汽车研发人才,便将这些计划离职和已经流散在外的20余名原二汽技术人员全部网罗到奇瑞。不到一年时间,这个团队就先后开发出"东方之子""QQ""旗云"等多种车型,彻底帮助奇瑞站稳了脚跟,也让中国自主品牌轿车开始崛起[35]。

同时,我国又再次面临先进工业国的科技、产业压制,制造业整体"大而不强"的局面没有得到彻底改变,急需进一步的突破升级。回首共和国前三十年工业历程,许多做法仍有启发意义。比如业内专家在反思中国近二十余年机床产业发展遭遇困境时,曾指出:"中国制造业的翻天覆地的发展,包括汽车等蓬勃发展的市场,昔日并没有给国产机床留下多少试错的空间,这是最大的遗憾之一。"[36]而在新中国汽车工业发展初期,一机部和汽车行业相关领导就关注到了要以汽车等前端制造业,带动机床、冶金等基础工业,促进工业水平的整体发展。这种总体性的视角,在今天过度市场化、功利化、分散化的制造业环境下,显示出了其珍贵的矫枉价值。进一步而言,一个国家的工业发展水平也并不只是工业领域本身就能够决定的,需要整个国家、社会的配合,需要重视实体产业、基础科技,鼓励坚持自主创新的环境。回首共和国前三十年中国汽车工业的自主探索历程,中国人民与汽车工业人不仅在艰难的内外部环境下,保存、发展了基本工业体系,为改革开放之后中国的工业起飞铺设了产业、技术和人才等多方面阶梯,更留下了值得当代中国人学习的自主创新精神与经验。

参考文献:

[1] 塞萨尔·伊达尔戈.增长的本质:秩序的进化,从原子到经济[M].浮木译社,译.北京:中信出版集团,

2016:63-66.

[2] 关云平.中国汽车工业的早期发展(1920—1978 年)[D].武汉:华中师范大学,2014:1.

[3] 林毅夫,蔡昉,李周.中国的奇迹:发展战略与经济改革[M].上海:格致出版社,上海三联书店,上海
人民出版社,2014:22-28.

[4] 关云平.中国汽车工业的早期发展(1920—1978 年)[D].武汉:华中师范大学,2014:15-28.

[5] 孟庆基.建立中国汽车工业的初步计划[J].国立清华大学工程学报,1948(1).

[6] 陈祖涛,口述,欧阳敏,撰写.我的汽车生涯[J].时代汽车,2005(7).

[7] 本书编委会.回忆孟少农.十堰:第二汽车制造厂印刷厂,192.

[8] 张矛.饶斌传记[M].北京:华文出版社,2003:70.

[9] 支德瑜.回忆我所知汽车工业筹备组所属汽车实验室早期历史[M]//支德瑜.科技人生(第二辑).北
京:机械工业出版社,2015:404.

[10] 第一汽车厂设计处.第一汽车厂设计处 1955—1956 年专家工作总结》[Z].长春市政协文史委员
会,1956 年 12 月 25 日、长春市档案馆编:《苏联专家在一汽》,吉林省内部资料性出版物,2013 年:
80-86.

[11] 本书编委会.回忆孟少农[M].十堰:第二汽车制造厂印刷厂,30.

[12] 本书编委会.回忆孟少农[M].十堰:第二汽车制造厂印刷厂,39.

[13] 张矛.饶斌传记[M].北京:华文出版社,2003:171.

[14] 张矛.饶斌传记[M].北京:华文出版社,2003:178.

[15] 曾雨.离开大城市到山沟沟支援二汽建设,他从普通工人成长为工程师[N].十堰晚报,2017-05-16
(a15).

[16] 第二汽车制造厂."聚宝"——二汽采用全国"四新"技术概况[M].十堰:第二汽车制造厂印,1982:6.

[17] 崔龙浩."备战"与"运动"下的三线企业选址——以二汽厂址问题为例的考察[J].历史教学问题,
2021(2).

[18] 支德瑜.二汽筹建思路基本上形成于 1965 年.支德瑜.科技人生(第二辑)[J].北京:机械工业出版
社,2015:435.

[19] 陆丽姣.我国第二汽车制造厂厂址布局和内部结构的初步分析[J].经济地理,1984(3).

[20] 张矛.饶斌传记[M].北京:华文出版社,2003:195.

[21] 东风汽车公司史志办公室.第二汽车制造厂志(1969-1983)[M].十堰:东风汽车公司,498.

[22] 支德瑜.科技人生(第二辑)[M].北京:机械工业出版社,2015:5.

[23] 张矛.饶斌传记[M].北京:华文出版社,2003:216-217.

[24] 东风汽车公司史志办公室.第二汽车制造厂志(1969-1983)[M].十堰:东风汽车公司,498-501.

[25] 中共二汽委员会宣传部编.二汽建设讲义[Z].1987:11.

[26] 第二汽车制造厂."聚宝"——二汽采用全国"四新"技术概况[M].十堰:第二汽车制造厂印刷厂,
1982:13、21.

[27] 第二汽车制造厂."聚宝"——二汽采用全国"四新"技术概况[M].十堰:第二汽车制造厂印刷厂,
1982:3.

[28] 张矛.饶斌传记[M].北京:华文出版社,2003:194.

[29] 中共二汽委员会宣传部编.二汽建设讲义[Z].1987:13-14.

［30］本书编委会:《回忆孟少农》,十堰:第二汽车制造厂印刷厂,3.

［31］郭其祥口述,张厚生整理:《汽车岁月》,自印本:80-81.

［32］支德瑜.科技人生(第二辑)[M].北京:机械工业出版社,2015:19-38.

［33］支德瑜.科技人生(第二辑)[M].北京:机械工业出版社,2015:12.

［34］支德瑜.科技人生(第二辑)[M].北京:机械工业出版社,2015:19.

［35］路风.走向自主创新:寻求中国力量的源泉[M].北京:中国人民大学出版社,2019:85.

［36］林雪萍.中国机床之路,为什么越走越窄? ——浮沉中国机床路[Z/OL].知识自动化(微信公众号).2020-06-04.

守正创新视角下中国工业遗产的
保护开发与更新改造研究
——以坊子炭矿遗址文化园为例

张　波

（广西艺术学院）

　　时代的进步伴随产生新的发展理论，守正创新强调既坚持原有的正确的理念，又善于吸取新的经验，进行创新、发展；国家工业遗产具有工业价值、遗产价值，体现出国家工业的发展历程与建设成绩，以及背后的探索精神、奋斗精神。坊子炭矿经过百年发展，从最初的炭矿基地演变为文化公园，既保护基址基础上进行合理规划设计，又实现了工业、文化、旅游的结合。对于守正创新的研究最初主要集中教育、文艺方面，如2000年《中国高等教育》刊发文章《北京大学中文系：坚持"守正创新"》探讨高等教育行业的守正与创新发展，2005年刘中树先生《贴近文艺实践恪行守正创新——加强现实文艺问题研究》对文艺思想与实践创作展开研究，2010年王岳川《守正创新与正大气象》对中国文化与艺术进行探讨，2020年中共中央宣传部宣传教育局编《守正创新的践行》书籍对新时代公民道德建设进行解读阐述。立足守正创新角度对于设计的研究相对较少，2021年符菱雁《传统工艺品的"守正"与"创新再设计"》强调守正与创新对于传统工艺品的重要性，且未曾涉及建筑与环境方面的改造设计。综上所述，对于守正创新理念的研究较多，而立足守正创新角度对于环境设计改造、工业遗产的保护发展方面则相对较少；坊子炭矿作为中国的工业遗产，本文以此为例从守正创新的视角展开研究，分析其保护开发与更新改造。

一、守正创新理念概述

　　守正创新是当前中国进入新时代所倡导的发展理念，从字面意思理解由"守正"与"创新"两方面组成，守正强调坚守正道，保留原有的、正确的理念，尊重事物发展规律；创新要求在守正的基础上保留正确的，摒弃错误的，并进行创造、革新，守正创新理念体现出"扬弃"特征，具有马克思主义的哲学辩证观点。守正创新理念是中华民族的优秀传统，是适应时代的新发展理念。守正原意为恪守正道，《史记·八书·礼书》云"循法守正者见侮于世，奢溢僭差者谓之显荣"；老子《道德经》云"持而盈之，不如其已"；《易经》师卦云"贞，丈人吉，无咎"；《张方平集·马绛传》云"守正之谓和",以上均是古代典籍中对于"守正"的原意论述,即坚守正道。创新有创立、革新的意思,《周易·系辞上》云"日新之谓盛德";《宋史·尹洙传》云"日新盛德,与民更始,则天下幸甚";《礼记·大学》云"苟日新,日日新,又日新";《明史·杨慎传》云"资性不足恃,日新德业,当自学问中来",以上便是古代典籍中关于"新"的相关认识,即革新、进步。守正是创新的基础,创新是守正的升华,没有守正只强调创新便是凭空虚无,脱离正道,而没有创新只强调守正便会停滞不前、僵化自封;守正是根,创新是魂,二者是相辅相成,辩证统一的关系。

二、中国的工业遗产与坊子炭矿文化园概述

ICOMOS 和 TICCIH 将工业遗产定义为是由场地、建筑、综合体、区域和景观以及可以提供过去或正在进行的工业生产过程证明的相关机械、物件或文件、原材料提取物和其转换成的商品以及相关的能源和运输基础设施等组成的[1]。工业遗产是近代社会的产物,伴随着工业的发展而产生。出于对中国工业遗产的重视,2018年中国科协创新战略研究院和中国城市学会联合发布《中国工业遗产保护名录(第一批)》,2019年发布第二批;另外,由中华人民共和国工业和信息化部认定的国家工业遗产至今以达到四批。近代以来,我国工业的发展与历史环境息息相关,既有西方列强入侵建立工厂掠夺资源,又有民族工业自发实业救国,以及新中国成立以后大力发展轻重工业,复杂多样的近代中国工业发展史,在很大程度上反映出中国革命的探索史。坊子炭矿作为重工业遗址具有较强的代表性。

坊子炭矿位于山东省潍坊市坊子区北海路南首,现已被山东新方集团开发为坊子炭矿遗址文化园(见图1)。坊子炭矿于2018年入选《中国工业遗产保护名录(第一批)》,获得山东省三星级科普教育基地、潍坊市爱国主义教育基地等荣誉称号,矿区内的坊子竖井于2013年被国务院划定为全国重点文物保护单位,并于2014年改造为坊子炭矿博物馆竖井体验馆。坊子是山东重要的煤炭产地之一,早在清朝就建造了名为"丁家井"的矿井,对煤炭资源进行开采[2]。潍县(今潍坊)坊子煤田始建于清朝乾隆年间,而坊子炭矿是在坊子煤田基础上建设的,至今已有120多年历史,最初是德国人于1898年兴建,曾先后经历德国、日本、国民党政府的统治,至今仍有德日建筑群遗址9处,矿区内德国建造的坊子竖井与蒸汽机房烟囱保留较为完好,砌筑工艺精美。坊子炭矿在原工业基址上进行规划设计,已演变为坊子炭矿遗址文化园。目前文化园原有建筑主要包括德建炭矿大门、坊子竖井、德建工业厂房建筑群等,新修建筑为炭矿博物馆、办公中心、接待中心、游乐公园等,各项功能较为齐全。坊子炭矿遗址文化园的建设不仅只是旅游品牌的打造,经济效益的提升,更是对于国家工业文化的挖掘,革命斗争精神的发扬,具有较高的文化价值。

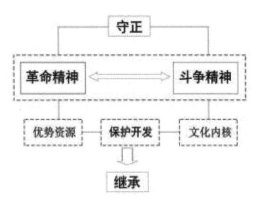

图1 坊子炭矿遗产文化园 图2 守正"精神"分析图

三、守正创新视角下坊子炭矿的保护开发与更新改造

(一)守正精神 保护开发

守正创新,守正是前提[3]。立足"守正"的角度进行分析,坊子炭矿需要坚守的是广大劳动人民所体现出的革命精神与斗争精神,这也正是坊子炭矿的精神之魂。因此以坊子炭矿遗址文化园为依托,从革命斗争精神、曲折探索历史、工业遗产文化3个方面出发,研究其实物遗产的保护开发与革命思想的精神守正。

1.革命斗争精神

坊子炭矿现已开辟为遗址文化园,除了其自身的所具有工业遗产价值外,革命精神与斗争精神是坊子炭矿的精神内核;革命斗争精神作为历史探索中所形成的"正道",即是需要守正传承的部分(见图2)。首先,就革命精神而言,坊子炭矿自19世纪末先后遭德、日本侵占,中国人民遭受压榨剥削的同时也促进了民族意识的觉醒,1924年日占时期坊子炭矿二号井发生水灾事故造成75人遇难,陈独秀先生义愤填膺写下《工界最近之惨剧》,并要求日本人抚恤补偿;中共"一大"代表王尽美曾于1925年至坊子进行革命宣传、劳工动员,坊子炭矿积极响应革命号召;现已创建省市区三级爱国主义教育基地、红色教育基地;其次,就斗争精神而言,坊子炭矿面对列强欺压进行多次反抗斗争,1930年,中国山东省委向潍县中心县委发出指示,组织进行煤矿工人运动,建立群众组织党组织;1931年,益都县(今青州市)代表陈铭新到达坊子煤矿,与潍县中心县委书记刘良才共同组织煤矿工人运动,与日伪反动派进行英勇斗争;1931年潍县中心县委书记刘良才与陈铭新、高松溪成立"坊子炭矿工人罢工委员会";1932年刘良才组织"2·5大罢工",坊子炭矿工人第一次取得罢工斗争的全面胜利;此后,坊子炭矿在中国共产党的带领下进行过不同大小规模的斗争,广大劳工逐渐觉醒,进行革命反抗。斗争精神是中国共产党革命实践的精神动力[4]。坊子炭矿的革命斗争精神正是其核心所在、灵魂所在。

2.曲折探索历史

坊子炭矿的工业发展史是近代煤矿工人的苦难史,更是广大劳工群众的奋斗史,也是中国共产党领导成长的革命史(见表1)。自鸦片战争开始,近代资本主义列强用坚船利炮打开中国大门,开始建立工厂,掠夺资源,坊子炭矿亦是在这样的背景下产生的。1898年《胶澳租界条约》签订,德国在坊子一带开始挖掘钻探,并且为了实现对山东的长期霸占,成立了德华山东矿务公司,坊子煤田也因此变为了坊子炭矿。1914年,第一次世界大战爆发,日本趁乱出兵山东对德宣战。德国战败逃离,结束了对坊子炭矿十六年的侵占,坊子炭矿便被日本占领。日占时期对于矿工进行更加残酷的剥削与压榨,造成矿难事故频发,矿工生命安全无法保障。1945年,日本结束了对坊子炭矿31年的统治,坊子炭矿也因此由国民党政府采用官督商办的模式进行经营,国民党山东省第八行政督察区坊子办事处刘天兴对矿区工人剥削压榨,攫取利益。1949年中华人民共和国成立,实现人民当家做主,广大劳工群众才得以真正解放(见图3)。西方列强攫取利益,压榨劳工的同时亦激发了人民群众的反抗斗争,留下了不朽的革命精神。

表1　坊子炭矿各历史时期表

	时间	统辖原因	离开原因	成效	实质	价值
德国	1889—1914	《胶澳租界条约》签订	德国忙于一战	工业文化输入	侵占领土资源掠夺	不忘历史
日本	1914—1945	一战日本战胜	对德宣战,侵略山东	工业文化输入	侵占领土资源掠夺	爱国教育以史为鉴
国民政府	1945—1949	抗战胜利,国民党占领	剥削压榨攫取利益	工业资源开采	官督商办压榨掠夺	

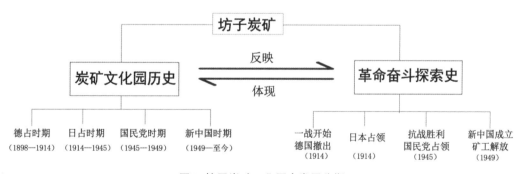

图3　坊子炭矿工业历史发展分期

3.工业遗产文化

文化是工业遗产保护的关键词,充分挖掘其文化属性,才能更好地做好工业遗产保护[5]。革命斗争精神需要守正,发展进程中所承载的工业文化亦需要守正。坊子炭矿遗址文化园入选《中国工业遗产保护名录(第一批)》表明其工业遗产价值较高,尤其是坊子竖井更是被国务院列为全国重点文物保护单位。坊子炭矿的工业文化大致包含实物载体与文化精神两个方面，具体表现在八个小类(见图4)，物质载体方面：第一，工业厂房最具代表，包括炭矿大门、日式绞车房、德日时期办公室等；第二，炭矿竖井，包括坊子竖井等；第三,20世纪70年代修建的炭矿物资仓库；第四，器械工具，如空气锤、龙门刨床等；文化精神方面：第五，进行煤矿开采所留下的工业技术；第六，兴修工业厂房所留下的建筑技艺；第七，劳工大众不屈不挠的革命斗争精神；第八，坊子炭矿的历史价值，是一部奋斗史、发展史、革命史。工业建筑遗址与思想文化精神共同构成了坊子炭矿的工业遗产文化。

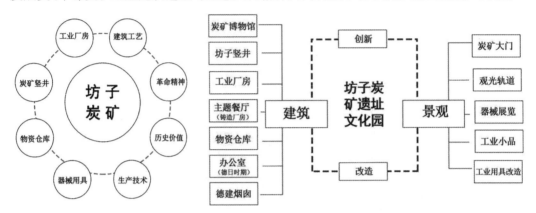

图4 坊子炭矿工业遗产文化体现　　　图5 坊子炭矿遗址文化园建筑与景观规划

(二)创新规划 更新改造

创新是民族进步之魂[6]。守正是创新的基础保证，创新是守正的活力升华，在守正精神的基础上进行创新规划设计。坊子炭矿遗址文化园的更新改造主要从炭矿主题规划、工业景观设计、建筑提升改造、文旅创意园区四个方面进行分析。

表2坊子炭矿文化园各分区概况表

	类别	性质	范围	年代	用途	价值	区域	园区位置
炭矿大门	建筑	建造	德建大门	20世纪	观赏	历史价值	文化区	入口
炭矿博物馆	建筑	建造	新旧建筑结合	21世纪	游览体验	革命价值	体验区	中部
工业机房	建筑	建造	绞车房,电机房,烟囱	19—20世纪	游览观赏	工业价值历史价值	文化区	中部北部
坊子竖井体验馆	建筑	改造	坊子竖井	19—20世纪	游览体验	工业价值历史价值	体验区文化区	中部北部
观光轨道	公共设施	建造	原运煤环形专线	21世纪	游览体验	实用价值	体验区	北部
工业展区	景观	建造	露天展览	21世纪	观赏	工业价值	文化区	中部
物资仓库	建筑	建造	炭矿物资储存建筑	20世纪	储存观赏	工业价值	文化区	中部

续表

	类别	性质	范围	年代	用途	价值	区域	园区位置
游乐园区	建筑/景观	建造	德乐堡梦幻水世界	21世纪	游览体验	实用价值	休闲区	西部、北部、南部
办公室	建筑	建造	德日时期办建筑	19-20世纪	办公观赏	历史价值	文化区	中部
主题餐厅	建筑	改造	原铸造厂房	21世纪	餐饮观赏	实用价值 实用价值	休闲区 体验区	中部
其他	小品/景观	改造/建造	U型钢架小品,雕塑,体育设施等	21世纪	体验	工业价值	休闲区	分散分布

1.炭矿主题规划

工业遗产承载国家工业的记忆,是工业时代的实体展品,具有科学技术价值与社会价值[7]。坊子炭矿遗产文化园作为工业遗产是以"炭矿"为主题进行设计的(见图5),坊子炭矿开发较早,工业厂房等建筑保存较为完善,工业文化与革命文化较为丰富,这些都与"炭矿"有着密切关联,因此以炭矿作为主题进行规划设计亦是立足"守正"的基础进行的(见图6);依照功能可划分建筑区、景观区、娱乐区、体验区四大类(见表2)。首先,建筑区从时间上分为遗址建筑群与新修建筑群。遗址建筑包括日式绞车房(见图7)、德日时期办公室、发电机房(见图8)、蒸汽机房、铸造厂房等,新修建筑包括炭矿博物馆、游乐公园等,新旧建筑相互交

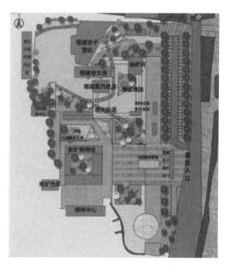

图6 坊子炭矿文化园整体规划设计平面图

融;其次,景观区可分为工业景观与人工景观。工业景观包括炭矿大门、德建烟囱(见图9)等,自然景观包括德植银杏树(见图10)、花坛草坪等;娱乐区指新修德乐堡梦幻水世界游乐园;体验区分为室内体验区和室外体验区,室内体验区包括炭矿博物馆与坊子炭矿竖井体验,室外体验区包括工业器械改造的体育娱乐实施等。园区规划集合文旅一体,进行爱国主义教育、工业文化宣传、革命精神弘扬。

图7 日式绞车房　　图8 德建发电机房　　图9 德建烟囱　　图10 德植银杏树

2.工业景观设计

坊子炭矿在德日统治期间兴修了诸多的工业设施,目前在原有工业设施的基础上进行保护和改造,产生了大量的工业景观,已重新焕发生机与活力。工业遗存景观设计应当尊重工业生产的历史,努力维护工业遗存的完整性,突出工业生产面貌和时代特色,增强业遗存的吸引力[8]。工业景观是坊子炭矿遗址文化园的特色所在,包括纪念保护类与更新改造类。纪念保护类景观以保护修复为主,供游人观赏游览,包括德国开采时期的炭矿大门(见图11)和对轴流风机(见图12)、天轮、摇臂钻床等工业设备。更新改造类景观是根据原有遗留的、废弃的工业设施重新改造,主要包括U型支架隧道小品(见图13),利用矿用U型钢架进行小品设计;设置工业风格宣传栏(见图14);设置革命事迹小品,以铁制镂雕、浮雕的形式进行制作;设置革命英雄事迹雕塑(见图15),以鲜活的形象讲述革命故事;设置公共小品设施(见图16),如垃圾桶、花坛、体育娱乐设施。整个园区工业景观大致由工业小品、工业用具、工业产品组成(见图17),搭配自然景观,文化性与生态性兼具。

图11 德建坊子炭矿大门　图12 工业景观:轴流风机　图13 U型钢架景观小品　图14 工业风格宣传栏

图15 革命英雄事迹铁制浮雕　　图16 工业器械改造为实用设施　　图17 工业景观构成

3.建筑提升改造

坊子炭矿遗址文化园内建筑的创造或改造体现出较强的创新观念,通过炭矿主题来展示工业遗产文化。对于工业建筑遗产而言,其蕴含的美学内涵和艺术价值有着重要的研究意义,是完善工业建筑遗产研究体系,确立保护机制的重要组成内容[9]。以原日德建筑群为依托规划分为两类,一是对日德工业建筑进行保护,二是在炭矿基址上进行改造,主要包括室内与室外两部分。

图18 坊子炭矿博物馆

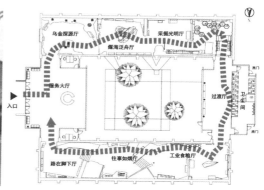

图19 坊子炭矿博物馆分区与流线

首先,室内改造以炭矿博物馆和主题餐厅为代表,炭矿博物馆采用砖石、钢铁、玻璃相结合的方式,钢铁玻璃大门与中部过渡厅为新修建筑,中部展厅为砖石建筑,由两组建国时期的工业厂房组成(见图18),博物馆的台阶用有百年历史的铁轨枕木铺设而成,代表着炭矿的历史底蕴,室内空间依照时间的先后顺序呈回字形排列(见图19);主题餐厅是在原有铸造维修车间的基础上进行改造的(见图20),面积较大,空间以中西混搭风格为主,地面大理石铺砖,立面采用青砖,较为粗犷,顶面采用粉色吊花装饰,艺术氛围浓厚。

图20 主题餐厅室内空间

图21 20世纪遗留宣传标语

图22 室外景观墙彩绘

其次,室外部分指建筑外立面的改造设计。第一,博物馆墙面装饰表现出强烈的年代性与主题性,立面的"抓纲治国大干快上"仍是20世纪六七十年代留下的标语(见图21),体现出年代性;墙面上的钢板镂雕画描述各类革命事迹。第二,游乐园入口旁的室外彩绘体现休闲性、娱乐性(见图22)。

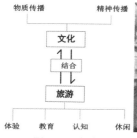

图23 文化与旅游
结合分析

图24 博物馆内部
主题展厅

图25 德建坊子竖井

图26 矿井仿真雕
塑(来源于微信公众号:
坊子炭矿遗址文化园)

4.文旅创意园区

园区目前将文化传播与观光旅游紧密结合为一体(见图23)。工业遗产旅游应该侧重于对工业文化的追思和工业历史教育[10]。园区创意设计可立足文化传播与旅游观光两部分分析。首先,文化传播方面,以坊子炭矿博物馆、坊子竖井体验馆、仿真雕塑为代表。第一,坊子炭矿博物馆以六大主题展厅进行空间展览(见图24),科普知识;第二,坊子竖坑现已改造为体验馆(见图25),进行井下采煤体验;第三,矿井内设雕塑人像(见图26),还原当时煤矿工人挖煤场景,利用真实的场景感染游众,赞颂矿工的奉献精神。其次,旅游观光方面,设观光轨道、蒸汽机车工业景观、游乐园区。第一,观光轨道原为运煤专线,现已进行改造,形成一个回环游览线路(见图27);第二,设置蒸汽机车工业景观(见图28),将原运煤车改造为工业景观,在园区内形成视觉焦点,另外设置德乐堡水世界游乐场,作为商业游乐区域,依托文化园为游客提供休闲娱乐体验。

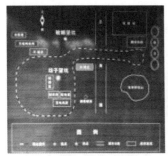

图27 观光轨道路线图　　图28 工业景观,蒸汽机车

图29 研学实践结合分析

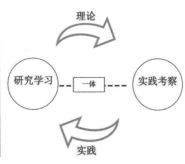

(三)发扬利用　文化深耕

坊子炭矿遗址文化园通过科学合理的方式实现守正精神,创新改造,进行文化深耕。主要从教育科普体验与研学实践结合两方面进行分析。

1.教育科普体验

首先,以教育的方式进行红色文化的发扬,例如炭矿博物馆内设"往事如烟"展厅,对西方列强的掠夺压榨进行回顾,其目的是以史为鉴,不忘历史;设置"路在脚下"展厅,回忆革命党人领导矿工进行革命斗争,代表工人阶级思想意识的觉醒。另外园区内设置勿忘国耻长廊,将坊子炭矿遭列强侵占的历史叙述展示;设置革命文化雕塑小品与钢板镂雕来宣扬革命事迹,启迪教育。其次,以科普方式进行传达,这也是炭矿文化园最为直接的方式,游人通过观赏各类厂房遗址、工业器械、工业景观小品等能够了解其工业用途与发展历史,尤其是炭矿博物馆、竖井体验馆,以三维体验的方式进行科普,能够使游人身临其境。

2.研学实践结合

坊子炭矿具有较长的工业发展历程,同时承载丰富的革命精神,因此具有丰富的学术研究价值,通过研究学习与实践考察相结合的方式(见图29),不仅能够有效地促进文化区的发展,而且也能丰富相关学科的研究内容。首先,就研究学习而言,坊子炭矿是山东省三星级科普教育基地、山东科技大学、潍坊学院等六所院校的教学实践基地,为科学研究提供场所与载体,园区内的工业设备、开采技术等都具有较高的研究价值;其次,就实践考察而言,德占领时期留下的工业建筑、生产器械,包括发展过程中留下的工业遗迹,都是极为珍贵的研究材料。

(四)科学发展文化深耕

坊子炭矿具有较高的工业遗产价值与文化价值,保护的目的是为了守正精神,改造的目的是为了活力创新,主要可以从城区功能优化与炭矿文化挖掘两个方面进行分析。

1.城区功能优化

坊子炭矿遗址文化园的兴建对于城区功能的优化具有重要作用,可从实际规划功效与城市精神文化形象两方面进行论述。首先,就实际规划功效而言,坊子炭矿位于潍坊市坊子区北海路南首,其西侧为潍州路,东侧为北海路,交通便利,其东南方向为安丘市政府,东北方向为潍坊市政府与坊子区政府,炭矿文化区的规划设计利于完善地方文化设施,促进地区旅游发展,增强市区功能效用。其次,就城市文化形象而言,坊子炭矿经开发改造演变为坊子炭矿遗址文化园,并入选中国工业遗产保护名录,依靠自身优势挖掘出工业文化与其背后的精神文化,从而能够打造特色旅游品牌,提升城市形象,促进地区的全面发展。

2.炭矿文化挖掘

文化园的设计通过挖掘炭矿文化的手段来更加深入地理解历史,因此坊子炭矿的文化性能够体现在历史价值、革命价值、工业价值、产业价值、建筑价值五个方面。首先,就历史价值而言,坊子炭矿自清朝康熙年间的坊子煤田,到19世纪末德国占领建立坊子炭矿,后又经过日本、国民党占领,直至中华人民共和国成立实现解放,曲折的发展历史意味着勿忘国耻,铭记历史;其次,就革命价值而言,坊子炭矿曾组建坊子炭矿工人罢工委员会,进行"2·5大罢工"等活动,进行革命斗争;另外,就工业价值而言,坊子炭矿竖井是中国第一座欧式机械凿岩矿井,一定程度上代表了近代中国工业的发展;此外,就遗产价值而言,坊子竖井现已脱离生产,入选国家重点文物保护单位,区域内的各类工业遗址与设备都进行修缮与保护,开辟为工业景观;最后,就建筑价值而言,文化园区内的各类工业厂房建筑价值较高,砌筑工艺精美,使用时间较长,保存相对完好,因此建筑价值较高。

坊子炭矿立足守正与创新两个方面,通过利用与挖掘优势资源,目的是为了实现园区的全面发展,守正的是精神与思想文化,包括革命文化、历史文化、遗产文化、工业文化,创新的是遗址更新规划,包括建筑提升,景观小品设计、室内环境改造,通过守正创新实现文化精神与物质载体的统一(见图30)。

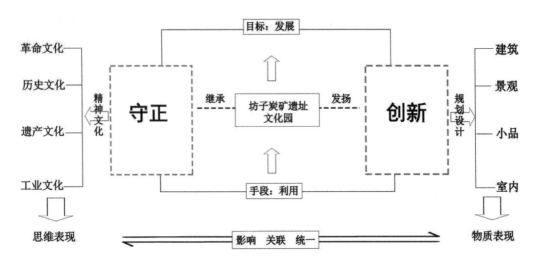

图30 坊子炭矿遗址文化园的保护开发与更新改造分析

四、结语

本文以坊子炭矿遗址文化园为例，立足守正创新的视角，从守正、创新、利用、发展四个方面对工业遗产的保护开发与更新改造进行全面研究。守正主要是坚守正统的革命精神、奉献精神，对于原有的文化、遗产资源进行保护，从革命斗争精神、曲折发展历史、工业遗产文化三方面进行分析；创新主要是在守正精神的基础上对遗址进行合理改造，有机更新，从炭矿主题规划、工业景观设计、建筑提升改造、文旅创意园区四个方面展开论述；发扬利用主要是通过教育科普体验、研学实践结合的方式对资源进行挖掘；发展则是通过科学的方式达到城区功能优化与炭矿文化深耕的目标，最终以守正创新的方式实现遗产的优质保护，基址的合理改造，资源的有效利用，文化的传承发扬，地区的全面发展。

参考文献：

[1] 迈克尔·洛（Michael Louw），编.工业遗产保护与开发[M].姜楠，译.桂林：广西师范大学出版社，2018.03.

[2] 刘晓辉，郑一凡.坊子炭矿区工业遗产改造的思考——以坊子炭矿遗址文化园为例[J].城市建筑，2019，16(15)：118-119+122.

[3] 白玉刚.守正是前提 创新是关键 实干是根本[J].党建，2019(01)：38.

[4] 颜玫琳.以斗争精神锤炼革命底色[J].红旗文稿，2019(22)：33-34.

[5] 艾智科.文化何在：中国工业遗产保护的反思[J].东南文化，2019(03)：13-17.

[6] 石平.创新是引领发展的第一动力[J].求是，2015(09)：55-56.

[7] 朱小芳，刘泽青，胡慧敏.工业遗产保护与再利用研究——以北京东燕郊旧工厂建筑景观改造设计为例[J].工业建筑，2020，50(09)：194.

［8］刘精科.休闲文化视角下工业遗存景观的创新设计[J].美术观察,2019(10):82.

［9］贾超,郑力鹏.工业建筑遗产的美学内涵探析[J].工业建筑,2017,47(08):1-6.

［10］吴骞,韩禹锋.工业遗产景观二元向度的弹性再生研究[J].工业建筑,2021,51(03):1-7.

基于口述史的三线建设者精神动力
形成质性分析*
——以攀枝花三线建设为例

1.代　俊　2.袁晓艳
（1.2.攀枝花学院）

每个地区都有其独特的历史和文化积淀,作为三线建设典型的移民城市攀枝花亦是如此。1964年11月,首批攀枝花三线建设队伍开始集结,数十万建设者在短短数年内放弃原籍相对优越的生活和事业发展条件,浩浩荡荡奔赴攀枝花这片亘古荒原,投入到边远山区的新兴重工业城市建设中,一场轰轰烈烈的三线建设点亮了这座城市的历史。基于前期三线建设口述史的采集和研究,我们一直在思考:是什么力量引发了如此壮举? 当年的政府和个人是怎样达到目标契合的? 三线精神①是如何生成的及其于当今社会发展有何价值? 对三线建设历史文化的好奇和对三线建设者的敬仰激发了我们的研究热情。

我们曾考虑用内容分析的结构式定量研究方法,将用语言表达的文献转换成用数量表示的资料,对前期搜集的口述资料进行二次分析,以探索三线建设者精神动力形成的真实原因,提高研究的客观性,但在数据转化的过程中发现,鲜活的史实一点点失去热度,于是重新将焦点集中于质性研究。所谓质性研究是通过研究者和被研究者之间的互动,对事物进行深入、细致、长期的体验,然后对事物的“质”得到一个比较全面的解释性理解,而访谈恰恰是质的研究的基础[3]。本课题研究者作为典型的攀二代,幼时随父母迁徙入攀,与攀枝花这座城市一起成长,出于保存三线建设史料的使命感,以及攀二代的三线情怀,自2017年以来一直致力于三线建设口述史的收集和研究,感知的“三线精神”不再是一段史实的理论概况,而是一张张生动的面庞,一句句朴实而真挚的语言,一个个平凡而伟大

* 本文为2021年四川省社科规划庆祝中国共产党成立100周年暨党史学习教育专项课题“四川三线建设精神口述史研究”（SC21JD004）。

① 20世纪80年代中后期,在以攀枝花为代表的三线建设主战场,开始了三线精神的提炼,1984年概括了“艰苦创业、无私奉献、开拓进取、团结协作、科学求实”五个方面的内容,正式称为“攀枝花精神”[1]。2014年3月23日,由中国社科院当代研究所和攀枝花市共同发起,中华人民共和国国史学会三线建设研究分会在北京成立,大会通过的《章程》中明确提出了“艰苦创业、无私奉献、团结协作、勇于创新”的三线精神[2]。2018年10月,中宣部将“三线精神”与“两弹一星”精神、载人航天精神等一起列为新时代大力弘扬的民族精神、奋斗精神。

的灵魂。

一、从口述史研究看三线建设者精神动力的形成

"三线建设"研究近年来逐渐形成热点,已有研究多着眼于宏观,聚焦三线建设的背景、评价、调整改革、经验教训、领导或榜样人物、与西部大开发的关系等方面。虽然近年来的研究视野有下移的倾向,社会史研究越来越聚焦于普通百姓生活,三线建设边远地区社会转型的研究也引起一定程度的重视,但微观视野的研究总体还是比较缺乏。同样,三线建设口述史研究虽已提上日程,但到目前为止,研究成果还非常有限。

口述史具有关注普通民众,传达大众声音的"平民血统",被认为是"自下而上看历史"的大众史观的代表,"感受芸芸众生的喜怒哀乐,补充文献资料所不能反映的历史信息,丰满历史血肉,作口述史学是一种颇为有效的研究路径"[4]。地处西南边陲的攀枝花,作为当时党中央"最关心和牵挂的地方",是当年三线建设的重中之重,素有三线建设"龙头"之称。2015年攀枝花市开发建设50周年纪念及建设"攀枝花中国三线建设博物馆"的过程中,也做过部分三线建设口述资料收集,主要对象为攀枝花建设的领导和行业劳模,但对基于个体亲历的微观史研究重视不够,尤其是对当年建设者参与建设的心理真实着力不够。总的来说,攀枝花三线建设相关研究的厚度和深度以及成果数量都没有达到作为全国三线建设重镇应有的资源开发利用高度,尤其是基于百姓视角的口述史研究更是空白,而这些百姓口述史恰恰是"使少数人把持的史学从象牙之塔中走出来,接近民众、接近现实"的历史,"他们的回忆,使我们得以从民间的立场反观历史"[5]。在口述史整理基础上研究和分析当年三线建设者精神动力形成过程和要素,确定其动力形成机制,可为地方社会发展提供历史参照,探寻有效凝聚人心的科学依据,有益于今天地方政府推进社会转型的规划设计和移民城市居民心理归属等社会心理引导。同时,三线建设不仅是工业、交通、教育和新兴城市等方面的建设壮举,更是弥足珍贵的爱国主义情怀史,其研究史料可以为青少年和干部廉政教育提供鲜活的爱国主义教育素材。

(一)"抢救性"是三线建设口述史研究的突出特征

人是精神的物质载体,承载三线精神的三线建设者正在以加速度的方式离世,"在中国现代化和城市化的快速进程中,很多未被充分记录和研究的乡土历史和文化正面临着加速湮灭和消逝的危机"[6]。作为三线建设典型的移民城市攀枝花亦是如此。

采集口述史我们考虑了3个年龄层次:80岁以上组、70岁组、60岁组(含60岁以下)。其中80岁组建设者是在60年代参加攀枝花三线建设时的主力,当时多为青壮年,正是事业上升期,按当时的社会习俗基本已建立家庭,"挈妇将雏"来到攀枝花,其动力形成殊为不易,目前这批建设者健在人员已不多,属于"抢救性"研究对象。70岁组指年龄在70—79岁之间的对象,多数因毕业分配进入攀枝花,也包括成批次招工的青年劳动者,当年正

值青春芳华，其动力形成可能更能体现当年的时代特征。60岁组对象多为当年随父母来到攀枝花的青少年学生，俗称"攀二代"，虽未直接参与建设"大会战"，但同样是攀枝花三线建设的"三亲"（亲历、亲见、亲闻）者，而且大部分人至今在攀枝花工作和生活，见证了城市的建设和发展变迁。60岁组虽未作为口述史访谈的重点，当年因为年幼，记忆可能并不精准，但在那物资匮乏的年代，父辈身上体现出的三线精神是其成长最丰富的精神营养，因此，他们可能是三线精神的接盘手，更是最有情怀的播种机。

（二）各个社会阶层有其独特的精神特质

攀枝花市是因三线建设而生的一座新兴资源型城市，其建设历史和文化不同于任何一个具有或厚重或轻薄的历史积淀的老城市和地区。出于备战需求，攀枝花三线建设"先生产、后生活"的策略使得建设者经历了难以想象的艰苦创业阶段。攀枝花建设是集全体劳动者之力而创造的奇迹，虽然工业和工人是建设史中最典型的行业和人员，但参与城市建设的其他社会阶层也不容忽视。借助当年最为流行的社会阶层简易划分方式，我们从工、农、兵、学、商五个层次探讨精神动力形成的特殊性。

1."工"——咱们工人有力量

1964年，党中央发出开发攀枝花的号召后，首批数十万建设者从全国各地云集攀枝花，在这片亘古荒地唱响战天斗地的战歌，最普通的劳动者用他们最朴实的方式阐释了"艰苦创业、无私奉献、团结协作、勇于创新"的三线精神：很多三线建设者来自成都、重庆、上海、东北工业基地等社会经济发达、生活条件优越的地区，却为毛主席一句"钉子就钉在攀枝花"而抛家离舍过上了"三块石头架口锅，帐篷搭在山窝窝"的艰苦创业的日子。随后，更是有成千上万的"弱女子"带着年幼的子女上演千里寻夫的时代新剧，无私奉献也被她们写出了新意。"108将""6金花""8闯将"的故事攀枝花人早已耳熟能详，但可能被忽略的是，1970年为了向党的生日献礼，参加攀枝花钢铁基地大会战的广大干部职工"不想爹，不想妈，不出铁不回家"的无私奉献，各条战线建设者团结协作，技术人员勇于创新的尝试，和成千上万合同制民工的艰苦奋斗。这些普通的劳动者可能没有任何名号，也没有上中国三线建设博物馆的英模墙，但他们的故事仍然打动今天的年轻人，警醒我们"不忘初心"。

2."农"——从"遗民"到农民

很多关注三线建设的人都听说过"七户人家一棵树"的著名故事，故事形象描绘了三线建设初期攀枝花地区交通闭塞、人烟稀少、经济落后的原始状况，留给众人攀枝花几乎无原住民的印象。事实上，攀枝花是人类活动较早的地区之一，攀枝花建市时间虽短，但有文字记载的历史却在2000年以上，只是因为攀枝花地处荒远，古时经常为帝王发配罪臣之地，历史上也有族群因躲避战乱而迁徙至此的案例[7]。

攀枝花地区曾生活着大量的原住民，全市有汉、彝、傈僳、苗、纳西、白、傣、满等42个民族，真正荒无人烟的只是攀钢厂矿区。口述史采访中，各个阶层人员均有回忆，三线建设初期的攀枝花农民缺乏基本的农业生产条件和技能，连最基本的蔬菜种植都不会。这些原住民虽然贫穷落后，但他们也以特殊的方式参与了共和国三线建设的宏伟历程，并倾其所有奉献了自己的资源和力量，让地、迁居、学习种菜、补充供给，被三线建设的"开山炮"打破了千年的生活习性。当然，三线建设也极大地影响了本地的经济、社会、文化生活，可以说是三线建设这列工业快车，搭载着攀枝花地区各民族人民奔向了更幸福、美好的生活。

3."兵"——军令如山啃硬骨

三线建设初期，很多基础建设的硬骨头都是靠成建制的解放军部队来啃。从60年代起，在"准备打仗"的思想指导下，国防建设采取了许多举措，备战整军，成立专门承担三线建设重点工程的部队，并组建民兵团和生产建设兵团等，同时，大批转业退伍军人也义无反顾奔赴三线。

在攀西地区，至今流传着铁五师、851、852等部队攻坚克难的故事。1966年春，中国人民解放军铁道兵第五师，在师长李绍珠、政委袁岩波率领下，奉命调防渡口市（攀枝花市前身），担负铁路修建任务。先后完成了"两线、三片、一厂"①的铁路工程和有关任务。1966年8月1日，原交通部第二公路工程局第四工程处，改编为中国人民解放军建字851部队，奉命参加成昆铁路通车和攀钢出铁大会战。驻市期间，修路架桥，还参加了弄弄坪地区的"三通一住"②大会战。1970年5月，该部奉令调离，有800名战士集体转业到攀枝花市公路工程处工作。基建工程兵第852大队奉命承担了渡口市矿山公路攀枝花钢厂上马前的准备工程，施工区域内山高崖陡、滩险流急、沟深壁陡，机械难以进去，施工全靠人力，施工连队却创出日均完成土石方1000立方米，"涵洞不过夜，小桥不过旬"的纪录。1970年10月，西昌、凉山从农村"五匠"和城镇闲散劳动力中抽调人员上万，组建了"西昌地区民兵团"和"凉山州民兵团"，支持攀枝花钢铁基地三线建设，配合铁道部队修筑成昆铁路及渡口矿山铁路支线，以及矿山、工区公路，承担狮子山大爆破的矿洞开凿等，其功绩不可磨灭[8]。三线精神是他们用血汗写就的英雄史诗。

4."学"——安定人心办学校

随着党中央开发攀枝花，建设大三线的一声令下，数十万以男性建设者为主的建设大军奔赴藏于祖国西南大山中的渡口市，极度艰苦的生活条件并没有打倒这些铮铮铁骨的好男儿，但是与亲人的分离却让他们在渡口清冷的月光下倍感孤独和牵肠挂肚的思念。于是，在1970年左右，大批来自全国各地城乡的妇女拖儿带女千里寻夫，丈夫和妻子、父亲和孩子终于得以团圆，但是一个巨大的隐患即刻显现，那就是，孩子们没书可

---

　　①　"两线"，即成昆铁路米易至三堆子段和三堆子至格里坪渡口支线；"三片"，包括河门口、格里坪、弄弄坪，共长90.5公里的铁路专用线；"一厂"，即年产6.5万吨的耐火材料厂。铁五师1974年5月完成任务，奉命调防。
　　②　攀枝花市（渡口市）建设之初，为了使建设队伍进得来，站得住，展得开，特区党委和攀枝花建设指挥部 集中人力、物力，首先展开了"通路、通水、通电"和"住房"建设。

读,没学可上。

当时的攀枝花本是荒凉之地,全市范围内几乎没有一所设备完整、师资完备的学校,为了解决随迁孩子的上学问题,渡口市迎来了建市后第一次办学高潮。分布在全市各点规模大大小小的中小学雨后春笋般建立,不仅市政府致力于开办学校,主要满足各类机关、商业部门、事业单位子女以及附近乡村孩子的上学需求,包括攀钢、攀矿、十九冶等在内的大企业也逐步建立了自己相对独立的教育王国。由于有企业强大的经济后盾,曾经一度,这些企业学校无论在学校规模、硬件设施,还是师资储备、教学质量上甚至都超过了市直属学校,但全市教育的整体水平仍然远远落后于建设者们家乡的学校,这也成为当时人心不稳的一个重要原因。

值得一提的是,无论早期的中小学建设,还是三线调整时期的攀枝花大学的建成,都是在一穷二白,教育资源极度匮乏的基础上展开的。很多中小学老师在为办学奔波的路途上,和"泥腿子"没有什么区别,完全扔下了书生的斯文。攀枝花大学更是发挥了"愚公移山"的精神,削平了一座大山进行基础建设。也许这些教育工作者只是大三线的第二线,但是"艰苦创业"的三线精神于他们来说有别样的深刻含义,孩子们感激他们,历史也不会忘记他们。

5. "商"——后勤保障解困难

攀枝花市开发初期,由于"先生产、后生活"的建设要求,城市建设,尤其是物质生活保障严重不足,商业萧条,因此,人们极易忽略商业职工的努力,甚至是他们的存在。事实上,首批商业职工早在1963年就已进入这片荒凉的处女地,为最早参加开发攀枝花的工人、技术攻关人员服务。一位叫杨爱群的商业职工回忆:"我们组织青年突击队,夜晚时背着背篓到高炉、炼焦炉旁,给换班的工人送货,送完回来已经半夜三更了,就坐在灯光球场上数钱。"在攀枝花开发建设纪念馆"十三幢"里,展出了大批当年发放的"票据",其涉及面之广可能超出了当今人们的认知,不仅有计划经济下全国皆有的粮票、布票、油票,还有令人耳目一新的蜂窝煤票、肥皂票、糖票、酒票……凡此种种,恰恰从另一个侧面证明当年的渡口市物资的极度匮乏,以及建设者们生活的艰辛,当然也让我们形象地看到商业职工存在和努力的痕迹。

当年的商业职工,多来自经济发达的重庆、成都、江浙一带和东北老工业区,本着"好人好马上三线"的原则被反复筛选,来到渡口市却过上了"马帮"式的日子,爬山过江,克服种种难以想象的困难,把生产、生活物资送到生产一线。多位口述者回忆:从1965年深秋开始,国家建委和交通部从北京、辽宁、山东、河南、安徽5省市抽调精干职工4650人、汽车1500辆,组成著名的"五大车队",汽车悬挂着"坚决把物质送到毛主席最关心的地方去"的大幅标语,昼夜兼程,奔驰在1300多千米的川滇西线公路上,从成都、昆明南北两线将生产、生活物资源源不断地运送到攀枝花。

改革开放后,三线建设进入调整期,商业战线首当其冲,企业改制、重组,人员重新就业。已过中年的三线商业人顺应国家大政,默默地努力适应社会变革,不问过往,无私奉献的精神再一次在他们的身上发出奕奕光彩。

二、三线建设者精神动力形成的影响因素分析

(一)"艰苦创业"源于精神为主、物质为辅的激励因素

马斯洛的需求层次理论认为,人最本源的动力来源于生理需求,它是更高层次动力产生的基础,只有少数人在特定的条件下可以跨越需求的结构层次,直接出现社会性的"尊重和自我实现"需求。在"三线建设亲历者看来,苦是饮食生活最集中的记忆和表达"[9]。当年攀枝花三线建设者所面临的苦首先是"先生产、后生活"带来的吃、穿、住、行的生活之苦,其程度远远大于其他有社会基础的地区。"艰苦"是口述史中出现频率最高的词语,那么究竟是什么力量使得大批建设者超越了人的本性,产生了跨越式的精神动力呢?

首先是精神感召。毛泽东于当时的人们来说,不仅是国家主席,也是一代人的精神领袖,"其权威不仅停留在政治上,更内化为民众的心理归属,成为一种'情'与'义'"[10]。他曾多次表示对攀枝花三线建设的强烈关注和焦虑,很多口述史受访者都明确表达:"毛主席他老人家说攀枝花建不起来他睡不着觉,为了让他睡得安稳,我们就来攀枝花了嘛。"同时,"好人好马上三线"的宣传与遴选,也激发了建设者的自我认同和社会价值感。

二是生存需求。国民经济三年困难时期,粮食供应是最急迫的困难。口述者朱巧如,丈夫参加过抗美援朝,她说:"我4个孩子,带来攀枝花虽然其他条件不好,但是能吃饱饭,有书读,就很满足了。"口述者莫邦俊说:"农村的生活一直就是那么苦,后头听说招工当工人,觉得工人有饭吃,还有工资,肯定都很高兴,所以就来参加三线建设了。"攀枝花市前市委书记秦万祥回忆:"全国除了西藏外,各省、市、自治区都参加和支持了攀枝花的开发建设,无论是生产物资或是生活物质几乎是有求必应。"[11]虽然当时的攀枝花除了攀钢等大企业物质保障相对到位,更多的社会成员都经历着物质的极度匮乏,但吃得饱饭还是一致的认同。

三是奖惩激励。三线建设地区因为有"艰苦地区补贴",工资待遇相对高于其他地区。三线建设时期,全国共划分十一类工资区,以一类工资区的工资标准为基数,每高1个工资类区,工资增加3%[12]。口述者刘建华,重庆船厂工程师,1964年5月被派到渡口,他说:"那个时候一个月51块钱的工资,分配很清楚:一个月生活费大概十几块钱,饭堂吃一份肉四毛钱,一份素菜一毛五,剩下的30多块钱寄回家,还养着几个孩子。"洪宝书回忆:"像我所在那个单位大部分是合同工,来自比较贫困地区的农村,想的是有饭吃,能活命,何况每个月还有38块钱工资,还有探亲假,还给路费,补助,都是国家负责的。"三线建设者配偶和子女农转非政策也有很强的激励性。同时,罚也是分明的,多位口述者回忆:无论是分配到攀枝花的大学毕业生还是招进的民工,私自脱离岗位返回原籍的,均不再安排公职,致使一些中途因难以忍耐艰苦条件而离岗的人员后又返回。牛锡福回忆:"建设初期,一年就只有12天的探亲假,一天也不能多,这是规定的,超了是要扣工资的。"而当时的交

通条件，从成都到攀枝花单边需要4至5天时间，可见管理还是非常严苛的。

（二）"无私奉献"是家国情怀的时代特征

家国情怀是一种"以国为家"的爱国情感，是对"有大国才有小家"理念的认同和升华，涵盖了认同感、归属感、使命感、自豪感等内容。三线建设者有强烈的家国情怀，可以说三线精神就是家国情怀的具体体现[13]。

亓伟①是三线精神的代表性人物，他的墓就在宝鼎山之巅，因为他临终前要求："我活着建设攀枝花，死后把我埋在宝鼎山的最高处，我要日日夜夜看着攀枝花出煤、出铁、出钢。"亓伟墓朴实无华，整体为水泥素面，陪伴他的不仅有当年为三线建设捐躯的英烈，有追随他的警卫员，甚至有历史遗留的百姓墓。家风严谨的后人坚辞对墓葬进行大的调整和装饰，保留亓伟身前最本真的风格。家国情怀触发的无私奉献在亓伟及其家人身上得到最完美的诠释。

"三献"建设在攀枝花三线建设者中广为流传，余树英1962年昆师毕业来攀枝花小学任教，"文革"时期一边挨批斗，一边在阿署达、普达、前进乡建了十多个学校，当时教育系统有"男学李学品，女学余树英"的说法。她在口述史中说："现在我们都觉得那个时候的情况不可想象，但是我们那时候还高高兴兴地坚持下来，这是一个时代的问题，发展阶段和宣传教育的问题，当然也是普普通通的建设者灵魂的问题，用他们的话说就是献青春，献终身，还献了我的子孙，是'三献'建设。"如果说"三线"只是一个地域概念，而"三献"则已倾注了三线建设者真挚而丰沛的情感，是家国情怀下无私奉献最朴实的解读。

同时代的"三线精神"和"大庆精神"，是当时工业建设一南一北的两面旗帜，但"三线精神"提出较晚，且不如"大庆精神"传播更广、影响更远，究其原因，很大程度上是因为三线建设的保密性质[14]。战备保密需求给当年的三线建设者生活带来了诸多不便，但乐观的年轻人却将之转化成一种"保家卫国"的自豪感。口述者郑光宇说："我们认为自己也是为革命贡献力量嘞，那个时候提的是中国是世界革命的根据地，渡口（攀枝花）是中国的军工厂，我们回老家和别个摆龙门阵（聊天）都说我们那个地方是保密的，我们不给你说我们是干啥子的（笑），我们写信都是说几号信箱，从来不写具体的地址。"这种保家卫国的自豪感成为帮助众多三线青年熬过艰苦岁月的精神兴奋剂，也是那个时代的青年精神追求的时代特征。

（三）"团结协作"的底气是制度优势

三线建设作为一项牵动全局的大规模经济建设，国家采取了"全国一盘棋"的社会动员和资源调动方式。在当年冷战与国际关系紧张背景下，三线建设某种程度上具有国之重器的战略意义，过程中国家动员了二十多个部委参与，投入了当时国家三分之一以上的

---

① 亓伟，三线建设时期任宝鼎山煤矿建设指挥部党委书记，举家从山东到江苏，江苏到云南，再到攀枝花参加三线建设，最终病倒在工作岗位上离世。

财政份额[15]。在国民经济并不发达的情况下,集全国之力投入国防重点项目,这样的做法也只能公有制下的计划经济能够办到。从国家层面说,团结协作最突出的案例是"政策性移民",除了从经济和生产技术相对发达地区迁徙大量人口到相对边远的三线地区外,还出现了厂矿企业的"集体迁移"。经过几年的搬迁,三线地区迁入了一大批企事业单位,出现了数量可观的一类政府主导型移民"三线建设移民"[16]。攀枝花钢铁公司(四〇公司)、矿务局(前身为煤炭指挥部,对外称四号信箱)、十九冶(二号信箱)几个三线时期攀枝花的大型国企都有集体迁移的情况。李身钊,1964年12月进入西南钢铁研究院,"108将"①成员:"当时为了建设这里专门把攀枝花搞成特区,特区里边党政合一,政企合一,没有扯皮,效率很高。全国一盘棋,中央周总理亲自抓,一下子从鞍钢调六千人来,所以说特区制度是攀枝花的经验。"

从东北老工业区成批次迁入成熟的技术人员和生产一线工人,从科研院所和工科学校调入和分配大量科研人员,体现了最高层级的团结协作精神。为保证钢铁生产,市政建设起步阶段也从成都、重庆等四川经济最为发达的地区成批次调入商业服务人员。段长忠,1964年从原单位重庆交电公司选调到渡口特区贸易公司:"我当时才二十来岁,原来的教育都是说要听从党的安排,党安排你到哪里去,你就到哪里去。商业厅通知我们三天过后就出发,当时以为只有我一个人,到了重庆菜园坝火车站,发现有五金公司的、化工公司的,还有重庆市粮食局的、饮食服务公司的,这些都是属于商业系统,就是原来的重庆市第一商业局。我们重庆来的这一批一共是23个人。"

攀枝花的整个城市建设都是围绕攀钢顺利生产,出钢、出铁来调度,政企关系、工农关系等的建立也充分体现了围绕核心,团结协作的特点。莫邦俊,1966年11月招工来到渡口2号信箱参加三线建设:"三线建设开始的时候叫政企合一,那时候关系都很融洽。矿山公司和攀钢是合并在一起的,矿业公司是1970年以后在朱家包包才成立的临时指挥部,十九冶也是和攀钢平级的,西区那边的攀煤属于煤炭工业部,级别都是一样的,各个大企业都是为攀钢配套生产的。"袁付宗,攀枝花市银江乡倮果村大队长:"攀枝花三线建设从1964年就开始启动了,要说我们当地对三线建设的支持和配合方面呢,就是生产队成立个蔬菜队统一种蔬菜,菜种出来了你不要拿来吃,必须定点送菜给蔬菜公司,由蔬菜公司去卖。"政企合一、联合攻关、城乡一体等协作政策是攀枝花三线建设的特殊性,很好地解决了三线建设早期生产、生活的困难,体现的是基层单位和人员间的团结协作。

(四)"勇于创新"是"卡脖子"逼出的使命感

首先,三线建设的创新是决策创新。经济发展、国防建设、工业开发相结合的原则,是

---

① 1964年至1967年,原国家冶金工业部在全国范围内抽调十多家大专院校、科研院所和大型企业的专家、教授、专业技术人员等组成工作组,开展我国冶金工业史上规模最大的一次科技大会战——攀枝花钒钛磁铁矿高 炉冶炼试验攻关。参与攻关的科技人员数量,恰好与《水浒传》中"108将"相同,因此他们也被称为"108将"。

应对新中国经济基础薄弱，工业发展落后，国防任务紧迫境况的创新性建设思路。在具体的建设方案中，贯彻"军民结合""平战结合"的方针，军队按照"劳武结合，能工能战，以工为主"的宗旨，一手拿镐，一手拿枪，平时能工，战时能战，一边保家卫国，一边建设家园。在项目选址上，针对工业、人口过度集中于大中城市的隐患，采取"靠山、分散、隐蔽、进洞"的对策，在我国纵深地区建立起国防工业和农业保障相结合得比较完整的战略后方基地[13]。

其次，科研创新衍生大量核心技术和自主产权。60年代，美、苏、中三个大国鼎立的世界政治格局基本形成，不仅美国十分忌惮中国这个东方巨人，就连革命战争时期被我国视为社会主义老大哥的苏联也对我国多方设防，不断撤离国防工业项目的资金和技术支持，多方面采取"卡脖子"的政策。加之攀枝花钒钛铁矿伴生钴、镍、铬、锰、镓、钪、硒、铂等20多种稀有金属，造成冶炼的很大困难，被多国专家判为"呆矿"。李身钊充满自豪感地说："我们的课题是炼铁，我们这个矿叫高钛型的钒钛磁铁矿，第二次世界大战以前，苏联的院士做了三次试验，全失败了。我们的1000多次试验是在60年代那个条件底下，一步步摸索出来普通高炉冶炼攀枝花高钛型钒钛磁铁矿的方法和流程。所以我说攀枝花铁矿冶炼里边好多东西是属于技术的，但是好多东西确实也是社会主义经济（制度）的问题，那时叫全国一盘棋，所以说计划经济也有它的好处。后来苏联（炼铁）出了事还跑我们这儿来参观，为了技术保密，我们不让他参观！我们的炼铁试验就是中国特色！"

三、"三线精神"的时代价值

尽管当年的三线地区生活艰难、物资匮乏，文化生活贫乏，但在三线建设者身上却表现出强烈的"四个自信"。李振声，1967年初从东北本溪矿务局参加三线建设来到攀枝花4号信箱煤炭指挥部，是攀枝花龙洞煤矿气肥煤的发现者和组织开采者，他说："我1956年就已经开始写论文了，在《地质学报》上发表，到'文化大革命'批斗我的时候已经陆陆续续发表17篇论文。因为白专道路和海外关系，有人就说不能把李振声这个定时炸弹送到三线去，但是四川去的渡口三线建设工作队调干的人说李振声我们一定要！最后他们少要六个干部的名额才把我拉过来的。"即便在特殊时期的政治高压之下，仍然不放弃理想信念，仍然坚信党的领导，承担为国建功的责任，这就是三线人的"四个自信"。

三线精神与社会主义核心价值观高度契合，三线精神是社会主义核心价值观的重要来源。王清泰，1966年兰州大学毕业24岁，分到四〇公司（攀钢）工作："我们那个时候怎么填志愿呢？第一志愿服从分配，第二志愿服从分配，第三志愿还是服从分配。当时毕业就是想要为国家贡献，我们那个时候的人都是这个样子，不是说只有我一个人是那样。我认为三线精神是急国家所急，为国家需要服务，不计较个人得失，包括生活上的困难，要把自己所学的知识全部献给国家的建设，这是三线精神的核心。"一个知识分子的爱国情怀就是这么直接而单纯。牛锡福，1965年毕业分配到渡口建筑勘察设计研究院工作时只有

21岁,修新庄隧道遭遇大水漫顶:"当时因为我们负责勘察,就是专家,出了问题你要负责任的! 我们就搬到那儿,睡在洞子口,和铁道兵一起。"也许肩膀还很稚嫩,但却承担了如此重大的责任,敬业不是一句简单的口号。卢敏,1967年来到渡口煤炭指挥部参加三线建设:"当时的条件你们没法想象,简单说吧,我们来了以后上班,就是一张破桌子呀,还有一张床,我们从床上坐起来就是上班了,躺下了就算是下班嘛,一天根本就没有几点上班几点下班这个概念。我们这些人就是在毛主席的感召下到这儿的,不讲待遇,不讲条件,思想就是自我牺牲的唉。"不讲条件讲信仰,国家需要高于个人需求,体现的就是核心价值观的精髓。

周玉泉,石匠,1964年入攀,先后参与了501电厂、502电厂、503电厂的修建:"在渡口修503电厂,当时我去石头山上面开山打洞,一个30多方的石头吊在空中卡起了,要用炸药炸开后才能放下来,稍微有偏差就糟了。当时我把施工员喊起,我说'走,洞里面没得人了,要死我们两个一起死,一定要把那个石头放下来。'"不怕牺牲,这就是最基层的劳动者对国家的忠诚。

三线精神作为中国共产党革命建设和中华民族精神的重要组成部分,其丰富的内涵在强化党员党性修养方面具有独特的时代价值[17]。三线精神蕴含着厚重的历史文化价值和丰富的红色文化资源,是推动民族复兴伟业的强大精神力量,研究并推动三线精神上升为国家精神、民族精神具有突出的现实意义。三线建设作为一项国家战略,为新时代西部大开发奠定了坚实的基础,提供了宝贵的经验,中宣部已将三线精神纳入新时代大力弘扬的民族精神、奋斗精神,为研究和宣传三线精神提供了政策保障。

参考文献:

[1] 攀枝花人民政府网.1984年大事记[EB/OL][2021.7.7].http://www.panzhihua.gov.cn/zjpzh/pzhsz/dsj/505306.shtml.

[2] 中华人民共和国国史学会三线建设研究分会规章[EB/OL][2021.7.7].https://baike.baidu.com/.

[3] 陈向明.质的研究方法与社会科学研究[M].北京:教育科学出版社,2000:10-12.

[4] 闫茂旭.当代中国史研究中的口述史问题:学科与方法[J].唐山学院学报,2009.4(22卷):16-20.

[5] 刘小萌.关于知青口述史[J].广西民族学院学报(哲学社会科学版),2003.5(25-3):20-21.

[6] 张昱.口述历史与地方记忆——青树地方文化研究项目简介[J].文化遗产研究,2014,6:240-254.

[7] 攀枝花市[EB/OL].[2021-07-09]https://baike.baidu.com/item/%E6%94%80%E6%9E%9D%E8%8A%B1/15931? fr omtitle= % E6%94%80%E6%9E% 9D% E8%8A% B1%E5%B8%82&fromid=494060&fr=aladdin.

[8] 攀枝花人民政府网.攀枝花市志[EB/OL].[2021-07-09].http://www.panzhihua.gov.cn/zjpzh/pzhsz/despjs/505249. shtml.

[9] 郭旭.社会生活史视角下的三线建设研究—— 以饮食为中心[J].贵州社会科学,2017.05(329):162-168.

[10] 崔一楠,徐黎.身体史视域下的三线建设者研究[J].贵州社会科学,2019,12(360):47-53.

[11] 秦万祥. 攀枝花钢铁工业基地是三线建设的成功典范[M].三线风云(第3集).成都:四川人民出

版社,2017:7.

[12] 王毅.陕西地区三线企业内迁职工社会生活问题探析[J].贵州社会科学,2019,12(360):54-60.

[13] 朱云生,代俊.三线建设历史与文化[M].北京:中共中央党校出版社,2019:198-202 ,3-31.

[14] 郑妮."三线精神"的凝练历程与时代价值——以攀枝花三线建设为例[J].天府新论,2021,03:8-13.

[15] 吴晓萍,谢景慧.从移民到"遗民"："三线孤岛"的时代演进[J].贵州社会科学,2021,04(376):161-168.

[16] 张勇.三线建设移民的内迁、去留与身份认同——以重庆地区移民为重点[J].贵州社会科学,2019,12(360):39-46.

[17] 侯震.党性教育视阈下三线精神的时代价值与实践路径[J].党的建设,2020,04:85-91.

新中国工业遗产资源融入高校"四史"教育研究

1.丁小珊　2.周明长

（1.2.成都信息工程大学马克思主义学院）

2020年1月,党中央首次提出了学习"四史"的重要命题。随后,多个部门用文件的形式要求高校加强"四史"教育——党史、新中国史、改革开放史、社会主义发展史。"四史"教育逐渐成为一个新的学术关注点,以高校"四史"教育为主题在知网搜索的相关成果已达50余篇。目前研究视阈主要集中在"四史"教育与高校思政课融入。一方面对"四史"融入高校思政课的意义和逻辑关系进行了梳理;另一方面对"四史"融入高校思政课路径进行了多层面探索,尤其侧重从四门思政课的角度具体分析"四史"的融入。

通过对研究动态的分析,可以发现"四史"教育融入高校思政课研究已有成果虽在"为何融入""如何融入"方面做出了一定探索,但仍有较大的学术创新空间。很多学者都提到"四史"从时长上看,四者分别为100年、70多年、40多年、500多年,并非全部依照历史演变顺序从前到后依次衔接;就内容而言,"四史"各有主线和主题,相互之间存在一定的交错重合,因此,"四史"教育不等同于四个历史课程,"四史"教育必须把"四史"作为一个整体单元进行把握和分析的观点。高校如何加强"四史"教育,除了结合思政课不同的课程特点和个性要求,深入挖掘教学资源之外,还亟须树立"四史"教育整体意识,避免"四史"教育散、杂、虚的问题。而找准一条"四史"交叉线作为主线串联其间可以成为解决该问题的突破口。中国由一穷二白的农业国发展为世界第二大经济体、第一世界工厂,一切源于工业化。所以,工业化可以成为"四史"交叉线,也是贯穿"四史"的一条主线。

工业遗产是工业化的见证,是具有历史、技术、社会、建筑或科学价值的工业文化遗存,亦是当代中国研究中的一个热点。2017年始,国家工信局公布了国家工业遗产保护名录,为保护工业遗产工作提供了良好的外围环境和思想理论基础,推动国家和地区重视保护工业遗产。俞孔坚、方琬丽梳理了中国近现代工业发展历程及潜在的工业遗产类别,刘伯英、李匡提出工业遗产的价值及评价方法,韩福文、王芳、佟玉权等探讨了工业遗产旅游形象塑造的可行性与城市工业文化特色建设的基本路径,吕建昌长期聚焦三线建设工业遗产保护利用。但目前介入的学者们多从各自的学科视角研究相关专题,研究领域主要集中在建筑学、城乡规划学、地理学、旅游、文物和遗产等学科领域，研究内容主要集中在工业遗产旅游、工业遗产的基础理论与价值评价方法，少有将工业遗产研究与党史教育相结合，目前仅有攀枝花学院将三线建设资源与思政课结合走在了时代前列。故本文将围绕新中国工业遗产资源融入高校"四史"教育展开初步探索。

一、选择工业遗产资源融入的原因

（一）历史事实：工业化是贯穿"四史"的一条主线

1.工业化成就是中共领导力的体现

中国为什么只用了短短几十年时间，就完成了欧美社会几百年的工业化过程？我国工业化成就就是中共领导力的体现。当代著名政治学家弗朗西斯·福山在《政治秩序和政治衰败：从工业革命到民主全球化》一书中写道："良治社会离不开三块基石：强大的政府、法治和民主问责。"三者的实现顺序也非常关键，处于第一位的并不是民主，而是强有力的政府。我国是全世界为数不多拥有全部工业门类的国家，这是一个值得骄傲的成就。这个成就的取得是我们强大的党和政府持之以恒、不懈努力和不断探索的结果。

2.工业化进程贯穿党和国家成长发展历程

中华人民共和国成立伊始，党和国家领导人就认识到中国工业基础的极度薄弱和落后，并树立了以"工业化"为核心的四个现代化建设目标。从此工业化的发展进程从始至终贯穿于党和国家的成长历程。虽然我国工业化进程并非直线上升，呈现出波浪式曲线前进的局面，多次因政治运动而受阻，但即使在"文化大革命"时期，工业化道路仍是国之重策。经过长期不懈努力，在改革开放前新中国逐步建立了独立的、比较完整的工业体系和国民经济体系，打下了较好的工业基础。

3.工业发展变迁是改革开放成果的见证

改革开放以后，中国的工业化进程开始了腾飞阶段，进入到中国特色社会主义工业化建设时期。改革开放以来，中国长达40年保持了接近两位数增长，一跃成为世界第二经济体，原煤、水泥、钢材和发电量连续多年位居世界首位。这一时期，工业化结构也得到优化，积极探索确立了社会主义市场经济体制下的工业化道路，工业化的战略重心逐步转向在配置资源中发挥市场作用、低成本出口导向、建设开放型经济、基于产业演进规律不断促进产业结构优化升级。现今中国已基本实现工业化。工业发展变迁正是改革开放成果的见证。

4.中国工业化道路是社会主义发展史上的创新

社会主义发展史是从空想社会主义到科学社会主义的诞生，手工业向机器大工业发展的时期，工人阶级产生及发展的历史。伴随着工业革命的蓬勃兴起，世界从"蒸汽时代"到"电气时代"再到"科技时代"，社会主义运动在工业化潮流中曲折发展。中国仅用70余年时间,在国家主权完整的前提下,完成了世界第一人口大国的工业化,成功解决了计划经济体制下社会主义工业化模式存在的问题,纠正了苏联不曾解决的工业结构失衡的弊端,为后发国家提供了新的工业化经验,对世界社会主义理论和实践做出了重大贡献,可以说是社会主义发展史上的创新。

(二)工业遗产是工业化的有机载体

1.工业遗产是工业化的重要见证

工业遗产是人类从农耕时代步入工业时代的重要产物,也是人类逐步实现现代化的重要标志。由于工业是随着科技进步,不断更迭淘汰的行业。因此,每一次科技飞跃,都会造成一部分因为技术更新而淘汰的工业遗产。我国工业起步较晚,一部中国工业史,就是一部中华民族不甘沉沦、奋力自强的曲折复兴史。工业化是实现民族复兴的一条重要线索,工业遗产作为工业文化的重要载体,呈现出我国工业化进程不同阶段的历史风貌与时代特征,印刻着国家工业发展足迹,是我国从无到有,从有到优完成工业化的重要见证。

2.丰富的新中国工业遗产资源是融入"四史"教育的载体

我国是工业遗产大国,拥有数千处新中国工业遗产地,他们分布在全国各地,见证了国家建设、科技进步等重大事项相关的历史事件。例如以"一五六项工程""三线建设"工程为代表的新中国建设时期工业遗产与以深圳蛇口工业区、上海浦东工业区为代表的改革开放工业遗产都是鲜活的、珍贵的教学资源。这些不同时代、不同地域工业遗产资源均是中国共产党领导中华民族伟大复兴征程的历史物证。这些工业遗产也反映了中华民族不断创新、与时俱进、自力更生、艰苦奋斗的艰辛历程,可以在"四史"教育可以扮演重要角色。

例如西部省会城市——成都在第一个"五年计划"期间,成为国家建设布局的重点之一。"156"工程分布全国17个省,成都有成都热电厂等5个项目。国家先后投资了电子、能源、交通、建材化工和机械等方面,建立了以电子10所、电讯工程学院、东郊工业区为代表的国家电子产业中心,以132厂、420厂为代表的国家航空工业中心,以及在东郊和青白江区布局的机械、冶金、化工制造基地,初步奠定了成都市工业发展基础。三线建设期间,成都按照中央关于"分散、隐蔽、靠山"建设的指导原则,三线企业重点布局于西侧龙门山、邛崃山和东侧龙泉山一带。龙门山和邛崃山一带主要分布有彭州的中和无线电厂(913厂)、亚光电工厂、5719厂、157厂、西南通讯研究所、柴油机系统的"三江"厂(岷江、锦江、湔江),都江堰的西南电子设备研究所,大邑的中国科学院光电技术研究所等;龙泉山一带主要分布有龙泉驿的国营成都旭光仪器厂(8800厂)、成都无线电二厂(8810厂)等电子仪表工业;南部双流籍田一带主要布局成都电视设备厂(630厂)、星光电工厂(4431厂)、7018厂等电子企业以及总后勤部西南军需材料供应站;北部在金堂设置与核工业配套的四川锅炉厂。在三线建设期间,从一线地区迁入成都市的工厂企业共计25个;成都还结合"小三线"建设,新建、扩建了很多工厂,涵盖机械、电子仪表、汽车(拖拉机)、冶金、化学等各类产业；三线企业调整期间，有航天062基地、天兴仪表厂等40余家大中型以上企事业单位先后搬迁到成都发展。如此丰富的工业遗产资源，正是融入"四史"教育不可多得的教学素材。

二、选择新中国工业遗产资源融入的内容

《下塔吉尔宪章》明确指出："工业遗产由工业文化的遗留物组成，这些遗留物具有历史的、技术的、社会的、建筑的或者是科学上的价值。"具体来看，历史价值是由工业遗产的时间属性所赋予的，不同历史时期有着代表不同类型和社会生产力发展水平的工业，工业遗产可以帮助重构历史记忆。社会价值主要表现为工业遗产中所酝酿的工业文化、工匠精神等，旧厂房、生产车间记录着曾经火热的生产岁月，承载着工人、技术人员、工业区居民的归属感和认同感。经济价值主要表现为工业遗产良好的基础设施、大体量的空间尺度和坚实的建筑结构体系等，即使建筑处于废弃、闲置状态，只需稍加改进，便可以创造出极高的再利用价值。实际上，《下塔吉尔宪章》给予了融入内容及方式的指引。

（一）凸显历史价值

通过工信部公布的四批《国家工业遗产名单》可见，新中国工业遗产为数众多，不同时期的工业遗产建筑代表不同年代的工业发展水平，通过工业遗产分类叙述，可以重塑历史记忆。刘伯英指出"工业遗产有多种分类法，中华人民共和国阶段的工业遗产可细分为：国民经济恢复时期（1949—1953）、一二五建设时期（1953—1966）、'文化大革命'曲折发展时期（1966—1976）、改革开放产业结构调整和升级时期（1976年至今）四个阶段"。但笔者认为，如果依照工业化整体发展进程进行阶段划分，可以对中国工业史有更完整的理解。

1.着力布局完成工业积累阶段（1949—1957）

这是新中国计划经济体制下的社会主义工业化道路探索阶段。1953年，党的过渡时期总路线明确提出了要在相当长时期实现国家的社会主义工业化，这个时期工业化战略的特征是政府作为投资主体、国家指令性计划作为配置资源的手段、封闭型的重工业优先发展。"一五"时期在苏联帮助下布局的"156重点工程"初步奠定了新中国工业化的基础。

2.工业体系初步建成阶段（1958—1978）

虽然这一时期经济政策极不稳定，经历了"大跃进""文化大革命"时期，社会主义工业化建设并不顺利。但经过近30年的工业化建设，新中国建成了一批三线军工企业，逐步建立了独立的、比较完整的工业体系和国民经济体系，打下了较好的工业基础特别是重工业基础。

3.调整工业生产结构阶段（1979—至今）

这一阶段进入到中国特色社会主义工业化建设时期，逐渐步入工业化后期，开始强调

新型工业化,优化工业结构,中国工业经济从高速增长转向高质量发展。这一阶段,中国工业遗产保护及活化利用得到重视,一大批有着重要历史价值的工业遗产开始改造利用。出现了北京798艺术区、武汉"汉阳造"艺术区、广州太古仓码头,以及宁波和丰创意广场为代表的工业遗产改造项目。

(二)重点关注社会价值

工业遗产不仅需要重视显性的物质工业遗产,也应重视文献、技术、事迹与记忆等非物质工业遗产,要将物质类与非物质工业遗产进行统筹利用,使工业遗产真正地成为"四史"教育的生动教材。非物质工业遗产中尤其值得重点关注的是各个行业涌现出来众多行业楷模。他们呈现的工业精神,如大庆精神、两弹一星精神、三线精神等成为我们民族精神的重要文化基因。他们是和平年代的中华民族英雄,他们的精神是中华民族精神的重要组成部分。

以三线建设其中一个项目为例。三线建设时期,重庆市涪陵区白涛镇有一个以"世界上已知最大的人工洞体、全球解密的最大核军事工程"著称的"816"地下核工程,该工程建于1966年,直至1984年全面停工,工程秘密建设了17年。其间,6万多军民来到这个地图上消失的地方,一待就是17年。他们与他们的后代构建了"816"精神,而这些精神总汇在一起,凝结成了三线精神。"816"精神包括:

第一,无私奉献、不畏牺牲的爱国主义精神。"816"工程作为国家的绝密军事工程,由中央军委直属工程兵54师承建,6万余名工程兵和参建者云集白涛,建设者们耗尽毕生开山掘洞、架桥铺路,76名官兵为之献出了平均只有21岁的年轻生命。

第二,执着理想、艰苦奋斗的精神。三线建设时期国家物质条件还不丰富,中间又经历了十年"文革",建设者们经受住了磨难考验。从全国四面八方调集来的工人、干部、技术人员、解放军官兵,来到了一穷二白之地,这些技术精英和骨干离开城市,天当罗帐地当床,两块石头一口锅,毫无怨言地来到祖国的西部地区。他们用自己宝贵的青春浇铸这片贫瘠的土地。

第三,对党忠诚的政治品格。核工程要求建设者要对工程内容绝对保密。上不告父母,下不告妻儿,工程建设者们守在大山深处,任劳任怨,一辈子坚守秘密,工人们在山洞工作一辈子,却遵守组织纪律,未能在山洞里完整走一遍,直至2010年"816"核军工洞作为景点对外开放后,他们才前往参观。建设者坚守党规党纪,对党忠诚的政治品格由此可见一斑。

第四,勇于创新、自力更生的精神。"816"工程在山体内部建设军工基地,本身不仅是工程难题,更是科技挑战。其于1984年工程停建后的军转民艰难创业之路更是体现了这一精神。国家当时只给了3年共计1920万元的生活费,全厂职工迎难而上,从开垦荒山、栽茶树、做玩具、糊纸扇、养蚯蚓、种蘑菇、打铁钉开始艰难起步,当时很多名校毕业的技术人才还在业余时间烤面包、卖鸡蛋进行生产自救。1984年,原一分厂利用原来的技术条件,自行设计、开发出了电视共用天线,成为816厂第一个能够自己养活自己的单位,而技术的获得竟然是从书本上看到,然后自己进行摸索研究出来的。到1989年底,816人依靠自己的力量开发出了16个项目19种产品,当年实现产值3977万元,基本实现了自己养活自己的目标。到2003年,建峰集团已形成以化肥为龙头,多品种、多行业的经营格局。因有了这样的精神,建峰集团才在改革开放时代大潮下,取得了累累硕果。

这四种精神是在爱国主义、共产主义信仰和共产党领导下孕育形成的思想意识,是两代"816"建设者践行社会主义核心价值观的理念和言行,是民族精神、奋斗精神的重要组成部分,这些内容正是"四史"教育需要大书特书的部分。

三、选择新中国工业遗产资源融入的路径

(一)课堂融入

1.思政课堂融入

新中国的工业遗产资源通过高校思政课尤其是中国近现代史纲要这门课的生动形象的讲授,让学生更深刻理解中国工业发展的几个阶段,深刻理解中华民族从站起来、富起来到强起来的历史逻辑、理论逻辑和实践逻辑,深刻理解中国共产党为什么能,中国特色社会主义为什么好,马克思主义为什么行。

2.开设专题选修

结合地域特点以专题形式进行公共选修课教学是高校"四史"教育切实可行的一个方式。新中国工业遗产资源相当丰富,有大量图片和视频资源,教学资源新,贴近生活,开设公共选修课,可以增强课程吸引力、感染力,切实提高育人成效。

3.云端课堂

新中国工业遗产资源有很多网站有相关介绍、报道。云端课堂可依托超星学习通、本校教学平台等资源,开启线上线下混合式教学模式,激发学生思考,提高学生学习动力和效率。

(二)实践教学活动

1.实践教学

结合理论课程,通过思政课、党团课、青马工程等实践教学课程,寻找、联系当地新中国工业遗址、工业博物馆实践基地。让学生深入其中调研参观,通过学生找、学生讲、学生议,重塑历史记忆,既是为了传承红色文化,根植红色基因,也能让其感怀先辈的革命斗争,为国奉献的精神,从中汲取力量,进而树立正确的三观。

2.暑期社会实践活动

许多见证我国工业化历程的档案、图纸等文献,却未能被档案文博部门、企业主管单

位回收保管,而是因企业改制等历史因素,流散到了民间。与此同时,一些在历史上产生过积极意义的关键生产技术也大多失传,与工业史有关的不少人物事迹也逐渐被人遗忘。工业遗产特别是红色工业遗产是极其珍贵且有限的文物与社会教育资源,有着存史资政育人的社会教育价值。高校设有暑期"三下乡"社会实践活动,组织学生暑期展开调查既可以保护濒危工业遗产资源,也能起到"润物细无声"的育人作用。

四、结语

高校"四史"教育要避免散、杂、虚的问题,需要把"四史"作为一个整体单元进行把握和分析,工业化就是"四史"串联的一条主线。新中国工业遗产既是工业化的有机载体,又是中国经济发展的见证,更是新中国70余年奋斗的见证,经济技术进步的生动见证。新中国成立伊始,中国就树立了以"工业化"为核心的四个现代化建设目标。短短几十年内实现了工业化,走完了西方人用了几百年才走完的工业化道路。这充分显示了中共领导决策的正确性、社会主义制度的优越性与改革开放的伟大成果。各个行业涌现出来众多行业楷模,他们呈现的工业精神是我们民族精神的重要文化基因。他们的精神是我们民族精神的重要组成部分,需要在新时代广为传扬,这是工业遗产资源融入"四史"教育的内核。融入途径主要通过课堂融入和多样化的实践教学活动实现。

参考文献:

[1] 刘伯英.工业建筑遗产保护发展综述[J].建筑学报,2012,1:15.

[2] 王雪超."四史"内在逻辑关系及其融入"纲要"课的路径探析[J].思想理论教育导刊,2021,2:123–127.

[3] 工业遗产之下塔吉尔宪章[J].建筑创作,2006,8.

[4] 高祥冠,常江.近十年我国工业遗产的研究进展和展望[J].世界地理研究2017,5.

[5] 习近平.习近平谈治国理政(第二卷)[M].北京:外文出版社,2017.

[6] 涪陵辞典编纂委员会.涪陵辞典[M].重庆:重庆出版社,2003.

[7] 四川三线建设网.http://scdfz.sc.gov.cn/ztzl/scsxjs/zjyt/content_32035.

[8] 工业遗产网.http://www.dayexue.com/.

基于传播学视域下的工业遗产红色文化资源创新利用

覃 覃

（上海大学）

"共和国是红色的，不能淡化这个颜色。"[1]要将红色的火种继续传递下去、延续红色血脉，从而增强民族凝聚力与提高文化自信，大力传播红色文化是必由之路。对于红色文化的概念，学界众说纷纭。本文所言红色文化概念的内核是中国共产党领导全国人民在革命、建设和改革开放时期实现民族独立和国家富强过程中凝聚的、以中国化马克思主义为核心的红色遗存和红色精神[2]。

工业遗产是具有历史价值、技术价值、社会价值、建筑或科研价值的工业文化遗存[3]。在中国的近现代化的进程中，近代工业是孕育工人阶级的摇篮、是新民主主义革命的重要阵地、是中国特色社会主义现代化建设的引擎。红色基因根植于中国近现代工业遗产的产生、发展的整个过程中。当下学界对于工业遗产的保护与利用的研究已取得丰硕成果，但对工业遗产文化的传播学研究则寥寥无几。笔者试图探索中国近现代工业遗产中的红色基因，在传播学的大众传播理论框架中寻找工业遗产红色文化资源创新利用的更优解。

一、中国工业遗产与红色文化

红色在近现代历史中被赋予政治的象征意义，代表着革命与进步。自从法国大革命把最贫穷的农民戴的小红帽作为象征物后，红色就成为世人公认的革命的颜色[4]。1871年巴黎公社成立，人类历史上首次由无产阶级掌握政权，原法兰西三色旗被象征着共产主义的红色旗帜取代。自此以后，红色被赋予了坚定的社会主义信念与共产主义理想，成为马克思主义与无产阶级的代表色。国际上所有信仰马克思主义的政党，都以红色作为党旗的底色标志，具体到近现代的中国，铁锤加镰刀的红色旗帜代表着由中国共产党领导的、以工农联盟为基础的、为实现共产主义远大理想而奋斗的先锋队组织。而红色文化是指中国共产党将马克思主义理论与中国国情相结合，带领中国人民从在革命、建设、改革的伟大实践中，共同创造的一种先进文化。

红色文化就其概念外延而言,是近代中国开关以来历代仁人志士自强不息、救国拯民、反对内外强权压迫过程中形成的革命解放基因和中华民族复兴的伟大精神[5]。在百年的伟大征程中,正是有了中国共产党与红色文化的引领,中华民族才逐渐走出了半殖民地半封建社会的重重迷雾,从而走向了统一、走向了复兴、走向了繁荣昌盛。在新时代的征途中,大力弘扬红色文化,使人民群众从中汲取奋发向上、砥砺前行的精神动力,具有重要的现实意义。

工业遗产是工业文化的载体,是人类工业文明的重要见证。中国近代工业化始于1840年鸦片战争之后,中国近现代工业遗产构成的主体是洋务运动时期清政府官员开办的工厂、国外资本在华兴建的近代工厂、民间资本家兴办的中国民族工业,以及新中国成立后社会主义工业化建设所留存的工业遗产。具体而言,承载着红色文化的工业遗产,即红色工业遗产,是中国共产党领导人民进行新民主主义革命和社会主义建设的历史物证,其核心文化资源就是红色文化[6]。

伴随着中国近代工业的产生,孕育出了中国的工人阶级。中国共产党在工人中开展宣传组织工作,领导工人运动,红色工业遗产承载着工人运动的发展历史,印记着党领导新民主主义的足迹。在五四运动中,工人阶级第一次登上历史舞台,在上海的内外棉第三、第四、第五纱厂、日华纱厂、上海纱厂和商务印书馆、码头,在京汉铁路、京奉铁路和九江,展开了大规模的罢工运动,促成了五四运动的阶段性胜利。此后的30余年中,我国的工人运动在中国共产党的领导下,为新民主主义革命的胜利做出了巨大贡献。

新中国成立以来,在社会主义建设以及改革开放时期,实现工业化是社会发展的重要目标,中国在推翻三座大山之后的最主要任务是要搞工业化。在党的"八大"中提出,当前党和国家的主要任务是集中力量发展生产力,由落后的农业国变成先进的工业国,从而建立独立完整的工业体系[7]。党的十八大在阐述全面建成小康社会的目标要求时,也将"工业化基本实现"列为其中一条重要的考核标准。在探索中国特色社会主义建设道路过程中,东北的老工业基地、三线建设的崇山峻岭中、东部沿海城市的改革前沿……都留下了中国社会主义工业化的足迹。工业遗产见证着中国社会主义现代化的历史进程,是社会主义工业文化的承载者。

红色文化根植于中国工业文明的产生于发展过程中,工人阶级产生于此,工人运动发源于此,社会主义现代化、工业化展开于此。中国工业遗产见证了新民主主义革命时期党领导的工人运动,也见证了社会主义建设时期党领导的工业化过程,是我国文化遗产中的重要组成部分,具有物质的和精神文化的双重价值。当下科学技术发展日新月异,产业更新换代加速,一大批老工业基地在现代化建设过程中式微,遭到破坏、损毁。这些工业遗产并不只作为工业生产链的其中一环而存在,更重要的是其中所蕴含着重要的精神文化价值:近代中华民族顽强不屈的抗争精神、中国特色社会主义的建设热情与奋斗精神。保护和利用好工业遗产,传承红色文化,传播中国工业精神,丰富人民的精神文化生活、增强文化认同与文化自信,这是当下的亟务之需。

二、我国工业遗产文化传播现状分析

工业遗产是历史留给我们的宝贵财富，活化利用工业遗产，并不是仅仅只是保护与维持，更要依托红色资源、讲好依托红色遗址，打造"红色品牌"，讲好"红色故事"，让沉寂的遗产"说话"，激活红色基因，推动产业振兴、丰富市民的精神文化生活。

根据当今中国传播环境，本文选用拉斯韦尔经典的传播模式〔即"五W模式"，这五个W分别是英语中五个疑问代词的第一个字母，即：Who（控制研究）、Says What（内容分析）、To Whom（受众分析）、In Which Channel（媒介研究）、With What Effect（效果研究）〕并辅以施拉姆的大众传播模式中的反馈研究进行探索，在下文中从控制研究与内容分析、受众分析、媒介研究与反馈研究对我国工业遗产红色文化传播现状进行分析。

（一）控制研究与内容分析

即对传播者的研究以及其输出的内容进行研究，在传播过程中担负着信息的收集、加工和传输的功能[8]。对工业遗产的二次开发与利用是利用其进行文化传播的起点。从工业生产者变成文化传播者，工业遗产面临着艰难的转型之路。如何开发和利用好工业遗产，是利用工业遗产进行红色文化传播的重中之重。

当下我国工业遗产开发利用的形式主要有工业遗产博物馆、遗址公园以及创意产业园三种。工业遗产博物馆与遗址公园的特点在于在最大程度上保留了遗址的历史感与真实性，但由目前社会公众对于工业遗产的重要性认识并不充分，且局限于其传统开发模式本身的局限性，其公众性与互动性相对较弱，难以引起公众持续性关注。这两种形式开发模式多单一进行开发，少见区域性、一体性的开发模式。

创意产业园，以"北京718联合厂"（北京798艺术区）为例，其对空置厂房进行大量改装，并以低价租金引进艺术家工作室与文化机构进驻，将现代艺术、建筑空间与文化产业进行有机结合。但是在其运行过程中仍存在着许多问题：在进行文化创新的同时，一味地引进外来创意，反而对于自身原本深厚的红色历史资源发掘与探索甚少。但以"文化创意"为特色的产业开发后劲不足、房租持续上涨，过度商业化，对园区的文化艺术属性造成冲击。

（二）受众分析

受众，即传播的作用对象。从宏观上来看，受众是一个巨大的集合体，从微观上来看，受众是具有丰富的社会多样性的个体。根据CNNIC发布的第48次《中国互联网络发展状况统计报告》，截至2021年6月，我国网民40岁以下占比53.3%[12]。在新媒体盛行的当下，受众具有了年轻化的特色。

在互联网技术日新月异的当下，受众的范畴被互联网极速扩大，由单一的信息接收者逐渐转化为"受传一体"的复合体。目前来说，当下工业遗产文化传播的受众，是一个范围极广的集合体。新媒体技术在客观上大大地扩展了受众的范畴,除了现场游览的观众以外,还包括网络线上的网友。因此当下工业遗产进行红色文化传播时,其受众具有广泛性、混杂性以及隐蔽性的特点。

但是对于工业遗产文化传播时仍然面临着多种受众局限性问题:理解工业遗产具有一定的专业性,工业文化距离大众日常生活有一定距离,工业文化教育覆盖面窄、传播滞后,其受众目前多以在工厂有工作经历者为主,缺乏普遍性受众;我国对于工业遗产研究着手较晚,当下社会公众对工业遗产的重要性认知不充分;在对受众进行文化传播时,多进行单一的传统线性传播,单一考虑历史文化与时代精神讯息的传达,没有将受众的能动性考虑到位,缺乏对于受众的媒介使用动机和获得需求满足的分析与考虑,缺乏有效的传播力。

(三)媒介研究

媒介研究,是对于传播渠道所进行的研究。传播渠道是信息传递所必须经过的中介或者借助的载体。众媒介的传播内容会因为不同的空间、社会制度、传播模式等因素影响而有所差异。

随着媒介技术的发展,新媒体已经成为文化传播的主场。截至2021年6月,我国网民规模为10.11亿,互联网普及率已达71.6%[10]。当下工业遗产的文化传播想要有所突破,除了固有的传统媒体之外,需得活化运用新媒体。当下传播媒介有着新特点:及时性,新媒体信息传播的速度非常快,打破了时间与地域的限制,表现出明显的即时性特征,网民通过手机、电脑或者其他智能终端能够快速发布信息和及时接收信息。打破了传统媒体定时传播的规律,真正具备了无时间限制和无地域限制的传播;交互性,传统媒体不论是报纸、广播还是电视,都属于单向信息传播,媒体决定着受众接受什么样信息,而在新媒体环境下,受众拥有了更多的主观能动性。

新媒体拓宽了工业遗产红色文化传播的媒介空间,由现实中有限的物理空间扩展至无限的虚拟网络空间。在技术的帮助下,新媒体通过数据算法,有针对性地对用户的个人偏好和关注点进行个性化推送,但这在很大程度上分流了原传统媒体的大量受众,给传统媒体带来了强劲的冲击。当下对于工业遗产的文化传播依然固守老套传统的传播模式,对于新媒体的活化应用较少,这对于本来受众面不广工业遗产文化传播来讲更是雪上加霜。工业遗产的舆情以传统媒体关于国家政策的报道、工业遗产的学术研究与"老工厂人"自发地对于工业遗产的感情表达为主。缺乏媒介融合的运用,在新媒体领域缺乏对工业遗产进行广泛文化传播的意见领袖,缺乏具有广泛认同的内容传播。

(四)反馈研究

反馈是指传播主体获知关于其目标受众是否并如何真正受到了讯息所传达的信息的过程。传播过程并非单向、静态的。这种过程是受传者对传播者的反应,反馈信息有助于修正当前或未来的传播行为。尤其是在新媒体持续发展的当下，受众对于信息不再只是被动接受，得以进行反馈，甚至可以进行自主的多向传播。

反馈作为一个重要环节，在传播过程中发挥着独特的调节功能，然而在大众传播的实战中，反馈实际上是非常薄弱的一环，这一点在工业遗产的文化传播中体现得淋漓尽致。受众面相对较小、对于新媒体的运用匮乏，使反馈环节几乎不存在。

三、创新我国工业遗产的红色文化传播

（一）在保护与活化利用中系统开发我国的工业遗产

工业遗产的保护与利用开始于20世纪60年代的英国，我国的工业遗产研究起步较晚，进入21世纪以来，工业遗产的保护与利用逐渐受到重视。从1996年公布第四批全国重点文物保护单位之时，将"近现代重要史迹及代表性建筑"单列为一个保护类别。在2001年公布的第五批国家重点文物保护单位名单中，大庆第一口油井、福建船政建筑、湖北大智门火车站、第一个核武器研制基地旧址等成为首批进入"国保"名单的工业遗产。在随后公布的几批国家重点文物保护单位名单中，被纳入的工业遗产逐渐增多，已有百余处。2017年至今，工信部已发布5批国家工业遗产名单，共有166个工业遗产核心项目被纳入。2019年至今，中国科协调宣部发布的两批中国工业遗产保护名录，200个工业遗产项目被纳入保护名单。

工业遗产的开发与利用，首先应考虑如何最大化开发其本身的特色历史文化资源，在此基础上进行创意设计，在遗产原址上进行改造利用，而不是重建。赋能工业遗产的红色基因、活化利用工业遗产进行红色文化传播，要深入挖掘工业遗产的内在价值，提炼我国工业文化和工业精神，构建新时代中国特色社会主义工业文化价值体系。提出红色文化传播的新创意，在原有资源的基础上创新叙事方式，对原有文化符号进行解构与重塑，从当代的角度对红色文化进行"二次创作"，讲好工业遗产的"新故事"。

我国老工业城市中的工业遗产分布较为密集，许多工业遗址并不是孤立存在，而是呈现系统性、区域性的特点。应依托重要的工业遗址，打通区域交通，将"点"连成"线"，结合周边的环境，整合区域内的资源优势，进行区域一体化开发。如德国鲁尔区开发的著名"工业遗产旅游之路"（route industriekultur）在一体化开发方面具有极强的可借鉴性。该旅游线路囊括了19个工业遗产景点、6个国家级的工业技术和社会史博物馆、12个典型的工业聚落，以及9个利用废弃的工业设施改造而成的瞭望塔等。此外，还规划设计了覆盖整个鲁尔区、包含500个地点的25条专题游线，通过统一的视觉识别符号的设计，建立了其独特的符号标志——斜插在工业遗产旅游景点的黄色针型柱[11]。

在一定的范围内，尽可能实现功能的多样化与区域历史文化特色，避免同质化开发，满足公众的文化需求。河北开滦国家矿山公园的做法具有一定的参考意义：紧紧依托其

完整的煤矿工业历史与红色文化,初步形成了"一园六馆"工业博物馆群落。通过不同的展陈与体验式设施,向观众展示了开滦煤矿史与煤炭开采流程。观众可从博物馆的四楼乘坐煤矿特色闷罐式电梯下到原开滦煤矿的矿井内,井下通过物品陈列、声光电等手段还原了煤炭采集现场,并设有4D影院,高度还原煤矿生产的实景。开滦国家矿山公园目前作为河北省首批中小学研学实践教育基地,每年接待数万名中小学生参观、游学,与学校素质教育接轨,普及开滦煤矿的所承载的红色工人运动史与社会主义现代化建设史。

在秉持历史文化特色原则的同时,参考"使用与满足理论":站在受众的立场上,在开发过程中更多地与公众的文化需求相结合。推进持续性开发,在基础建设完成之后,根据社会环境与受众需求持续进行持续开发与探索。以科技创新为向导,创新开发模式。利用5G技术、人工智能、声光电、VR等数字化技术,尽可能重现遗址原貌,为受众提供沉浸式、互动式参观体验。通过高科技技术开发特色项目,提高受众体验。

(二)善用新媒体,促进媒介融合

随着互联网技术的发展,新媒体对固有的线性大众传播模式造成了巨大的冲击,传播者原本的决定性地位产生动摇,受众成为"媒介化"的受众[14],从而掌握了更多的主观能动性,信息传递的交互性初现。当下应注重传播模式中媒介渠道的创新使用。新媒体类型繁杂,首先应在各大新媒体平台建立账号,根据不同平台的媒介特色与受众范畴,产出不同形式、统一内核的优质内容。灵活运用H5、短视频等传播输出形式,增强用户的互动体验。合理利用新媒体的及时性,通过大数据分析当下社会实时热点,适时推送贴近公众的内容,从而达到扩大受众面、产生工业文化科普与红色精神教育的效果。

除了活化运用新媒体与数字技术,还应该进行全媒体传播。"全媒体"是在具备文字、图形、图像、动画、声音和视频等各种媒体表现手段基础之上进行不同媒介形态(纸媒、电视媒体、广播媒体、网络媒体、手机媒体等)之间的融合,产生质变后形成的一种新的传播形态[13]。即要做到多渠道、多种模式传播并行。当下传播平台众多,不同的平台面对着不同的受众,也采用不同的传播形式。想要更为广泛、高效地传播红色工业文化,需要在保证内容权威性的前提下进行"多管齐下""对症下药"。工业遗产所属单位自身应建立好全媒体传播体系,也要善用外界媒体平台,实现"内外循环"的系统传播。

在此,工业遗产可以参考近年来热度较高的考古文博科普领域的创新做法,制作新型科普的内容输出,灵活运用新媒体,注册各大平台的账号进行宣传,增强与受众的反馈,进行全平台的公众普及。如近年来关注度较高的《国家宝藏》科普栏目,除了传统央视平台之外,还使用了"b站"等年轻平台,增加互动环节,开通多个社交平台账号,官方与公众进行互动,是文化大众传播的成功案例。

在灵活运用新媒体,做到全媒体输出的同时,推进媒介融合。工业遗产所蕴含的历史文化是生动而立体的,要通过不同的媒介渠道,有层次地还原其往日风华。媒介融合,不仅是指技术层面的融合,还包括管理运营、文化内容、组织架构等层面的融合。面对工业遗产中所蕴含的红色资源，要通过不同深度、不同视角、不同形式进行及时有效的文化传播。

(三)创新内容输出

在以往对于工业遗产的文化传播中，在传统的传播模式相对套路化、模式化，在与新媒体结合时容易出现"媒介壁垒"，导致内容输出往往是"换汤不换药"，显得刻板生硬，难以有所突破。对于工业遗产红色文化传播而言，首先要强调内容的准确性与权威性。但是这并不是对于历史文化的简单复制，而是复杂的文化重塑过程。尤其是在强调"受众为王"的当下，需结合"使用与满足理论"，对内容输出进行改革与创新。

在信息量的激增、文化产业竞争激烈的当下，一味地追逐热点进行急功近利的文化输出，容易产生文化传输同质化的现象。想要在海量的信息中将工业遗产的红色历史文化进行有效的内容输出，首先需要对原有的红色文化资源进行深入发掘，建立起有特色、有创意的文化符号，保持红色文化的特色生命力，形成受众可信赖的文化品牌。

如克罗齐所说，"一切真历史都是当代史"[14]。优秀的历史文化对当今社会有着极强的可借鉴性，当下创新内容输出的关键点在于：如何从当代叙事视角去阐释工业遗产背后所蕴含的红色历史文化，讲好工业遗产的"新故事"。在强调还原历史场景的同时，结合当下时代特色与受众特点，选择更具有故事性的叙述模式，讲述有"温度"的故事，唤起受众对于工业遗产背后历史文化与红色精神的情感认同。

四、结语

中国共产党领导人民走向现代化的足迹深深地镌刻在我国近现代工业化的发展过程中，中国近现代工业遗产中蕴含着丰富的红色文化基因。在新媒体时代，以传统传播观念与手段为主的工业遗产面临着新的文化传播理念挑战。"红色资源是我们党艰辛而辉煌奋斗历程的见证，是最宝贵的精神财富。要用心用情用力保护好、管理好、运用好红色资源"[15]。在新媒体时代的当下，要创新方式方法，继承我国工业遗产的红色血脉，不仅是要加大对红色工业遗产的保护力度，不仅仅要充分利用新技术系统保护与开发红色工业遗产，将"红色故事"的物质遗存作为永久历史的纪念，更要将其红色精神文化内核进行创新活化表达与传播，用好新媒体、促进媒介融合，让"红色工业故事"在公众中广为传颂，在公众心中留下红色的种子。

技术的发展层出不穷，文化传播的创新永无止境，推进红色工业文化的传播，不能仅限于追随媒介技术发展的脚步，更应深入发掘自身文化内涵，激发文化创意，将层层推新的媒介技术"为我所用"：灵活运用媒介技术，创新红色工业文化表达，创造具有中国特色的红色工业文化符号与文化传播系统，增强公众对于红色工业文化的认同与兴趣。通过系统开发、媒介融合与创新内容输出，让工业遗产活起来，成为历史与时代的接力棒。

参考文献：

[1] 习近平.习近平在看望参加全国政协十三届二次会议的文化艺术界、社会科学界委员时的讲话[EB/OL].2019-03-04.http://news.youth.cn/gn/201903/t20190305_11887672.htm.

[2] 沈成飞,连文妹.论红色文化的内涵、特征及其当代价值[J].教学与研究,2018(01):97-104.

[3] TICCIH.关于工业遗产的塔吉尔宪章(2003)[Z].张松,编.城市文化遗产保护国际宪章与国内法规选编,上海:同济大学出版社,2007.

[4] 马敏.政治象征:作为权力技术和权力实践的功能[J].探索与争鸣,2004(02):27-28.

[5] 同[2]

[6] 韩晗.红色工业遗产论纲——基于中国共产党领导国家现代化建设的视角[J].城市发展研究,2021,28(11):62-68.

[7] 中共中央党史研究室.中国共产党的九十年[M].北京:中共党史出版社,2016.

[8] 郭庆光.传播学教程[M].北京:中国人民大学出版社,2014.

[9] 韩晗.红色工业遗产论纲——基于中国共产党领导国家现代化建设的视角[J].城市发展研究,2021,28(11):62-68.

[10] 中国互联网络信息中心.第48次中国互联网络发展状况统计报告[EB/OL].2021-08.http://www.cnnic.net.cn/hlwfzyj/hlwxzbg/hlwtjbg/202109/P020210915523670981527.pdf.

[11] 刘会远,李蕾蕾.德国工业旅游与工业遗产保护[M].北京:商务印书馆,2007.

[12] 彭兰.新媒体用户研究:节点化、媒介化、赛博格化的人[M].北京:中国人民大学出版社,2020.

[13] 罗鑫.什么是"全媒体"[J].中国记者,2010,03.

[14] 克罗齐.作为思想和行动的历史——克罗齐史学名著译丛[M].田时纲,译.北京:中国社会科学出版社,2005.

[15] 习近平.用好红色资源、赓续红色血脉、努力创造无愧于历史和人民的新业绩[J].求是,2021(19).

附　录

国家工业遗产亳州倡议

我们，工业和信息化部工业文化发展中心和国家工业遗产项目单位，于2021年10月10日在安徽省亳州市召开首届国家工业遗产峰会之际，围绕如何在全球视角下保护利用中国国家工业遗产，进行了广泛对话和深入讨论，就价值、意义与行动达成相关共识，发表如下倡议：

我们认识到，工业深刻而广泛地影响着世界，工业遗产作为工业文明的重要见证和世界文化遗产不可分割的组成部分，经过了时光岁月的洗礼，凝结着人类智慧的结晶，留存下无法磨灭的印记。中国历经古代手工业的灿烂辉煌、近代民族工业的风雨飘摇和现代工业建设的奋发图强，在党的领导下建立起世界上门类最齐全的工业体系，成为世界第一制造大国。中国国家工业遗产理应在世界工业遗产中享有与其发展历史与规模相匹配的地位。

我们注意到，随着中国经济快速发展、城镇化进程加快、生态保护要求提高，以及城市更新和产业结构调整等因素，大量的工矿企业面临关停或处于搬迁和转型之中，导致许多重要工业遗存遗迹被损毁甚至灭失，大量珍贵档案文献流失，工业遗产的原真性和完整性得不到保障，致使中国工业发展的历史节点印迹出现断点、空白。同时，人们对工业遗产认知不足、保护意识薄弱、制度措施不健全、专业化人才缺乏，加剧了工业遗产被破坏的风险。

我们意识到，国家工业遗产具有重要的历史、科技、社会、文化和经济价值，是不可再生资源，一旦被破坏，损失将不可挽回。发布国家工业遗产名录，标志着中国工业化历程中最具价值的工业遗存遗迹在国家层面得到重视和保护，影响巨大、意义深远。我们应当尽力推动相关法律、法规和标准的研究制定，推动建立分级保护利用体系，充分利用工业遗产资源，更好地将工业遗产融入城市发展格局，促进工业文化与产业融合发展。我们应当深入挖掘工业遗产的价值内涵，传承弘扬工业精神，为制造强国和网络强国提供强大的精神动力。

　　作为国家工业遗产保护的参与者、实践者、推动者，我们庄严承诺并倡议，要牢记历史使命，勇担时代重托，保护好、传承好、利用好国家工业遗产资源，让其成为世界文化遗产中璀璨的篇章。遵循保护优先、合理利用、动态传承、可持续发展的原则，注重理论研究，加强人才培养，强化经营管理，提高宣传水平，让中国国家工业遗产成为传播工业文明的窗口、弘扬工业文化的阵地、提升科学素养的课堂、展示国家形象的名片，让工业遗产不失其历史荣光，让工业发展增添时代精彩。

古井集团遗产保护利用

一、工业遗产价值

（一）工业改变人类生活

人类文明的演进，就是不断使用新技术发明和制造新工具的历史，现代工业中以科学发现和发展为前提的技术、设备、机械、工程、工艺以及产品，是人类智慧高度发展的产物，包含着大量的科学和技术信息，折射出当时的科学和技术发展状况和水平，是研究人类科学技术发展历史的重要物证，深刻改变了人们的生活。

（二）工业遗产创造美

工业遗产是工业文明的见证，是工业文化的载体，是人类文化遗产的重要组成部分。工业遗产显现出的美学价值，是人类文化的宝贵财富。通过工业遗产，我们不仅可以传承工业文明的物质进步和精神力量，还可以感受到工业之美。

（三）工业遗产增益品牌

对白酒行业来说，工业遗产是产品质量和品牌的不竭源泉，为白酒发展积淀深厚文化底蕴，并在推动地方经济社会发展方面发挥重要引领作用。

二、在保护中发展：古井集团工业遗产保护利用

古井集团工业遗产核心物项包括古井贡酒酿造遗址及古井贡酒二号窖池群，主体建成年代为明代至当代。古井贡酒酿造遗址本身即为全国重点文物保护单位，包括魏井、宋井、明清酿酒遗址，明清窖池群四个单体。1958、1992、1994及2009年，在"古井贡

酒酿造遗址"范围内进行了4次考古发掘，出土大量明中期至清代以来的酿酒和生活用品遗存，以及炉灶、排水沟、水井等酿酒文化遗存。在明清窖池群附近出土界砖"正德十年"（公元1515年）字样表明，明清窖池群始建于明正德年间，距今已有500多年的历史，是我国目前为止连续使用时间最长的古窖池群。古井贡酒二号窖池群始建于20世纪60年代，使用至今。

近期，经专家考证，在谯城区安家集（今安溜集）惠济河北岸发现一块古碑，碑文记载明代徽庄王即英宗朱祁镇的第九子朱见沛，封地在亳州，封地里面的简塚店（今古井镇）有一个官方组织、"公家兴办"的酿酒槽坊，即"公兴槽坊"，这就是古井酒厂的前身，也是古井作为皇家官庄酿造"供奉"用酒的实证。有兴趣的同志可以到古井参观验证。

一直以来，围绕白酒工业遗产的保护、利用与传承，古井集团坚持在保护中发展、在传承中创新，开展了一系列工作，得到社会认可。

二、古井集团在遗产保护方面的一些做法和探索

（一）设立专门保护机构

设立古井贡酒酿造遗址保护中心，专门负责古井贡酒酿造遗址文物保护单位的日常监测、管理和保护，直属古井集团，文物部门配合管理。

（二）建章立制

编制相关工作条例，依据《中华人民共和国文物保护法》制定古井贡酒酿造遗址保护管理工作条例和相关规章制度，实施依法管理；编制和公布古井贡酒酿造遗址文物保护管理条例；建立保护范围和建设控制地带内对违章行为的处罚和对支持管理、加强保护行为的奖励制度；做好文物档案管理、科研培训、监测安防等工作；根据自然灾害、重大突发事件等特殊情况制定紧急应对预案，并进行模拟演练。

（三）做好核心物项保护

为进一步保护遗产主体，古井集团打造国家工业遗产古井贡酒年份原浆传统酿造区。先后投资数千万元，对遗产开展多次保护维修工程。积极开展征集与古井发展历程相关文献、文物工作，征集各类传统手工工具、照片、文献达1200余件。

针对明清窖池群及二号窖池群，采用"以窖养糟""以糟养窖"的方式，保持窖池的持续使用。针对明清酿酒遗址表面污染、变色、易风化现象，采取切实有效的清理方法与防风化措施；在不扰动整体结构的前提下，对松散有脱落趋势的灶台进行加固，使其恢复到稳定状态；为保护遗址构成要素的安全、完整，考虑埋藏区遗存的安全，对遗址区考古挖掘后的揭露面进行边壁加固。针对明代古井地下水源、水质进行保护监测，

确保古井水质安全,保证明代古井延续使用。针对宋代古井南北侧地下通道与地下展室做防水处理,防止雨水渗入,地下防水处理区域水平面积约135平方米;在地下展室内安装水泵,保证地下宋井水位安全,防止宋井与地下展室被淹没,并与文物景观环境相协调。

古井集团的一系列举措也得到社会的认可,公司先后获得中国地理标志产品、国家级非物质文化遗产代表性项目、中国酒业"社会责任突出贡献奖"等荣誉。2018年,古井贡酒酿酒方法"九酝酒法"被吉尼斯世界纪录认证为"世界上现存最古老的蒸馏酒酿造方法",古井贡酒酿造技艺2020年成为国家级非物质文化遗产代表性项目。

三、在传承中创新:古井集团工业遗产文化传承

(一)凭借老窖池等工业遗产四蝉金奖,奠定名酒基础

古井贡酒明代窖池群及其衍生清代窖池历经500余年仍在继续使用,这是古井贡酒的传承基因,也是古井贡酒四蝉全国金奖的功臣,被古井人誉为"功勋池",奠定了古井贡酒成为全国名酒的基础,目前仍然为古井集团生产高档白酒的重要酿酒设施。

经科学测定,明清窖池中的有益菌株多达600余种,为中国白酒微生物极限样本库之一,并成为江南大学、北京工商大学等食品发酵学府的研究基地。

(二)挖掘工业遗产文化内涵,开展工业旅游

从1994年开始,围绕着传播酒文化的主题,古井集团集中打造了一系列景观,如古井酒文化博物馆、古井酒神广场、酿酒体验区与休闲区、古井历史文献档案陈列馆、古井贡名人馆、泉神纪念馆、古井园、酒文化柱、无极酒窖等40余处景点,各个景观之间相互联动。早在2004年,古井贡酒酿酒园区被国家旅游局评为全国工业旅游示范基地。2008年,古井酒文化博览园成为中国白酒界第一家AAAA级国家旅游景区。

与此同时,古井集团围绕遗产开展文化研究,不断创新传播。自2016年起,古井连续六年特约央视春晚,并在特约广告中宣传"亳"字,同时开启线上线下联动"读亳有奖"活动,在产品和网络平台上宣传亳文化,家乡情怀与企业营销相结合,使全国人民加深了对"亳"字和亳文化的认识。每年举办春酿仪式和秋酿仪式,并组织新华网、凤凰网、安徽卫视等知名媒体参加,提升酿造技艺的知名度与美誉度。

古井每年都要出版系列研究作品,如《古井贡酒志》《亳州商业文明探源》《诗酒大道》《古井酒文化丛书》《全民读亳》《白酒学刊》等优秀作品,引起了社会各界的广泛肯定和重视。古井还积极组织赞助文化活动,推动创建"亳州市酒文化研究会""安徽省亳文化研究会""中国酒文化研究院",走在了地方文化传播的前沿。同时,利用自媒体、电视、报纸等平台,进行酒文化的全媒体传播。

（三）在利用中研究、在研究中传承，在传承中发展，做好科研转化

古井人坚持在利用中研究、在研究中传承，在传承中发展，古井贡酒酿造遗址中的122条明清窖池和魏井、宋井的井水历代沿用，传承至今仍是酿造优质古井贡酒的重要元素。

科研方面，古井集团以股份公司为龙头，依托技术质量中心、酿造管理中心、中国白酒健康研究院等机构，积极开展科学研究。打造了国家级工业设计中心，国家级博士后科研工作站，安徽省固态发酵工程技术研究中心，安徽省认定企业技术中心等一系列高层次技术创新平台，并与清华大学、中国科学技术大学、哈尔滨工业大学、中国农业大学、江南大学、北京工商大学、中国食品发酵工业研究院等十多家高校和科研院所建立了以项目为载体深入的产学研合作关系，发掘白酒古窖池的科研价值，参与制定安徽省白酒技术标准体系标准，并发表了如：《浓香型大曲酒生态酒窖建造方法的研究及应用》《浓香型白酒产业酿造微生物优化组合关键技术研究及应用》《浓香型白酒品质提升与风味定向调控技术》等众多对企业发展具有重要价值的自主研究成果。

（四）弘扬优秀传统文化，讲活中国白酒故事，联合申报世界文化遗产

日前，由国家工业和信息化部牵头，国家文物局等八部委联合启动中国白酒申报世界文化遗产工作，并与五粮液、汾酒、茅台、泸州老窖、洋河、李渡、古井贡酒7家名酒企发布《中国白酒联合申遗共识》，以"中国白酒老作坊"名义进行联合申遗。

申报世界文化遗产，是国家文化软实力在世界舞台的重要展示，对古井集团未来发展意义重大。

此次峰会我们也荣幸地邀请到了中国白酒联合申遗专家组莅临，昨天下午他们到古井集团各个遗产点进行现场调研，通过实地踏查及座谈交流，摸底掌握申遗的意愿和利益诉求，探讨可以列入世界遗产的重要因素。

古井集团愿与各兄弟单位一起秉承中华民族优秀传统文化，树立工业文化发展新理念，推动中国工业遗产的有效保护和利用，促进新阶段人民美好生活和企业高质量发展！

后　记

　　2021年金秋，由工业和信息化部工业文化发展中心、安徽省经济和信息化厅、亳州市人民政府共同主办，上海大学、亳州市经济和信息化局、安徽古井集团有限责任公司承办的首届国家工业遗产峰会在安徽亳州宾馆举行。峰会以"使命、合作、担当"为主题，工业和信息化部产业政策和法规司二级巡视员周晓岚，安徽省经济和信息化厅厅长牛弩韬，亳州市市委常委、统战部部长、市政府副市长郑超，江西省工业和信息化厅副厅长郑正春，湖南省工业和信息化厅二级巡视员崔国强，工业和信息化部工业文化发展中心副主任孙星，国际古迹遗址理事会前副主席郭旃，上海大学党委副书记段勇教授，以及古井集团党委书记、董事长梁金辉等领导出席峰会，并分别致辞或作主旨演讲。

　　峰会期间，工业和信息化部工业文化发展中心与古井集团等国家工业遗产项目单位共同发布了《国家工业遗产亳州倡议》。倡议呼吁"要保护好、传承好、利用好国家工业遗产资源，让其成为世界文化遗产中璀璨的篇章。遵循保护优先、合理利用、动态传承、可持续发展的原则，注重理论研究，加强人才培养，强化经营管理，提高宣传水平，让中国国家工业遗产成为传播工业文明的窗口、弘扬工业文化的阵地、提升科学素养的课堂、展示国家形象的名片，让工业遗产不失其历史荣光，让工业发展增添时代精彩"。

　　峰会期间，由工业和信息化部工业文化发展中心与上海大学组织的首届国家工业遗产峰会之学术研讨会在亳州宾馆举行。来自全国各高校和科研单位以及国家工业遗产单位的代表共140余人参加了学术研讨会。研讨会共收到论文80余篇，论文内容主要涉及五大方面：工业遗产保护利用理论与实践（包括地方工业遗产保护与利用）、工业遗产与三线建设、工业文旅与乡村振兴、工业遗产的话语权与集体记忆、工业技术史以及工业遗产保护与利用的国际比较等。呈现在读者面前的这本文集，是从所有提交会议的论文中择优选取的一部分。研究者们视野开阔、思路活跃，既有以工业建筑遗产保护利用为主体的学术研究，又有结合国家发展战略、多学科视角切入，探索工业文化精神在新时代的价值与意义。论文集正式出版，将有助于推动我国工业文化与遗产保护利用研究的进一步深入。

在会议筹办过程中，正值新冠肺炎病毒疫情的特殊时期，尽管三次延后会议召开时间，仍有部分专家学者因居住地的疫情影响而未能出行到会。但他们向会议提交了论文，供参会者讨论交流。在论文付诸出版之际，我们谨向所有提交会议论文的同仁们表示诚挚的谢意。同时，也向赞助论文集出版的安徽古井贡酒股份有限公司表示衷心的感谢。

编者

2022 年 1 月 10 日